高 等 学 材



# General Chemistry

# 普通化学

## （第二版）

吴俊森 主编

王 琦 许 文 张兆海 副主编

· 北 京 ·

## 内容简介

《普通化学》在保持第一版风格与特色的基础上，对部分章节内容进行了增减，使之合理衔接大学与中学的化学教学以及满足学科发展和教学改革的需要。全书共11章，内容包括绪论、原子结构与元素周期律、化学键与分子结构、化学热力学基础、化学平衡及化学反应速率、水溶液化学、配位化合物及配位平衡、电化学及金属腐蚀、元素化学与材料、高分子化合物与材料、化学与环境。每章有内容小结及习题，供复习之用。

《普通化学》可用作高等学校理工类非化学化工类专业的教材，也可供相关专业的工程技术人员参考。

**图书在版编目（CIP）数据**

普通化学 / 吴俊森主编；王琦，许文，张兆海副主编. —2版. —北京：化学工业出版社，2022.5（2025.1重印）
高等学校规划教材
ISBN 978-7-122-40882-2

Ⅰ. ①普… Ⅱ. ①吴… ②王… ③许… ④张… Ⅲ. ①普通化学-高等学校-教材 Ⅳ. ①O6

中国版本图书馆CIP数据核字（2022）第034911号

责任编辑：宋林青　　文字编辑：公金文　葛文文
责任校对：赵懿桐　　装帧设计：史利平

出版发行：化学工业出版社（北京市东城区青年湖南街13号　邮政编码100011）
印　　装：三河市双峰印刷装订有限公司
787mm×1092mm　1/16　印张14　彩插1　字数342千字　2025年1月北京第2版第4次印刷

购书咨询：010-64518888　　售后服务：010-64518899
网　　址：http://www.cip.com.cn
凡购买本书，如有缺损质量问题，本社销售中心负责调换。

**定　　价：39.80元**

# 前　言

2017年年底教育部颁布了《普通高中化学课程标准（2017年版）》，并于2020年进行了修订，强调在基础教育中培养学生学科核心素养。高中化学在化学反应原理、物质结构与性质及有机化学基础等方面提高了对学生的要求，以更加符合国家培养创新型人才的要求。为合理衔接大学与中学的化学教学以及满足学科发展和教学改革的需要，对本书进行了修订，使之紧跟学科的发展并能符合人才素质的培养要求。

第二版在保持第一版整体风格与特色的基础上，做了以下几个方面的修改：

（1）对某些章节进行了适当的扩充和改写，如原子结构与元素周期律、化学键与分子结构、电化学及金属腐蚀等。

（2）对各章节的习题都做了不同程度的更改和补充。

（3）丰富教学内容，简化文字表述，删繁就简。

本书内容通俗易懂、科学严谨、叙述准确，各种物理量的符号、计量单位均执行国家标准。

本次修订再版由吴俊森担任主编，王琦、许文、张兆海任副主编。各章编写分工如下：吴俊森编写第1章、第6章、第8章和第11章；许文编写第2章、第3章、第7章和第9章；王琦编写第4章、第5章和第10章；张兆海参与部分内容编写。全书由吴俊森统稿。在教材的使用及修订过程中，化学教研室及实验室的老师们提出了许多宝贵的意见及建议，在此致以诚挚的谢意。同时，在本书的编写和修订过程中参阅了大量的文献，对有关专家和作者表示由衷的感谢。

本书配套的学习指导由吴俊森、许文及王琦主编，也将由化学工业出版社出版。

由于编者水平有限，虽经一再校阅，书中可能仍有疏漏之处，敬请读者提出宝贵意见和建议。

编者

**2022年2月**

# 第一版前言

普通化学是高等学校非化学化工类专业开设的一门重要基础课，也是连接化学和工程技术间的桥梁。根据教育部大学化学课程教学指导委员会对普通化学课程的基本要求，结合当前普通化学教育改革的发展趋势，我们编写了本教材。本教材是“山东建筑大学精品课程建设项目”的研究成果，普通化学是山东建筑大学首批建设的精品课程。自2000年至今，化学教研室的老师们，一直致力于化学理论教学与实践教学的研究工作，并于2006年出版了实践教学的研究成果——《大学基础化学实验》，本教材则为理论教学的研究成果。

本课程的教学目的是使学生掌握必需的化学基本理论、基本知识和基本技能，了解这些理论、知识和技能在工程上的应用。学生学习本课程后，可以为学习后续课程及新理论、新技术打下坚实的化学基础，并会分析和解决一些涉及化学的相关工程技术实际问题。

本教材编写时注意与现行中学化学课程相衔接，且避免与其他化学课程内容（如分析化学、物理化学）及高中化学教学内容不必要的重复：教材内容力求精简、通俗易懂，便于培养学生的自学能力；本教材对概念、理论叙述准确，重点突出，各种物理量符号、计量单位均采用国家标准。

本教材共分11章，以物质结构基础和化学热力学基础为主线，在保证化学热力学、化学动力学、原子结构与元素周期律、化学键与分子结构、水溶液化学、配位化合物、电化学和元素化学等基础知识的同时，还编写了化学与环境、化学与材料、环境化学物质与人体健康、大气污染及其防治、水体污染及其防治等社会普遍关注的热点内容；每章有内容小结及课后习题。

本书由吴俊森任主编，张兆海、许文、王琦任副主编。各章编写分工如下：吴俊森编写第1章、第6章和第11章；张兆海编写第8章；许文编写第2章、第3章、第7章和第9章；王琦编写第4章、第5章和第10章。全书由吴俊森统稿。贾祥凤、马永山、孙友敏、任会学、李雪梅、李培刚、刘静等在数据收集、资料整理等方面做了很多工作，并在教材内容的编写过程中提出了许多宝贵的意见及建议，在此一并表示感谢。

本书的编写参考了许多优秀教材和文献，参考文献列于书后，在此谨向各位作者表示深深的谢意。

由于编者水平有限，虽经一再校阅，书中可能仍有疏漏之处，敬请读者提出宝贵意见和建议。

编者

**2014年3月**

# 目　录


**第 1 章　绪论** …… 1

1.1　化学研究的对象及化学分支 …… 1

1.2　化学在国民经济中的作用和地位 …… 1

1.2.1　化学与衣食住行 …… 2

1.2.2　化学与材料 …… 2

1.2.3　化学与环境 …… 2

1.2.4　化学与能源 …… 3

1.3　普通化学主要内容及学习目的 …… 3

**第 2 章　原子结构与元素周期律** …… 4

2.1　原子结构 …… 4

2.1.1　微观粒子的运动特征 …… 4

2.1.2　核外电子的运动状态 …… 6

2.1.3　多电子原子核外电子的排布 …… 12

2.2　元素周期律 …… 15

2.2.1　原子电子层结构与元素周期表的关系 …… 15

2.2.2　元素基本性质的周期性变化规律 …… 16

本章内容小结 …… 21

习题 …… 23

**第 3 章　化学键与分子结构** …… 26

3.1　分子结构 …… 26

3.1.1　化学键 …… 26

3.1.2　杂化轨道理论 …… 33

3.1.3　分子间作用力和氢键 …… 38

3.2　晶体结构 …… 42

3.2.1　晶体的基本类型 …… 42

3.2.2　过渡型晶体 …… 45

本章内容小结 …… 46

习题 …… 47

**第 4 章　化学热力学基础** …… 50

4.1　理想气体 …… 50

4.1.1　理想气体状态方程 …… 50

4.1.2　道尔顿分压定律 …… 50

4.2　热力学 …… 51

4.2.1　热力学术语和基本概念 …… 52

4.2.2 热力学第一定律 …… 54
4.2.3 化学反应的反应热与焓 …… 54
4.2.4 标准摩尔生成焓和标准摩尔焓变 …… 57
4.3 化学反应进行的方向 …… 58
4.3.1 反应的焓变与自发性 …… 59
4.3.2 反应的熵变与自发性 …… 59
4.3.3 反应的吉布斯函数变 …… 60
本章内容小结 …… 65
习题 …… 66
**第 5 章 化学平衡及化学反应速率** …… 70
5.1 化学平衡 …… 70
5.1.1 可逆反应与化学平衡 …… 70
5.1.2 平衡常数 …… 70
5.1.3 标准平衡常数（$K^{\ominus}$）与反应的标准摩尔吉布斯函数变（$\Delta_r G_m^{\ominus}$）的关系 …… 72
5.1.4 化学平衡的有关计算 …… 72
5.1.5 化学平衡的移动 …… 75
5.2 化学反应速率 …… 79
5.2.1 反应速率的表示方法 …… 79
5.2.2 反应机理 …… 80
5.2.3 影响反应速率的因素 …… 81
本章内容小结 …… 86
习题 …… 88
**第 6 章 水溶液化学** …… 91
6.1 溶液的通性 …… 91
6.1.1 非电解质稀溶液的通性 …… 91
6.1.2 电解质溶液的通性 …… 93
6.2 酸碱解离平衡 …… 94
6.2.1 酸碱概念 …… 94
6.2.2 弱电解质的解离平衡 …… 95
6.2.3 缓冲溶液 …… 97
6.3 多相离子平衡 …… 100
6.3.1 溶解度和溶度积 …… 100
6.3.2 溶度积规则及其应用 …… 101
本章内容小结 …… 103
习题 …… 105
**第 7 章 配位化合物及配位平衡** …… 109
7.1 配位化合物 …… 109
7.1.1 配位化合物的组成 …… 109
7.1.2 配位化合物的命名 …… 111

7.1.3 配位化合物的结构 …… 111
7.2 配离子的解离平衡 …… 113
7.2.1 配离子的解离平衡 …… 113
7.2.2 配位化合物的应用 …… 115
本章内容小结 …… 116
习题 …… 117
**第 8 章 电化学及金属腐蚀** …… 120
8.1 原电池 …… 120
8.1.1 原电池中的化学反应 …… 120
8.1.2 原电池的热力学 …… 121
8.2 电极电势 …… 123
8.2.1 电极电势的产生 …… 123
8.2.2 标准电极电势（$\varphi^{\ominus}$） …… 124
8.2.3 电极电势的能斯特方程 …… 126
8.3 电动势与电极电势在化学上的应用 …… 128
8.3.1 比较氧化剂和还原剂的相对强弱 …… 128
8.3.2 氧化还原反应方向的判断 …… 129
8.3.3 氧化还原反应进行程度的判断 …… 130
8.3.4 原电池正负极的判断及原电池电动势的计算 …… 130
8.4 化学电源 …… 131
8.4.1 干电池（一次电池） …… 131
8.4.2 蓄电池（二次电池） …… 132
8.4.3 燃料电池 …… 133
8.5 电解 …… 133
8.5.1 分解电压和超电势 …… 134
8.5.2 电解池中两极的电解产物 …… 136
8.5.3 电解的应用 …… 137
8.6 金属的腐蚀及防止 …… 137
8.6.1 金属腐蚀的分类 …… 138
8.6.2 金属腐蚀的防止 …… 138
本章内容小结 …… 139
习题 …… 141
**第 9 章 元素化学与材料** …… 145
9.1 单质的性质 …… 145
9.1.1 金属单质的性质 …… 145
9.1.2 非金属单质的性质 …… 147
9.2 无机化合物的性质 …… 148
9.2.1 氧化物和卤化物的物理性质 …… 148
9.2.2 氧化物和卤化物的化学性质 …… 152

9.3 无机材料 …… 156
9.3.1 金属材料 …… 157
9.3.2 无机非金属材料 …… 159
本章内容小结…… 162
习题…… 164
**第10章 高分子化合物与材料** …… 167
10.1 有机高分子化合物概述…… 167
10.1.1 有机高分子化合物基本概念和特点…… 167
10.1.2 高分子化合物的性能…… 168
10.2 高分子化合物的分类与命名…… 170
10.2.1 高分子化合物的分类…… 170
10.2.2 高分子化合物的命名…… 171
10.3 高分子化合物的合成…… 171
10.4 重要的高分子材料…… 172
10.4.1 塑料…… 172
10.4.2 橡胶…… 174
10.4.3 纤维…… 176
10.4.4 胶黏剂…… 177
本章内容小结…… 179
习题…… 179
**第11章 化学与环境** …… 182
11.1 环境污染与人体健康…… 182
11.1.1 环境污染源…… 182
11.1.2 环境中的化学污染物…… 183
11.1.3 环境污染的特征…… 184
11.1.4 环境污染对人体健康的危害…… 184
11.2 大气污染及其防治…… 184
11.2.1 影响大气环境的因素…… 184
11.2.2 干燥清洁大气的主要成分…… 188
11.2.3 大气中的主要污染物…… 188
11.2.4 全球性大气污染及防治…… 191
11.3 水体污染及其防治…… 193
11.3.1 水资源状况…… 193
11.3.2 水体中的污染物…… 194
11.3.3 水污染防治…… 199
本章内容小结…… 200
习题…… 200
**附录**…… 202
附录1 我国法定计量单位 …… 202

附录 2　一些基本物理常数 …… 203
附录 3　一些物质的标准热力学数据（$p^{\ominus}$＝100kPa，$T$＝298.15K） …… 204
附录 4　一些弱酸碱在水溶液中的解离常数 …… 206
附录 5　一些共轭酸碱在水溶液中的解离常数 …… 207
附录 6　一些难溶化合物的溶度积 $K_{sp}$(25℃) …… 207
附录 7　标准电极电势（酸性介质） …… 208
附录 8　标准电极电势（碱性介质） …… 209
附录 9　一些配离子的稳定常数和不稳定常数 …… 209
附录 10　我国环境空气质量标准（GB 3095—2012） …… 210
附录 11　地表水环境质量标准（GB 3838—2002） …… 211
**参考文献** …… 214

# 第 1 章　绪　　论

## 1.1　化学研究的对象及化学分支

化学是在原子和分子水平上研究物质的组成、结构、性质及其变化规律和变化过程中能量关系的学科。研究的物质对象包括原子、分子、生物大分子、超分子和物质凝聚态等多个层次。按研究对象或研究目的的不同，可将化学分为无机化学、有机化学、分析化学、物理化学和高分子化学等分支学科。每一分支学科又可分成若干个细的分支。

(1) 无机化学

无机化学是以元素周期表和物质结构理论为基础来研究元素及其化合物的组成、结构、性质和无机化学反应与过程的化学。无机化学的分支学科有配位化学、生物无机化学、无机材料化学、固体无机化学、物理无机化学、无机合成化学、稀土元素化学等。

(2) 有机化学

有机化学是研究烃类化合物及其衍生物的化学。有机化合物都含有 C 和 H 元素，有的还有 O、S、N、Cl 等非金属元素。世界上每年合成的新化合物中 70%以上是有机化合物，直接或间接地为人类提供大量的必需品，有机化学与医药、农药、日用化学品、燃料、食品等人类生活用品密切相关。

(3) 分析化学

分析化学是研究物质的组成和结构的学科。它所要解决的问题是物质中含有哪些组分，各种组分的含量是多少以及这些组分是以怎样的状态构成物质的。要解决这些问题，就要依据反映物质运动、变化的理论，制定分析检测方法，研制仪器设备，因此分析化学是化学研究中最基础、最根本的领域之一。

(4) 物理化学

物理化学是研究所有物质系统化学行为的原理、规律和方法的学科。物理化学主要包括化学热力学、化学动力学和结构化学等。化学热力学的基本原理是化学各分支学科的普遍基础，用于研究化学反应的方向和限度，溶液化学、热化学、胶体化学、电化学等都是化学热力学的组成部分。化学动力学研究化学反应的速率和机理，包括催化剂及催化动力学研究。结构化学则研究原子、分子水平的微观结构及这种结构和物质宏观性质之间的关系。

(5) 高分子化学

高分子化学是研究高分子化合物的结构、性能、合成方法、加工成型及应用的化学。塑料、纤维、橡胶这三大合成材料以及形形色色的功能高分子材料，对提高人类生活质量、促进国民经济发展和科技进步发挥了巨大的作用。

## 1.2　化学在国民经济中的作用和地位

化学与人们的衣食住行、材料、能源、环境保护、国防、医药卫生、资源利用等都有密切的关系，它是一门具有实用性和创造性的学科。

### 1.2.1 化学与衣食住行

化学已经渗透到现代生活的各个方面，人们的衣食住行已经越来越离不开化学。我们的衣着可以说都是由高分子材料制成的，传统的棉、麻、丝、毛都是天然高分子材料，20世纪后期人工合成的高分子材料已经大量替代棉、麻、丝、毛纺织品。涤纶、尼龙、腈纶等都是合成纤维，它们都是以石油、天然气和煤等为原料，利用人工方法合成的高分子材料。传统的棉、麻、丝、毛产品经化学处理后具有更优良的性能，具有更好的手感和弹性，各种化工染料用于印染，使现代服装更加绚丽多彩。

健康的饮食需要化学知识，科学的烹调同样需要化学知识。由于在食品中强化了维生素和多种微量元素，食品营养更加丰富，食品中各种添加剂、调味剂、色素、香料等的使用，使食品的色、香、味更加诱人。人们生活中的洗涤剂、美容品、化妆品、药品等，大多都是利用化学合成方法或用化学分离方法从天然产物中提纯制备出来的。粮食增产需要的高效、低污染的新农药的研制，长效复合肥的生产，农副产品的综合利用、保鲜、防腐和合理储运都离不开化学。

建筑、装饰用的钢筋、水泥、涂料、塑料、油漆、玻璃及一些合成高分子材料等都是化工产品，从建筑材料到室内外的装饰材料都离不开化学。

人们出行的交通工具如飞机、火车、汽车、轮船等的制造离不开各种化学材料，交通工具用的汽油、柴油、防冻剂、润滑油等也是石油化工产品，在交通工具能源的使用上，如寻找新能源、减少环境污染、提高燃料的燃烧率等，更离不开化学。

### 1.2.2 化学与材料

材料是人类一切生产和生活水平提高的物质基础，一种新材料的问世，往往带来科技的飞速发展。展望21世纪我国材料科学的发展，化学必将发挥关键作用。化学工作者将研制出各种新材料，如新能源材料、航空航天材料、生物医用材料、生态环境材料、电子信息材料等，利用各种先进技术，在原子、分子水平上对材料进行设计制造。新材料的制备离不开化学。

纳米材料是由纳米超微粒子聚集而成的块状或薄膜状的固体材料。这是不同于晶态、非晶态的新的结构形态，从而带来许多新的性质。如近年来出现的一种新型纳米级多孔碳素材料，其颗粒尺寸为3～20nm，孔隙长约50nm，比表面积可达$600\sim1000m^2\cdot g^{-1}$，是一种具有许多优异性能的新兴材料，它是高效高能电池的理想电极材料之一。

纳米材料的特殊性能决定了它具有广阔的应用前景。在电子工业领域，目前存储容量为芯片上千倍的纳米材料级存储器芯片已经投入生产，计算机在普遍采用纳米材料后，可以缩小成为掌上电脑；在纺织工业领域，在合成纤维树脂中添加纳米材料，如ZnO等可制成杀菌、防臭、防霉和抗紫外线辐射的服装；在医药领域，使用纳米技术可使药物在人体内的传输更方便，用数层纳米粒子包裹的智能药物进入人体后可主动搜索并进攻癌细胞或修补损伤组织。使用纳米技术的新型诊断仪器只需检测少量血液，就能通过其中的蛋白质和DNA诊断出各种疾病。纳米材料的许多新的优异性质，已经引起各国材料科学工作者的普遍关注，它将是21世纪材料科学研究的热点之一。

### 1.2.3 化学与环境

自从工业革命后，人类使用越来越多的煤、石油等化石燃料作为能源，化工产品日益增多，工业废弃物不断增加，它们通过生产、储存、运输、应用及最后处理进入环境，由此引起的环境问题越来越引起人们的重视。

当今人类面临的环境问题有：大气污染、水体污染与水资源短缺、土壤污染、固体废物污染、臭氧层破坏、海洋污染等。化学工业虽然带来了污染，但治理污染同样离不开化学。

### 1.2.4 化学与能源

为解决能源危机，化学家在提高现有燃料热效率和开发新能源方面进行了积极探索。例如，石油的分馏与催化裂化和重整、核燃料的分离纯化、高效储氢材料、能实现太阳能利用的光电转换材料、新型燃料的化学合成以及核电站的各种功能材料等。化学家在能源的开发和材料的研制方面取得了卓越的成绩。

## 1.3 普通化学主要内容及学习目的

普通化学是一门“普通”的化学，不是专门的化学，我们想尽量向学生展示化学学科的全貌，因此教材内容涉及结构化学、物理化学、无机化学、高分子化学、有机化学、环境化学的内容。主要包括原子结构与元素周期律、化学键与分子结构、化学热力学基础、化学平衡及化学反应速率、水溶液化学、配位化合物及配位平衡、电化学及金属腐蚀、元素化学与材料、高分子化合物与材料、化学与环境。

希望学生通过本课程的学习，掌握的不仅仅是化学知识本身，而是科学的思维及学习方法。

# 第 2 章　原子结构与元素周期律

## 2.1　原子结构

结构化学是在原子、分子的水平上，深入到电子层次，研究物质的微观结构及其与宏观性质之间关系的科学。宏观物质种类繁多，不同物质表现出的宏观性质也千差万别，其根本原因在于物质微观结构的差异。

化学反应的发生是原子核外电子的运动状态发生了变化，因此，要说明化学反应的本质、掌握物质的结构与性质的关系及其变化规律等，首先要了解原子结构。

### 2.1.1　微观粒子的运动特征

19 世纪初，道尔顿（Dalton）提出原子学说，认为元素的最基本组成是原子。道尔顿原子学说奠定了现代化学的基础。1897 年，汤姆逊（J. J. Thomson）发现了电子，打开了认识原子内部结构的大门。1911 年，卢瑟福（Rutherford）提出了原子的有核模型：原子核位于原子中心，带正电荷，集中了几乎全部的原子质量，电子在静电引力作用下绕核高速运动，该模型正确解答了原子的组成，但还没有解决核外电子的分布及运动特征等问题。

而后来的研究证明，电子等微观粒子的运动规律与经典力学中的质点的运动规律不同，它具有三个重要特征：能量量子化、波粒二象性和统计学规律。

#### 2.1.1.1　能量量子化

1900 年，普朗克（M. Planck）提出，光或辐射能的放出和吸收是不连续的，是按照一个基本量或基本量的整数倍被物质放出或吸收的，这种情况称作量子化，这个最小的基本量称为量子。每个量子（或光子）的能量与辐射的频率成正比：

$$E = h\nu \tag{2.1}$$

式中，$h = 6.626\times10^{-34}\,\mathrm{J\cdot s}$，称为普朗克常数。

1913 年，玻尔（N. Bohr）在卢瑟福原子模型的基础上，吸纳普朗克的量子论，提出玻尔原子模型。内容可看成三点假设。

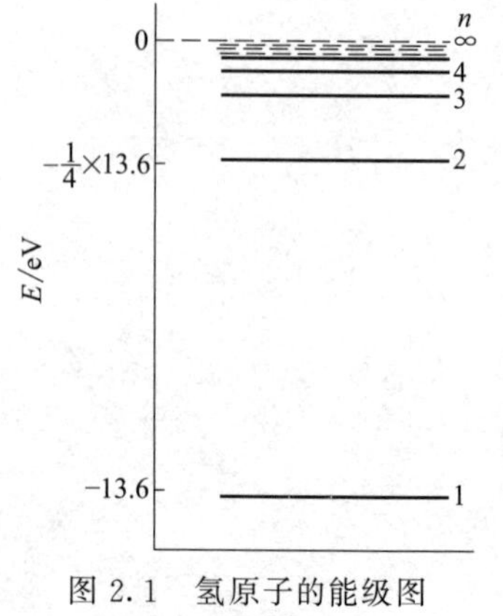

图 2.1　氢原子的能级图

（1）定态假设

在原子中，电子只能在某些特定的符合量子化的轨道上运动，是以核为圆心的不同半径的同心圆。这时不放出也不吸收能量，处于稳定状态。

（2）能级假设

在不同轨道上运动的电子具有确定的、不同的能量。电子运动时所处的能量状态叫作能级。能级是量子化的，不连续的，如图 2.1 所示。

（3）跃迁假设

电子在不同的能级间跳跃，叫作跃迁，当电子从较高能级（$E_2$）跃迁到较低能级（$E_1$）的轨道时，原子会发射能

量 $\Delta E$，$\Delta E$ 与电子跃迁前后的轨道能量差相对应（不考虑损耗时），且与辐射的频率成正比。由于电子运动的能级是量子化的，发射的光能也是量子化的，光子的频率 $\nu$ 也是量子化的，所以得到的光谱也是不连续的。

$$\Delta E = E_2 - E_1 = h\nu \tag{2.2}$$

$$\nu = \frac{\Delta E}{h} \tag{2.3}$$

原子光谱是线状光谱而不是连续光谱的事实，是微观粒子运动呈现“量子化”特征的一个很好的证据。图 2.2 是氢原子光谱的谱线系。由图可见，氢原子光谱的谱线的波长不是任意的，其相应的谱线频率是特定的，各谱线的频率是不连续的，是跳跃式变化的。

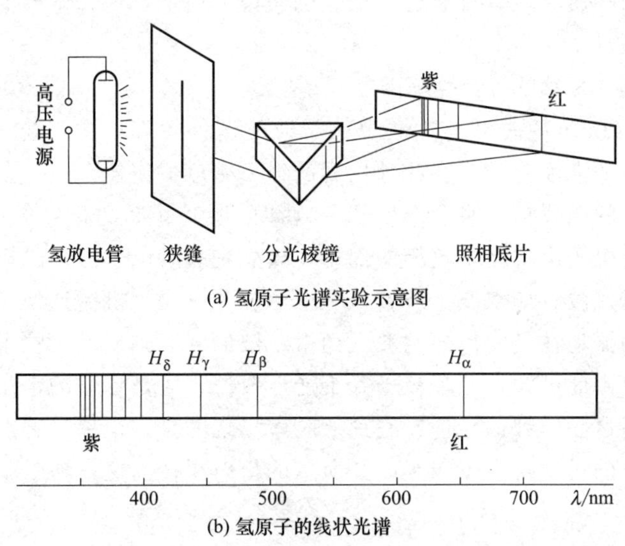


(a) 氢原子光谱实验示意图



(b) 氢原子的线状光谱

图 2.2　氢原子光谱实验示意图及谱图

然而，玻尔理论不能解释多电子原子的光谱等一些实验现象，其主要原因是原子的电子并非在固定半径的圆形轨道上运动，电子等微观粒子的运动还具有波动性特征。

#### 2.1.1.2　波粒二象性

20 世纪初，爱因斯坦（Einstein）的光子理论阐述了光具有波粒二象性，即传统被认为是波动的光也具有微粒的特性，例如光在传播时的干涉、衍射等现象，表现出光的波动性；而光与实物相互作用时所发生的现象，如光的发射、吸收、光电效应等，表现出其微粒性。

1924 年德布罗意（de Broglie）受光具有波粒二象性的启发，提出分子、原子、电子等微观粒子也具有波粒二象性，具有波的性质。这种物质微粒所具有的波称为物质波或德布罗意波。对于质量为 $m$、以速度 $v$ 运动着的微观粒子，不仅具有动量 $P=mv$（粒子性特征），而且具有相应的波长 $\lambda$（波动性特征），两者间的相互关系符合下列关系式：

$$\lambda = \frac{h}{P} = \frac{h}{mv} \tag{2.4}$$

这就是著名的德布罗意关系式，它把物质微粒的波粒二象性联系在一起，并可求得电子的波长，其波长相当于分子大小的数量级。因此，当一束电子流经过晶体时，应该能观察到由电子的波动性引起的衍射现象。这一推断在 1927 年通过电子衍射实验得到了证实（见图 2.3）。以后的实验又发现了许多其他的粒子流，如质子射线、$\alpha$ 射线、中子射线、原子射线等通过

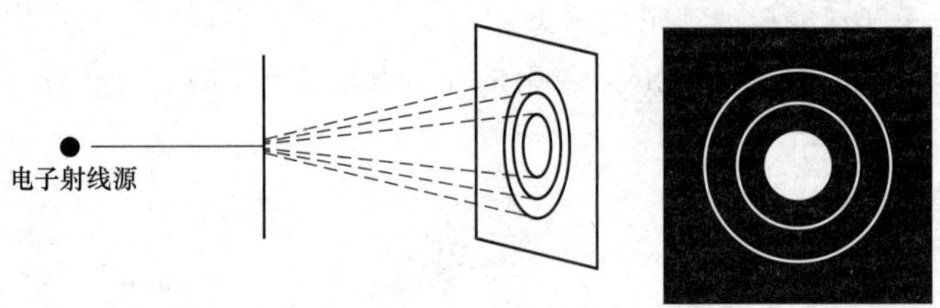


图 2.3　电子衍射示意图

合适的晶体靶时都会产生衍射现象，其波长都符合德布罗意关系式。这些实验结果有力地证明了德布罗意提出的物质微粒具有波粒二象性的假说。也就是说，微粒的波粒二象性是微观粒子运动的基本特征。

#### 2.1.1.3　微观粒子运动规律的统计性解释

1926 年，玻恩（Born）提出了对微观粒子波的统计解释：微观粒子波是一种概率波，在空间任何一点上波的强度与粒子在此处出现的概率密度成正比。

电子流通过合适的金属箔片时会产生十分规律的明暗相间的衍射图谱，如图 2.3 所示。图中明亮的衍射环是电子出现概率较高的部位，暗处则表示电子出现的概率较低。因此，粒子波的物理意义与机械波（如水波、声波）和电磁波等不同，机械波是介质质点的振动，电磁波是电场和磁场的振动在空间传播的波。而微粒波的强度则反映了粒子在该处出现概率的大小，故称概率波。由此可知，单个粒子并不能形成波，大量粒子的定向运动才能表现出波动性。当一个粒子通过晶体到达屏幕或底片上时，出现的是一个感光亮点，观察不到衍射现象，但大量微观粒子的运动将产生如图 2.3 所示的衍射图像。这就揭示了微观粒子运动波动性的统计特征。

### 2.1.2　核外电子的运动状态

#### 2.1.2.1　波函数与原子轨道

1926 年奥地利物理学家薛定谔（E. Schrödinger）根据德布罗意物质波的思想，以微观粒子的波粒二象性为基础，参照电磁波的波动方程，建立了描述微观粒子运动规律的波动方程，即著名的薛定谔方程，单电子原子氢原子的定态薛定谔方程为：

$$\frac{\partial^2\psi}{\partial x^2}+\frac{\partial^2\psi}{\partial y^2}+\frac{\partial^2\psi}{\partial z^2}+\frac{8\pi^2 m}{h^2}(E-V)\psi=0 \tag{2.5}$$

式中，$m$ 为电子的质量；$E$ 为电子的总能量；$V$ 为电子的势能；$\psi$ 为波函数，是空间坐标 $(x,y,z)$ 的函数，$\psi=\psi(x,y,z)$，也可用球坐标 $(r,\theta,\varphi)$ 表示，$\psi=\psi(r,\theta,\varphi)$。

式（2.5）把代表电子微粒性的物理量 $m$、$E$、$V$ 和代表电子波动性的物理量波函数 $\psi$ 联系在一起，表达了波粒二象性的原理，并表明了原子中电子的运动遵从波动的规律。薛定谔方程是现代量子力学及原子结构理论的重要基础和最基本的方程。

在一定条件下，通过求解薛定谔方程，可得到描述核外电子运动状态的一系列波函数 $\psi(r,\theta,\varphi)$ 的具体表达式，以及其对应状态的能量 $E$。所求得的每一个波函数 $\psi(r,\theta,\varphi)$，都对应于核外电子的运动状态。

通常习惯把这种描述原子中的电子运动状态的波函数 $\psi$ 称为原子轨道，原子轨道相应的能量也称为原子轨道能级。应该特别强调的是，这里所称的“轨道”是指原子核外电子的一种运动状态，是一种具有确定能量的运动状态，而不是经典力学中描述质点运动的某种确定的位置或几何轨迹。

### 2.1.2.2　四个量子数

薛定谔方程是一个复杂的二阶偏微分方程，在求解薛定谔方程过程中，需要三个条件参数，用 $n$、$l$、$m$ 表示。当 $n$、$l$、$m$ 的取值确定后，方程的解——波函数 $\psi(r,\theta,\varphi)$ 才具有确定的数学形式，常采用 $\psi(n,l,m)$ 或 $\psi_{n,l,m}$ 表示。而 $n$、$l$、$m$ 的取值也不是任意的，必须是量子化的，故把 $n$、$l$、$m$ 称为量子数。

一组确定的、合理的量子数（$n$，$l$，$m$），确定一个相应的波函数 $\psi(n,l,m)$，称为一个原子轨道。

对于电子，除绕核运动外，本身还具有自旋运动。因此，运用量子力学原理描述电子运动时，还必须引入一个描述电子自旋运动的量子数，称为自旋量子数 $m_s$，它决定电子自旋的运动状态及相应的能量。

因此，描述一个特定原子轨道，需要三个量子数（$n$，$l$，$m$），而描述核外电子的一种运动状态，需要四个量子数（$n$，$l$，$m$，$m_s$）。四个量子数的取值和物理意义分述如下。

（1）主量子数 $n$

表征原子轨道离核的远近，即通常所指的核外电子层的层数。$n$ 是决定原子轨道能级高低的主要参数，故称主量子数。$n$ 的取值是 1，2，3，4，…为自然数。$n$ 值越大，表示电子离核越远，所处轨道能级越高。不同的 $n$ 值代表不同的电子层，主量子数与电子层的对应关系为：

主量子数 $n$　1，2，3，4，5，6，7，…

电子层　　K，L，M，N，O，P，Q，…

（2）角量子数 $l$

表征原子轨道角动量的大小。$l$ 与原子轨道的空间形状有关，$l$ 值不同，轨道形状、电子云形状也不同。通常把 $n$ 相同而 $l$ 不同的波函数 $\psi$ 称为不同的电子亚层。$l$ 的取值受到 $n$ 的限制，取 0，1，2，3，…，（$n-1$），共 $n$ 个取值，分别用 s，p，d，f，…表示。$l=0$，1，2，3 的轨道分别称为 s，p，d，f 轨道。

对于多电子原子，角量子数 $l$ 对其能量也有影响，但比 $n$ 的影响小；当 $n$ 相同时，$l$ 的影响就明显了。

（3）磁量子数 $m$

表征原子轨道角动量在外磁场方向上分量的大小。$m$ 值与原子轨道的空间伸展方向有关，它表示在同一角量子数 $l$ 下，电子亚层在空间可能采取的不同伸展方向。$m$ 的取值受到 $l$ 的限制：$m=0$，$\pm1$，$\pm2$，$\pm3$，…，$\pm l$，共（$2l+1$）个取值。

当 $l=0$ 时，$m=0$，在空间有一种取向，只有一个轨道（s 轨道）；

当 $l=1$ 时，$m=0$、$\pm1$，在空间有三种取向，表示 p 亚层有三个轨道（$p_x$，$p_y$，$p_z$）；

当 $l=2$ 时，$m=0$、$\pm1$、$\pm2$，在空间有五种取向，表示 d 亚层有五个轨道（$d_{xy}$，$d_{yz}$，$d_{zx}$，$d_{z^2}$，$d_{x^2-y^2}$）。

在无外磁场下，$n$、$l$ 相同 $m$ 不同的原子轨道，其能级是相同的，称为简并轨道，也称为等价轨道。如 $n=2$、$l=1$ 时，$m$ 可取 0、$\pm1$，即 $2p_z$、$2p_x$ 和 $2p_y$ 三种轨道，能量都是相同的，但在空间的伸展方向却是不同的。外磁场存在时，不同的磁量子数表示的状态，能量会有微小的差别，这也是 $m$ 称作磁量子数的原因。

每一组 $n$、$l$、$m$ 的合理组合，会得到一个对应的波函数 $\psi_{n,l,m}$。例如，当 $n=2$ 时，$l$

可取 0 和 1，分别对应于电子亚层 2s 和 2p。由于 $l=0$ 时，$m$ 只能取 0，故 $\psi_{2,0,0}(\psi_{2s})$ 只有一种伸展方向——球形。而 $l=1$ 时，$m$ 可取 0、±1，故 2p 轨道有三种伸展方向，对应的波函数为 $\psi_{2,1,0}(\psi_{2p_z})$、$\psi_{2,1,\pm1}(\psi_{2p_x}, \psi_{2p_y})$ 共三个 2p 轨道。

（4）自旋量子数 $m_s$

表征自旋角动量在外磁场方向上分量的大小，即自旋运动的取向。电子自旋只有两种取向，故 $m_s$ 只可取值为 $+\frac{1}{2}$ 和 $-\frac{1}{2}$，通常也用“↑”和“↓”表示电子的两种自旋状态，用“↑↑”和“↑↓”分别表示两个电子“自旋平行”和“自旋反平行”两种情况。

四个量子数与各电子层可能存在的电子运动状态数列于表 2.1。

**表 2.1 氢原子轨道与三个量子数的关系**

| $n$ | 电子层符号 | $l$ | $m$ | 轨道名称 | 轨道数 |
|---|---|---|---|---|---|
| 1 | K | 0 | 0 | 1s | 1 |
| 2 | L | 0 | 0 | 2s | 1 |
| | | 1 | 0,±1 | 2p | 3 |
| 3 | M | 0 | 0 | 3s | 1 |
| | | 1 | 0,±1 | 3p | 3 |
| | | 2 | 0,±1,±2 | 3d | 5 |
| 4 | N | 0 | 0 | 4s | 1 |
| | | 1 | 0,±1 | 4p | 3 |
| | | 2 | 0,±1,±2 | 4d | 5 |
| | | 3 | 0,±1,±2,±3 | 4f | 7 |

#### 2.1.2.3 波函数（原子轨道）的角度分布图

对空间一点 $P$ 的位置，可用直角坐标 $(x, y, z)$ 或球坐标 $(r, \theta, \varphi)$ 来描述。对于波函数，用球坐标更方便。直角坐标 $(x, y, z)$ 和球坐标 $(r, \theta, \varphi)$ 的转换关系如下（见图 2.4）：

$$x=r\sin\theta\cos\varphi$$

$$y=r\sin\theta\sin\varphi$$

$$z=r\cos\theta$$

经坐标转换后，用直角坐标所描述的波函数 $\psi(x,y,z)$ 就可转化为以球坐标描述的波函数 $\psi(r,\theta,\varphi)$。见表 2.2。

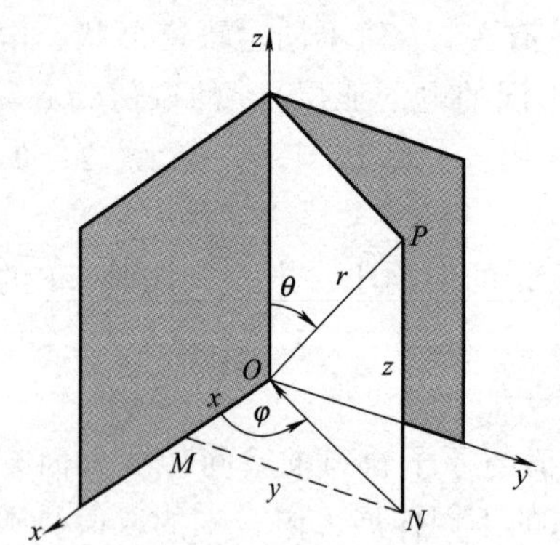


图 2.4 直角坐标与球坐标的关系

**表 2.2 氢原子的波函数**（$a_0$ 为玻尔半径）

| 轨道 | $\psi(r,\theta,\varphi)$ | $R(r)$ | $Y(\theta,\varphi)$ |
|---|---|---|---|
| 1s | $\sqrt{\frac{1}{\pi a_0^3}}e^{-r/a_0}$ | $2\sqrt{\frac{1}{a_0^3}}e^{-r/a_0}$ | $\sqrt{\frac{1}{4\pi}}$ |
| 2s | $\frac{1}{4}\sqrt{\frac{1}{2\pi a_0^3}}\left(2-\frac{r}{a_0}\right)e^{-r/2a_0}$ | $\sqrt{\frac{1}{8a_0^3}}\left(2-\frac{r}{a_0}\right)e^{-r/2a_0}$ | $\sqrt{\frac{1}{4\pi}}$ |

续表

| 轨道 | $\psi(r,\theta,\varphi)$ | $R(r)$ | $Y(\theta,\varphi)$ |
|---|---|---|---|
| $2p_z$ | $\frac{1}{4}\sqrt{\frac{1}{2\pi a_0^3}}\left(\frac{r}{a_0}\right)e^{-r/2a_0}\cos\theta$ |  | $\sqrt{\frac{3}{4\pi}}\cos\theta$ |
| $2p_x$ | $\frac{1}{4}\sqrt{\frac{1}{2\pi a_0^3}}\left(\frac{r}{a_0}\right)e^{-r/2a_0}\sin\theta\cos\varphi$ | $\sqrt{\frac{1}{24a_0^3}}\left(\frac{r}{a_0}\right)e^{-r/2a_0}$ | $\sqrt{\frac{3}{4\pi}}\sin\theta\cos\varphi$ |
| $2p_y$ | $\frac{1}{4}\sqrt{\frac{1}{2\pi a_0^3}}\left(\frac{r}{a_0}\right)e^{-r/2a_0}\sin\theta\sin\varphi$ |  | $\sqrt{\frac{3}{4\pi}}\sin\theta\sin\varphi$ |

数学上，可将用球坐标描述的波函数分解为两个独立函数之积：

$$\psi(r,\theta,\varphi)=R(r)Y(\theta,\varphi) \tag{2.6}$$

式中，$R(r)$ 为波函数的径向部分，代表电子离核距离 $r$ 的函数，所得一系列解与主量子数 $n$ 有关，而与空间取向（$\theta$，$\varphi$）无关；$Y(\theta,\varphi)$ 为波函数的角度部分，以 $\theta$、$\varphi$ 为变量可得一系列解，它们与角量子数 $l$ 和磁量子数 $m$ 有关，而与离核距离 $r$（即与主量子数 $n$）无关。

例如，氢原子的基态波函数可表示为：

$$\psi_{1s}=\sqrt{\frac{1}{\pi a_0^3}}\,e^{-\frac{r}{a_0}}=R_{1s}Y_{1s}=2\sqrt{\frac{1}{a_0^3}}\,e^{-\frac{r}{a_0}}\sqrt{\frac{1}{4\pi}} \tag{2.7}$$

以 $Y(\theta,\varphi)$ 对（$\theta$，$\varphi$）作图，便得到波函数角度部分的图形，常称为原子轨道的角度分布图。如图 2.5(a) 所示。

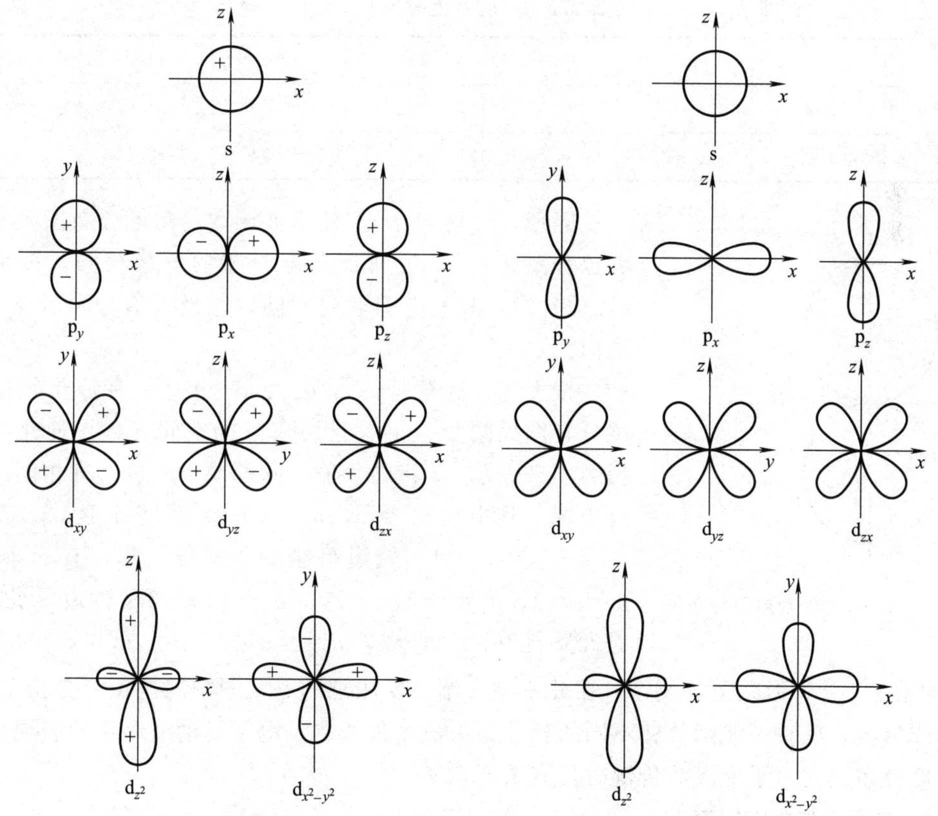


图 2.5　s，p，d 原子轨道和电子云角度分布图

角量子数 $l=0$ 的原子轨道称为 s 轨道，此时主量子数 $n$ 可以取 1，2，3，…。对应于 $n=1$，2，3 的 s 轨道分别称为 1s 轨道，2s 轨道，3s 轨道。各 s 轨道的角度分布函数都和 1s 轨道的相同：$Y_s=\sqrt{\frac{1}{4\pi}}$，是一个与角度（$\theta$，$\varphi$）无关的常数，所以各 s 轨道的角度分布图都是球形对称的，说明电子处于 s 轨道时，在核外空间各个方向运动特点相同。

角量子数 $l=1$ 的原子轨道称为 p 轨道，此时主量子数 $n$ 可以取 2，3，…。对应的 p 轨道分别称为 2p 轨道，3p 轨道等。以表 2.2 中 2p 轨道为例，其 $Y(\theta,\varphi)$ 有三种表达式，对应着三种不同的 2p 轨道，也对应着磁量子数 $m$ 有 0，±1 三个不同取值，反映出 p 轨道是有方向性的，有 $p_z$、$p_x$ 和 $p_y$ 三种伸展方向。

以 $p_z$ 为例，所有 $p_z$ 轨道波函数的角度部分均为：

$$Y_{p_z}=\sqrt{\frac{3}{4\pi}}\cos\theta$$

计算不同 $\theta$ 对应的 $Y_{p_z}$ 值，得表 2.3，以 $Y_{p_z}$ 对 $\theta$ 作图，从原点出发引出不同 $\theta$ 角时的直线，直线长度即为该角度时的 $Y_{p_z}$ 值，连接不同 $\theta$ 角所对应的线段的终点，可得图 2.6。图中球面上每点至原点的距离，代表该角度方向上 $Y_{p_z}$ 数值的大小；正负号表示波函数角度部分 $Y_{p_z}$ 在该角度上为正值或负值。整个球面反映 $Y_{p_z}$ 随 $\theta$ 角变化的规律。由于在 $z$ 轴上 $\theta=0°$，$\cos\theta=1$，所以 $Y_{p_z}$ 在沿 $z$ 轴方向上出现极大值。

**表 2.3　不同 $\theta$ 值时的 $Y_{p_z}$**

| $\theta$ | 0° | 30° | 60° | 90° | 120° | 150° | 180° |
|---|---|---|---|---|---|---|---|
| $\cos\theta$ | 1.00 | 0.87 | 0.50 | 0 | −0.50 | −0.87 | −1.00 |
| $Y_{p_z}$ | 0.49 | 0.42 | 0.24 | 0 | −0.24 | −0.42 | −0.49 |

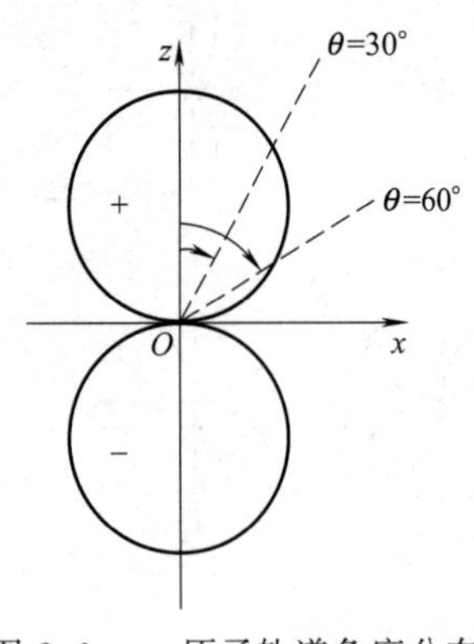

图 2.6　$p_z$ 原子轨道角度分布图

同理，可得 $p_x$、$p_y$ 轨道波函数的角度分布图，发现两者也和图 2.6 的 $p_z$ 轨道角度分布的形状相同，都呈哑铃（双球）形，只是空间取向不同，其极大值分别沿 $x$、$y$ 轴取向。

按上述方法获得的常见 s、p、d 共 9 种原子轨道的角度分布图见图 2.5(a)，且将实际的空间立体图简化为平面投影图来表示。$l$ 相同 $n$ 值不同的原子轨道具有相同的角度分布图，其中 s（$l=0$，$m=0$）轨道呈球形；p（$l=1$，$m=-1$，0，+1）轨道呈哑铃（双球）形，有三条轨道；d（$l=2$，$m=-2$，−1，0，+1，+2）轨道呈花瓣形，有五条轨道。f（$l=3$，$m=-3$，−2，−1，0，+1，+2，+3）轨道有 7 条，形状更加复杂，在此不做介绍。要注意的是，图中的正负号是指 $Y(\theta,\varphi)$ 是正值或负值，反映了波函数在不同的相位为正值或负值，是电子运动波动性的表现。原子轨道角度分布图在原子形成共价键时具有重要意义。

### 2.1.2.4　电子云与概率密度

波函数 $\psi$ 本身没有直观、明确的物理意义。但波函数平方 $|\psi|^2$ 却与电子在空间出现的

概率密度（即在空间某位置上单位体积内电子出现的概率）成正比，这种出现概率的空间分布表现出波动的特点。因此，核外电子运动的波动性表现为一种概率波，这是对电子运动波动性的一种统计力学说明。

若用黑点的疏密程度来表示空间各点电子出现的概率密度的大小，则 $|\psi|^2$ 大的地方，黑点较密；$|\psi|^2$ 小的地方，黑点较疏。这种以黑点疏密程度来形象地表示电子在空间概率密度分布的图形，称为电子云。

电子云界面图也是一种常用的表示核外电子运动范围的一种图形。把电子云概率密度相等的各点联结成一个等电子云密度面，选择其中一个合适的等电子密度面作为电子云的界面，使界面内电子出现的总概率很大（如≥90%），界面外出现的概率很小而忽略不计，这种表示称为电子云界面图。图 2.7 就是氢原子基态 1s 电子云的三种表示。

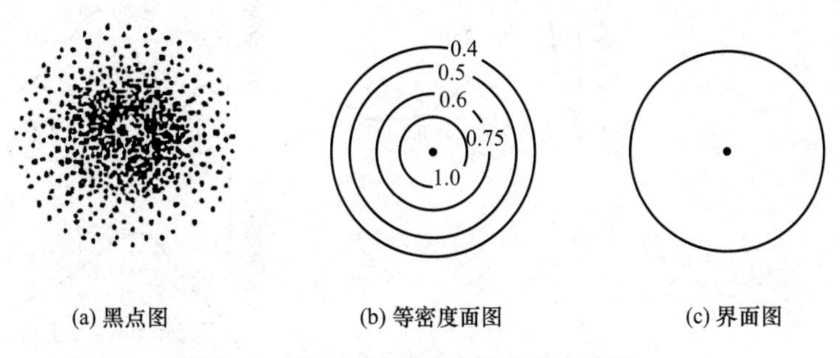


图 2.7　表示电子云分布的几种方法图

### 2.1.2.5　电子云的角度分布图

由于 $\psi(r,\theta,\varphi)=R(r)Y(\theta,\varphi)$，因此 $|\psi|^2=|R(r)|^2|Y(\theta,\varphi)|^2$。$|R(r)|^2$ 称为电子云的径向部分，反映离核为 $r$、厚度为 d$r$ 的薄球壳中电子出现的概率大小，与主量子数 $n$ 有关；$|Y(\theta,\varphi)|^2$ 称为电子云的角度部分，反映电子在空间不同角度出现的概率密度。

将波函数角度部分的平方 $Y^2$ 随角度（$\theta,\varphi$）变化作图，所得图像称为电子云的角度分布图。如图 2.5(b) 所示。图 2.5(b) 是 s、p、d 电子云角度分布图。

电子云的角度分布图与原子轨道的角度分布图的形状相似，但有两点区别：

① 原子轨道的角度分布图有正、负号，而电子云的角度分布图都为正值；

② 电子云的角度分布图形比相应的原子轨道分布图要“瘦”一些。

电子云角度分布图和波函数角度分布图相同点是它们都只与 $l$、$m$ 两个量子数有关，与主量子数 $n$ 无关。

### 2.1.2.6　电子云的径向分布图

同理可得电子云的径向分布图，如图 2.8 所示。电子云的径向分布图，反映出电子出现概率密度的大小与离核远近的关系。

从图 2.8 可以看出，当主量子数 $n$ 增大时，如 1s、2s 变化到 3s 轨道，电子离核的距离越来越远。主量子数 $n=3$ 时，角量子数 $l$ 可取三个值，对应 3s、3p、3d 轨道，在这三个轨道上的电子鉴于 $n$ 值相同，我们通常称这些电子处于同一电子层。在同一电子层中将 $l$ 相同的轨道合称为电子亚层，如 $3p_x$、$3p_y$ 和 $3p_z$ 即是同一电子亚层（p 亚层）。

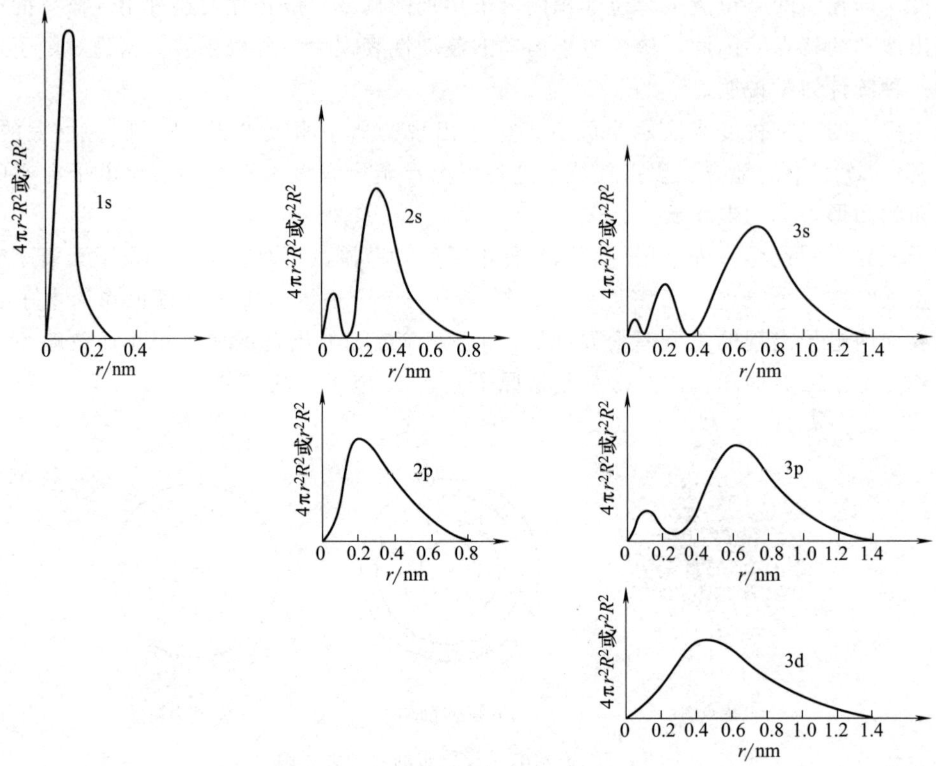


图 2.8 氢原子电子云径向分布图

### 2.1.3 多电子原子核外电子的排布

在多电子原子中，既有核对电子的吸引作用，又有电子间的相互排斥作用。电子不停地运动，任意两个电子间的距离在不断变化，因此准确计算电子间的排斥作用是困难的。中心力场法是求解多电子原子薛定谔方程的一种近似方法。中心力场法认为：其他 $Z-1$ 个电子对 $i$ 电子的排斥作用可看成是 $Z-1$ 个电子形成的电子云分散在原子核周围，就像一个“罩”屏蔽掉一部分原子核的正电荷 $\sigma$，$i$ 电子只受到 $Z^*=Z-\sigma$ 个正电荷的吸引。$i$ 电子就可看作是在一个以原子核为中心，核电荷为 $Z^*$ 的球形势场中运动。$\sigma$ 称为屏蔽系数，$Z^*$ 称为有效核电荷。这种把电子间的相互排斥作用看成是抵消部分核电荷对电子的吸引的作用称为屏蔽效应。

越是内层的电子，对外层的电子屏蔽作用越大，同层电子间的屏蔽作用较小，外层电子对内层电子的屏蔽作用可忽略。

#### 2.1.3.1 电子在原子轨道中排布的基本原则

根据原子光谱实验结果和量子力学原理，人们总结出了多电子原子处于基态时核外电子排布的三个基本原则。

（1）泡利不相容原理

在同一原子中，不能有两个电子处于完全相同的状态。

这是由奥地利物理学家泡利（Pauli）根据实验结果得出的。即在同一原子中不可能有两个电子具有完全相同的四个量子数。因此，每一轨道中最多只能容纳两个自旋方向相反的电子，即由同一组（$n$，$l$，$m$）所确定的一个原子轨道中，最多只能容纳两个电子，这两个电

子的 $m_s$ 必须不同，一个为 $+\frac{1}{2}$，另一个为 $-\frac{1}{2}$。

根据泡利不相容原理，得出各电子层的最大电子容量如下：

| 电子层（主量子数） | 1 | 2 | 3 | 4 | … | $n$ |
|---|---|---|---|---|---|---|
| 原子轨道数 | 1 | 4 | 9 | 16 | … | $n^2$ |
| 最大电子容量 | 2 | 8 | 18 | 32 | … | $2n^2$ |

（2）能量最低原理

在基态时，电子在原子轨道中的排布，在不违背泡利不相容原理的前提下，总是优先排入能量尽可能低的轨道。只有当能量最低的轨道占满后，电子才依次进入能量较高的轨道。

氢原子轨道的能量高低取决于主量子数 $n$；多电子轨道的能量高低除了主要与 $n$ 有关，还与角量子数 $l$ 有关，并具有以下规律：

$l$ 值相同时，$n$ 越大的轨道能级越高：$E_{1s}<E_{2s}<E_{3s}\cdots$；

$n$ 值相同时，$l$ 越大的轨道能级越高：$E_{ns}<E_{np}<E_{nd}<E_{nf}$；

$n$、$l$ 均不同时，出现 $E_{4s}<E_{3d}$、$E_{5s}<E_{4d}$ 的能级顺序，即主量子数较大的原子轨道的能级反而较低，这种现象称为能级交错。

（3）洪特规则

在能量相同的原子轨道即所谓等价轨道（如三个 p 轨道、五个 d 轨道、七个 f 轨道）中排布的电子，总是尽可能分占不同的等价轨道且保持自旋相同（或称自旋平行）。

量子力学原理表明，电子的这种排布方式，避免了同一轨道中两个电子间的斥力，无需消耗电子配对能，使整个原子能量处于较低状态。因此，洪特规则实际上是能量最低原理的一种具体体现。

洪特规则特例：等价轨道处于全充满（$p^6$，$d^{10}$，$f^{14}$）或半充满（$p^3$，$d^5$，$f^7$）或全空（$p^0$，$d^0$，$f^0$）状态时的电子排布方式是比较稳定的。

### 2.1.3.2　原子轨道能级的顺序

多电子原子中轨道能级顺序复杂，美国化学家鲍林（L. Pauling）根据大量光谱实验，提出了多电子原子轨道的近似能级图（见图 2.9）。

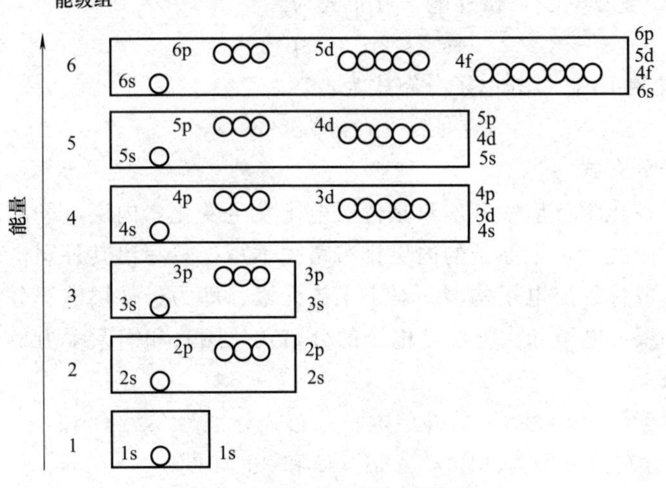


图 2.9　Pauling 近似能级图

图中可以看出能级由低到高顺序 $ns$，$(n-2)$f，$(n-1)$d，$n$p 的排列规律。将能量相近的能级划为一组，称为能级组，共七个能级组。我国量子化学家徐光宪先生总结出经验规律 $(n+0.7l)$，用来比较不同轨道能量的高低，$(n+0.7l)$ 值越大，原子轨道能量越高，这与鲍林近似能级图的分组结果相同。

例如，第 4 能级组中的三个能级 4s、3d、4p 的 $(n+0.7l)$ 值分别为 4.0、4.4、4.7，整数部分均为 4，所以同属第 4 能级组。

为了便于记忆，可按图 2.9 所示方式，把各电子层按层次由小到大顺序排列，可得到各能级由低到高的顺序：1s；2s、2p；3s、3p；4s、3d、4p；5s、4d、5p；6s、4f、5d、6p；7s、5f、6d、7p。

### 2.1.3.3 核外电子分布式和外层电子分布式

（1）核外电子分布式

多电子原子核外电子分布的表达式叫作电子分布式，又称电子构型。根据电子在原子轨道中排布的三条基本原则，利用近似能级图给出的填充顺序，可以写出绝大多数元素原子基态的电子分布式，方法是：先将原子中各个可能轨道的符号，按 $n$、$l$ 递增的顺序自左至右排列，然后在各个轨道符号的右上角用数字表示该轨道中的电子数，没有填入电子的全空轨道则不必列出。

例如，O 原子，$Z=8$，电子分布式为 $1s^2 2s^2 2p^4$。表示 O 原子的 8 个电子，2 个排在 1s 轨道中，2 个排在 2s 轨道中，4 个排在 2p 轨道中。

Ca 原子，$Z=20$，电子分布式为 $1s^2 2s^2 2p^6 3s^2 3p^6 4s^2$。

值得注意的是，写电子分布式时，按能级的高低，电子的填充顺序应该是 4s 先于 3d，但在写电子分布式时，习惯上同层写在一起，3d 在前 4s 在后，3d 与同层的 3s、3p 轨道连在一起写，即按主量子数由小到大的顺序写出。

如 Ti 原子，$Z=22$，按照近似能级顺序的电子分布情况为 $1s^2 2s^2 2p^6 3s^2 3p^6 4s^2 3d^2$，但实际上电子分布式应写为 $1s^2 2s^2 2p^6 3s^2 3p^6 3d^2 4s^2$。

又如 26 号元素 Fe，按照近似能级顺序的核外电子分布情况为 $1s^2 2s^2 2p^6 3s^2 3p^6 4s^2 3d^6$，应重排为 $1s^2 2s^2 2p^6 3s^2 3p^6 3d^6 4s^2$。

另外要注意的是，受洪特规则限制，填充电子时倾向于形成轨道半充满、全充满和全空的状态。例如，24 号元素 Cr，核外电子分布式为：

$$1s^2 2s^2 2p^6 3s^2 3p^6 3d^5 4s^1$$

又如，29 号元素 Cu，核外电子分布式为：

$$1s^2 2s^2 2p^6 3s^2 3p^6 3d^{10} 4s^1$$

（2）外层电子分布式

由于各种原子在化学反应中一般只是价层电子发生变化，内层电子和原子核是一个相对稳定不变的实体，因此，可把原子的内层排布略去不写，只写出其外层价电子的排布，称为外层电子分布式，或称外层电子构型。对于主族元素，即为最外层电子分布式；对于副族元素，则多是指最外层 s 电子和次外层 d 电子的分布式［镧系和锕系多为最外层 s 电子和倒数第三层的 $(n-2)$f 电子］。

例如，上述主族元素 O 和 Ca 的外层电子分布式分别为 $2s^2 2p^4$ 和 $4s^2$，副族元素 Fe、Cr 和 Cu 的外层电子分布式分别为 $3d^6 4s^2$、$3d^5 4s^1$ 和 $3d^{10} 4s^1$。

本书所附的元素周期表中列出了各元素的原子基态外层电子分布式。

（3）离子的外层电子分布式

原子得失电子后变成离子。获得电子形成负离子时，得到的电子填充在最外层。例如 $Cl^-$ 的外层电子分布式为 $3s^2 3p^6$。

失去电子而成为正离子时，一般要按照由外向里的顺序，首先失去能量较高的最外层的 $n$s 轨道上的电子，电子层数减少。当 $n$s 轨道上的电子全部失去后，还可能失去（$n-1$）d 轨道上的电子。例如，$Mn^{2+}$ 的外层电子构型是 $3s^2 3p^6 3d^5$ 而不是 $3s^2 3p^6 3d^3 4s^2$，同时注意格式上也要将同层分布写全，即 $3s^2 3p^6 3d^5$ 不能只写成 $3d^5$。

概括起来，离子具有以下几种外层电子构型。

① 2 电子构型，例如 $Li^+$（$1s^2$）；

② 8 电子构型，例如 $Na^+$（$2s^2 2p^6$），$O^{2-}$（$2s^2 2p^6$），$S^{2-}$（$3s^2 3p^6$）；

③ 9～17 电子构型，例如 $Fe^{3+}$（$3s^2 3p^6 3d^5$），$Cu^{2+}$（$3s^2 3p^6 3d^9$）；

④ 18 电子构型，例如 $Ag^+$（$4s^2 4p^6 4d^{10}$），$Zn^{2+}$（$3s^2 3p^6 3d^{10}$）；

⑤ 18＋2 电子构型，例如 $Sn^{2+}$（$4s^2 4p^6 4d^{10} 5s^2$），$Pb^{2+}$（$5s^2 5p^6 5d^{10} 6s^2$）。

## 2.2　元素周期律

### 2.2.1　原子电子层结构与元素周期表的关系

原子核外电子分布周期性是元素周期律的微观基础，元素周期表则是元素原子的电子分布周期律的集中表现形式。

本书彩页附录为元素周期表，除镧系、锕系元素单独表示外，7 横行代表 7 个不同周期，18 纵列分别代表 16 个不同的族：7 个主族、7 个副族、Ⅷ族（Ⅷ族也可称为副族）和零族，其中主族、副族分别用 A、B 区别表示，只有Ⅷ族含 3 列元素。

（1）每个周期的元素数

从电子分布规律可以看出，各周期数与各能级组相对应。每周期元素的数目等于相应能级组内各轨道所容纳的最多电子数。如第一能级组 1s 对应第一周期，因此该周期只有 2 种元素；第二、三周期能级组含 s、p 轨道，轨道数目为 4，最多容纳 8 个电子，所以第二、三周期各 8 种元素；第四周期能级组含 4s、3d、4p 轨道，轨道数目为 9，最多容纳 18 个电子，所以第四周期共 18 种元素。

（2）元素在元素周期表中的位置

元素在元素周期表中所处的周期数，等于该元素原子所具有的电子层数。例如，K 元素，$Z=19$，电子分布式为 $1s^2 2s^2 2p^6 3s^2 3p^6 4s^1$，共有 4 个电子层，$n=4$，故 K 元素应处在元素周期表中的第 4 周期。

元素在元素周期表中的族数，主要取决于该元素的价层电子数或最外层电子数：

① ⅠA 到ⅦA 族元素，其族数等于各自的最外层电子数，即等于它们的价层电子数（$n$s 电子与 $n$p 电子数的总和）。

② 零族元素，电子排布最外层是满层（$ns^2$ 或 $ns^2 np^6$），通常在化学变化中既不会失去电子也不会得到电子，可认为价电子数为零，故为零族，有些书中也称为ⅧA 族。

③ ⅠB 和ⅡB 族元素，其族数应等于其各自的最外层电子数，即 $n$s 电子的数目，但其价层电子应为 $n$s 电子和（$n-1$）d 电子。

④ ⅢB 到ⅦB 族元素，其族数等于各自的最外层 $n$s 电子数和次外层（$n-1$）d 电子数的

总和。与价层电子数目基本一致，但其中处于ⅢB族的镧系元素和锕系元素的价层电子除 $ns$ 电子和 $(n-1)d$ 电子外，还包括部分 $(n-2)f$ 电子。

⑤ Ⅷ族元素，占据元素周期表中三个纵行，价层电子数为 $ns$ 与 $(n-1)d$ 电子的总和，分别为8、9、10，理应分别为Ⅷ族、Ⅸ族、Ⅹ族，但因这三列元素性质十分相似，故合并为一个族，称为Ⅷ族，为一特例，有些书中也称为ⅧB族。

(3) 元素在元素周期表中的分区

按各元素原子的价层电子构型的特点，元素周期表可划分为五个区：s区、p区、d区、ds区和f区，如表2.4所示。

**表 2.4　原子外层电子构型与元素周期表分区**

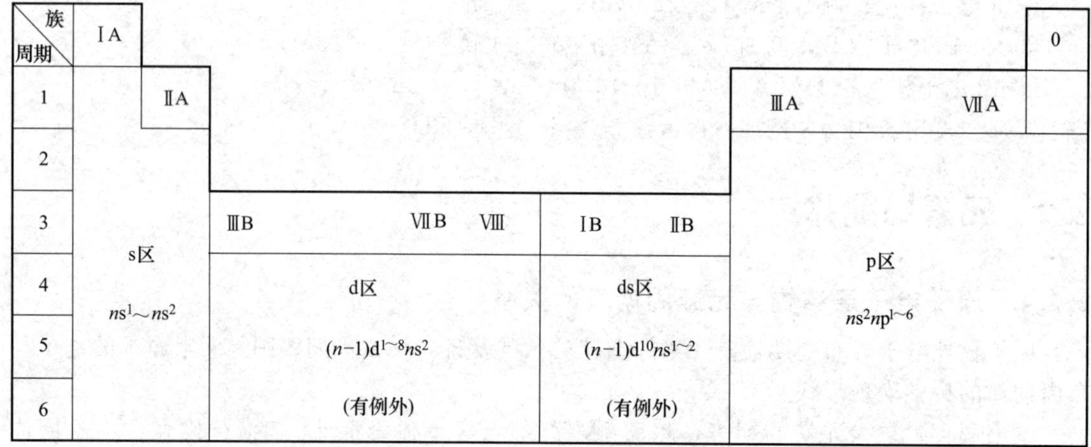


| 镧系元素 | f区 |
|---|---|
| 锕系元素 | $(n-2)f^{1\sim14}ns^2$(有例外) |

① s区：该区元素的化合价为+1、+2，等于其族数，属活泼金属元素。

② p区：该区的右上方属典型的非金属元素，而左下方元素则带有明显的金属性，多为低熔点金属，处于对角线两侧的元素的单质往往具有半导体性质。该区元素除F外通常具有几种不同的正化合价，最高化合价等于其族数。零族元素一般不参与化学反应，呈惰性。

③ d区：该区元素与主族金属元素有明显差异，且易于生成配合物，属过渡金属元素，次外层电子也会参加化学反应，使其在化合物中大多具有不同的化合价，有的最高正价等于其族数，常见的稳定价态为+2价、+3价。

④ ds区：该区元素亦属过渡金属元素，化合价多为+1、+2，但也有可能失去次外层的d电子而具有更高的化合价，如 $Cu^{2+}$、$Au^{3+}$ 等。

⑤ f区：该区包括镧系第57号到71号元素和锕系第89号到103号元素。该区元素也属于过渡金属元素，但一般将d区元素和ds区元素合称为过渡元素，而把f区元素称为内过渡元素。化合价可为+3、+4，最常见为+3价。该区元素的化学性质彼此十分相近。

### 2.2.2　元素基本性质的周期性变化规律

原子外层电子构型的周期性变化决定了元素性质的周期性变化，在此主要介绍原子半径、电离能、电子亲和能、电负性和金属性与非金属性。

### 2.2.2.1　原子半径

原子半径是元素的一个重要参数，对元素及化合物的性质有较大影响。由于核外电子具有波动性，核外空间没有确定的边界，讨论单个原子的半径是没有意义的。一般把原子半径理解为原子相互作用时的有效作用范围。例如同种元素的两个原子以共价键结合时，它们核间距离的一半称为该原子的共价半径；金属晶体中，两相邻金属原子核间距的一半称为该原子的金属半径；稀有气体原子半径，是指稀有气体晶体中两原子核间距的一半，称为范德华半径，因此范德华半径大于共价半径和金属半径。通常，原子半径是指上述三类中的一种。同一类型的原子半径，与原子核外电子层数及有效核电荷有关，一般来说，电子层数越多，原子半径越大；有效核电荷越大，核对外层电子吸引力越强，原子半径越小。不同类型的原子半径之间缺乏可比性，一般不做简单的比较。

各元素的原子半径如图 2.10 所示。从图 2.10 可以看出，同周期或同族元素的原子半径具有十分明显的周期性变化规律。

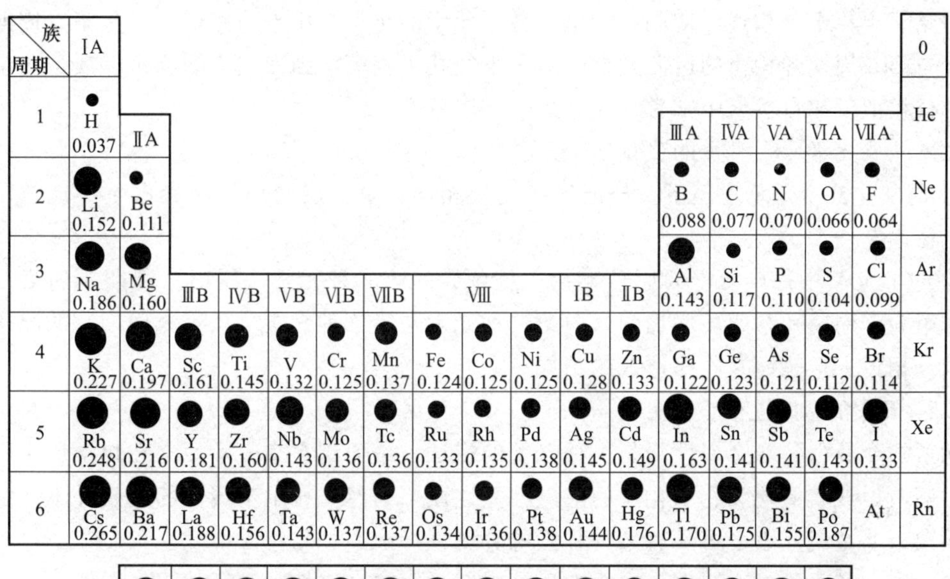


图 2.10　元素的原子半径（单位为 nm）

（1）同周期元素原子半径的变化

原子半径的大小与有效核电荷数和核外电子层数有关。同周期元素的原子半径具有以下几方面的周期性变化规律。

① 同一短周期中，从左到右原子半径逐渐减小。因为同一周期各元素的原子具有相同的电子层数，增加的电子都在同一外层，此时相互屏蔽作用较小。因此随原子序数增加，其有效核电荷数 $Z^*$递增，对最外层电子的有效吸引逐步增大，故使原子半径自左至右呈现缩小的趋势。

在长周期中原子半径缩小的趋势显得较为缓慢。因为对过渡元素而言，随原子序数递增，核外新增的电子依次在次外层 d 轨道上填充，对外层电子产生较大的屏蔽作用，故有效核电荷递增的幅度不如同周期的主族元素大。

② 零族元素的原子半径突然增大，是因为稀有气体的原子半径实际为范德华半径，因而显得特别大。

③ 自第 4 周期起，在ⅠB、ⅡB族（ds区）附近的元素，原子半径突然增大。这是由于它们的次外层 d 轨道已全部填满电子，对最外层电子的屏蔽作用较强，使核对最外层 s 电子吸引很弱。

④ 镧系收缩是指整个镧系元素原子半径随原子序数增加而缩小不明显的现象。镧系收缩与同一周期中元素的原子半径自左至右递减的趋势基本一致，但不同的是，镧系元素随原子序数增加的电子是填在 4f 轨道上，其对最外层的 6s 电子和次外层 5d 电子的屏蔽作用较强，使得核对 5d、6s 电子的吸引很弱，因而镧系元素的原子半径随原子序数的增加而缩小的幅度很小。

从元素 La 到元素 Lu 共 15 种元素，原子半径从 0.188nm 降至 0.173nm，仅减少 0.015nm，这种镧系收缩的特殊性，直接导致了以下两方面的结果：一是由于镧系元素中各元素的原子半径十分相近，使镧系元素中各个元素的化学性质十分相近；二是第 5 周期各过渡元素与第 6 周期各相应的过渡元素的原子半径几乎相等，因而它们的物理性质、化学性质也都十分相似，在自然界中常常彼此共生，难以分离。

（2）同族元素原子半径的变化

① 同一主族中，从上至下，外层电子构型相同，电子层增加的因素占主导地位，所以原子半径逐渐增大。

② 过渡元素中每族元素的原子半径，从该族的第一种元素（属第 4 周期）到第二种元素（属第 5 个周期）是明显增加的，但第二种元素与第三种元素（属第 6 周期）的原子半径却都十分相近。这是镧系收缩造成的结果。

#### 2.2.2.2 元素的金属性和非金属性

元素的金属性和非金属性只是一种笼统的提法，一般用它来表示元素在化学反应中得失电子的倾向，或其氧化物、水化物的酸碱性等性质。当然，显示金属性的元素并不一定就是金属元素，非金属元素也可具有某种程度的金属性。

同一周期各元素的金属性自左至右逐渐减弱，而非金属性却逐渐加强。同族元素自上而下金属性增加，而非金属性减弱。这一趋势在第 2、第 3 周期中和各主族元素中表现较为典型，而过渡性元素尤其镧系元素递变幅度极为缓慢，差别较小。

最典型的非金属元素，出现在元素周期表的右上方，F 是最强的非金属元素；最典型的金属元素在元素周期表的左下方，Cs 和 Fr 是最强的金属元素，过渡元素属金属元素。

#### 2.2.2.3 电负性

美国化学家鲍林在 1932 年提出元素电负性的概念，解决了对构成分子的不同种元素原子争夺电子能力的表征问题。电负性是元素的原子在化合物中吸引电子能力的标度。电负性是一种相对比较的结果，鲍林规定元素氟的电负性为 4.0，作为比较的相对标准，再根据热化学数据和分子的键能，计算出各元素的相对电负性，列于图 2.11 中。值得注意的是，同一元素处于不同氧化态时，其电负性数据也不同。

单一元素的电负性值本身的数据并不重要，相互比较的元素间的电负性的差值更有意义，它反映了原子间成键能力的大小和成键后键的极性大小。成键后元素间的电负性差值越大，所形成键的极性越大。例如：

| 族 / 周期 | ⅠA | ⅡA | ⅢB | ⅣB | ⅤB | ⅥB | ⅦB | Ⅷ | | | ⅠB | ⅡB | ⅢA | ⅣA | ⅤA | ⅥA | ⅦA | 0 |
|---|---|---|---|---|---|---|---|---|---|---|---|---|---|---|---|---|---|---|
| 1 | H 2.1 | | | | | | | | | | | | | | | | H 2.1 | He |
| 2 | Li 1.0 | Be 1.5 | | | | | | | | | | | B 2.0 | C 2.5 | N 3.0 | O 3.5 | F 4.0 | Ne |
| 3 | Na 0.9 | Mg 1.2 | | | | | | | | | | | Al 1.5 | Si 1.8 | P 2.1 | S 2.5 | Cl 3.0 | Ar |
| 4 | K 0.8 | Ca 1.0 | Sc 1.3 | Ti 1.5 | V 1.6 | Cr 1.6 | Mn 1.5 | Fe 1.8 | Co 1.9 | Ni 1.9 | Cu 1.9 | Zn 1.6 | Ga 1.6 | Ge 1.8 | As 2.0 | Se 2.4 | Br 2.8 | Kr |
| 5 | Rb 0.8 | Sr 1.0 | Y 1.2 | Zr 1.4 | Nb 1.6 | Mo 1.8 | Tc 1.9 | Ru 2.2 | Rh 2.2 | Pd 2.2 | Ag 1.9 | Cd 1.7 | In 1.7 | Sn 1.8 | Sb 1.9 | Te 2.1 | I 2.5 | Xe |
| 6 | Cs 0.7 | Ba 0.9 | La～Lu 1.0～1.2 | Hf 1.3 | Ta 1.5 | W 1.7 | Re 1.9 | Os 2.2 | Ir 2.2 | Pt 2.2 | Au 2.4 | Hg 1.9 | Tl 1.8 | Pb 1.9 | Bi 1.9 | Po 2.0 | At 2.2 | Rn |
| 7 | Fr 0.7 | Ra 0.9 | Ac 1.1 | Th 1.3 | Pa 1.4 | U 1.4 | Np～No 1.4～1.3 | | | | | | | | | | | |

图 2.11　元素的电负性数值

$$\begin{array}{lcccc} & \text{H—S} & \text{H—N} & \text{H—O} & \text{H—F} \\ \text{电负性差：} & 0.4 & 0.9 & 1.4 & 1.9 \end{array}$$

$\xrightarrow{\qquad\qquad\qquad\qquad}$

键的极性依次增大

因此，电负性差别较大的元素之间互相化合生成离子键的倾向较强。例如，第一主族的碱金属、第二主族的碱土金属与第六主族的氧族元素、第七主族的卤素元素化合，一般形成离子化合物，如 NaCl、BaO 等。电负性相同或相近的非金属元素一般以共价键相结合，如 $H_2$、$CH_4$ 等。电负性相同或相近的金属元素一般以金属键相结合，形成金属间化合物或合金。

电负性的变化也具有明显的周期性，它和元素的金属性、非金属性密切相关。

每一周期的元素，从左到右，由于有效核电荷数逐渐增大，原子半径逐渐减小，原子吸引电子的能力逐渐加大，元素电负性逐渐变大，非金属性依次增大。每一族的元素，从上到下，由于原子半径逐渐增大，原子核吸引电子的能力越来越弱，电负性逐渐变小，非金属性依次减弱，金属性依次增强。

元素的电负性可用于初步判断一种元素是金属元素还是非金属元素以及元素的活泼性如何。通常，非金属元素的电负性都较大，除 Si 以外都大于或等于 2.0，而金属元素的电负性一般小于 2.0。非金属元素的电负性越大，非金属元素越活泼；金属元素的电负性越小，金属元素越活泼。电负性最大的元素是最活泼的非金属元素 F，而电负性最小的元素则是最活泼的金属元素 Cs 和 Fr。

#### 2.2.2.4　电离能

从原子中移去电子，必须消耗能量以克服核对电子的吸引力。元素基态气态原子失去一个最外层电子成为气态+1 价离子，所需吸收的最低能量，称为该元素的第一电离能，用 $I_1$ 表示，常用单位为 $kJ \cdot mol^{-1}$。气态+1 价离子再失去一个价电子成为气态+2 价离子，所需吸收的能量，称为第二电离能，用 $I_2$ 表示。依此类推，还可有 $I_3$、$I_4$ 等。随着原子逐步失去电子，所形成的离子正电荷越来越大，使核电荷对电子的吸引也越来越强，失去电子也越来越难。因此，同一元素的第一电离能小于第二电离能，第二电离能小于第三电离能……例如铝（Al）的第一、第二、第三和第四电离能分别为：$577kJ \cdot mol^{-1}$、$1817kJ \cdot mol^{-1}$、$2745kJ \cdot mol^{-1}$ 和 $11578kJ \cdot mol^{-1}$（$I_3 \ll I_4$，这也说明其常见价态应为+3 价）。

$$Al(g) - e^- \longrightarrow Al^+(g) + I_1$$

第一电离能是很重要的原子参数。电离能的大小反映了气态原子失去电子的难易程度，电离能越大，失电子越难，金属性越弱。电离能的大小与原子的核电荷数、半径及电子构型等因素有关。图 2.12 为各元素的第一电离能随原子序数周期性的变化情况。

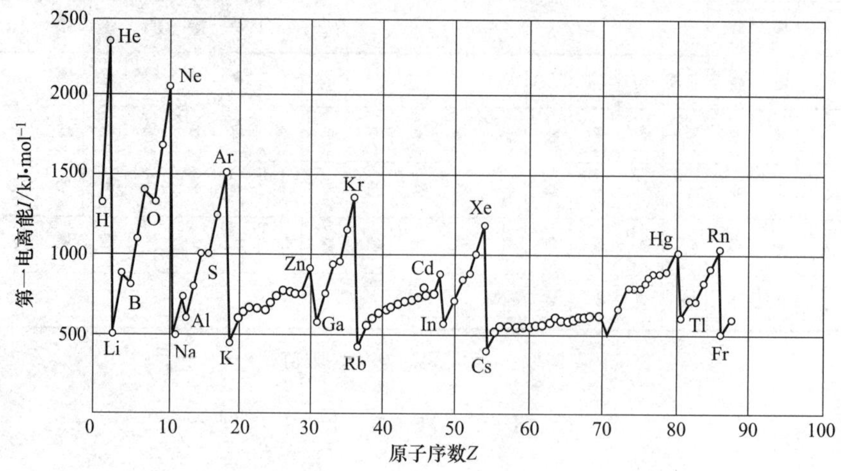


图 2.12 电离能的周期性

元素的第一电离能的周期性变化规律介绍如下。

(1) 主族元素电离能的变化

① 在主族及零族元素中，同族元素从上到下，由于电子层数增加，原子半径增大，核对最外层电子有效吸引力降低，价电子容易离去，故电离能递减，金属性增强。

② 同一周期中，原子电子层数相同，自左至右，随着核电荷数的增加，原子半径减小，电离能随之增大，非金属性增强。每个周期中第一种元素的电离能最低，最后一种元素，即稀有气体元素，电离能最高。

如图 2.12 所示，在每一周期各元素电离能递增的过程中，ⅢA 和ⅥA 族元素的电离能比其左右的元素都低，这是因为ⅢA 族元素原子的价电子结构为 $ns^2np^1$，比较容易失去其 $np^1$ 电子，变成较稳定的 $ns^2$ 结构，因而ⅢA 族元素的电离能反比ⅡA 族元素低；VA 族元素原子的价电子构型为 $ns^2np^3$，属半充满状态，是相对稳定的结构，而ⅥA 族元素的价电子构型为 $ns^2np^4$，不如 $ns^2np^3$ 构型稳定，故ⅥA 族元素的电离能反而比VA 族元素低。

(2) 长周期中的过渡元素的变化

由于原子半径和有效核电荷数变化不大，因而从左到右各元素的电离能虽然总的趋势是增加的，但增加的幅度较小，规律性不甚明显。

### 2.2.2.5 电子亲和能

原子结合电子的难易程度，可用电子亲和能来量度。基态的气态原子获得一个电子变成气态－1 价离子，所放出的能量为电子亲和能，常用 $E_{ea}$ 表示（注：历史原因，电子亲和能的正负号与热力学部分规定相反）。

例如：

$$F(g)+e^- \longrightarrow F^-(g)+E_{ea} \qquad E_{ea}=322kJ\cdot mol^{-1}$$

表示 1mol 气态氟原子得到 1mol 电子转变为 1mol 气态一价负离子时，放出的能量为 322kJ。

电子亲和能也有第一、第二之分，如果未加说明都是指第一电子亲和能。第二电子亲和能一般为负值，表示由负一价的离子获得电子变成负二价离子时，要克服负电荷间的排斥，因此需要吸收能量。

由于测定困难，目前电子亲和能数据较少，且不甚可靠，表 2.5 列出了一些元素的摩尔电子亲和能。可以看出活泼的非金属元素具有较高的电子亲和能。电子亲和能越大，该元素越容易获得电子，成为负离子。金属元素的电子亲和能小，表明通常情况下金属元素难于获得电子。必须指出，难失去电子的元素，并不一定就易于和电子结合。例如，稀有气体难以失去电子，但也难和电子结合。

**表 2.5　一些元素的第一电子亲和能**（单位为 $kJ\cdot mol^{-1}$）

| | | | | | | | |
|---|---|---|---|---|---|---|---|
| H<br>72.7 | | | | | | | He<br>−48.2 |
| Li<br>59.8 | Be<br><0 | B<br>26.7 | C<br>121.9 | N<br>−6.75 | O<br>141.0 | F<br>328.0 | Ne<br>−115.8 |
| Na<br>52.9 | Mg<br><0 | Al<br>42.6 | Si<br>133.6 | P<br>72.1 | S<br>200.4 | Cl<br>348.6 | Ar<br>−96.5 |
| K<br>48.4 | Ca<br><0 | Ga<br>28.9 | Ge<br>115.8 | As<br>78.2 | Se<br>195.0 | Br<br>324.7 | Kr<br>−96.5 |
| Rb<br>46.9 | Sr<br><0 | In<br>28.9 | Sn<br>115.8 | Sb<br>103.2 | Te<br>190.2 | I<br>295.1 | Xe<br>−77.2 |

电子亲和能可用来衡量原子获得电子的难易程度，其周期性变化规律如下。

① 同一周期中，各元素的电子亲和能的绝对值自左至右递增，表示元素得电子能力递增，非金属性变强。ⅤA 族元素因 p 轨道半充满结构而数据有所反常。

② 同主族元素，自上至下，电子亲和能的绝对值变小，表示元素得电子能力递减，非金属性变弱。

第二周期元素电子亲和能存在小于第三周期元素的现象，如 F 低于 Cl，这是因为第二周期元素原子半径较小、电子间斥力较大。但在化学反应中，F 原子和 O 原子得电子的能力都是同族元素中最强的，这是因为化学反应时决定一种元素化学活泼性的因素是多方面的，电子亲和能只是其中的一个因素，还有其他因素必须考虑，如成键的强弱等。

# 本章内容小结

1. 围绕原子核运动的电子的运动规律与经典力学中的质点的运动规律不同，它具有三个重要特征，即能量量子化、波粒二象性和统计学规律。其运动规律用波函数（或原子轨道）来描述。描述一特定原子轨道，需要三个量子数（$n$，$l$，$m$），主量子数 $n$、角量子数 $l$ 和磁量子数 $m$ 分别确定原子轨道的能量、基本形状和空间取向等特征。$n$ 代表不同的电子层，$n$ 取值越大，表示电子离核越远，所处轨道能级越高。$l$ 的取值受到 $n$ 的限制，$n$ 相同 $l$ 不同代表不同的电子亚层，多电子原子轨道的能量与角量子数 $l$ 也有关。$m$ 的取值受到 $l$ 的限制，$m$ 共有（$2l+1$）个取值。在无外磁场时，$n$、$l$ 相同 $m$ 不同的原子轨道，其能级是相同的，称为简并轨道或等价轨道。

描述核外电子的一种运动状态，需要四个量子数（$n$，$l$，$m$，$m_s$）。自旋量子数 $m_s$ 的两个值代表两种不同的自旋状态。

用球坐标描述的波函数可分解为两个独立函数之积：$\psi(r,\theta,\varphi)=R(r)Y(\theta,\varphi)$，其中$R(r)$是波函数的径向部分，代表电子离核距离$r$的函数，与主量子数$n$有关；$Y(\theta,\varphi)$是波函数的角度部分，即决定于轨道的空间取向，与$l$、$m$两个量子数有关，与主量子数$n$无关。

s轨道的角度分布图是球形对称的，无方向性。p轨道是有方向性的，$p_x$、$p_y$和$p_z$对应着三种不同的伸展方向，它们的极大值分别沿$x$、$y$和$z$三个轴取向，形状均为哑铃形（或双球形），只是空间取向不同。d轨道较复杂，有5种不同的空间取向。

核外电子运动的波动性表现为一种概率波，波函数的平方$|\psi|^2$表示电子在核外空间某单位体积内出现的概率大小，即概率密度。以黑点疏密程度来形象地表示电子在空间概率密度分布的图形，称为电子云。电子云的角度分布图与原子轨道的角度分布图的形状相似，但有两点区别，即原子轨道的角度分布图有正、负号，而电子云的角度分布图都为正值；电子云的角度分布图形比相应的原子轨道分布图要“瘦”一些。

2. 多电子原子的轨道能级由$n$、$l$决定。$n$、$l$都不同的原子轨道可能会出现能级交错。将能量相近的轨道划为一组，称为能级组，共七个能级组。

多电子原子处于基态时核外电子的排布遵循三个基本原则，泡利不相容原理、洪特规则和能量最低原理。各电子层的最大电子容量为$2n^2$。

写外层电子分布式（或外层电子构型）时，可把原子的内层排布略去不写，只写出其外层价电子的排布。按各元素原子的价层电子构型的特点，元素周期表可划分为五个区：s区、p区、d区、ds区和f区。

3. 原子外层电子构型的周期性变化决定了元素性质的周期性变化，主要表现在以下几方面。

（1）原子半径

同周期或同族元素的原子半径具有十分明显的周期性变化规律。同一短周期中，从左到右原子半径逐渐减小。在长周期中原子半径缩小的趋势较为缓慢。同一主族中，从上至下，原子半径逐渐增大。

（2）元素的金属性和非金属性

同一周期各元素的金属性自左至右逐渐减弱，而非金属性却逐渐加强。同族元素自上而下金属性增加，而非金属性减弱。这一趋势在第2周期、第3周期中和各主族元素中表现较为典型。

（3）电负性

电负性是指元素的原子在分子中吸引电子的能力。非金属元素的电负性都较大，而金属元素的电负性都较小。成键后元素间的电负性差值越大，所形成键的极性越大，电负性差别较大的元素之间互相化合生成离子键的倾向较强。电负性的变化也具有明显的周期性，同一周期中从左到右元素电负性逐渐变大，非金属性依次增大。同一族从上到下，元素电负性逐渐变小，非金属性依次减弱，金属性依次增强。

（4）电离能

在主族元素及零族中，同族元素从上到下，电离能递减，金属性增强。同一周期中元素的电离能递增，非金属性增强。

（5）电子亲和能

同一周期中各元素的电子亲和能的绝对值自左至右递增，元素得电子能力递增，非金属性变强。同族元素自上至下电子亲和能的绝对值变小，元素得电子能力递减，非金属性变弱。

# 习　题

1. 是非题

(1) 电子的波动性是大量电子运动表现出的统计性规律的结果。 (　　)

(2) 原子中某电子的合理的波函数，代表了该电子可能存在的运动状态，该运动状态可视为一个原子轨道。 (　　)

(3) 多电子原子的能级只与主量子数 $n$ 有关。 (　　)

(4) 当主量子数 $n=2$ 时，角量子数 $l$ 只能取 1。 (　　)

(5) 主量子数 $n=3$ 时，有 3s、3p、3d 和 3f 四个轨道。 (　　)

(6) 一个电子的运动状态须由 $n$、$l$、$m$、$m_s$ 四个量子数确定。 (　　)

(7) 同一多电子原子内，若两个电子 $n$、$l$、$m$ 都相同，则其自旋方向一定相反。 (　　)

(8) 波函数角度分布图中的正负号代表所带电荷的正负。 (　　)

(9) 所有原子轨道都有正、负部分。 (　　)

(10) $\psi_{3,1,0}$ 轨道形状为哑铃形，表明电子是沿哑铃形轨迹运动的。 (　　)

(11) 符号 $3d^5$ 是用来表示主量子数为 4 的 d 轨道有 5 个。 (　　)

(12) 多电子原子的能级图是一近似能级关系。 (　　)

(13) 氢原子的 3s 和 3p 轨道能级相等。 (　　)

(14) 同一主量子数的原子轨道并不一定属于同一能级组。 (　　)

(15) 主量子数 $n=3$，角量子数 $l=1$ 时，有 $3p_x$、$3p_y$、$3p_z$ 三个轨道。 (　　)

(16) ⅥB 族的所有元素的价电子层排布均为 $(n-1)d^4ns^2$。 (　　)

(17) 最外层电子排布为 $ns^1$ 的元素都是碱金属元素。 (　　)

(18) 某元素原子外层电子构型是 $3d^23s^2$，则它在元素周期表中的分区属 ds 区。 (　　)

(19) 某元素电子分布式为 $1s^22s^22p^63s^23p^63d^{10}4s^2$，则该元素处于第四周期。 (　　)

(20) 元素周期表中 35 号元素溴处于第四周期、第ⅦA 族，其核外电子分布式为 $1s^22s^22p^63s^23p^63d^{10}4s^24p^5$。 (　　)

2. 单选题

(1) 下列不符合微观粒子运动特征的是（　　）。

(A) 能量量子化　(B) 波粒二象性　(C) 统计学规律　(D) 具有确定性

(2) 决定原子轨道的量子数是（　　）。

(A) $n$、$l$　(B) $n$、$l$、$m$　(C) $n$、$l$、$m_s$　(D) $n$、$l$、$m$、$m_s$

(3) 主量子数 $n=4$ 时，可填充原子轨道的数目最多为（　　）。

(A) 32　(B) 16　(C) 8　(D) 4

(4) 下列各波函数合理的是（　　）。

(A) $\psi(3,3,1)$　(B) $\psi(3,1,1)$　(C) $\psi(3,2,3)$　(D) $\psi(3,3,3)$

(5) 在某原子中，各轨道有下列三组量子数，其中能级最高的为（　　）。

（A）3，1，1　（B）2，1，0　（C）3，0，−1　（D）3，2，−1

（6）在电子云示意图中，小黑点是（　　）。

（A）其疏密表示电子出现的概率密度的大小

（B）表示电子在该处出现

（C）表示一个电子

（D）其疏密表示电子出现的概率大小

（7）$1s^2 2s^2 2p_x^2 2p_y^1$ 的核外电子分布式违背了（　　）。

（A）能量最低原理　（B）洪特规则

（C）泡利不相容原理　（D）能量量子化

（8）29号元素原子的价层电子构型为（　　）。

（A）$3d^9 4s^2$　（B）$3d^9$　（C）$3d^{10} 4s^1$　（D）$4s^1$

（9）第四周期元素原子中，未成对电子数最多可达（　　）。

（A）4　（B）5　（C）6　（D）7

（10）在下列离子的基态电子构型中，未成对电子数为5的离子是（　　）。

（A）$Cr^{3+}$　（B）$Fe^{3+}$　（C）$Ni^{2+}$　（D）$Mn^{3+}$

（11）原子序数为33的元素，其原子在 $n=4$，$l=1$，$m=0$ 的轨道中的电子数为（　　）。

（A）1　（B）2　（C）3　（D）4

（12）某元素+2价离子的电子分布式为 $1s^2 2s^2 2p^6 3s^2 3p^6 3d^{10}$，该元素在元素周期表中所属的分区是（　　）。

（A）ds区　（B）d区　（C）p区　（D）f区

（13）下列元素原子半径排列顺序正确的是（　　）。

（A）Mg >Al>Si>Ar　（B）Ar>Mg>Al>Si

（C）Si>Mg>Al>Ar　（D）Al>Mg>Ar>Si

（14）下列价电子构型的原子中，电负性最大的是（　　）。

（A）$3s^2 3p^1$　（B）$3s^2 3p^2$　（C）$3s^2 3p^3$　（D）$3s^2 3p^4$

3. 填空题

（1）描述一个原子轨道要用______个量子数，描述一个核外电子的运动状态需要______个量子数，其中表征电子自旋的量子数是______。

（2）4f原子轨道的主量子数 $n=$______，角量子数 $l=$______，f原子轨道在空间可有______个伸展方向，最多可容纳______个电子。

（3）当 $n=4$ 时，处于第______能级组，该能级组含三个能级______、______和______，最多容纳电子数为______。

（4）$_{30}Zn$ 的外层电子分布式______，$_{30}Zn^{2+}$ 的外层电子分布式______。

（5）某元素有7个电子处于 $n=3$，$l=2$ 的能级上，其电子分布式为______，有______个未成对电子。

（6）某原子质量数为52，中子数为28，此元素的原子序数为______，元素符号为______，核外电子数为______，基态未成对的电子数为______。

（7）某元素原子在 $n=4$ 的电子层上只有1个电子，在次外层 $l=2$ 的轨道中有10个电子，该元素符号是______，位于周期表中第______周期、______族、______区，其核外电子分布式为______，外层电子构型为______。

(8) $_{25}$Mn 的核外电子分布式__________，外层电子分布式__________，在元素周期表中所处位置是第________周期、________族、________区。

(9) 同一短周期中，从左到右原子半径逐渐________；同一主族中，自上而下，原子半径逐渐________。

(10) 在元素周期表中，同一主族自上而下，金属性依次________；同一周期中自左向右，金属性逐渐________。

4. 氧原子中有 8 个电子，试写出最外层电子的四个量子数。

5. 有无以下的电子运动状态？为什么？

(1) $n=1$，$l=1$，$m=0$

(2) $n=2$，$l=0$，$m=\pm1$

(3) $n=3$，$l=3$，$m=\pm3$

(4) $n=4$，$l=3$，$m=\pm2$

6. 请写出下列轨道的符号。

(1) $n=4$，$l=0$

(2) $n=3$，$l=1$

(3) $n=3$，$l=2$

(4) $n=5$，$l=3$

7. 写出符合下列电子结构的元素符号，并指出它们所属的分区。

(1) 最外层有 2 个 2s 电子和 2 个 2p 电子的元素

(2) 外层有 6 个 3d 电子和 2 个 4s 电子的元素

(3) 3d 轨道全充满，4s 轨道只有 1 个电子的元素

8. 试比较 C、Si、Al 三元素的 (1) 原子半径；(2) 金属性；(3) 电负性。

# 第 3 章　化学键与分子结构

## 3.1　分子结构

分子结构问题主要包含两部分，原子和原子怎样结合成分子？分子和分子又怎样形成宏观物质？前者是化学键的问题，后者是分子间作用力的问题。

化学键是指分子或晶体中相邻两个或多个原子或离子之间的强烈作用力。根据作用力性质的不同，化学键可分为离子键、共价键和金属键等基本类型。键能一般为几十至几百千焦每摩尔。

相邻分子间存在一种较弱的相互作用力，称为分子间力，能量约在几百焦每摩尔。有些分子间还存在氢键，能量约几千焦每摩尔。

不同的分子或晶体具有不同的化学组成和不同的化学键结合方式，因而具有不同的微观结构和不同的化学性质。

### 3.1.1　化学键

#### 3.1.1.1　离子键

（1）离子键的形成

1916 年，德国化学家柯塞尔（W. Kosel）提出了离子键理论，解释了电负性差别较大的元素间所形成的化学键。

当电负性较小的活泼金属和电负性较大的活泼非金属元素原子相互靠近时，前者易失电子形成正离子，后者易获得电子形成负离子，正负离子通过静电引力相结合，形成离子型化合物。这种由正、负离子间的静电引力形成的化学键称为离子键。通过离子键形成的化合物或晶体，称为离子化合物或离子晶体，例如 NaCl。

（2）离子键的特征

① 无方向性。由于离子电荷的分布可看作是球形对称的，在各个方向上的静电效应是等同的。因此，离子间的静电作用在各个方向上都相同，离子键无方向性。

② 无饱和性。同一个离子可以和不同数目的异号电荷离子结合，只要离子周围的空间允许，每一离子尽可能多地吸引异号电荷离子，因此，离子键无饱和性。但不应误解为一种离子周围所配位的异号电荷离子的数目是任意的，恰恰相反，晶体中每种离子都有一定的配位数。如 NaCl 中，此数值为 6，但不是说 6 个 $Cl^-$ 包围的 $Na^+$ 的电场已饱和，较远处的任一方位的 $Cl^-$，同样受到 $Na^+$ 的电场作用，只是因为距离远，作用也弱。

（3）影响离子键强弱的主要因素

离子键本质上是一种静电作用。因此，正、负离子间的静电作用越强，它们生成的离子键也越强。而正、负离子的静电作用大小，则是与离子所带电荷（绝对值）大小及离子半径大小密切相关的，此外，离子的电子构型亦将影响到离子静电作用的大小。在不考虑离子电子构型的情况下，我们可以简单地以库仑定律来估算离子键强弱。

（4）电负性与离子键的关系

离子键形成的条件是成键元素之间的电负性差别较大，一般来说，元素的电负性差别越大，在它们之间形成的离子键越强。但近代实验表明，即使是电负性最低的铯与电负性最高的氟所形成的氟化铯，也不纯粹是离子键，也有部分共价键的性质。一般用离子性百分数来表示键的离子性相对于共价性的大小。在氟化铯中，离子性约占 92%。元素的电负性相差越大，形成的化学键的离子性也越大。当两种元素的电负性相差 1.7 时，化学键约有 50% 的离子性。因此，一般把电负性差值大于 1.7 以上的两种元素形成的化合物看作是离子型化合物，如碱金属与碱土金属（Be 除外）的卤化物是典型的离子型化合物，而 AgCl 中化学键已具有较强共价键性质。但电负性差值大于 1.7 并不是离子型和共价型的绝对分界线，此外，离子的电子构型对其影响也较大。

（5）电子构型与离子键的关系

能形成典型离子键的正负离子的外层电子构型一般是 8 电子构型的，而 9～17 电子构型或 18 电子构型的正离子与一些负离子形成的化学键大多不是典型的离子键，而是一些离子键向共价键过渡的化学键。

正因为电负性与电子构型的差别，NaCl 和 AgCl 分别属于典型和非典型的离子化合物，它们的性质也相差较大。NaCl 易溶于水，而 AgCl 难溶于水；$Ag^+$ 易形成配合物，而 $Na^+$ 却不易形成配合物。

### 3.1.1.2　共价键

1916 年，美国化学家路易斯（G. N. Lewis）提出了共价键理论，解释同种元素之间或者电负性相近的元素之间所形成的化学键。他认为这类原子间可通过共用电子对使分子中各原子具有稳定的稀有气体的原子结构。例如，H∶H、$:\ddot{\underset{..}{Cl}}:\ddot{\underset{..}{Cl}}:$、$H:\ddot{\underset{..}{Cl}}:$，或用短线“—”表示共用电子对：

$$\text{H—H}\quad \text{Cl—Cl}\quad \text{H—Cl}$$

这种原子间以共用电子对结合起来的化学键叫作共价键。通过共价键形成的化合物叫共价化合物。

路易斯的共价键理论初步揭示了共价键不同于离子键的本质，对分子结构的认识前进了一步，但并没有说明为什么原子间共有电子对会导致生成稳定的分子及共价键的本质。直到 1927 年，海特勒（W. Heitler）和伦敦（F. London）应用量子力学原理处理氢分子，才揭示了共价键的本质，开创了现代共价键理论。

用量子力学方法处理分子体系的薛定谔方程很复杂，必须采取某些近似假定以简化计算。由于近似处理方法不同，产生了两种主要的共价键理论。一种是由美国化学家鲍林（L. Pauling）和斯莱脱（J. C. Slater）提出的价键理论，简称 VB 法，着眼点是形成化学键的原因，以及成键原子在成键过程中的行为和作用。1931 年，鲍林和斯莱脱在 VB 法的基础上，又提出了杂化轨道理论，解释了碳四面体结构的价键状态，解决了多原子分子的立体结构问题，进一步发展和完善了价键理论。

另一种共价键理论是由莫立根（R. S. Muliken）、洪特（F. Hund）和伦纳德·琼斯（J. E. Lenard-Jones）在 1932 年前后提出的分子轨道理论，简称 MO 法。分子轨道理论着眼于成键过程的结果即分子整体。一旦形成了分子，成键电子不再仅属于成键原子，而将在整个分子所形成的势场中运动，其运动状态和相应的能量可用类似于原子中的波函数来描述，这种描述整个分子中电子运动状态的波函数称为分子轨道。采用近似处理，将组成分子的各原子的原子轨道通过线性组合得到各种能级高低不同的分子轨道，电子遵照一定规则依次排布在分子轨道上。分子轨道理论据此解释了共价键的形成，并能较好地解释分子的磁性、大π键、单电子键等共价键的一些特性。但分子轨道理论的数学处理较为复杂，且不像价键理论那样形象直观，也无法解释共价化合物的空间几何构型。VB法和MO法各有其成功和不足之处，都得到广泛的应用。限于篇幅，本章将着重介绍价键理论。

（1）共价键的形成和本质

海特勒和伦敦应用量子力学原理处理氢分子，求解氢分子的薛定谔方程，得到两个氢原子相互作用的能量与核间距 $R$ 之间的关系，如图 3.1 所示。还得到两种典型状态，如图 3.2 所示，一种状态是两个原子核间电子云密度增大［图 3.2(a)］，系统能量相对于两个原子降低；另一种状态是两个原子核间电子云密度减小［图 3.2(b)］，系统能量相对于两个原子升高。

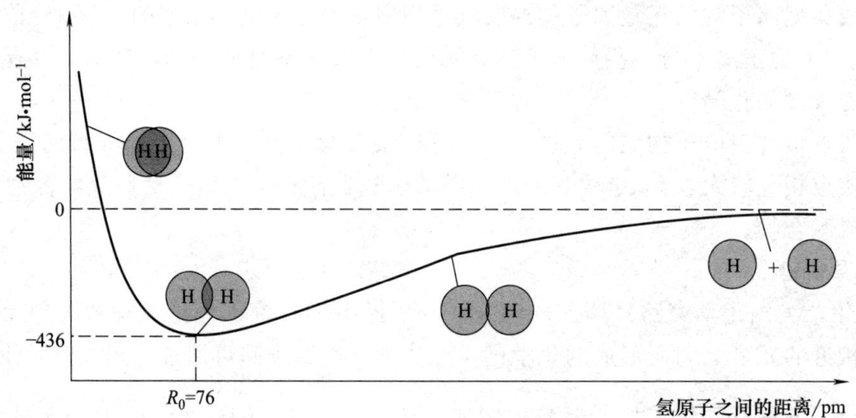


图 3.1　氢分子能量与核间距的关系

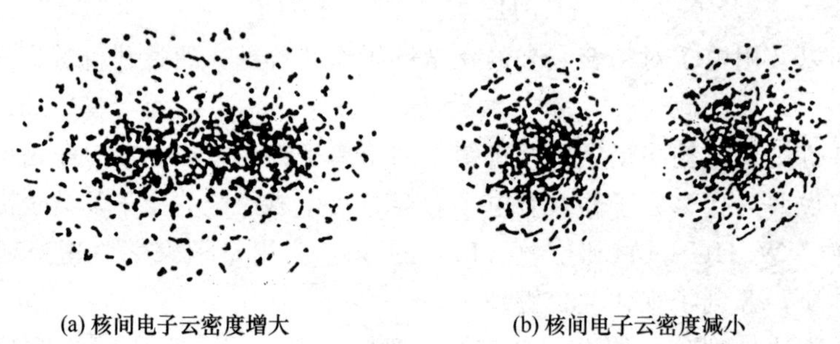


图 3.2　氢分子两种状态的电子云示意图

电子自旋方向相反的两个氢原子相互靠近时，随着核间距 $R$ 的减小，两个氢原子的 1s 原子轨道发生同相位叠加（同号重叠），在核间形成一个电子云密度较大的区域。自旋相反的这一对电子在核间出现的概率较大，宛如一对“电子桥”，把两个带正电的原子核紧紧地吸引在一起，体系能量处于最低值，达到稳定状态，称为吸引态，是氢分子的基态。密集在两个原子核之间的电子云可以视为把两个原子紧密联系在一起的化学键，即共价键。其电子云示意图见图 3.2(a)。

当核间距 $R$ 较大时，氢分子能量基本等于两个独立的氢原子能量之和；当两个原子相互靠近时，两个氢原子的 1s 原子轨道重叠程度加大，“电子桥”作用逐渐增加，体系能量逐渐降低。当两个原子间距离 $R_0=76\text{pm}$ 时，能量最低。$R$ 继续缩小，核之间的斥力增大，使系统的能量迅速升高，排斥作用又将氢原子推回到 $R_0$ 的位置。因此氢分子中的两个原子会在平衡距离附近振动。$R_0=76\text{pm}$ 就是氢分子的键长，$436\text{kJ}\cdot\text{mol}^{-1}$ 则是氢分子的解离能即氢分子的键能。

若电子自旋方向相同的两个氢原子相互靠近时，在两个核间形成一个电子云密度几乎等于零的区域，两个原子核相互排斥，系统能量升高，两个氢原子不能有效成键，也不能形成稳定的分子。这种状态称为排斥态，是氢分子的激发态，是不稳定状态，如图 3.2(b) 所示。

因此，氢分子中，共价键是自旋方向相反的两个电子配对形成的。价键理论把上述用量子力学方法处理氢分子的结果推广到一般共价键的成键过程，指出共价键的本质是成键原子的价层轨道发生了部分重叠，结果使核间电子云密度增大，导致体系的能量降低，这表示成键原子相互结合形成了稳定的新体系，即形成了分子。

(2) 价键理论基本要点

把对氢分子的量子力学处理的结论推广到其他双原子分子和多原子分子，形成了共价键的价键理论，其要点为：

① 组成分子的两个原子必须具有未成对的电子，且自旋反平行，通过相互配对，可形成稳定的化学键。

例如，H 原子的电子分布式为 $1s^1$，Cl 原子的电子分布式为 $1s^2 2s^2 2p^6 3s^2 3p^5$，两个原子各有一个未成对的 1s 或 3p 价电子，可自旋反平行互相配对，形成共价单键 H—Cl。

Ne 原子的电子分布式为 $1s^2 2s^2 2p^6$，无未成对电子，一般不能构成共价键。故稀有气体总以单原子分子形式存在。

② 原子轨道重叠时必须符合对称性匹配原则，即要求原子轨道的位相（波函数的正负号）相同，否则不能成键。

③ 形成共价键时，原子轨道总是尽可能地达到最大限度的重叠使系统能量最低，即原子轨道之间必须沿电子云密度最大的方向进行重叠。成键电子的原子轨道重叠越多，其电子云密度也越大，形成的共价键越牢固。

(3) 共价键的特征

根据价键理论基本要点，可以推断共价键有以下两个特征。

① 共价键的饱和性。原子中未成对的自旋方向相反的电子配对以后，就不能再与第三个电子配对了。因此，一个原子含有几个未成对电子，则最多只能和几个自旋相反的电子配对，形成几个共价键，这就是共价键的饱和性，与离子键明显不同。

例如，氢原子只有一个未成对电子，它只能与另一个氢原子的未成对电子形成一个共价键，不能再与第三个氢原子形成共价键；氧原子电子构型为 $1s^2 2s^2 2p_x^2 2p_y^1 2p_z^1$，有两个未成对电子，一个氧原子能与两个氢原子结合生成一个 $H_2O$ 分子；氮原子的电子构型为 $1s^2 2s^2 2p_x^1 2p_y^1 2p_z^1$，有三个未成对电子，可以构成 3 个共价键，如 $NH_3$，或形成一个共价三键，如 $N_2$。

$H_2$、$H_2O$、$N_2$ 的电子式：

$$\mathrm{H:H} \qquad \mathrm{H}:\overset{\mathrm{H}}{\underset{\cdot\cdot}{\overset{\cdot\cdot}{\mathrm{O}}}}: \qquad :\mathrm{N}\vdots\vdots\mathrm{N}:$$

为了表达方便，常用一条短线表示一对共用电子，即表示形成一个单键；共用两对电子，则用两条短线表示，形成一个双键；共用三对电子，则用三条短线表示，形成一个三键。如果原子没有未成对的电子，则不能形成共价键。

$H_2$、$H_2O$、$N_2$ 的结构式：

H—H　　H—O—H　　N≡N

② 共价键的方向性。由价键理论的第三个要点可知，原子轨道之间必须沿电子云密度最大的方向进行重叠。两个原子的原子轨道只有最大限度地同相位重叠，才能在核间形成一个电子云密度较大的区域，重叠部分越多，形成的共价键越牢固，系统的能量越低，因而共价键有方向性。由原子轨道的角度分布图可知，除 s 轨道是球形对称以外，p、d、f 轨道在空间都有一定的伸展方向，不同方向的电子云分布是不相同的。因此，除了 s 轨道与 s 轨道成键没有方向限制外，其他原子轨道都只有沿着一定方向才能有效重叠成键。

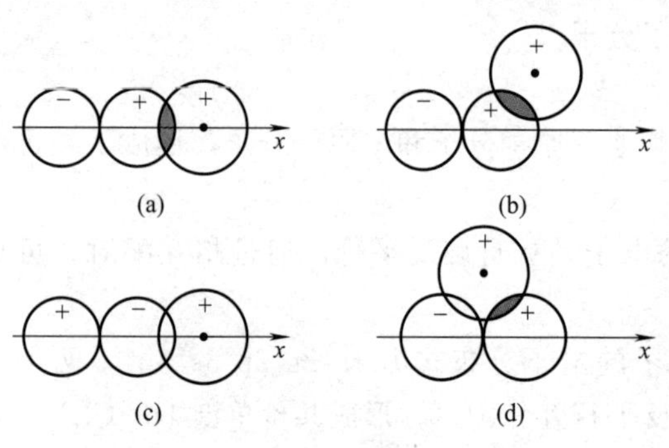


图 3.3　s 轨道和 $p_x$ 轨道（角度分布）的重叠方式示意图

例如，H 原子的单电子在 1s 轨道，轨道角度分布图是球形对称的，Cl 原子的电子排布为 $1s^2 2s^2 2p^6 3s^2 3p^5$，单电子在 3p 轨道，我们假定为 $3p_x$ 轨道，则成键应是 H 原子的 1s 电子和 Cl 原子 $3p_x$ 电子，其轨道的可能重叠方式有图 3.3 的几种。图 3.3 中，(c) 为异号重叠，不能成键；(d) 正负重叠恰好抵消为 0；(a)、(b) 均为同号重叠，但在核间距一定时，(a) 比 (b) 重叠得多。所以，HCl 分子应该采取 (a) 重叠方式成键，即氢原子的 1s 轨道与氯原子的 $3p_x$ 轨道只能沿着 $x$ 轴方向重叠成键，从而具备该共价键的方向性。

又如在 $H_2S$ 分子中，硫原子的电子构型为 $3s^2 3p^4$，假定有两个未成对电子分布在 $3p_x$ 和 $3p_y$ 轨道中。两个氢原子的 1s 轨道只能分别沿 $x$ 轴和 $y$ 轴两个方向接近硫原子，与硫原子的 $3p_x$ 和 $3p_y$ 轨道以最大程度重叠形成两个共价键。由于 $3p_x$ 和 $3p_y$ 轨道相互垂直，$H_2S$ 分子的键角似应为 90°，但实际上分子键角为 93°，此时可理解为两个 H—S 键的电子相互排斥，使键角略有增大。以后可以利用杂化轨道理论给予更好的理解。

共价键的方向性特点使一个原子与周围原子形成的共价键有一定的角度，它决定分子的空间构型，并能影响分子的极性等性质。

(4) 共价键的类型

根据形成共价键时原子轨道重叠的方向、方式及重叠部分的对称性，共价键可划分为不同的类型，最常见的是 σ 键和 π 键。

① σ 键。两原子轨道沿键轴（成键原子核连线）方向，以"头碰头"方式同号重叠所形成的共价键称 σ 键。σ 键的特点是轨道重叠部分对键轴呈圆柱形对称。

如图 3.4(a) 中所示，s-s 轨道重叠（如 $H_2$ 分子中的键），$p_x$-s 轨道重叠（如 HCl 分子中的键），$p_x$-$p_x$ 轨道重叠（如 $Cl_2$ 分子中的键）都是 σ 键。

② π 键。两原子轨道沿键轴以"肩并肩"的方式同号重叠所形成的共价键称为 π 键。π 键的特点是轨道重叠部分对包含键轴的平面呈反对称。例如，以 $x$ 轴为键轴时，两个原子的 $p_y$ 轨道与 $p_y$ 轨道、$p_z$ 轨道与 $p_z$ 轨道能以"肩并肩"的方式重叠形成 π 键，见图 3.4(b)。

通常，分子中的共价单键是 σ 键，共价双键是一个 σ 键和一个 π 键，共价三键是一个 σ

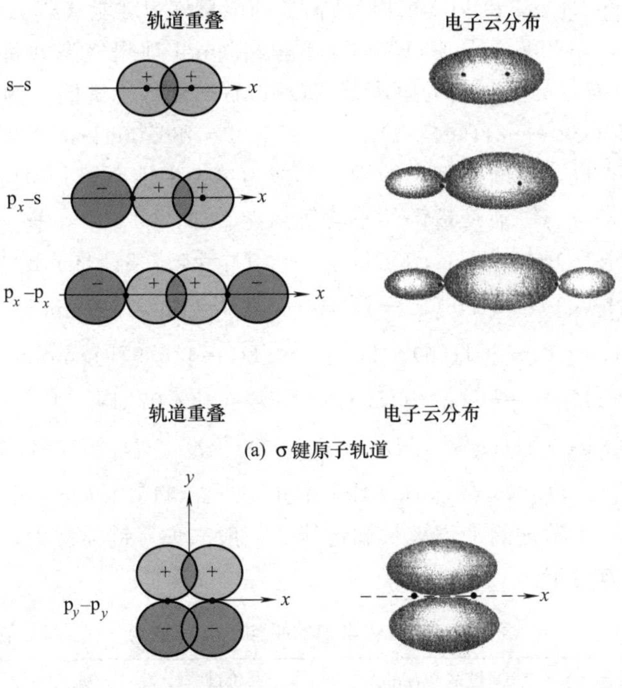


图 3.4　σ 键和 π 键的原子轨道重叠及电子云分布示意图

键和两个 π 键。例如，$N_2$ 的结构中就有一个 σ 键和两个 π 键。两个 N 原子沿 $x$ 方向相互靠近时，两个原子的 $p_x$ 轨道以“头碰头”的方式重叠形成 σ 键，$p_y$-$p_y$、$p_z$-$p_z$ 轨道均以“肩并肩”的方式重叠形成两个互相垂直的 π 键（见图 3.5）。

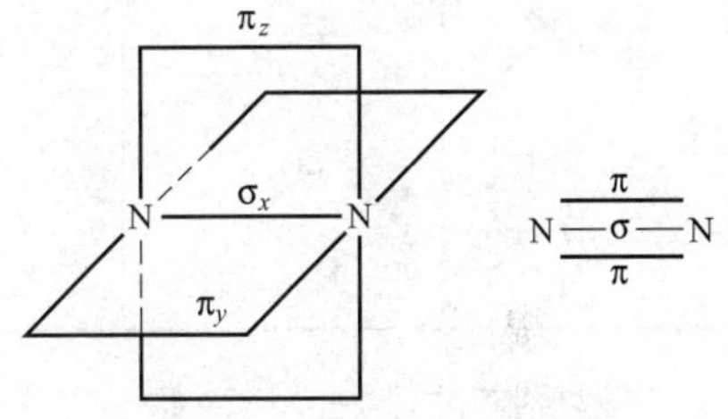


图 3.5　$N_2$ 分子中三键示意图

由于形成 π 键时不能像 σ 键那样实现原子轨道的最大重叠，且 π 键电子云分布在键轴平面的两侧，不像 σ 键那样集中在两核连线上，受两核吸引力不如 σ 键大，比较自由，易受外电场作用而变形，所以 π 键的强度小于 σ 键，π 键的稳定性小于 σ 键，参与形成 π 键的 π 电子比较活泼，易于参与化学反应。

需要说明的是，上述 σ 键和 π 键只是共价键中最简单的模型，此外，还存在很多类型的共价键，如配位键、苯环中的大 π 键和硼烷中的多中心键等。例如，在形成共价键时，若共用电子对由一个原子提供，则称为配位键，用“→”表示，箭头方向表示接受电子对的方向。配位键属于共价键，仅在形成过程中电子对来源不同，在成键后，二者并无区别。如 $NH_4^+$ 中，四个共价键完全等同，虽然其中有一个为配位键。

（5）共价键的键参数

共价键的性质，可以由量子力学计算而做定量的讨论，也可以通过表征键的性质的某些物理量来描述，如键长、键角和键能等，统称为键参数。通过实验可以得到这些物理量，并由此获得共价键分子的空间构型、极性和稳定性等性质。

① 键能。键能是表示化学键强弱的物理量。不同类型的化学键有不同的键能，如离子键的键能是晶格能；金属键的键能为内聚能等，这里只讨论共价键的键能。

在 298.15K 和 100kPa 下，断裂 1mol 键所需要的能量称为键能（$E$），单位为 $kJ \cdot mol^{-1}$。

对于双原子分子，在 298.15K 和 100kPa 下，将 1mol 理想气态共价分子 AB 解离为理想气态原子 A 和 B 所需要的能量称为解离能（$D$），解离能等于键能。例如：

$$H_2(g) \longrightarrow 2H(g) \quad D_{H-H} = E_{H-H} = 436.00 kJ \cdot mol^{-1}$$

对于多原子分子来说，要断裂其中的键使其成为单个中性原子，需要多次解离，因此解离能不等于键能，通常说的键能是指键的平均解离能。如：

$$CH_4(g) \longrightarrow CH_3(g) + H(g) \quad D_1 = 435.34 kJ \cdot mol^{-1}$$

$$CH_3(g) \longrightarrow CH_2(g) + H(g) \quad D_2 = 460.46 kJ \cdot mol^{-1}$$

$$CH_2(g) \longrightarrow CH(g) + H(g) \quad D_3 = 426.97 kJ \cdot mol^{-1}$$

$$CH(g) \longrightarrow C(g) + H(g) \quad D_4 = 339.07 kJ \cdot mol^{-1}$$

即 $$CH_4(g) \longrightarrow C(g) + 4H(g) \quad D_{总} = D_1 + D_2 + D_3 + D_4 = 1661.84 kJ \cdot mol^{-1}$$

$$E_{C-H} = D_{总} \div 4 = 1661.84 kJ \cdot mol^{-1} \div 4 = 415.46 kJ \cdot mol^{-1}$$

表 3.1 列出了一些化学键的平均键长和键能。一般来说，键能愈大，化学键愈牢固，由该键构成的分子也就愈稳定。

**表 3.1　一些化学键的平均键长和键能**

| 共价键 | 键长/pm | 键能/$kJ \cdot mol^{-1}$ | 共价键 | 键长/pm | 键能/$kJ \cdot mol^{-1}$ |
|---|---|---|---|---|---|
| H—H | 76 | 436.00 | Cl—Cl | 198.8 | 239.7 |
| H—F | 91.8 | 565±4 | Br—Br | 228.4 | 190.16 |
| H—Cl | 127.4 | 431.2 | I—I | 266.6 | 148.95 |
| H—Br | 140.8 | 362.3 | C—C | 154 | 345.6 |
| H—I | 160.8 | 294.6 | C═C | 134 | 602±21 |
| F—F | 141.8 | 154.8 | C≡C | 120 | 835.1 |
| C—H | 109 | 415 | C═O | 116 | 798 |
| O—H | 96 | 465 | O═O | 120 | 498 |

化学反应过程中，反应物分子的化学键断裂，同时形成产物分子的化学键。化学反应的热效应主要来源于化学键改变时键能的变化。例如甲烷的燃烧反应：

$$CH_4 + 2O_2 \longrightarrow CO_2 + 2H_2O$$

可以理解为如下的化学键改组，再结合表 3.1 的键能数据，通过数学计算，可估算出化学反应的热效应。

H　H
＼／
C　　＋　　2O═O　　⟶　　O═C═O　　＋　　2H—O—H
／＼
H　H

| 断开 4mol C—H 键需吸收 | 断开 2mol O═O 键需吸收 | 形成 2mol C═O 键放出 | 形成 4mol O—H 键放出 |
|---|---|---|---|
| 4×415＝1660(kJ) | 2×498＝996(kJ) | 2×798＝1596(kJ) | 4×465＝1860(kJ) |

当 1mol $CH_4$ 完全燃烧时，反应物断键共需吸收 1660＋996＝2656($kJ \cdot mol^{-1}$) 能量，而生成物成键共放出能量为 1596＋1860＝3456($kJ \cdot mol^{-1}$)。即估算出为放热反应，反应热近似数值为 3456－2656＝800($kJ \cdot mol^{-1}$)。实验测定数据为放出 818$kJ \cdot mol^{-1}$，两者很接近。

② 键长。分子中两个原子核间的平均距离叫键长或核间距。理论上用量子力学近似方

法可以算出键长，实际上对于复杂分子往往是通过实验来测定键长。由不同种类的原子所形成的共价键的键长是不同的，在种类确定的情况下，键长越短，分子越稳定。表 3.1 列出了一些化学键的键长数据。由表中数据可以看出，键能越大，键长越短。例如，H—F、H—Cl、H—Br、H—I 键能依次减小，键长依次增大，表示核间距增大，键的强度减弱，分子的稳定性依次减小。又如碳原子间形成的单键、双键和三键，其键能依次增大，键长也依次缩短。

键长和键能虽然可以判断化学键的强弱，但要了解分子的几何形状，还需要键角这个键参数。

③ 键角。分子中相邻键与键之间的夹角称键角。

对于双原子分子，其形状总是直线形的，键角为 180°。

对于多原子分子，由于分子中的原子在空间排列情况不同就有不同的几何构型，因而有不同的键角。表 3.2 列出了一些分子的键长、键角和几何构型。根据分子中键长和键角可以了解分子的构型。

**表 3.2　一些分子的键长、键角和几何构型**

| 分子式 | 键长(实验值)/pm | 键角(实验值)/(°) | 分子构型 |
|---|---|---|---|
| $H_2S$ | 134 | 93.3 | V 形 |
| $CH_4$ | 109 | 109.5 | 正四面体 |
| $C_2H_2$ | 120 | 180 | H—C≡C—H　直线形 |
| $NH_3$ | 101 | 107 | 三角锥形 |

## 3.1.2　杂化轨道理论

共价分子的各原子在空间分布形成的几何图形叫分子的空间构型。如在表 3.2 中，同是含碳化合物，有正四面体构型的 $CH_4$，也有直线形的 $C_2H_2$，上述的价键理论无法解释分子的空间构型，甚至无法解释分子中 C 为什么是四价。比如 $CH_4$，按照价键理论，C 的价电子结构为 $2s^2 2p_x^1 2p_y^1$，只有两个未成对电子，所以它只能与两个氢原子形成两个共价单键，形成 $CH_2$ 化合物。

为了解决这些问题，1931 年 L. Pauling 和 J. C. Slater 在价键理论的基础上提出杂化轨道理论。杂化轨道的概念是从电子具有波动性，波可以相互叠加的观点出发而提出的。其要点如下。

① 在形成多原子分子时，同一中心原子的 $n$ 个类型不同、能量相近的原子轨道可以相互混杂、重新分配能量和调整空间方向组合成新的 $n$ 个能量相等、成键能力更强的原子轨道，这种过程叫作杂化，所形成的新轨道叫作杂化轨道。中心原子用杂化轨道与其他原子的轨道重叠形成共价键。

② 原子轨道杂化时，可能会使原已成对的电子激发到空轨道而形成单电子，其激发所需能量可由成键时所放出的能量予以补偿。

③ 杂化轨道之间为了满足最小排斥原理而尽量远离，彼此达到最大的距离、最小的干扰。各杂化轨道尽可能按最大夹角分布，这就使不同类型的杂化轨道所成的夹角不同，可以

预测出形成 4 个、3 个、2 个相同杂化轨道时其轨道分布的夹角应分别为 109°28′、120°、180°。杂化轨道与其他轨道成键时，一般采取“头碰头”重叠的 σ 键，σ 键形成的是分子的骨架，最终导致不同类型的杂化轨道所形成的分子具有不同的空间构型。

④ 杂化轨道成键时也要满足最大重叠原理。与未杂化轨道相比，杂化轨道的绝大部分电子云集中于轨道的一个方向而另一个方向减少，这样轨道的方向性就加强了，可以与其他原子的轨道完成更大程度的重叠，形成更牢固的共价键，得到能量更低的分子，这是轨道进行杂化的根源。

以 $CH_4$ 为例，$CH_4$ 分子中的 C 原子与四个 H 原子结合形成分子的过程中，C 原子的一个 2s 电子首先激发到 2p 轨道上，然后一个 s 轨道与三个 p 轨道杂化形成四个 $sp^3$ 杂化轨道，该分子中碳原子的四个杂化轨道的形成过程如图 3.6 所示。

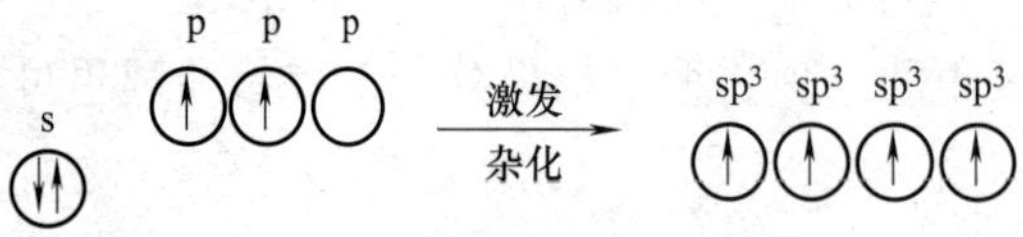

图 3.6　$CH_4$ 分子中碳原子的四个杂化轨道的形成过程

注意，静态原子轨道本身并不会杂化，也不是任何原子轨道都可以相互杂化，只有同一原子中能量相近的原子轨道在形成分子的过程中才能有效地进行杂化。

常见的杂化类型有 sp 型、dsp 型和 spd 型。sp 型又可分为 sp 杂化、$sp^2$ 杂化和 $sp^3$ 杂化，本章只讲述 sp 型杂化，先讲其等性杂化。

### 3.1.2.1　sp 杂化轨道

由一个原子的一个 *n*s 轨道和一个 *n*p 轨道，杂化后形成两个新的 sp 杂化轨道，每一个杂化轨道都含有 1/2 个 s 和 1/2 个 p 轨道成分。由于杂化轨道之间要尽可能取得最大夹角，则同一个原子的两个新 sp 杂化轨道夹角为 180°，空间构型为直线形，如图 3.7(a) 所示。由于 p 轨道的符号一头为正一头为负，而 s 轨道符号均为正，因此它们相交结果形成新的轨道在两同号区域增大，在异号区域减少，如图 3.7(b) 所示。

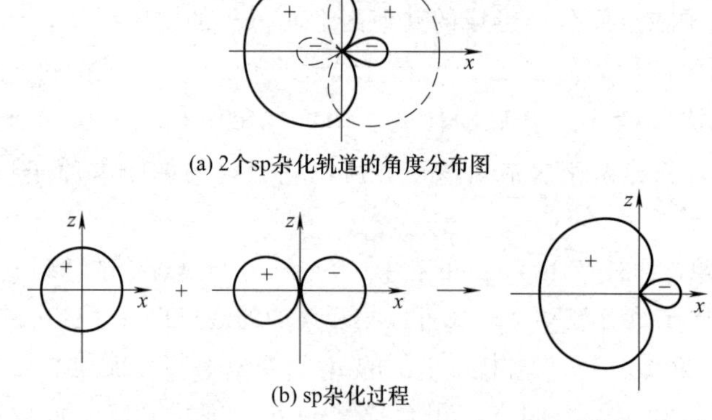

(a) 2个sp杂化轨道的角度分布图

(b) sp杂化过程

图 3.7　sp 杂化轨道的角度分布图和 sp 杂化过程示意图

例如，$BeCl_2$ 分子中的 Be 原子的价电子构型是 $2s^2 2p^0$，没有单电子。与两个 Cl 原子结合时，由于 Be 原子的 2s 轨道与 2p 轨道能量相近，2s 电子首先激发到 2p 轨道上，然后一个 s 轨道与一个 p 轨道杂化，形成两个 sp 杂化轨道，杂化过程如图 3.8 所示。

Be 原子的两个 sp 杂化轨道分别与两个 Cl 原子中未成对电子所在的 3p 轨道沿键轴方向“头碰头”重叠而形成两个等同的 σ 键，夹角为 180°，$BeCl_2$ 分子呈线形结构，如图 3.9 所示。

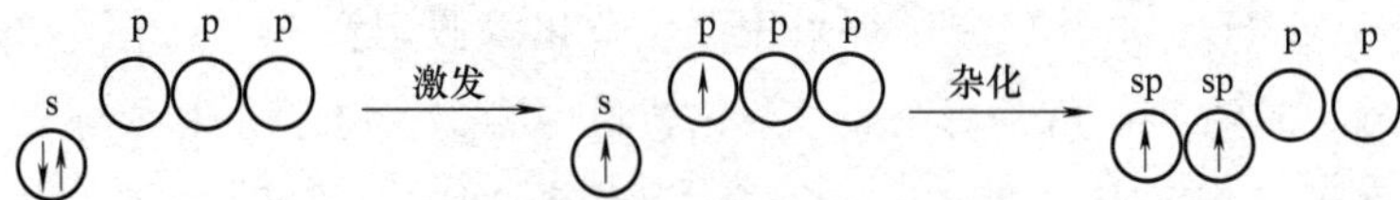


图 3.8　Be 原子的杂化原子轨道形成过程示意图

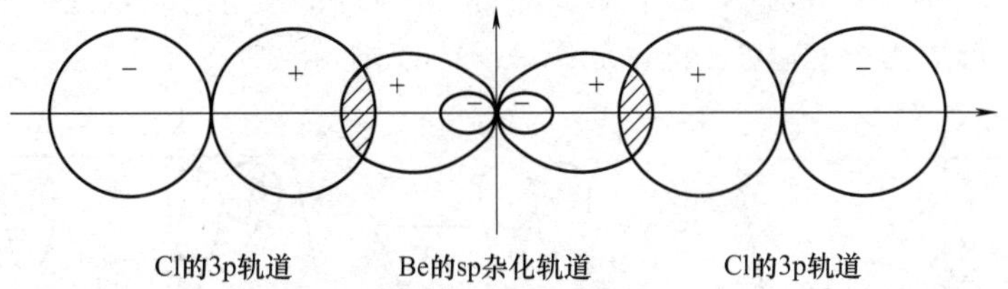


图 3.9　$BeCl_2$ 分子成键示意图

Zn、Cd、Hg 等原子的价电子层都是 $ns^2$ 电子构型，常采用 sp 杂化形成两个 σ 键。如 $ZnCl_2$、$CdCl_2$、$HgCl_2$ 等都是直线形分子。乙炔分子中的两个 C 原子都采用 sp 杂化。C 原子的一个 sp 杂化轨道与 H 原子的 1s 轨道形成 σ 键，另一个 sp 杂化轨道与第二个 C 原子的 sp 杂化轨道在 C 原子间形成 σ 键。C 原子未参与杂化的 $p_y$ 轨道、$p_z$ 轨道在两个 C 原子间还能分别形成两个相互垂直的 π 键，如图 3.10 所示。在有机化合物中，凡含有三键或聚集双键的 C 原子一般都采用 sp 杂化。

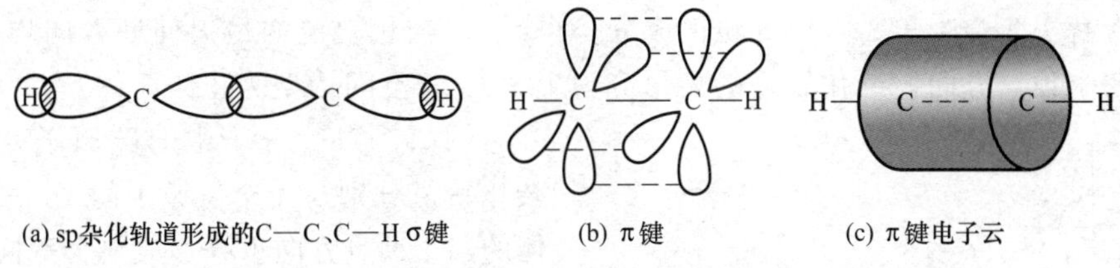


图 3.10　乙炔分子中的三键

#### 3.1.2.2　$sp^2$ 杂化轨道

一个原子的 1 个 $ns$ 轨道和 2 个 $np$ 轨道，杂化后形成 3 个新的 $sp^2$ 杂化轨道，每一个杂化轨道都含有 1/3 个 s 和 2/3 个 p 轨道成分。杂化轨道之间要尽可能取得最大夹角，则杂化轨道的夹角应为 120°，空间构型为平面三角形。

例如，$BF_3$ 分子中 B 原子的价电子构型是 $2s^22p^1$，形成 $BF_3$ 分子时，B 原子的 2s 电子首先激发到 2p 轨道上，然后 1 个 s 轨道与 2 个 p 轨道杂化，形成 3 个 $sp^2$ 杂化轨道，杂化过程如图 3.11 所示。B 原子的 3 个 $sp^2$ 杂化轨道分别与 3 个 F 原子的 2p 轨道沿键轴方向重叠而形成 3 个等同的 σ 键，$BF_3$ 分子呈平面三角形结构，如图 3.12 所示。

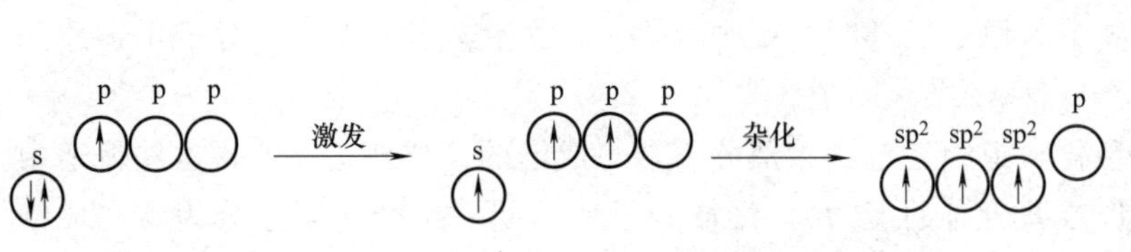


图 3.11　$BF_3$ 分子中 $sp^2$ 杂化轨道的形成

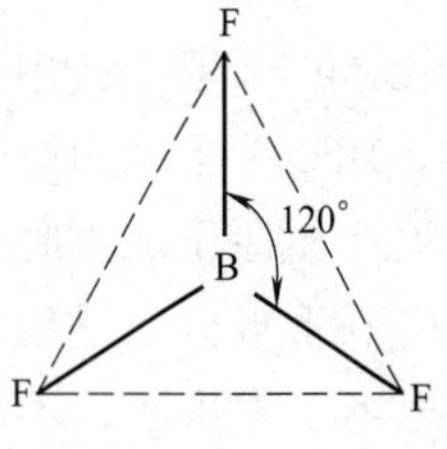


图 3.12　平面三角形结构的 $BF_3$ 分子

又如乙烯分子 $C_2H_4$，2 个 C 原子都采用 $sp^2$ 杂化（假定为 2s 与 $2p_x$、$2p_y$ 参与杂化），3 个 $sp^2$ 杂化轨道互成约 120°角，每个 $sp^2$ 杂化轨道中有 1 个电子。未参与杂化的 $p_z$ 轨道与 3 个杂化轨道所在平面相垂直，也有一个电子，如图 3.13(a) 所示。C 原子的 3 个 $sp^2$ 杂化轨道分别与 2 个 H 原子的 s 轨道和另一个 C 原子的 $sp^2$ 杂化轨道沿键轴方向重叠，形成 3 个 σ 键，如图 3.13(c) 所示。同时，2 个 C 原子的相平行的 2 个 $p_z$ 轨道互相靠近，从侧面"肩并肩"重叠，形成 1 个 C—C π 键，如图 3.13(b) 所示。

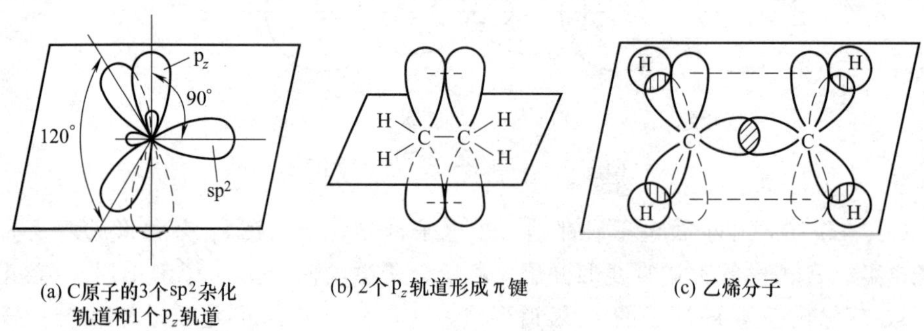


图 3.13　乙烯分子中的化学键

### 3.1.2.3　$sp^3$ 杂化轨道

一个原子的 1 个 $n$s 轨道和 3 个 $n$p 轨道，杂化后形成 4 个新的 $sp^3$ 杂化轨道，每一个杂化轨道都含有 1/4 个 s 和 3/4 个 p 轨道成分。4 个 $sp^3$ 杂化轨道的最大伸展方向均分布在正四面体的四个顶点方向，杂化轨道的夹角应为 109°28′，空间构型为正四面体。

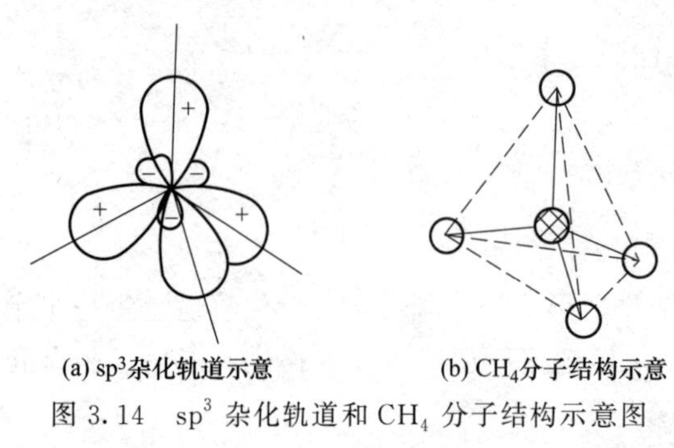


图 3.14　$sp^3$ 杂化轨道和 $CH_4$ 分子结构示意图

例如，$CH_4$ 分子中的碳原子就是以 $sp^3$ 杂化轨道分别与 4 个氢原子的 1s 轨道沿四面体的四个顶点方向重叠形成 4 个等同的 C—H σ 键，如图 3.14 所示。

### 3.1.2.4　不等性杂化

杂化过程中形成的杂化轨道可能是一组能量兼并的轨道，也可能是一组能量彼此不相等的轨道，因此杂化轨道可分为等性杂化和不等性杂化。

在形成分子过程中，所有杂化轨道均参与成键，形成分子后，每一个杂化轨道都生成了一个共价键，所有杂化轨道是完全等同的，即成分相同，能量相同，在空间的立体分布也完全对称、均匀。这种杂化轨道称为等性杂化轨道。

前面介绍的各组杂化轨道都属于这一类，$CH_4$ 分子中碳原子的等性 $sp^3$ 杂化轨道，4 个 $sp^3$ 杂化轨道完全相同，在空间呈完全对称的均匀排布，指向正四面体的 4 个顶角方向；同样，$BF_3$ 分子中硼原子与 3 个氟原子成键时为 3 个等性 $sp^2$ 杂化轨道；$BeCl_2$ 分子中铍原子与 2 个氯原子成键时为 2 个等性 sp 杂化轨道。

在形成分子过程中，杂化轨道中还包含了部分不参与成键的价层轨道（通常这些轨道中已含有孤对电子，不具备形成共价键的能力），形成分子后，同一组杂化轨道分为参与成键的杂化轨道和不成键的杂化轨道两类，这两类杂化轨道的特性是不等同的，因而在空间分布上不是完全对称的。这种杂化轨道称为不等性杂化轨道。

换句话说，如果某几个杂化轨道中已含有孤对电子，不能参与成键，则各杂化轨道中的 s 成分不相等，所含 p 成分也不相等，能量也不相同，这种杂化轨道称为不等性杂化轨道。

例如，$NH_3$ 分子中键角约为 107°，与 $CH_4$ 分子键角 109°28′很接近，因此可以认为 N 原子采用 $sp^3$ 不等性杂化。

4 个 $sp^3$ 杂化轨道中有 3 个 $sp^3$ 轨道中各有 1 个未成对电子，这 3 个 $sp^3$ 杂化轨道可以分别和 3 个氢原子形成 3 个 N－H 共价键；而第 4 个 $sp^3$ 杂化轨道中含有一对孤对电子，电子已配对，不能再形成共价键，因而，这是一个不参与成键的 $sp^3$ 杂化轨道。所以，$NH_3$ 分子中 N 原子的价层轨道形成了不等性 $sp^3$ 杂化轨道。其中，杂化后成键轨道中的电子对为 N、H 原子两个成键原子所共有，同时受 N、H 两个原子核的吸引；而杂化后不参与成键的轨道中的孤对电子对仅属于 N 原子所有，只受到 N 原子核的吸引，因而孤对电子所占有的杂化轨道电子云比较密集于 N 原子中心(或占有较多的 N 原子空间)，对成键电子对有更大的排斥作用。因此，$NH_3$ 分子中 3 个 N—H 键间的夹角要比理论值小一些，不是 109.5°，而是 107°，见图 3.15(a)。所以，严格地讲 $NH_3$ 分子的空间结构应是被孤对电子压扁了的一个四面体（即三角锥）。

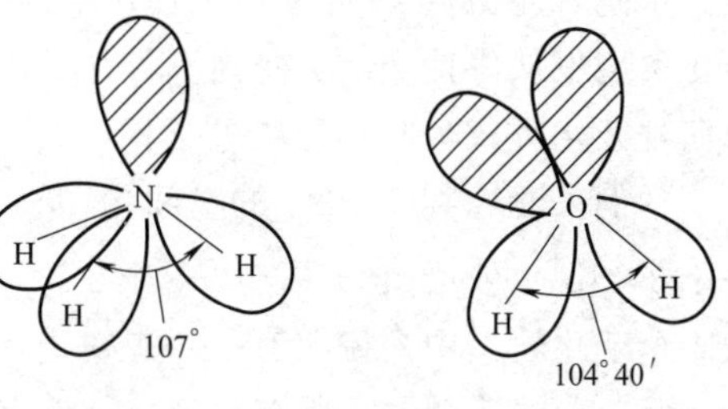


(a) $NH_3$分子　　(b) $H_2O$分子

图 3.15　$NH_3$、$H_2O$ 分子的空间结构示意图

$H_2O$ 分子中的 O 原子也可认为是采用 $sp^3$ 不等性杂化形成 4 个杂化轨道，见图 3.15(b)。其中 2 个杂化轨道中都有 1 个未成对电子，可分别与 2 个 H 原子的 1s 轨道重叠生成 2 个 σ 键。另 2 个杂化轨道被不参与成键的孤对电子所占据，2 对孤对电子对成键电子对产生更大的排斥作用，致使 2 个 O－H 键间的夹角由四面体的 109°28′变为 104°40′，分子构型为 V 字形。$H_2S$ 分子也属于此类。

关于 s 和 p 轨道杂化的情况归纳于表 3.3 中。

**表 3.3　部分杂化轨道的类型与分子的空间构型**

| 杂化轨道类型 | sp | $sp^2$ | $sp^3$ | 不等性 $sp^3$ | |
|---|---|---|---|---|---|
| 参与杂化的轨道 | 1 个 s、1 个 p | 1 个 s、2 个 p | 1 个 s、3 个 p | 1 个 s、3 个 p | |
| 杂化轨道数 | 2 | 3 | 4 | 4 | |
| 成键轨道夹角 $\theta$ | 180° | 120° | 109°28′ | $90° < \theta < 109°28'$ | |
| 空间构型 | 直线形 | 平面三角形 | 四面体形 | 三角锥形 | V 字形 |
| 中心原子 | Be(ⅡA)、Hg(ⅡB) | B(ⅢA) | C、Si(ⅣA) | N、P(ⅤA) | O、S(ⅥA) |
| 实例 | $BeCl_2$、$HgCl_2$ | $BF_3$、$BCl_3$ | $CH_4$、$SiCl_4$ | $NH_3$、$PCl_3$ | $H_2O$、$H_2S$ |

以上介绍了 sp、$sp^2$、$sp^3$ 三种等性杂化和 $sp^3$ 不等性杂化，分别形成 2、3、4 条等性杂化轨道和 4 条不等性杂化轨道，等性杂化轨道中各有一个未成对电子，而不等性杂化轨道中有未成对电子，也有 1 对或 2 对孤对电子。最小排斥原理解释了 sp、$sp^2$、$sp^3$ 三种等性杂化依次形成 180°、120°、109°28′的等性分布，也解释了 $sp^3$ 不等性杂化因孤对电子占据更多空间而挤压未成对电子所在轨道空间形成的不等性分布。

共价键的方向性、饱和性等原则解释了分子的空间构型。中心原子杂化轨道的未成对电子与其他原子轨道的未成对电子成键时，采取“头碰头”的 σ 键方式重叠，形成分子的骨架，这就意味着中心原子杂化轨道的分布形状决定了该分子的空间构型，即中心原子的不同杂化类型决定了所形成分子有不同的空间构型。中心原子采取 sp、$sp^2$、$sp^3$ 三种等性杂化分别形成直线形、平面三角形、四面体形的空间构型。而采取 $sp^3$ 不等性杂化时，又有 2 种情况：当 4 条杂化轨道中有 1 条容纳了 1 对孤对电子时，则剩余 3 条轨道各含 1 个未成对电子，相应形成 3 个 $\sigma$ 键，在空间以三角锥形构型分布；当 4 条杂化轨道中有 2 条容纳了 2 对孤对电子时，剩余 2 条轨道各含 1 个未成对电子，相应形成 2 个 $\sigma$ 键，在空间以 V 字形（或折线形或角形）构型分布。

既然分子空间构型与中心原子杂化方式有关，那么判断中心原子采取何种杂化方式就非常重要。以第二周期元素为例，中心原子从 Be、B、C 到 N、O，基态外层电子构型分别为 $2s^2$、$2s^22p^1$、$2s^22p^2$ 到 $2s^22p^3$、$2s^22p^4$，p 电子数递增，参与杂化的 p 轨道也递增，杂化类型也就有能力从 sp 到 $sp^2$ 再递增到 $sp^3$；同时，p 电子数递增又导致其孤对电子数递增，杂化类型也从等性 $sp^3$ 递变到不等性 $sp^3$，孤对电子从 1 对递变到 2 对。可见，中心原子采取何种杂化方式，与其外层电子构型密切相关，即与其在元素周期表中的位置密切相关。

举例来看，判断 $PH_3$ 的空间构型，需要判断中心原子 P 的杂化类型，P 的杂化类型取决于 $3s^23p^3$ 的外层电子构型，1 个 s、3 个 p 轨道均参与杂化，则为 $sp^3$ 杂化；5 个电子填充在 4 个杂化轨道中，说明有一对孤对电子，则为不等性杂化。剩余 3 个未成对电子，形成 3 个 $\sigma$ 键，占据孤对电子所在轨道之外的剩余空间，形成三角锥形构型。可见，$PH_3$ 和 $NH_3$ 的空间构型同为三角锥形，是因为两者中心原子属于同一主族，外层电子构型同为 $ns^2np^3$。同理，$PCl_3$ 和 $PH_3$ 同属三角锥形构型，$BF_3$ 和 $BCl_3$ 同属平面三角形构型，$H_2O$ 和 $CH_3OH$ 从 O 的角度来说同属折线形构型，即决定分子空间构型的是中心原子的杂化类型，而和与之成键的其他原子无关。同样，空间构型不同，也源于中心原子杂化类型的不同，如 $BCl_3$ 和 $PCl_3$ 的空间构型分别为平面三角形和三角锥形，是因为中心原子 B 和 P 电子构型分别为 $ns^2np^1$ 和 $ns^2np^3$（简化为不同主族的差别），造成了杂化方式分别为 $sp^2$ 和不等性 $sp^3$ 的差别。

我们也可以根据分子的空间构型来反推中心原子的杂化类型，如元素碳的外层电子构型为 $2s^22p^2$，外层 s 轨道的 1 个电子激发到空的 p 轨道中，4 个轨道，4 个未成对电子。杂化时，可以用 1 个、2 个、3 个 p 轨道与 s 轨道参与杂化，分别形成 sp、$sp^2$、$sp^3$ 不同杂化类型，从而形成种类繁多的碳化合物。以甲烷 $CH_4$、乙烯 $C_2H_4$、二氧化碳 $CO_2$ 和乙炔 $C_2H_2$ 为例，空间构型依次为正四面体形、平面形、直线形和直线形，可推测其中碳分别为 $sp^3$、$sp^2$、sp 和 sp 杂化类型。

我们也可以根据 $\sigma$ 键数和孤对电子数或用等电子原理来反推中心原子的杂化类型。在此不一一赘述。

除了 s、p 轨道可参与杂化之外，d 轨道也能参与杂化，形成 $dsp^2$、$sp^3d^2$ 等杂化轨道，这些类型的杂化轨道将在配位化合物中予以讨论。

### 3.1.3 分子间作用力和氢键

#### 3.1.3.1 分子的极性和偶极矩

两个相同的原子形成化学键，由于原子的电负性相同，它们对成键电子的吸引力相同，因此正电荷中心与负电荷中心是重合的，这种化学键叫非极性键。例如，$H_2$、$Cl_2$ 等分子中的化学键都是非极性键。

两个不同的原子形成化学键，由于原子的电负性不同，成键原子的电荷分布不对称，电负性较大的原子带负电荷，电负性较小的原子带正电荷，正负电荷中心不重合，形成极性键。如 HCl，氯原子的电负性大于氢原子，氯原子对成键电子的吸引大于氢原子对成键电子的吸引，结果，氯原子一边显负电，氢原子一边显正电。氯原子与氢原子间的化学键是极性键。

同理，对于一个分子来说，可以设想它的全部正电荷集中于一点，这一点叫作正电荷中心，设想它的全部负电荷集中于一点，这一点叫作负电荷中心，正负电荷所带电荷数相同但电性相反，这就使分子分为两类：一类是正负电荷中心重合的非极性分子，分子内不存在正负两极，如氯分子；一类是正负电荷中心不重合的极性分子，分子内存在正负两极，如氯化氢分子。

分子极性的大小可用偶极矩来表示。偶极矩 $\mu$ 定义为正负电荷中心间距离 $l$ 与电荷量 $q$ 的乘积：

$$\mu = ql$$

偶极矩是矢量，在化学上规定其方向由正到负（物理学中规定与此正好相反），偶极矩的单位是 C•m(库•米)或德拜（Debye，用符号 D 表示），$1\ \text{D} = 3.334\times10^{-30}\text{C}\cdot\text{m}$。

非极性分子的偶极矩等于零。偶极矩不等于零的分子是极性分子，偶极矩越大，分子的极性越强。

在双原子分子中，键有极性，分子就有极性，极性大小可用偶极矩大小来衡量，也可用组成原子的电负性差值大小来近似比较，电负性差值越大，极性越大。

多原子分子的极性既与键的极性有关，也与分子的空间结构有关：如果组成分子的所有化学键均为非极性键，则为非极性分子，如白磷分子（$P_4$）；组成分子的化学键为极性键时，则分子可能是极性分子，也可能是非极性分子，这取决于分子的空间构型（参考表 3.3）。如果分子空间构型是对称的，如 $CO_2$、$CH_4$ 分别为线性对称、正四面体对称，键的极性相互抵消，因此是非极性分子。如果空间构型不完全对称，如 $H_2S$、$NH_3$，键的极性不能完全抵消，则是极性分子。

所以，分子偶极矩常被用来判断多原子分子的空间构型。例如，$NH_3$ 和 $BF_3$ 均为四原子分子，这类分子的空间构型一般有两种：三角锥形和平面三角形。实验测得 $BF_3$ 分子的偶极矩为 0，$NH_3$ 分子的偶极矩为 $4.9\times10^{-30}\text{C}\cdot\text{m}$，由此，$BF_3$ 分子构型为平面三角形，而 $NH_3$ 分子构型为三角锥形。

#### 3.1.3.2　分子间作用力

化学键是分子或晶体内部相邻原子或离子间存在的较强相互作用。其键能较大，一般在 $100\sim600\text{kJ}\cdot\text{mol}^{-1}$，是决定分子或晶体性质的主要因素。

气体能凝结成液体和固体，固体表面可以吸附其他物质，粉末可压成片状，这说明分子与分子之间有引力存在。人们将这些作用统称为分子间作用力，其中最常见的一种是范德华力。

范德华力是分子之间普遍存在的一种相互作用力。它使许多物质能以一定的聚集态（固态或液态）存在。例如，降低气体的温度时，气体分子的平均动能减少，当分子靠自身的动能不足以克服范德华力时，分子就会聚集而形成液体甚至固体。

范德华力和化学键相似，也是电磁力，但它的作用通常比化学键的键能小得多，一般在 2～20kJ•mol，比化学键小 1～2 个数量级。它普遍存在于分子间，没有方向性和饱和性，只要空间条件允许，分子聚集时，每个分子周围总是尽可能多地吸引其他分子。范德华力的作用范围通常为 0.3～0.5nm，表现为分子间近距离的吸引力，会随分子间距离的增大迅速减小。范德华力主要影响分子类物质的熔点、沸点等物理性质。范德华力越强，物质的熔点、沸点越高。

根据分子间力产生的特点，范德华力可分为色散力、诱导力和取向力三种类型。

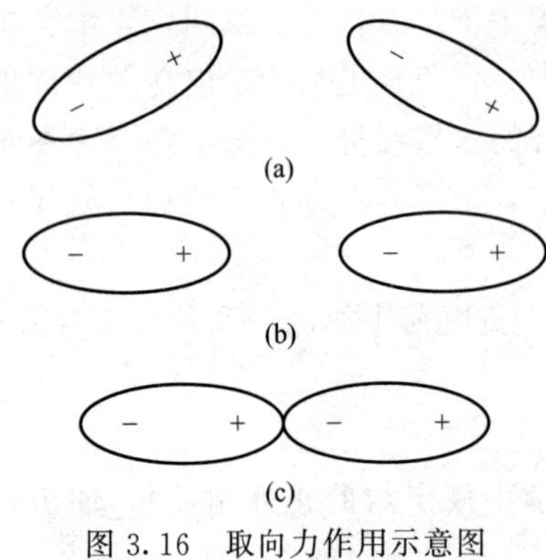

图 3.16　取向力作用示意图

(1) 取向力

取向力发生在极性分子之间。极性分子的正负电荷中心不重合，具有固有偶极。当两个极性分子相互接近时，由于同极相斥，异极相吸，一个分子带负电的一端会吸引另一个分子带正电的一端，从而使极性分子按一定方向排列。这种能使分子按一定方向排列的极性分子的固有偶极间的静电引力称为取向力。如图 3.16 所示。

分子的固有偶极矩越大，分子间的取向力也越大，即分子的极性越大，取向力越大。当然，由于分子的热运动，分子不会完全定向地排列。

(2) 诱导力

在极性分子和非极性分子间以及极性分子和极性分子间都存在诱导力。当极性分子和极性分子充分接近时，除取向力外，极性分子偶极矩电场的影响会使极性分子的正负电荷中心拉开得更远，产生诱导偶极；同样，当非极性分子靠近极性分子时，非极性分子中正、负电荷中心发生相对位移，电子云变形，从而使非极性分子也产生诱导偶极。分子在外电场的作用下，发生电子云变形的现象称为极化。分子中电子数越多，分子的变形性也越大。在诱导偶极和极性分子的固有偶极之间产生的吸引力称为诱导力，如图 3.17 所示。诱导力的大小与分子的极性以及分子的变形性大小有关。

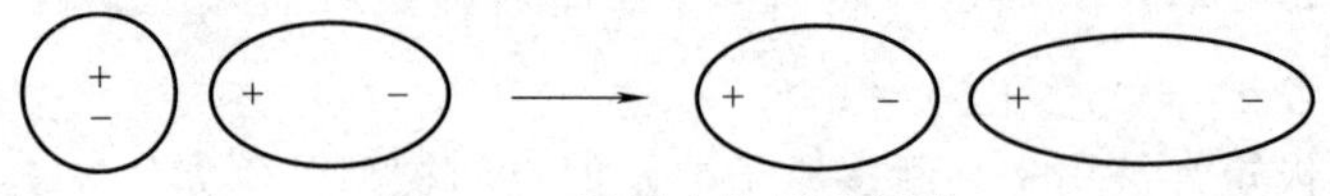
图 3.17　诱导力作用示意图

(3) 色散力

量子力学计算表明，色散力与分子的变形性有关，分子中原子数越多、原子半径越大，则分子变形越显著，色散力也越大。一般来说，对同类型的单质或化合物，物质的摩尔质量越大，分子间的色散力越强。表 3.4 列出了一些分子中三种分子间力的分配情况。

**表 3.4　一些分子的分子间作用力的分配**　　单位：$kJ \cdot mol^{-1}$

| 分子 | 取向力 | 诱导力 | 色散力 | 总能量 |
|---|---|---|---|---|
| $H_2$ | 0 | 0 | 0.17 | 0.17 |
| Ar | 0 | 0 | 8.48 | 8.48 |
| Xe | 0 | 0 | 18.40 | 18.40 |
| CO | 0.003 | 0.008 | 8.79 | 8.80 |
| HCl | 3.34 | 1.1003 | 16.72 | 21.16 |
| HBr | 1.09 | 0.71 | 28.42 | 30.22 |
| HI | 0.58 | 0.295 | 60.47 | 61.35 |
| $NH_3$ | 13.28 | 1.55 | 14.72 | 29.55 |
| $H_2O$ | 36.32 | 1.92 | 8.98 | 47.22 |

综上所述，通常所说的范德华力有三种，即取向力、诱导力和色散力。取向力只存在于极性分子之间，极性越强则分子间的取向力越大。诱导力存在于极性分子之间，也存在于极性分子与非极性分子之间，分子极性越大以及变形性越大，则诱导力越大。而色散力则存在于所有分子中，分子变形性越大则色散力越大。对大多数分子而言，色散力往往是最主要的分子间力，只有对极性很大的分子（如 HF、$NH_3$、$H_2O$），取向力才显得重要，诱导力若存在，往往也是这三种力中较小的力。

#### 3.1.3.3　氢键

在某些化合物的分子之间或分子内还存在着与范德华力大小相当的另一种作用力——氢键。

氢原子与某一电负性大的 X 原子以共价键相结合后，电子云强烈地偏向 X 一方，使氢原子几乎成为裸核，它可以吸引另一个电负性大的 Y 原子的孤对电子，从而形成氢键。氢键可用 X－H…Y 表示，其中 X、Y 代表 F、O、N 等电负性大、原子半径较小的原子，X、Y 可以相同也可以不相同（如 O－H…O，N－H…O 等）。Cl 原子虽然电负性较大，但半径也较大，不能形成氢键。

形成氢键的条件是：①要有一个与电负性很大的 X 原子以共价键相结合的氢原子；②要有电负性大、半径小且有孤对电子的 X 或 Y 原子。

元素的电负性愈大，半径愈小，形成的氢键也愈强。氢键强弱次序如下：

$$F-H\cdots F>O-H\cdots O>O-H\cdots N>N-H\cdots N$$

虽然能形成氢键的元素主要有 F、N、O 等，但因为无机含氧酸、有机羧酸、醇、胺、蛋白质、高分子化合物及生物体中都含有 N、O 原子或 N－H 键、O－H 键，所以氢键是普遍存在的，对生物分子的性质及生化反应的特性有重大的影响，因而是一种十分重要的分子间作用力。

氢键与分子间力的最大区别是氢键具有方向性和饱和性。一般情况下，一个连接在 X 原子上的氢原子只能与一个 Y 原子形成氢键，同时，为了减少 X、Y 之间的斥力，X－H…Y 之间的键角应尽可能接近 180°。氢键具有饱和性和方向性，这一点与共价键的特征十分相似，因此把这种分子间作用力称为氢键。但氢键的键能一般在 $40kJ\cdot mol^{-1}$ 以下，比化学键弱，与分子间力具有相同的数量级。

#### 3.1.3.4　分子间作用力对物质性质的影响

共价型分子组成的物质，物理性质（如熔点、沸点、溶解度等）与分子的极性、范德华力及氢键有关。首先，分子间作用力比化学键小 1～2 个数量级，也就决定了共价型分子具有较低的熔点和沸点。其次，同类型的单质和化合物分子，例如，稀有气体、卤素、有机同系物等分子，其熔点和沸点一般随分子量的增加而升高，是由于范德华力主要考虑色散力而色散力随分子量的增加而增强。同时要注意到，分子的极性对熔点、沸点也有影响，因为极性分子比非极性分子多了取向力、诱导力，从而在强极性分子中会略有体现。

对于含氢键的物质，其熔点、沸点较同类型无氢键的物质要高。比如，对于卤族元素的系列氢化物，沸点应该随分子量的增大而升高。实际上 HF、HCl、HBr、HI 的沸点依次为 20℃、－85℃、－67℃、－36℃，正是由于 HF 分子间存在氢键，其沸点远高于同系列化合物的沸点。

物质的溶解性也与分子间作用力有关，主要表现为以下两点。

（1）相似相溶

分子极性相似的物质易于互相溶解。例如，$I_2$ 易溶于 $CCl_4$、苯等非极性溶剂，但难溶于水。这是由于$I_2$为非极性分子，与苯、$CCl_4$等非极性溶剂有着相似的分子间力（色散力）。而水为极性分子，分子间除色散力外，还有取向力、诱导力以及氢键。要使非极性分子能溶于水，必须克服水的种种分子间力，所以$I_2$难溶于水。

（2）分子间能形成氢键的物质易互相溶解

例如，乙醇、羧酸等有机物都易溶于水，因为它们与$H_2O$分子之间能形成氢键，使分子间互相缔合而促进溶解。

# 3.2 晶体结构

物质通常以气态、液态和固态三种形态存在。而固态物质又可区分为晶体和非晶体。晶体（例如氯化钠、石英、方解石等）有整齐、规则的几何外形，有固定的熔点。晶体的某些性质，如光学性质、力学性质、导电性、导热性及溶解性等，从不同方向测量时，常常得到不同的数值。晶体在不同方向上具有不同的物理性质和化学性质，这种特性称为各向异性。非晶体则没有一定的几何外形，各向同性，没有固定的熔点，加热时会先软化，随着温度的升高，流动性继续增大，直至熔融，因此又称为无定形体，如玻璃、沥青、树脂、石蜡等。

规整的几何外形是晶体内部原子、分子或离子等微观粒子有规则排列的宏观表现。若把晶体内部的微观粒子抽象成几何学上的点，它们在空间有规则的排列所成的点群称为晶格。晶格中排有物质微观粒子的点称为晶格格点，根据晶体内部结构的周期性，可以在晶格中划分出一些形状和大小完全相同的晶格最小单位，这种最小单位反映了晶格的一切特征，这种能够表现晶格结构特征的最小重复单位称为晶胞。晶胞的大小、形状和组成完全决定了晶体的结构和性质，因此只要能够了解晶胞的特征，就能把握晶体的结构特征。

## 3.2.1 晶体的基本类型

按照晶格格点上粒子的种类及其作用力的不同，从结构上可把晶体分为离子晶体、原子晶体、分子晶体和金属晶体四种基本类型。

### 3.2.1.1 离子晶体

在离子晶体的晶格格点上交替排列着正离子和负离子，正、负离子通过离子键相互结合。由于离子键没有饱和性和方向性，因此，各个离子将与尽可能多的异号离子接触，此时体系处于能量最低、结构最稳定的状态。离子晶体倾向于形成圆球的紧密堆积，与每一个离子邻近的其他种离子的数目（可称为配位数）较多，往往具有较高的配位数。如氯化钠晶体中，$Na^+$和$Cl^-$的配位数均为6（见图3.18）。可以把整个晶体看作是一个大分子，化学式NaCl并不代表一个氯化钠分子，仅仅说明$Na^+$和$Cl^-$比例是1∶1，习惯上称NaCl为氯化钠的分子式。

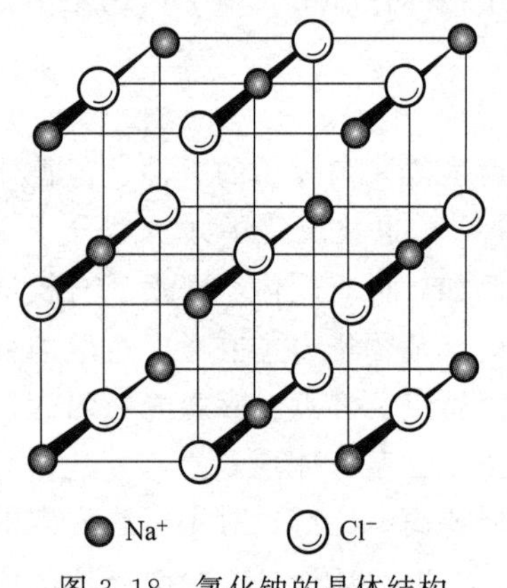

图3.18 氯化钠的晶体结构示意图

离子晶体的熔点、硬度等物理性质与晶体的晶格能$E_L$大小有关，晶格能是指在100kPa和298.15K时，由气态正、负离子形成1mol的离子晶体所释放的能量，可粗略认为晶格能$E_L$与正负离子所带的电荷及半径有关：

$$E_L \propto \frac{|z^+ z^-|}{r^+ + r^-} \tag{3.1}$$

显然，离子键的强弱可近似用晶格能的大小来表示，晶格能越大，离子键越强，晶体越稳定。根据式(3.1) 就能估算离子键的相对强弱。也正因为在离子晶体中，离子间以较强的离子键相结合，破坏离子晶体必须提供较大的能量，所以离子晶体多具有较高的熔点、沸点和硬度，当离子晶体受到外力作用时，结点上的离子发生移动，原来是异性离子相间排列的稳定状态变为同性离子相邻、接触的排斥状态，结构即被破坏，所以离子晶体比较脆，延展性差。固体状态时，由于离子被限制在晶格的一定位置上振动，因此几乎不导电，导热性也差，而在熔融状态或在水溶液中则具有优良的导电性。

活泼金属的盐类和氧化物的晶体都属离子晶体。例如，MgO 和 CaO，都是离子晶体，根据式 (3.1) 就能估算出前者具有更高的熔点和更高的硬度。

#### 3.2.1.2　原子晶体

原子晶体中，晶格的格点位置排列着中性原子，原子间以共价键的形式相互结合成一个整体。常见的原子晶体有金刚石、单晶硅、单晶锗、晶体硼等。元素周期表的第ⅣA、ⅤA、ⅥA 族元素半径小、性质相似，组成的化合物也常形成原子晶体，如 SiC（金刚砂）、$SiO_2$（方石英）、GaAs、BN 等。

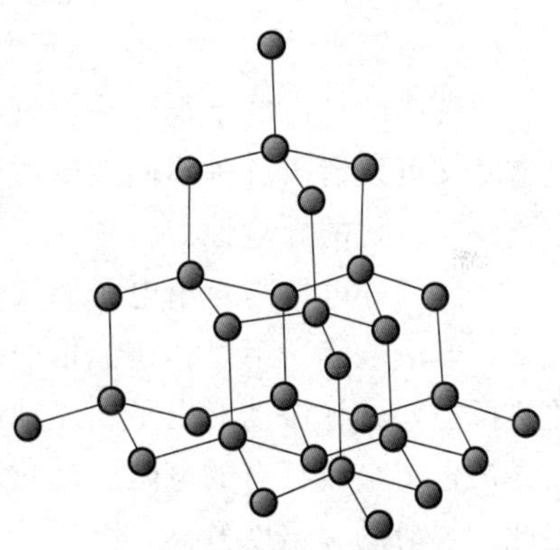

图 3.19　金刚石的晶体结构

由于共价键具有方向性和饱和性，因此，原子晶体中原子的排列不可能采用紧密堆积方式。以典型的金刚石晶体为例，每个碳原子能形成 4 个 $sp^3$ 杂化轨道，最多可与邻近 4 个碳原子形成共价键，组成正四面体，碳配位数是 4。碳原子构成的四面体在空间上重复排列，即组成了金刚石晶体结构（见图 3.19）。

原子晶体一般具有很高的熔点和很大的硬度，在工业上常被选为磨料或耐火材料。例如金刚石，由于碳原子半径较小，共价键强度较大，原子对称、等距离排布，要破坏 4 个共价键或改变键角，将会受到很大阻力，所以金刚石的熔点可高达 3550℃，硬度也是天然物质中最大的。由于原子晶体中没有离子或自由电子，固态或熔融态一般都不能导电，但某些原子晶体如 Si、Ge 等是半导体。

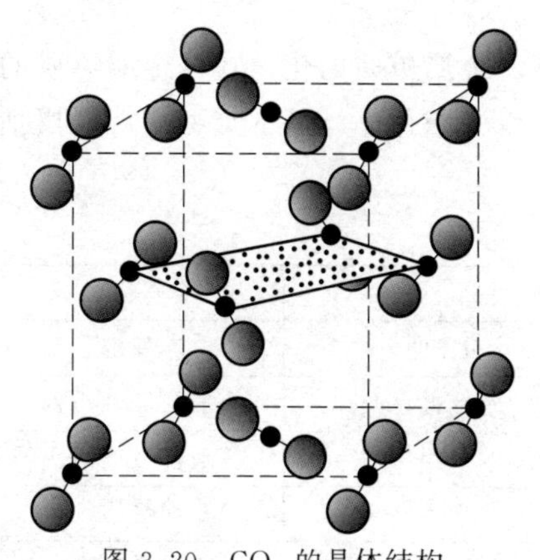

图 3.20　$CO_2$ 的晶体结构

#### 3.2.1.3　分子晶体

在分子晶体的晶格格点上排列着分子（极性分子或非极性分子），分子之间以范德华力或氢键相结合（而分子内的原子之间则通过共价键结合）。例如低温下的 $CO_2$ 晶体是分子晶体，其晶体结构如图 3.20 所示。由于分子间力没有方向性和饱和性，分子组成晶体时可做紧密堆积。但共价键分子本身具有一定的几何构型，所以分子晶体一般不如离子晶体堆积得紧密。

由于分子间力比共价键、离子键弱得多，分子晶体一般具有较低的熔点、沸点和硬度；有些分子晶体还具有较大的挥发性，如碘和萘晶体；溶解时服从“相似相溶”规则；在固态或在熔化时都不导电，只有极性很强的分子所组成的晶体，如 HCl 晶体、冰醋酸等，溶解在水中时才会因电离而导电。

#### 3.2.1.4 金属晶体

金属晶体中，格点上排列着金属原子或金属离子，它们之间靠金属键相互结合。绝大多数金属元素的单质和合金都属于金属晶体。

金属元素的电负性较小，电离能也较小，外层价电子易脱离金属原子的约束而在金属晶粒间比较自由地运动，形成“自由电子”。这些自由电子把许多失去价电子的离子吸引到一起，形成金属晶体。金属中这种自由电子与原子（或正离子）间的作用力称为金属键。

金属键没有方向性和饱和性，金属在形成晶体时倾向于组成极为紧密的结构，即紧密堆积，使每个原子拥有尽可能多的相邻原子（配位数多为 8 或 12），使多个原子共用在整个金属晶体内流动的自由电子。

在金属晶体中，由于自由电子的存在和晶体的紧密堆积结构，金属具有一些共同性质。

（1）金属光泽

金属中的自由电子很容易吸收可见光，使金属晶体不透明，当被激发的电子跳回低能级轨道时又可发射出各种不同波长的光，因而具有金属光泽。

（2）良好的导电性

金属的导电性与自由电子的流动有关。在外加电场的影响下，自由电子将在晶体中定向流动，形成电流。不过，在晶格内的原子和离子不是静止的，而是在晶格格点上做一定幅度的热振动，这种振动对电子的流动起着阻碍的作用，同时，正离子对电子具有吸引力，这些因素产生了金属特有的电阻。受热时原子和离子的振动加强，电子的运动受到更多的阻力，因此，一般随着温度升高，金属的电阻增大。

（3）良好的导热性

金属的导热性也与自由电子的运动密切相关。电子在金属中运动，会不断地与原子或离子碰撞而交换能量。因此，当金属的某一部分受热时，原子或离子的振动得到加强，并通过自由电子的运动把热能传递到邻近的原子或离子，很快使金属整体的温度均一化。因此，金属具有良好的导热性。

（4）良好的力学性能

金属的紧密堆积结构，允许在外力下使一层原子相对于相邻的一层原子滑动而不破坏金属键，这是金属显示良好的延展性等力学性能的原因。

金属晶体中没有单独存在的原子，通常以元素符号表示金属单质的化学式。金属单质的熔点、硬度差异较大，这主要与金属键的强弱不同有关。以上四种晶体基本类型的特征概括在表 3.5 中。

**表 3.5 晶体的基本类型**

| 晶体的基本类型 | 离子晶体 | 原子晶体 | 分子晶体 | 金属晶体 |
|---|---|---|---|---|
| 微粒间作用力 | 离子键 | 共价键 | 分子间力 | 金属键 |
| 熔沸点 | 较高 | 高 | 低 | 一般较高，部分低 |
| 硬度 | 较大 | 大 | 小 | 一般较大，部分小 |
| 导电性 | 水溶液或熔融液易导电 | 绝缘体或半导体 | 一般不导电 | 良导体 |
| 导热性 | 热的不良导体 | 热的不良导体 | 热的不良导体 | 热的良导体 |

续表

| 晶体的基本类型 | 离子晶体 | 原子晶体 | 分子晶体 | 金属晶体 |
|---|---|---|---|---|
| 溶解性 | 一般易溶于极性溶剂，难溶于有机溶剂 | 难溶于一般溶剂 | 非极性分子易溶于非极性溶剂；极性分子易溶于极性溶剂 | 难溶于一般溶剂 |
| 实例 | NaCl、MgO | 金刚石、单晶硅、单晶硼、单晶锗、SiC、$SiO_2$、GaAs、BN、AlN | 冰、干冰、$CH_4$、HCl、$Cl_2$ | 各种金属及一些合金 |

### 3.2.2　过渡型晶体

过渡型晶体（或混合型晶体）中微粒间结合力不是单一的，晶体的结构也不同于四种基本类型晶体。常见的有链状晶体和层状晶体。

#### 3.2.2.1　链状结构晶体

天然硅酸盐晶体的基本单位是 1 个 Si 原子和 4 个 O 原子所组成的四面体，根据这种四面体的连接方式不同，可以获得不同结构的硅酸盐负离子，如链状、双链状、片状和网状等。其中链状结构，是四面体通过 2 个顶角的 O 原子分别与另外 2 个四面体中的 Si 原子相连而构成，如图 3.21 所示。

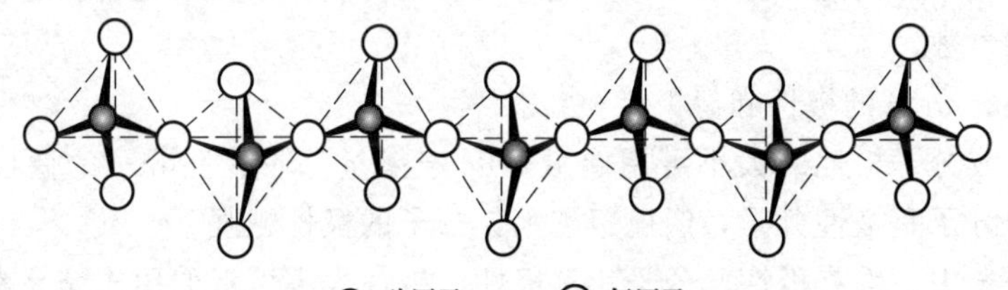

图 3.21　硅酸盐负离子的单链结构

硅酸盐负离子组成的长链与长链之间填充着金属正离子，由于带负电荷的长链与金属正离子之间的静电作用比链内共价键的作用弱，因此，晶体易沿平行于长链方向裂开成纤维状或柱状。如石棉就是这类结构的双链状结构晶体。

#### 3.2.2.2　层状结构晶体

石墨晶体是典型的层状结构。石墨中的碳原子采用 $sp^2$ 杂化，每个碳原子与相邻 3 个碳原子以 σ 键结合，键角是 120°，形成不断延伸的正六边形蜂巢状的平面层状结构，如图 3.22 所示。

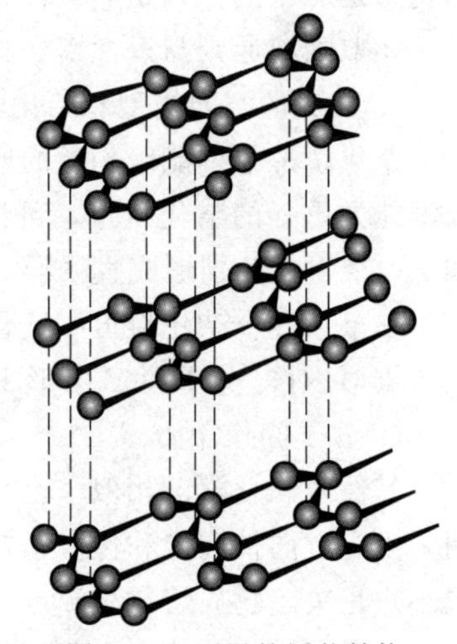
图 3.22　石墨的层状结构

碳原子最外层有 4 个电子，其中 3 个电子采用 $sp^2$ 杂化，还剩余 1 个 2p 轨道电子，此 2p 轨道垂直于 $sp^2$ 杂化轨道平面，因此，平面层中每个碳原子的 2p 轨道互相平行，这些互相平行的 p 电子云互相重叠，形成遍及整个平面的离域 π 键（或称大 π 键），这些 π 电子可以在每一层平面内自由运动，产生类似金属键的性质，使石墨具有良好的导电性和传热性。

在石墨晶体中，同一平面层内相邻碳原子间的距离为 0.142nm，但相邻平面层的距离为 0.335nm，平面层与层之间靠范德华力结合，作用远弱于同一层中碳原子间的共价键，所以石墨的层间易滑动，常用作铅笔芯和润滑剂原料。石墨晶体中既有共价键又有金属键的作用，而层间又靠范德华力相结合，因此石墨是过渡型晶体。

# 本章内容小结

1. 离子键

由正、负离子间的静电引力形成的化学键称为离子键，本质上是一种无方向性和饱和性的静电作用。静电作用越强，离子键也越强。组成元素的电负性相差越大，化学键的离子性也越大。典型的离子键一般存在于外层电子构型是 8 电子构型的正负离子之间，如活泼金属与非金属元素组成。另外，一些含氧酸盐和配合物也有离子键。

2. 共价键

共价键可用价键理论或分子轨道理论来解释。价键理论认为原子间以共用电子对结合起来的化学键叫作共价键。本质是成键原子的价层轨道按对称性匹配原则发生最大程度的有效重叠，所以共价键是具有方向性和饱和性的静电作用。共价键的方向性特点使形成的共价键之间有一定的角度，从而决定分子的空间构型，并能影响分子的极性等性质。共价键可划分为不同的类型，最常见的是 $\sigma$ 键和 $\pi$ 键，此外还有配位键。键长、键角和键能等是表明共价键性质的主要键参数。

3. 键的极性、分子的极性和偶极矩

化学键极性或分子极性的大小可用偶极矩 $\mu$ 来衡量。非极性分子的偶极矩等于零。偶极矩不等于零的分子是极性分子，偶极矩越大，分子的极性越强。

在双原子分子中，键有极性，分子就有极性，极性大小可近似用成键元素电负性差值大小来比较。而以极性键组成的多原子分子是否有极性将取决于分子的空间构型。如果分子空间构型是对称的，则是非极性分子；如果空间构型不完全对称，则是极性分子。

相似相溶原则与极性密切相关。

4. 分子的空间构型和杂化轨道理论

杂化轨道强调能级相近的原子轨道相互混杂、重新分配能量和调整空间方向组合成新的成键能力更强的杂化轨道，可以用来解释分子的空间构型。常见的类型有 sp 型的 sp、$sp^2$ 和 $sp^3$ 杂化，分别形成直线形、平面三角形和正四面体形的分子。

如果某几个杂化轨道中已含有孤对电子，不能参与成键，则为不等性杂化，典型代表如三角锥形 $NH_3$ 分子和 V 字形 $H_2O$ 分子。

5. 分子间作用力

其性质和化学键相似，也是电磁力，是一种相对较弱的相互作用力，它普遍存在于分子间，没有方向性和饱和性，通常表现为分子间近距离的吸引力，随分子间距离的增大而迅速减小。是决定物质熔点、沸点、溶解度等性质的一个重要因素。

根据力产生的特点，范德华力可分为色散力、诱导力和取向力三种类型。取向力只存在于极性分子之间，诱导力存在于极性分子间或极性分子与非极性分子之间，而色散力则存在所有分子中。

氢键存在于氢原子与电负性大的 N、O、F 等原子之间，含氢键的物质熔点、沸点较同类型无氢键的物质要高，分子间能形成氢键的物质也易互相溶解。

6. 晶体结构

按照晶格格点上粒子的种类及其作用力的不同，从结构上可把晶体分为离子晶体、原子晶体、分子晶体和金属晶体四种基本类型。在不同晶体类型中，微粒间作用力不同，导致熔点、沸点和硬度等性质明显不同。

过渡型晶体常见的有链状结构晶体和层状结构晶体等。

# 习　题

1. 是非题

(1) 化学键可以只由π键形成。（　）

(2) 一个原子的 p 轨道与另一个原子的 p 轨道重叠成键，一定形成π键。（　）

(3) 杂化轨道是指在形成分子时，同一原子的不同原子轨道重新组合形成的新的原子轨道。（　）

(4) $PCl_3$ 分子中，四个原子处于同一平面上。（　）

(5) $H_2O$ 是极性分子，分子中 O 原子不处在 2 个 H 原子所连线段的中点。（　）

(6) 中心原子采用 $sp^3$ 杂化轨道形成的分子，它们的空间构型均为正四面体，都是非极性分子。（　）

(7) HCN 是直线形分子，C 的杂化为 sp 杂化。（　）

(8) 取向力仅存在于极性分子之间，色散力仅存在于非极性分子之间。（　）

(9) 极性分子间同时存在色散力、诱导力和取向力，且都是以取向力为主。（　）

(10) 含氢化合物的分子之间都能形成氢键。（　）

(11) 只有含 O—H 的分子才能与水分子形成氢键。（　）

(12) 卤素分子 $F_2$、$Cl_2$、$Br_2$、$I_2$ 之间只存在着色散力，色散力随分子量的增大而增大，因此它们的熔点和沸点也随分子量的增大而升高。（　）

(13) 相同压力下 NaCl 晶体的熔点比 NaI 的要高。（　）

(14) 四氯化碳的熔点、沸点都很低，所以四氯化碳分子不稳定。（　）

(15) 熔点顺序为 $NH_3$、$PH_3$、$AsH_3$ 依次升高。（　）

2. 选择题

(1) 具有下列电负性数值的两种元素的原子，最容易形成离子键的是（　）。

(A) 1.8 和 2.5　(B) 3.5 和 1.0　(C) 4.0 和 0.8　(D) 4.0 和 1.0

(2) 下列化合物晶体中，既存在离子键又存在共价键的是（　）。

(A) NaBr　(B) $Na_2O_2$　(C) $H_2O$　(D) $CH_3OH$

(3) 下列关于键长、键角和键能的说法中，不正确的是（　）。

(A) 键角是描述分子立体结构的重要参数

(B) 键长的大小与成键原子的半径有关

(C) 键能越大，键长越长，共价键越牢固

(D) 用键能数据可估算化学反应的能量变化

(4) 关于σ键和π键的说法中，不正确的是（　）。

(A) σ键由原子轨道“头碰头”重叠而成，π键由原子轨道“肩并肩”重叠而成

(B) 乙烯 $C_2H_4$ 分子中含有 5 个σ键和 1 个π键

(C) 氢分子中存在σ键，氮分子中存在σ键和π键

(D) σ键和π键不能同时存在于同一个分子中

(5) 下列关于杂化轨道的叙述中，不正确的是（　　）。

(A) 杂化轨道可用于形成σ键、π键或用于容纳未参与成键的孤对电子

(B) 分子的中心原子通过 $sp^3$ 杂化轨道成键时，该分子不一定为正四面体结构

(C) 杂化前后的轨道数不变，但轨道的形状发生了改变

(D) sp 杂化轨道的夹角为 180°

(6) 下面其中心原子采取 $sp^3$ 杂化，且具有极性的分子是（　　）。

(A) $BCl_3$　　(B) $H_2S$　　(C) $SiH_4$　　(D) $CO_2$

(7) 下列说法正确的是（　　）。

(A) 极性键构成的分子都是极性分子

(B) 含有非极性键的分子一定是非极性分子

(C) 非极性分子一定含有非极性键

(D) 以极性键结合的双原子分子是极性分子

(8) 下列分子中，属于极性分子的是（　　）。

(A) $CO_2$　　(B) $CH_4$　　(C) $NH_3$　　(D) $O_2$

(9) 下列化合物分子间有氢键的是（　　）。

(A) HCl　　(B) HCOOH　　(C) HCHO　　(D) $CH_3OCH_3$

(10) $H_2O$ 的沸点比 $H_2S$ 的沸点高，主要是因为存在（　　）。

(A) 色散力　　(B) 取向力　　(C) 诱导力　　(D) 氢键

(11) 下列各组分子之间仅存在色散力的是（　　）。

(A) 甲醇和水　　(B) 氮气和水

(C) 苯和四氯化碳　　(D) 溴化氢和氯化氢

(12) 下列各物质的分子间只存在色散力的是（　　）。

(A) $NH_3$　　(B) $CHCl_3$　　(C) $CH_3OCH_3$　　(D) $SiF_4$

(13) 下列晶体熔化时只需要克服色散力的是（　　）。

(A) $HgCl_2$　　(B) $CH_3COOH$　　(C) 冰　　(D) $SiO_2$

(14) 下列晶体熔化时需要破坏共价键的是（　　）。

(A) KF　　(B) Ag　　(C) $SiF_4$　　(D) SiC

(15) 下列说法中，正确的是（　　）。

(A) 原子晶体中共价键越强，晶体的熔点越高

(B) 分子晶体中共价键越强，晶体的熔点越高

(C) 分子晶体中分子间作用力越大，该物质越稳定

(D) 冰融化时，分子中氢氧键断裂

(16) 下列物质沸点高低排列正确的是（　　）。

(A) HI＞HBr＞HCl＞HF　　(B) HF＞HCl＞HBr＞HI

(C) $I_2>Br_2>Cl_2>F_2$　　(D) $F_2>Cl_2>Br_2>I_2$

(17) 关于离子晶体的性质，以下说法中不正确的是（　　）。

(A) 高熔点的物质都是离子型物质

(B) 离子型物质的饱和水溶液是导电性好的溶液

(C) 熔融的 CsCl 能导电

(D) 碱土金属氧化物的熔点比同周期碱金属氧化物的熔点高

(18) 预测下列物质中有最高熔点的是（　　）。

(A) NaCl　　(B) $BCl_3$　　(C) $AlCl_3$　　(D) $CCl_4$

3. 填空题

(1) 溴与氯以________键结合形成 BrCl，其中 Br 的化合价是________，分子________极性（填“有”或“无”）。

(2) 根据原子轨道重叠方式的不同，共价键分为________键和________键，共价键基本特征是具有__________和________。

(3) 根据价键理论，二氧化碳分子中存在________个σ键，________个π键。

(4) 第 16 号元素硫的外层电子构型为__________，它以________杂化轨道和 H 结合成 $H_2S$ 分子，$H_2S$ 分子的空间构型为________，分子________（填“有”或“无”）极性。在 $H_2S$ 晶体中，晶格格点上的粒子是________，粒子间的作用力属于________，晶体的类型是________。

(5) 将下列物质按指定性质由高到低的次序排列：$CS_2$、$H_2S$、$H_2O$ 的极性____________________；$NH_3$、$H_2O$、$CH_4$ 的键角______________________。

(6) 水与甲醇之间存在的分子间作用力包括________、________、________和________。

(7) 乙醇和二甲醚（$CH_3OCH_3$）是同分异构体，但前者的沸点为 78.5℃，后者的沸点为－23℃，这是因为______________________________。

(8) 金刚石与石墨都是由碳组成的，但它们的导电性差别很大，这是因为______________________________________________。

(9) $CO_2$、$SiO_2$、MgO 和 Ca 的晶体类型分别是__________，__________，__________和__________；其中熔点最高的是__________，熔点最低的是__________。

4. 简答题

(1) 写出 $SiF_4$、$SiCl_4$、$SiBr_4$、$SiI_4$ 的熔点变化情况，并解释之。

(2) 据杂化轨道理论指出下列分子的空间构型及杂化类型，并确定哪些是极性分子，哪些是非极性分子。

① $BCl_3$　② $CH_3Cl$　③ $CCl_4$　④ $H_2S$　⑤ $PCl_3$　⑥ $BeCl_2$

(3) 指出下列分子中碳原子所采用的杂化轨道以及每种分子中有几个 π 键。

① $CH_4$　② $C_2H_4$　③ $C_2H_2$　④ $CH_3OH$

(4) 解释下列问题：①$SiO_2$ 的熔点高于 $SO_2$；②NaF 的熔点高于 NaCl。

(5) 下列物质中既有离子键又有共价键的是哪些？

① NaOH　② $Na_2S$　③ $CaCl_2$　④ $Na_2SO_4$　⑤ MgO　⑥ $NH_4Cl$

(6) 比较并简单解释 $BBr_3$ 与 $NCl_3$ 分子的空间构型。

(7) 下列物质中哪些溶于水？哪些难溶于水？试根据分子的结构，简单说明之。

① 甲醇（$CH_3OH$）　② 四氯化碳（$CCl_4$）　③ 丙酮（$CH_3COCH_3$）

④ 甲醛（HCHO）　⑤ 甲烷（$CH_4$）　⑥ 氨气（$NH_3$）

(8) 判断并解释下列各组物质熔点的高低顺序。

① NaF、MgO　② BaO、CaO　③ $NH_3$、$PH_3$　④ SiC、$SiCl_4$

# 第 4 章　化学热力学基础

## 4.1　理想气体

各种物质都是由原子、分子或离子组成的。每一种物质又有固态、液态、气态等几种聚集状态。其中气体是物质的一种最简单的聚集状态。理想气体是人们以实际气体为根据抽象而成的气体模型。忽略气体分子的自身体积，将分子看成是有质量的几何点，假设分子间没有相互吸引，分子之间及分子与器壁之间发生的碰撞是完全弹性的，不造成动能损失，这种气体称为理想气体。这一理想气体的微观模型实际上是不存在的，建立这种气体模型是为了将实际问题简化，形成一个标准。在高温低压下，实际气体接近理想气体，故这种抽象是有实际意义的。

### 4.1.1　理想气体状态方程

理想气体状态方程是描述理想气体的温度（$T$）、压力（$p$）、体积（$V$）和物质的量（$n$）之间关系的方程。即

$$pV=nRT \tag{4.1}$$

式中，$p$ 为气体的压力，Pa；$V$ 为气体的体积，$m^3$；$n$ 为气体的物质的量，mol；$R$ 为摩尔气体常数，其值为 $8.314J\cdot mol^{-1}\cdot K^{-1}$；$T$ 为气体的热力学温度，K。式(4.1) 称为理想气体状态方程。

### 4.1.2　道尔顿分压定律

我们将由两种或两种以上的气体混合在一起组成的体系，称为混合气体，而将组成混合气体的每种气体都称为该混合气体的组分气体。空气是由 $O_2$、$N_2$、$CO_2$ 等气体组成的混合气体，其中 $O_2$、$N_2$、$CO_2$ 等均为空气的组分气体。

1801 年道尔顿在大量实验的基础上，发现混合气体的总压等于各组分气体的分压之和，此定律称为道尔顿分压定律。用数学表达式表示为：

$$p=p_1+p_2+p_3+\cdots=\Sigma p_B \tag{4.2}$$

式中，$p$ 为混合气体的总压，Pa；$p_B$ 为任一组分气体 B 的分压，Pa。

气体分压是指相同温度下，混合气体中的某种组分气体单独存在并与混合气体具有相同体积时所产生的压力。若把混合气体看作理想气体，则各组分气体的分压也符合理想气体状态方程。

对于任一组分气体 B，则有

$$p_BV=n_BRT$$

若以 $n$ 表示混合气体中各组分气体的物质的量之和，$n_B$ 表示任一组分气体 B 的物质的量，它们的压力分别为：

$$p=nRT/V \tag{4.3a}$$

$$p_B=n_BRT/V \tag{4.3b}$$

式中，$V$ 为混合气体的体积；$p$ 为混合气体总压。将式(4.3b) 除以式(4.3a)，可得下式：

$$\frac{p_B}{p}=\frac{n_B}{n} \tag{4.4}$$

$$p_B=\frac{n_B}{n}p=px_B$$

式中，令 $x_B=\frac{n_B}{n}$，$x_B$ 为任一组分气体 B 的摩尔分数（物质的量分数），式(4.4) 为道尔顿分压定律的另一种表达形式，它表明混合气体中任一组分气体 B 的分压力 $p_B$ 等于该气体的摩尔分数与混合气体的总压之积。

工业上常用各组分气体的体积分数表示混合气体的组成。混合气体中某组分气体 B 单独存在，并与混合气体的温度、压力相同时所具有的体积，称为该组分气体 B 的分体积，用 $V_B$ 表示。而 $V_B/V$ 称为该组分气体的体积分数。根据理想气体状态方程：

$$pV_B=n_BRT \tag{4.5}$$

比较式(4.1) 和式(4.5) 得：

$$\frac{V_B}{V}=\frac{n_B}{n} \tag{4.6}$$

即任一组分气体 B 的体积分数等于其摩尔分数。

**【例题 4.1】** 298.15K 时，32g 的氧气和 14g 的氮气盛于某未知容积的容器中，测得容器中气体的总压力为 186kPa。试计算：(1) 该容器的体积；(2) 氧气和氮气的分压；(3) 氧气和氮气的分体积。

**解：**(1) $n=\frac{32g}{32g\cdot mol^{-1}}+\frac{14g}{28g\cdot mol^{-1}}=1.5mol$

$$V=\frac{nRT}{p}=\frac{1.5mol\times 8.314J\cdot mol^{-1}\cdot K^{-1}\times 298.15K}{186\times 10^3 Pa}=0.02m^3=20L$$

(2) $n_{O_2}=\frac{32g}{32g\cdot mol^{-1}}=1mol$

$$x_{O_2}=\frac{n_{O_2}}{n}=\frac{1mol}{1.5mol}=\frac{2}{3}$$

$$p_{O_2}=x_{O_2}p=\frac{2}{3}\times 186kPa=124kPa$$

$$p_{N_2}=\left(1-\frac{2}{3}\right)\times 186kPa=62kPa$$

(3) $V_{O_2}=20L\times\frac{2}{3}=13.3L$

$$V_{N_2}=20L-13.3L=6.7L$$

## 4.2　热力学

热力学是在研究提高热机效率的实践中发展起来的，19 世纪建立起来的热力学第一定律、热力学第二定律奠定了热力学的基础。热力学是研究自然界各种形式的能量之间相互转化的规律，以及能量转化对物质性质的影响的科学。把热力学的基本原理、方法用来研究化学现象以及与化学有关的物理现象的科学叫作化学热力学（chemical thermodynamics）。它是热力学的一个分支，化学热力学研究的内容主要包括以下两个方面：一是以热力学第一定律为基础，计算化学和物理变化中的热效应，即化学和物理变化中的能量转换问题；二是以热力学第二定律为基础，通过它判断化学和物理变化进行的方向和限度的问题。应用化学热力学讨论变化过程，没有时间概念，因此不能解决变化进行的速度及其他和时间有关的问题。这又使得化学热力学的应用有一定的局限性。为了便于理解和应用热力学的基本原理，首先介绍几个与之相关的基本概念。

## 4.2.1 热力学术语和基本概念

### 4.2.1.1 体系与环境

为了明确讨论的对象，人为地将所研究的对象称为体系（system），也称系统，体系以外与体系密切相关的部分称为环境（surroundings）。例如，我们要研究杯中的水，则水是体系；水面以上的空气，盛水的杯子，乃至放杯子的桌子等都是环境。按照体系与环境之间的物质和能量的交换关系，通常将体系分为三种：

（1）敞开体系（open system）

体系与环境之间既有物质交换，又有能量交换。

（2）封闭体系（closed system）

体系与环境之间没有物质交换，只有能量交换。

（3）孤立体系（isolated system）

体系与环境之间既没有物质交换，也没有能量交换。孤立体系也称隔离体系。

例如，在一敞口杯中盛满热水，以热水为体系，加热过程中体系从环境吸收热量，同时又不断地有水分子变为水蒸气进入环境，是敞开体系；若在敞口杯上加一个密封盖，以水杯及其内部的物质作为体系，使水蒸气不能进入环境，避免了体系与环境间的物质交换，则是封闭体系；若将上述封闭体系中的杯子换成一个理想的保温瓶，这时瓶的内外既无物质交换，又无能量交换，则为孤立体系。

封闭体系是化学热力学研究中常见的体系。除非特别说明，一般讨论的体系都指的是封闭体系。在自然界中绝对的孤立体系是不存在的。

### 4.2.1.2 状态和状态函数

体系的状态是体系的宏观性质（如体积、压力、温度、密度、黏度等）的综合表现。当这些宏观性质有确定值时，体系就处于一定的状态；当体系的某个性质发生变化时，体系的状态也随之发生改变。体系的性质和状态之间，存在着一一对应的函数关系。用来描述体系状态的物理量称为状态函数（state function）。

状态函数的两个重要性质：

① 体系的状态一定，状态函数就具有确定的值；

② 体系的状态发生变化时，状态函数的变化量只与体系的始态和终态有关，而与变化所经历的途径无关。

例如：一杯水由始态 293.15K 变到终态 323.15K，或者先由 293.15K 加热到 343.15K 再冷却至 323.15K，其温度的变化值都是 $\Delta T = T_{终} - T_{始} = 323.15\text{K} - 293.15\text{K} = 30\text{K}$。只要始态和终态相同，则其温度变化值一定相等，与变化的途径无关，显然温度是状态函数。在本章中将要介绍的一些热力学函数，如热力学能（$U$）、焓（$H$）、熵（$S$）和吉布斯函数（$G$）等都是状态函数。

#### 4.2.1.3　热力学能、功和热

任何体系都具有一定的能量，一个体系内部所有微观粒子全部能量的总和，称为该体系的热力学能（thermodynamic energy），也称内能，用符号 $U$ 表示，单位 J 或 kJ。

热力学能包括组成系统的各种粒子（如分子、原子、电子、原子核等）的动能（如分子的平动能、振动能、转动能等）以及粒子间的相互作用能（如分子的吸引能、排斥能等）。热力学能的大小与系统的温度、体积、压力以及物质的量有关，温度反映系统中各粒子运动的激烈程度，温度越高，粒子运动越剧烈，系统的能量就越高。体积（或压力）反映粒子间的相互距离，因而反映了粒子间的相互作用势能。物质与能量两者是不可分割的，所以系统中所含物质的量越多，系统的能量就越高。可见，热力学能是温度、体积（或压力）及物质的量的函数，因而是状态函数。

迄今为止，热力学能的绝对值还无法确定，但热力学能是体系的状态函数，体系的状态一定，热力学能就有确定的值。体系发生变化时，只要过程的始态和终态确定，则热力学能的改变量一定。热力学研究结果表明，理想气体在状态变化过程中，其热力学能只是温度的函数，即 $U=f(T)$。只要温度不变，理想气体的热力学能不变。

当体系的状态发生变化时，体系与环境之间必然伴随着能量的交换，其交换形式可概括为热和功两种。我们把由于温度不同而在体系和环境之间传递的能量叫作热（heat），用符号 $Q$ 表示。热力学中规定：体系从环境中吸热，$Q$ 为正值，即 $Q>0$；体系向环境放热，$Q$ 为负值，即 $Q<0$。

体系与环境之间除了热以外的一切交换或传递的能量都称为功（work），用符号 $W$ 表示。热力学中规定：体系对环境做功时，功为负值，即 $W<0$；环境对体系做功时，功为正值，即 $W>0$。根据做功的方式不同，功又分为体积功和非体积功。体积功是伴随体系的体积变化而与环境产生的能量交换。如果外压 $p_{外}$ 恒定，体积功的计算公式为：

$$W=-p_{外}\Delta V=-p_{外}(V_2-V_1) \tag{4.7}$$

除体积功以外所有其他形式的功统称为非体积功。例如：电功、表面功等。热和功的单位都采用 J 或 kJ。

体系只有在状态发生变化时才能与环境发生能量交换，才会有热与功的传递，没有过程就没有热和功，所以热和功与热力学能不同，它们不是体系的状态函数。

#### 4.2.1.4　反应进度 ξ （advancement of reaction）

对于任意的化学反应 $a\mathrm{A}+h\mathrm{H}$ ══ $g\mathrm{G}+d\mathrm{D}$，按照热力学规定可写成 $0=g\mathrm{G}+d\mathrm{D}-a\mathrm{A}-hH$ 或可写成以下通式：

$$0=\sum_{\mathrm{B}}\nu_{\mathrm{B}}\mathrm{B} \tag{4.8}$$

式中，B 为化学反应方程式中任一物质的化学式；$\nu_{\mathrm{B}}$ 为物质 B 的化学计量数，是量纲为 1 的量。对反应物化学计量数取负值，对生成物化学计量数取正值。即 $\nu_{\mathrm{G}}=g$，$\nu_{\mathrm{D}}=d$，而 $\nu_{\mathrm{A}}=-a$，$\nu_{\mathrm{H}}=-h$。

反应进度是描述化学反应进行程度的物理量，用符号 $\xi$ 表示。

对于一般反应式(4.8)，反应进度的定义式为：

$$\mathrm{d}\xi=\mathrm{d}n_{\mathrm{B}}/\nu_{\mathrm{B}} \tag{4.9}$$

式中，d 为微分符号，表示微小变化；$n_{\mathrm{B}}$ 为物质 B 的物质的量；$\nu_{\mathrm{B}}$ 为物质 B 的化学计量数；$\xi$ 为反应进度，mol。

对于有限量的变化，从反应开始 $\xi=0$ 到 $\xi=\xi$：

则
$$\xi=\frac{\Delta n_B}{\nu_B}=\frac{n_B(\xi)-n_B(0)}{\nu_B} \tag{4.10}$$

式中，$n_B(0)$ 为反应进度 $\xi=0$ 时物质 B 的物质的量；$n_B(\xi)$ 为反应进度 $\xi=\xi$ 时物质 B 的物质的量。

当 $\xi=1\text{mol}$ 时，此时表示参与反应的物质按所给反应式的化学计量数进行一个单位的化学反应，我们就说进行了 1mol 化学反应，简称摩尔反应。如 $N_2(g)+3H_2(g)=\!=\!=2NH_3(g)$，当 $\xi=1\text{mol}$ 时，即表示 1mol $N_2(g)$ 与 3mol $H_2(g)$ 反应生成 2mol $NH_3(g)$。

值得注意的是：对同一化学反应，$\xi$ 的数值与化学反应方程式的写法有关，与系统中所选组分无关。如下列反应：

| | $N_2(g)$ | $+3H_2(g)$ | $=\!=\!=2NH_3(g)$ |
|---|---|---|---|
| 反应开始时物质的量/mol | 3.0 | 10.0 | 0 |
| 反应到某时刻时物质的量/mol | 2.0 | 7.0 | 2.0 |

$$\xi=\frac{\Delta n(N_2)}{\nu(N_2)}=\frac{\Delta n(H_2)}{\nu(H_2)}=\frac{\Delta n(NH_3)}{\nu(NH_3)}$$
$$=\frac{(2.0-3.0)\text{mol}}{-1}=\frac{(7.0-10.0)\text{mol}}{-3}=\frac{(2.0-0)\text{mol}}{2}=1.0\text{mol}$$

若反应式写为：

$$\frac{1}{2}N_2(g)+\frac{3}{2}H_2(g)=\!=\!=NH_3(g)$$

则反应进行到某时刻的反应进度为：

$$\xi=\frac{\Delta n(N_2)}{\nu(N_2)}=\frac{\Delta n(H_2)}{\nu(H_2)}=\frac{\Delta n(NH_3)}{\nu(NH_3)}$$
$$=\frac{(2.0-3.0)\text{mol}}{-\frac{1}{2}}=\frac{(7.0-10.0)\text{mol}}{-\frac{3}{2}}=\frac{(2.0-0)\text{mol}}{1}=2.0\text{mol}$$

### 4.2.2 热力学第一定律

“自然界一切物质都具有能量，能量具有各种不同的形式，能够从一种形式转化为另一种形式，在转化过程中总能量保持不变”，这就是能量守恒定律。把能量守恒定律应用于热力学中即称为热力学第一定律（first law of thermodynamics）。

假设封闭体系由始态（热力学能为 $U_1$）变为终态（热力学能为 $U_2$），在变化过程中，体系从环境中吸热为 $Q$，环境对体系做功为 $W$，则根据能量守恒定律，体系热力学能的变化为：

$$\Delta U=U_2-U_1=Q+W \tag{4.11}$$

式(4.11) 是热力学第一定律的数学表达式。

**【例题 4.2】** 求化学反应在孤立体系中的 $Q$、$W$ 和 $\Delta U$。

**解**：孤立体系中，体系与环境之间既没有物质交换，也没有能量交换。所以 $Q=0$，$W=0$，$\Delta U=Q+W=0$。即在孤立体系中，热力学能守恒。

### 4.2.3 化学反应的反应热与焓

热是化学反应中体系与环境进行能量交换的主要形式。通常把只做体积功，且始态和终态具有相同温度时，体系吸收或放出的热量叫作化学反应的热效应，通常称为反应热（heat of reaction）。根据反应条件的不同，反应热可分为恒容反应热和恒压反应热两种类型。

#### 4.2.3.1　恒容反应热（$Q_V$）

体系在恒容、不做非体积功的条件下与环境交换的热称为恒容反应热，用 $Q_V$ 表示。根据热力学第一定律可知：

$$\Delta U = Q + W = Q_V \tag{4.12}$$

式(4.12) 表明，在不做非体积功的恒容过程中，反应热等于体系热力学能的变化。

#### 4.2.3.2　恒压反应热（$Q_p$）与焓

体系在恒压、不做非体积功的过程中与环境交换的热称为恒压反应热，用 $Q_p$ 表示，根据热力学第一定律可知：

$$\Delta U = Q + W = Q_p - p(V_2 - V_1)$$

可得

$$Q_p = \Delta U + p\Delta V \tag{4.13}$$

$$Q_p = (U_2 - U_1) + p(V_2 - V_1) = (U_2 + pV_2) - (U_1 + pV_1)$$

式中，$U$、$p$、$V$ 都是状态函数，它们的组合（$U+pV$）当然也是状态函数，热力学上就把这个新的状态函数定义为焓（enthalpy），用符号 $H$ 表示。

令

$$H = U + pV \tag{4.14}$$

则有

$$Q_p = H_2 - H_1 = \Delta H \tag{4.15}$$

式(4.15) 表示，在封闭体系中当发生只做体积功的恒压过程时，体系与环境交换的热 $Q_p$ 等于体系的焓变。焓与热力学能一样，也是体系的状态函数。我们不能测定体系的热力学能的绝对值，所以也不能测得焓的绝对值。对于理想气体，焓与热力学能一样，也只是温度的函数。

#### 4.2.3.3　恒容反应热与恒压反应热的关系

体系只做体积功的条件下，恒容反应热 $Q_V=\Delta U$，恒压反应热 $Q_p=\Delta H$，把 $Q_V=\Delta U$ 代入式(4.13) 中得

$$Q_p = Q_V + p\Delta V \tag{4.16}$$

同理可得

$$\Delta H = \Delta U + p\Delta V \tag{4.17}$$

对于只有凝聚相（固态或液态）参与的化学反应，由于反应过程中固态和液态物质的体积变化很小，所以 $\Delta V$ 可以忽略不计，$p\Delta V$ 也可以忽略不计。式(4.16)、式(4.17) 可以写成 $Q_p \approx Q_V$，$\Delta H \approx \Delta U$。

对于有气态物质参与的化学反应体系，$\Delta V$ 是由各气态物质的物质的量发生变化引起的。如果把气体视为理想气体，设任一气体 B 的物质的量的变化为 $\Delta n_{\mathrm{B,g}}$，根据理想气体状态方程 $pV=nRT$，由体系中所有气体的物质的量的变化而引起的体系的体积变化为：

$$\Delta V = \sum_{\mathrm{B}} \Delta n_{\mathrm{B,g}} RT/p$$

所以

$$Q_p = Q_V + \sum_{\mathrm{B}} \Delta n_{\mathrm{B,g}} RT \tag{4.18}$$

$$\Delta H = \Delta U + \sum_{\mathrm{B}} \Delta n_{\mathrm{B,g}} RT \tag{4.19}$$

根据式(4.10)

$$\Delta n_{\mathrm{B}} = \nu_{\mathrm{B,g}} \xi$$

$$Q_p = Q_V + \xi \sum_{\mathrm{B}} \nu_{\mathrm{B,g}} RT \tag{4.20a}$$

或 $$\Delta H = \Delta U + \xi \sum_{B} \nu_{B,g} RT \tag{4.20b}$$

等式两边同除以反应进度 $\xi$，即得化学反应摩尔恒压热与摩尔恒容热的关系式：

$$Q_{p,m} = Q_{V,m} + \sum_{B} \nu_{B,g} RT \tag{4.21a}$$

或 $$\Delta_r H_m = \Delta_r U_m + \sum_{B} \nu_{B,g} RT \tag{4.21b}$$

式中，$\sum_{B} \nu_{B,g}$ 为反应前后气体物质化学计量数的变化。

**【例题 4.3】** （1）298.15K 时，根据反应 $NH_4HS(s) = NH_3(g) + H_2S(g)$，计算 2.00mol $NH_4HS(s)$ 的分解反应中 $\Delta H$ 与 $\Delta U$ 的差值。

（2）298.15K 时，根据反应 $H_2(g) + Cl_2(g) = 2HCl(g)$，计算生成 1.00mol HCl(g) 的反应中 $\Delta H$ 与 $\Delta U$ 的差值。

**解**：（1）由式(4.21b)

$$\Delta_r H_m = \Delta_r U_m + \sum_{B} \nu_{B,g} RT$$

根据给定化学反应方程式，有

$$\sum_{B} \nu_{B,g} = \nu_{NH_3} + \nu_{H_2S} = 1 + 1 = 2$$

$$\Delta_r H_m - \Delta_r U_m = \sum_{B} \nu_{B,g} RT$$

$$= 2 \times 8.314 \text{J} \cdot \text{mol}^{-1} \cdot \text{K}^{-1} \times 298.15\text{K} = 4.958 \text{kJ} \cdot \text{mol}^{-1}$$

2.00mol 的 $NH_4HS(s)$ 分解，$\Delta H$ 与 $\Delta U$ 的差值为：

$$2.00\text{mol} \times 4.958\text{kJ} \cdot \text{mol}^{-1} = 9.916\text{kJ}$$

（2）由给定化学反应方程式 $H_2(g) + Cl_2(g) = 2HCl(g)$，得

$$\sum_{B} \nu_{B,g} = 0$$

所以 $$\Delta H - \Delta U = 0$$

#### 4.2.3.4 盖斯定律

1840 年瑞士籍俄国科学家盖斯根据一系列实验事实，总结出盖斯定律：一个化学反应无论是一步完成还是几步完成，它们的热效应是相同的。或者说，化学反应的热效应只与反应体系的始态和终态有关，而与变化的途径无关。盖斯定律是热力学第一定律的一种特殊形式和必然结果，也是状态函数性质的具体体现。利用这一定律，可以由已知的反应热来计算难以测量的反应热。如 C(石墨) $+ \frac{1}{2}O_2(g) = CO(g)$ 的热效应难以测定，因为 CO 极易氧化，要使反应只停留在生成 CO(g) 这一步很困难。但是 C(石墨) 及 CO 与 $O_2$ 反应生成 $CO_2$ 的反应热却比较容易准确测定。所以可以利用盖斯定律，设计途径，计算反应 C(石墨) $+ \frac{1}{2}O_2(g) = CO(g)$的热效应。

**【例题 4.4】** 已知在 298.15K、100kPa 下

① C(石墨) $+ O_2(g) = CO_2(g)$　　$\Delta H(1) = -393.5\text{kJ} \cdot \text{mol}^{-1}$

② $CO(g) + \frac{1}{2}O_2(g) = CO_2(g)$　　$\Delta H(2) = -283.0\text{kJ} \cdot \text{mol}^{-1}$

求反应③C(石墨)$+\frac{1}{2}O_2(g)$═══CO(g)的 $\Delta H(3)$。

**解**：这三个反应有如下关系

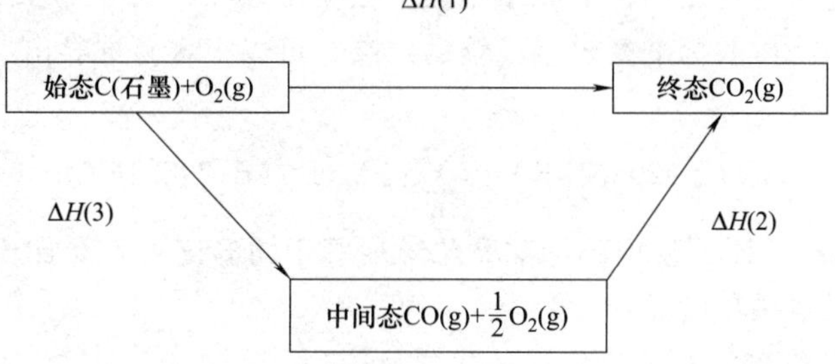


反应③＝反应①－反应②

根据盖斯定律得：

$$
\begin{aligned}
\Delta H(3) &= \Delta H(1) - \Delta H(2) \\
&= [-393.5-(-283.0)]\text{kJ}\cdot\text{mol}^{-1} \\
&= -110.5\text{kJ}\cdot\text{mol}^{-1}
\end{aligned}
$$

## 4.2.4　标准摩尔生成焓和标准摩尔焓变

### 4.2.4.1　热力学标准状态与标准摩尔焓变

在化学热力学中，为了有一个基准，指定 $1\times10^5$ Pa 为标准压力，记为 $p^{\ominus}$，上标“$\ominus$”表示标准状态。对于不同聚集态的物质体系，标准态的含义不同：气体的标准态是指处于标准压力下的理想气体；液体或固体的标准态是指处于标准压力下的纯液体或纯固体；溶液中溶质的标准态是指在标准压力下各溶质组分浓度均为标准浓度，即 $c^{\ominus}=1\text{mol}\cdot\text{L}^{-1}$。

在标准状态下，发生了 1mol 的化学反应的焓变称为化学反应的标准摩尔焓变，用符号 $\Delta_r H_m^{\ominus}$ 表示（下标 r 表示反应，下标 m 表示发生了 1mol 的反应，反应进度为 1mol），常用单位 $\text{kJ}\cdot\text{mol}^{-1}$。对同一反应，若方程式写法不同，反应的标准摩尔焓变也不相同。例如，生成 $H_2O(g)$ 的反应：

$$2H_2(g)+O_2(g) = 2H_2O(g)$$

$$\Delta_r H_m^{\ominus}(298.15\text{K}) = -483.64\text{kJ}\cdot\text{mol}^{-1}$$

它表明在 298.15K 的标准状态下，进行 1mol 的上述反应放出 483.64kJ 热量。

若反应方程式写为：

$$H_2(g)+\frac{1}{2}O_2(g) = H_2O(g)$$

$$\Delta_r H_m^{\ominus}(298.15\text{K}) = -241.82\text{kJ}\cdot\text{mol}^{-1}$$

它表明在 298.15K 的标准状态下，进行 1mol 的上述反应放出 241.82kJ 热量。

### 4.2.4.2　标准摩尔生成焓

在标准状态下，由最稳定单质生成 1mol 纯物质时反应的恒压热效应（反应的焓变）叫作该物质的标准摩尔生成焓（standard molar enthalpy of formation），用符号 $\Delta_f H_m^{\ominus}$ 表示（下标 f 表示生成，下标 m 表示反应的进度是 1mol），其 SI 单位为 $\text{J}\cdot\text{mol}^{-1}$，常用单位为 $\text{kJ}\cdot\text{mol}^{-1}$。例如：在标准状态下 298.15K 时，C(石墨)$+O_2(g)$═══$CO_2(g)$，$\Delta_r H_m^{\ominus}=-393.15\text{kJ}\cdot\text{mol}^{-1}$。根据定义，$CO_2(g)$ 的标准摩尔生成焓为 $\Delta_f H_m^{\ominus}=-393.15\text{kJ}\cdot\text{mol}^{-1}$。

显然，最稳定单质的标准摩尔生成焓为零。最稳定单质如：C是石墨，S是正交硫，Sn是白锡，$Br_2$ 是液态，氢是 $H_2(g)$，氧是 $O_2(g)$，氮是 $N_2(g)$，氯是 $Cl_2(g)$ 等，磷比较特殊，它的最稳定单质为白磷。热力学还规定，水溶液中水合氢离子的标准摩尔生成焓为零。

298.15K时一些常用物质的标准摩尔生成焓数据可以在附录3中查到。

根据盖斯定律和物质的标准摩尔生成焓的定义，可以很容易推导出反应的标准摩尔焓变的一般计算公式：

$$\Delta_r H_m^{\ominus}(298.15\text{K}) = \sum_B \nu_B \Delta_f H_m^{\ominus}(\text{B}, 298.15\text{K}) \tag{4.22}$$

式(4.22)表示在298.15K下反应的标准摩尔焓变等于同温度下各参加反应物质的标准摩尔生成焓与其化学计量数乘积的总和。

对于在标准状态和298.15K下的任一化学反应：

$$a\text{A} + h\text{H} = g\text{G} + d\text{D}$$

其标准摩尔焓变的计算式可写成：

$$\begin{aligned}\Delta_r H_m^{\ominus}(298.15\text{K}) = &[g\Delta_f H_m^{\ominus}(\text{G}, 298.15\text{K}) + d\Delta_f H_m^{\ominus}(\text{D}, 298.15\text{K})] \\ &-[a\Delta_f H_m^{\ominus}(\text{A}, 298.15\text{K}) + h\Delta_f H_m^{\ominus}(\text{H}, 298.15\text{K})]\end{aligned} \tag{4.23}$$

反应的焓变和反应温度有关，但是一般来说反应的焓变受温度的影响很小，如果温度变化范围不大时，可认为：

$$\Delta_r H_m^{\ominus}(T) \approx \Delta_r H_m^{\ominus}(298.15\text{K})$$

**【例题4.5】** 试计算下列反应 $4NH_3(g) + 3O_2(g) = 2N_2(g) + 6H_2O(l)$，在298.15K时的 $\Delta_r H_m^{\ominus}$。

**解：** 由附录3查得

| | $4NH_3(g)$ | $+3O_2(g)$ | $=2N_2(g)$ | $+6H_2O(l)$ |
|---|---|---|---|---|
| $\Delta_f H_m^{\ominus}(298.15\text{K})/\text{kJ}\cdot\text{mol}^{-1}$ | $-46.11$ | 0 | 0 | $-285.83$ |

$$\begin{aligned}\Delta_r H_m^{\ominus}(298.15\text{K}) &= \sum_B \nu_B \Delta_f H_m^{\ominus}(\text{B}, 298.15\text{K}) \\ &= [6\times(-285.83) + 0 - 4\times(-46.11) - 0]\text{kJ}\cdot\text{mol}^{-1} \\ &= -1530.54\text{kJ}\cdot\text{mol}^{-1}\end{aligned}$$

在计算时要注意：同一物质的不同聚集态，它们的标准摩尔生成焓也是不同的。如 $H_2O(g)$ 的 $\Delta_f H_m^{\ominus}(298.15\text{K}) = -241.8\text{kJ}\cdot\text{mol}^{-1}$，而 $H_2O(l)$ 的 $\Delta_r H_m^{\ominus}(298.15\text{K}) = -285.8\text{kJ}\cdot\text{mol}^{-1}$。

## 4.3 化学反应进行的方向

人们的实践经验表明，自然界中发生的过程都具有一定的方向性。例如水总是由高处自发地往低处流，热总是自发地从高温物体传向低温物体，铁器暴露在潮湿的空气中会生锈等等，这种在一定条件下不需要外力作用就能自动进行的反应或过程，我们称它为自发反应或自发过程（spontaneous process）。自然界中的一切宏观过程都是自发过程，而它们的逆过程或逆反应是非自发的。当然非自发过程也是可以发生的，不过这时外界（环境）要对体系做功。如利用水泵做功抽水，可以把水从低水位处送到高水位处；水分解成氢和氧的反应在常温和常压下是非自发的，对它做电功，分解反应就能进行。

### 4.3.1 反应的焓变与自发性

若能预测一个化学反应能否自发进行，将会给人类研究和利用化学反应带来极大帮助。什么是反应自发进行的标准呢？怎样才能找到反应自发进行的共同标准呢？长期以来，化学家们进行了大量的研究工作。早在 19 世纪，人们发现许多放热反应在室温和常压下是自发的，同时许多吸热过程是非自发的。例如甲烷燃烧，铁生锈，氢和氧反应等放热反应都是自发的。所以有人试图用反应的焓变或热效应来作为反应能否自发进行的判断标准，认为放热反应是自发的，吸热反应是非自发的。但是很快人们就注意到，有些吸热反应或过程也能自发进行，如冰的融化，氯化钾等盐类的晶体在水中的溶解以及固体氯化铵在 621K 以上分解生成氨气和氯化氢气体等都是吸热过程，都可以自发进行。由此可见，反应放热（焓值降低）虽然是推动化学反应自发进行的一个重要因素，但不是唯一的因素。所以反应的焓变不能作为该反应能否自发进行的判据，要判断反应是否自发进行除焓变以外，还有影响反应自发性的其他因素。

### 4.3.2 反应的熵变与自发性

#### 4.3.2.1 熵

通过对自发的反应或过程进行深入分析，发现这些反应或过程都有一个共同的特点，即体系的终态比始态处于更混乱的状态。例如，将一瓶氨气敞口放在室内，氨气会自发地扩散到整个室内，使体系中氨气的混乱程度增大。固体熔化成为液体，液体蒸发变成气体，虽然它们都是吸热过程，但在恒温、恒压下都能自发进行，它们都是从有序到无序的过程。所以体系的混乱度变大是化学反应自发进行的又一种趋势。综上所述，自发过程不仅取决于体系能量的降低，还与质点运动的混乱度有关。

熵（entropy）是体系混乱度的量度，用符号 $S$ 表示，单位 $J \cdot K^{-1}$。体系的混乱度越小，熵值越小；体系的混乱度越大，熵值越大。体系的状态确定后，其内部混乱程度一定，就有一确定的熵值，因此，熵也是一个状态函数，其变化量与途径无关。

#### 4.3.2.2 物质的标准摩尔熵

在绝对零度时，理想晶体内分子热运动可认为完全停止，物质微观粒子处于完全整齐有序的排列。20 世纪初，人们根据一系列实验现象及科学推测，得出热力学第三定律（the third law of thermodynamics）：在温度为 0K 时，任何纯物质完美晶体（原子或分子的排列只有一种方式的晶体）的熵值为零，即 $S_0=0$，下标“0”表示在 0K。以此为基础，可求得在其他温度下的熵值。例如将一种纯晶体物质从 0K 升温到任一温度（$T$），并测量此过程的熵变（$\Delta S$），则

$$\Delta S = S_T - S_0 = S_T$$

$S_T$ 为该纯物质在 $T$ 时的熵值，称为这一物质的规定熵（conventional entropy）。1mol 某纯物质在标准状态下的规定熵称为该物质的标准摩尔熵（standard molar entropy），用符号 $S_m^{\ominus}$ 表示，单位 $J \cdot mol^{-1} \cdot K^{-1}$。应该强调，在 298.15K 时任何单质的标准摩尔熵不等于零，这与前面介绍的标准摩尔生成焓是不同的。另外，对于水溶液中某离子的标准摩尔熵，是规定在标准状态下水合氢离子的标准摩尔熵为零的基础上求得的相对值。本教材附录 3 中列出 298.15K 下常见物质的标准摩尔熵值。

根据熵的意义并比较物质的标准摩尔熵值，可以得出下面的一些规律：

① 对同一物质来说，相同温度下其熵值与聚集状态有关，气态熵大于液态熵，液态熵

大于固态熵，即 $S(g)>S(l)>S(s)$。

② 对于同一聚集状态的同一物质而言，物质的熵值随温度的升高而增大。

③ 混合物或溶液的熵值往往比相应的纯物质的熵值大。

④ 对于相同温度下同一聚集态的不同物质而言，分子越大，结构越复杂，其熵值也越大。

#### 4.3.2.3 化学反应熵变的计算

应用 298.15K 时物质的标准摩尔熵值，可以计算化学反应的标准摩尔熵变：

$$\Delta_r S_m^{\ominus}(298.15K)=\sum_B \nu_B S_m^{\ominus}(298.15K) \tag{4.24}$$

对于在标准状态和 298.15K 下的任意反应：

$$aA+hH=\!=\!=gG+dD$$

$$\Delta_r S_m^{\ominus}(298.15K)=[gS_m^{\ominus}(G,298.15K)+dS_m^{\ominus}(D,298.15K)] -[aS_m^{\ominus}(A,298.15K)+hS_m^{\ominus}(H,298.15K)] \tag{4.25}$$

应当指出，虽然物质的标准摩尔熵随温度的升高而增大，但温度升高时，只要没有引起物质的聚集状态发生改变，反应物和生成物的标准摩尔熵的增加值相近，则可以认为反应的熵变基本不随温度而变化，即

$$\Delta_r S_m^{\ominus}(T)\approx\Delta_r S_m^{\ominus}(298.15K)$$

**【例题 4.6】** 计算在标准状态及 298.15K 时反应 $NH_3(g)+HCl(g)=\!=\!=NH_4Cl(s)$ 的 $\Delta_r S_m^{\ominus}$ 和 $\Delta_r H_m^{\ominus}$，并初步分析该反应的自发性。

**解：** 查附录 3 得

| | $NH_3(g)$ + | $HCl(g)$ === | $NH_4Cl(s)$ |
|---|---|---|---|
| $S_m^{\ominus}/J\cdot mol^{-1}\cdot K^{-1}$ | 192.5 | 186.7 | 94.6 |
| $\Delta_f H_m^{\ominus}/kJ\cdot mol^{-1}$ | −46.1 | −92.3 | −315.4 |

$$\Delta_r S_m^{\ominus}(298.15K)=\sum_B \nu_B S_m^{\ominus}(298.15K)$$

$$=(94.6-192.5-186.7)J\cdot mol^{-1}\cdot K^{-1}=-284.6J\cdot mol^{-1}\cdot K^{-1}$$

$$\Delta_r H_m^{\ominus}(298.15K)=\sum_B \nu_B \Delta_f H_m^{\ominus}(298.15K)$$

$$=[-315.4-(-46.1)-(-92.3)]kJ\cdot mol^{-1}=-177kJ\cdot mol^{-1}$$

计算结果表明，$\Delta_r H_m^{\ominus}(298.15K)<0$，该反应为放热反应，从体系倾向于取得最低的能量这一角度看，有利于反应自发进行，但 $\Delta_r S_m^{\ominus}<0$，从体系倾向于取得最大的混乱度这一角度看，不利于反应自发进行。

实验证明，$NH_3(g)$ 与 $HCl(g)$ 的反应在标准状态和高温时不能自发进行，但在标准状态和低温时能自发进行，这说明反应自发性的判断不仅与焓变 $\Delta H$、熵变 $\Delta S$ 有关，而且与反应的温度有关，能否把这三个因素综合考虑，找出反应或过程自发性的统一判断标准呢？

### 4.3.3 反应的吉布斯函数变

#### 4.3.3.1 反应的吉布斯函数变与自发性

为了寻找反应自发性的普遍判据，1876 年，美国科学家吉布斯（J. W. Gibbs）提出了一个综合了焓、熵和温度的状态函数，其定义为：

$$G=H-TS \tag{4.26}$$

$G$ 称为吉布斯自由能或吉布斯函数，它是由体系的状态函数 $H$、$T$ 和 $S$ 组成的又一状

态函数。具有状态函数的性质，即体系状态一定时，吉布斯函数有确定的值，其变化量仅与体系的始态和终态有关而与所经历途径无关。在恒温的条件下，体系的吉布斯函数变为：

$$\Delta G = G_2 - G_1 = (H_2 - TS_2) - (H_1 - TS_1) = (H_2 - H_1) - T(S_2 - S_1)$$

即

$$\Delta G = \Delta H - T\Delta S \tag{4.27}$$

式(4.27)称为吉布斯-亥姆霍兹（Gibbs-Helmholtz）方程。该公式把影响化学反应自发性的两个因素（焓变和熵变）完美地统一在吉布斯函数变（$\Delta G$）中。用 $\Delta G$ 来判断反应的自发方向不仅方便可行，而且更可靠。

由化学热力学推导可得，在恒温、恒压不做非体积功的条件下，吉布斯函数变可以作为判断反应自发性的判据：

$\Delta G < 0$　反应正向能自发进行

$\Delta G = 0$　平衡状态

$\Delta G > 0$　反应正向不能自发进行，逆过程可自发进行

上式表明，在恒温、恒压、不做非体积功的条件下，自发的过程或化学反应总是向着体系吉布斯自由能降低的方向进行的。

从 $\Delta G = \Delta H - T\Delta S$ 方程可以看出，$\Delta G$ 的正负与 $\Delta H$、$\Delta S$ 有关，如果反应放热 $\Delta H < 0$，熵增加 $\Delta S > 0$，$\Delta G < 0$，说明此过程不论在什么温度下，总能自发进行；如果反应吸热 $\Delta H > 0$，熵减少 $\Delta S < 0$，$\Delta G > 0$，说明此过程在任何温度下，都不能正向自发进行，但其逆过程却总能自发进行。

当 $\Delta H$、$\Delta S$ 同号时，温度成为决定 $\Delta G$ 正负的关键，有以下两种情况。

① 当反应吸热 $\Delta H > 0$，熵增加 $\Delta S > 0$ 时，在较低的温度下，因一般反应的 $\Delta H$ 都是以 $kJ \cdot mol^{-1}$ 计，而 $\Delta S$ 都是以 $J \cdot mol^{-1} \cdot K^{-1}$ 计，$T\Delta S$ 影响较小，所以 $\Delta G$ 的正负主要取决于 $\Delta H$，则 $\Delta G > 0$，反应不能自发进行；在高温下（$T\Delta S > \Delta H$），$\Delta G < 0$，反应能正向自发进行。

② 当反应放热 $\Delta H < 0$，熵减少 $\Delta S < 0$ 时，在低温下，$\Delta G < 0$ 反应能正向自发进行；在高温下 $\Delta G > 0$ 反应不能自发进行。综上所述，以上四种情况概括于表 4.1 中。

**表 4.1　$\Delta H$、$\Delta S$ 及 $T$ 对反应自发性的影响**

| 分类 | 反应实例 | $\Delta H$ | $\Delta S$ | $\Delta G = \Delta H - T\Delta S$ | 反应的自发性 |
|---|---|---|---|---|---|
| ① | $2H_2O_2(g) = 2H_2O(g) + O_2(g)$ | − | + | − | 任何温度下都是自发反应 |
| ② | $2CO(g) = 2C(s) + O_2(g)$ | + | − | + | 任何温度下都是非自发反应 |
| ③ | $N_2(g) + 3H_2(g) = 2NH_3(g)$ | − | − | 低温时为−；<br>高温时为+ | 低温自发，高温非自发 |
| ④ | $CaCO_3(s) = CO_2(g) + CaO(s)$ | + | + | 高温时为−；<br>低温时为+ | 高温自发，低温非自发 |

表中后两种情况存在自发性转变的问题，此时温度对反应的自发性有决定性影响，则有一个自发进行的最高或最低温度，称为转变温度 $T_c$（此时 $\Delta G = 0$）。

$$T_c = \Delta H / \Delta S \tag{4.28}$$

#### 4.3.3.2　化学反应的标准摩尔吉布斯函数变（$\Delta_r G_m^\ominus$）的计算

(1) 298.15K 时由标准摩尔生成吉布斯函数 $\Delta_f G_m^\ominus$ 计算反应的 $\Delta_r G_m^\ominus$

在标准状态下，反应进度为 1mol 时，其吉布斯函数变称为该反应的标准摩尔吉布斯函

数变，用符号 $\Delta_r G_m^{\ominus}$ 表示，单位 kJ·mol$^{-1}$。

吉布斯自由能与热力学能和焓一样，其绝对值无法求得，为了克服这一困难，按照定义标准摩尔生成焓的方法，引入标准摩尔生成吉布斯函数的概念：在标准状态时，由指定单质生成单位物质的量的纯物质时反应的吉布斯函数变，称为该物质的标准摩尔生成吉布斯函数，符号为 $\Delta_f G_m^{\ominus}$，常用单位 kJ·mol$^{-1}$。并规定：指定单质的标准摩尔生成吉布斯函数为零。对于水合离子，规定水合氢离子的标准摩尔生成吉布斯函数为零。在 298.15K 时一些物质的 $\Delta_f G_m^{\ominus}$ 数据见附录 3。

对于任一反应：

$$aA + hH \xlongequal{} gG + dD$$

反应的标准摩尔吉布斯函数变为：

$$\Delta_r G_m^{\ominus}(298.15\text{K}) = \sum_B \nu_B \Delta_f G_m^{\ominus}(\text{B}, 298.15\text{K}) \tag{4.29}$$

$$\Delta_r G_m^{\ominus}(298.15\text{K}) = [g\Delta_f G_m^{\ominus}(\text{G}, 298.15\text{K}) + d\Delta_f G_m^{\ominus}(\text{D}, 298.15\text{K})] - [a\Delta_f G_m^{\ominus}(\text{A}, 298.15\text{K}) + h\Delta_f G_m^{\ominus}(\text{H}, 298.15\text{K})] \tag{4.30}$$

**【例题 4.7】** 已知反应 $CCl_4(l) + H_2(g) \xlongequal{} HCl(g) + CHCl_3(l)$，试计算在 298.15K 时反应的 $\Delta_r G_m^{\ominus}$，并判断标准状态时反应的方向。

**解：**(1) 查附录 3

| | $CCl_4(l)$ | $H_2(g)$ | $HCl(g)$ | $CHCl_3(l)$ |
|---|---|---|---|---|
| $\Delta_f G_m^{\ominus}$/kJ·mol$^{-1}$ | −65.27 | 0 | −95.30 | −73.72 |

$$\begin{aligned}\Delta_r G_m^{\ominus}(298.15\text{K}) &= \sum_B \nu_B \Delta_f G_m^{\ominus}(\text{B}, 298.15\text{K}) \\ &= [(-95.30 - 73.72) - (-65.27 + 0)]\text{kJ}\cdot\text{mol}^{-1} \\ &= -103.8\text{kJ}\cdot\text{mol}^{-1}\end{aligned}$$

$\Delta_r G_m^{\ominus}$ 为负值，表明反应在给定条件下是自发反应。

(2) 298.15K 时，利用吉布斯-亥姆霍兹方程计算反应的 $\Delta_r G_m^{\ominus}$

在标准状态和 298.15K 下，化学反应的 $\Delta_r G_m^{\ominus}$ 应为：

$$\Delta_r G_m^{\ominus} = \Delta_r H_m^{\ominus} - 298.15\text{K} \times \Delta_r S_m^{\ominus} \tag{4.31}$$

**【例题 4.8】** 计算反应 $2NO(g) + O_2(g) \xlongequal{} 2NO_2(g)$ 的 $\Delta_r G_m^{\ominus}(298.15\text{K})$，并估计反应能否正向进行？

**解：**查附录 3

| | $2NO(g)$ | $O_2(g)$ | $2NO_2(g)$ |
|---|---|---|---|
| $\Delta_f H_m^{\ominus}$/kJ·mol$^{-1}$ | 90.25 | 0 | 33.18 |
| $S_m^{\ominus}$/J·mol$^{-1}$·K$^{-1}$ | 210.65 | 205.03 | 239.95 |

$$\begin{aligned}\Delta_r H_m^{\ominus}(298.15K) &= \sum_B \nu_B \Delta_f H_m^{\ominus}(298.15\text{K}) \\ &= (2\times 33.18 - 0 - 2\times 90.25)\text{kJ}\cdot\text{mol}^{-1} \\ &= -114.14\text{kJ}\cdot\text{mol}^{-1}\end{aligned}$$

$$\begin{aligned}\Delta_r S_m^{\ominus}(298.15\text{K}) &= \sum_B \nu_B S_m^{\ominus}(298.15\text{K}) \\ &= (2\times 239.95 - 205.03 - 2\times 210.65)\text{J}\cdot\text{mol}^{-1}\cdot\text{K}^{-1}\end{aligned}$$

$$=-146.4\mathrm{J \cdot mol^{-1} \cdot K^{-1}}$$

$$\begin{aligned}\Delta_r G_m^{\ominus} &= \Delta_r H_m^{\ominus} - T\Delta_r S_m^{\ominus} \\ &= [-114.14-298.15\times(-146.4)\times10^{-3}]\mathrm{kJ \cdot mol^{-1}} \\ &= -70.49\mathrm{kJ \cdot mol^{-1}}\end{aligned}$$

$\Delta_r G_m^{\ominus}<0$，说明反应在 298.15K 时能自发进行。

(3) 任意温度时，反应的标准摩尔吉布斯函数变（$\Delta_r G_m^{\ominus}$）的计算

在标准状态和恒温条件下，化学反应的 $\Delta_r G_m^{\ominus}$ 应为：

$$\Delta_r G_m^{\ominus}=\Delta_r H_m^{\ominus}-T\Delta_r S_m^{\ominus} \tag{4.32}$$

**【例题 4.9】** 已知反应：$CaCO_3(s) = CaO(s) + CO_2(g)$，(1) 判断在标准状态下，400K 时反应进行的方向；(2) 计算在标准状态下 $CaCO_3$ 分解的最低温度。

**解：**(1) 查附录 3

| | $CaCO_3(s)$ = | $CaO(s)$ + | $CO_2(g)$ |
|---|---|---|---|
| $\Delta_f H_m^{\ominus}/\mathrm{kJ \cdot mol^{-1}}$ | $-1206.9$ | $-635.1$ | $-393.5$ |
| $S_m^{\ominus}/\mathrm{J \cdot mol^{-1} \cdot K^{-1}}$ | 92.9 | 39.8 | 213.7 |

$$\begin{aligned}\Delta_r H_m^{\ominus}(298.15\mathrm{K}) &= \sum_B \nu_B \Delta_f H_m^{\ominus}(298.15\mathrm{K}) \\ &= \Delta_f H_m^{\ominus}(CaO,s)+\Delta_f H_m^{\ominus}(CO_2,g)-\Delta_f H_m^{\ominus}(CaCO_3,s) \\ &= [-635.1+(-393.5)-(-1206.9)]\mathrm{kJ \cdot mol^{-1}} \\ &= 178.3\mathrm{kJ \cdot mol^{-1}}\end{aligned}$$

$$\begin{aligned}\Delta_r S_m^{\ominus}(298.15\mathrm{K}) &= \sum_B \nu_B S_m^{\ominus}(298.15\mathrm{K}) \\ &= S_m^{\ominus}(CaO,s)+S_m^{\ominus}(CO_2,g)-S_m^{\ominus}(CaCO_3,s) \\ &= (39.8+213.7-92.9)\mathrm{J \cdot mol^{-1} \cdot K^{-1}} \\ &= 160.6\mathrm{J \cdot mol^{-1} \cdot K^{-1}}\end{aligned}$$

$$\begin{aligned}\Delta_r G_m^{\ominus} &= \Delta_r H_m^{\ominus} - T\Delta_r S_m^{\ominus} \\ &= (178.3-400\times160.6\times10^{-3})\mathrm{kJ \cdot mol^{-1}} \\ &= 114.06\mathrm{kJ \cdot mol^{-1}}\end{aligned}$$

$\Delta_r G_m^{\ominus}>0$，所以在标准状态下，400K 时 $CaCO_3(s)$ 不分解。

(2) 在标准状态下，要使 $CaCO_3(s)$ 发生分解，必须满足 $\Delta_r G_m^{\ominus}\leqslant 0$，而 $\Delta_r G_m^{\ominus}=0$ 时的温度就是 $CaCO_3(s)$ 发生分解反应时的最低温度，即转变温度：

$$T_c=\frac{\Delta_r H_m^{\ominus}}{\Delta_r S_m^{\ominus}}=\frac{178.3\mathrm{kJ \cdot mol^{-1}}}{160.6\times10^{-3}\mathrm{kJ \cdot mol^{-1} \cdot K^{-1}}}=1110\mathrm{K}$$

即在标准状态下，$CaCO_3(s)$ 发生分解反应的最低温度是 1110K。温度高于 1110K 时，$CaCO_3(s)$ 的分解反应可以自发进行。

在计算中，应注意以下问题：

① $\Delta_r H_m^{\ominus}$ 与 $\Delta_r S_m^{\ominus}$ 的单位要统一；

② 因为 $\Delta_r H_m^{\ominus}$、$\Delta_r S_m^{\ominus}$ 和 $\Delta_r G_m^{\ominus}$ 的数值均与物质的量成正比，计算时必须指定化学反应方程式，不能漏乘化学计量数。

#### 4.3.3.3 非标准状态吉布斯函数变（ΔG）的计算

$\Delta_r G_m^{\ominus}(T)$ 表示在标准状态下化学反应的摩尔吉布斯函数变，用它可以判断在标准状态下反应自发进行的方向。实际上，反应体系并非都处于标准态。因此，要判断任意状态下反应的自发性，就要解决非标准态下吉布斯函数变的计算问题。

对于任一化学反应：

$$a\mathrm{A(s)} + b\mathrm{B(aq)} \xlongequal{\quad} g\mathrm{G(l)} + d\mathrm{D(g)}$$

由热力学可导出求算该反应的 $\Delta_r G_m(T)$ 的化学反应等温方程式：

$$\Delta_r G_m(T) = \Delta_r G_m^{\ominus}(T) + RT\ln Q \tag{4.33}$$

式中，$\Delta_r G_m(T)$ 和 $\Delta_r G_m^{\ominus}(T)$ 分别为非标准态和标准态下反应的摩尔吉布斯函数变；$R$ 为摩尔气体常数；$T$ 为热力学温度；$Q$ 为反应商。

其反应商的表达式为：

$$Q = \frac{(p_D/p^{\ominus})^d}{(c_B/c^{\ominus})^b} \tag{4.34}$$

式中，$p_D$ 为参与反应的气体组分的分压力；$c_B$ 为参与反应的水合离子的浓度；$p^{\ominus}=100\text{kPa}$ 为标准压力；$c^{\ominus}=1\text{mol·L}^{-1}$ 为标准浓度；$p_D/p^{\ominus}$ 为相对压力，$c_B/c^{\ominus}$ 为相对浓度。若有参与反应的纯固体、纯液体或水，不必列入反应商的表达式中。

例如反应：$MnO_2(s)+4H^+(aq)+2Cl^-(aq) \xlongequal{\quad} Mn^{2+}(aq)+Cl_2(g)+2H_2O(l)$

$$Q = \frac{[c(Mn^{2+})/c^{\ominus}][p(Cl_2)/p^{\ominus}]}{[c(H^+)/c^{\ominus}]^4[c(Cl^-)/c^{\ominus}]^2}$$

利用化学反应等温方程式可以计算任意状态下反应的吉布斯函数变，从而可判断任意状态下化学反应自发进行的方向。

**【例题 4.10】** 计算反应 $2SO_2(g)+O_2(g) \xlongequal{\quad} 2SO_3(g)$ 在 500K 非标准状态下 $\Delta_r G_m$ 的值，并判断该反应自发进行的方向。已知 $p(SO_2)=10\text{kPa}$，$p(O_2)=10\text{kPa}$，$p(SO_3)=1.0\times10^5\text{kPa}$。

**解：** 查附录 3

| | $2SO_2(g)$ | + $O_2(g)$ | ═ $2SO_3(g)$ |
|---|---|---|---|
| $\Delta_f H_m^{\ominus}/\text{kJ·mol}^{-1}$ | −296.83 | 0 | −395.72 |
| $S_m^{\ominus}/\text{J·mol}^{-1}\text{·K}^{-1}$ | 248.22 | 205.138 | 256.76 |

$$\begin{aligned}\Delta_r H_m^{\ominus}(298.15\text{K}) &= \sum_B \nu_B \Delta_f H_m^{\ominus}(298.15\text{K}) \\ &= 2\Delta_f H_m^{\ominus}(SO_3,g) - 2\Delta_f H_m^{\ominus}(SO_2,g) - \Delta_f H_m^{\ominus}(O_2,g) \\ &= [2\times(-395.72)-2\times(-296.83)-0]\text{kJ·mol}^{-1} \\ &= -197.78\text{kJ·mol}^{-1}\end{aligned}$$

$$\begin{aligned}\Delta_r S_m^{\ominus}(298.15\text{K}) &= \sum_B \nu_B S_m^{\ominus}(298.15\text{K}) \\ &= 2S_m^{\ominus}(SO_3,g) - 2S_m^{\ominus}(SO_2,g) - S_m^{\ominus}(O_2,g) \\ &= (2\times256.76-2\times248.22-205.138)\text{J·mol}^{-1}\text{·K}^{-1} \\ &= -188.06\text{J·mol}^{-1}\text{·K}^{-1}\end{aligned}$$

$$\Delta_r G_m^{\ominus} = \Delta_r H_m^{\ominus} - T\Delta_r S_m^{\ominus}$$

$=[-197.78\mathrm{kJ\cdot mol^{-1}}-500\times(-188.06\times10^{-3})]\mathrm{kJ\cdot mol^{-1}}$

$=-103.75\mathrm{kJ\cdot mol^{-1}}$

$\Delta_r G_m(T)=\Delta_r G_m^{\ominus}(T)+RT\ln Q$

$$=\Delta_r G_m^{\ominus}(T)+RT\ln\frac{[p(SO_3)/p^{\ominus}]^2}{[p(SO_2)/p^{\ominus}]^2[p(O_2)/p^{\ominus}]}$$

$$=\left[-103.75\times10^3+8.314\times500\ln\frac{(1.0\times10^5/100)^2}{(10/100)^2\times(10/100)}\right]\mathrm{J\cdot mol^{-1}}$$

$=-17.59\mathrm{kJ\cdot mol^{-1}}$

计算结果表明，反应在 500K 非标准状态条件下可以自发进行。

# 本章内容小结

1. 基本概念

体系、环境、状态、状态函数、热力学能（$U$）、功（$W$）、热（$Q$）、反应进度（$\xi$）、标准摩尔生成焓（$\Delta_f H_m^{\ominus}$）、标准摩尔反应焓变（$\Delta_r H_m^{\ominus}$）、标准摩尔熵（$S_m^{\ominus}$）、标准摩尔生成吉布斯函数（$\Delta_f G_m^{\ominus}$）。

2. 理想气体

（1）理想气体状态方程：$pV=nRT$

（2）道尔顿分压定律：$p=p_1+p_2+p_3+\cdots=\Sigma p_B$

3. 热力学第一定律

在封闭系统中：$\Delta U=U_2-U_1=Q+W$

4. 反应热与焓

① 体系在恒容、不做非体积功的条件下：$\Delta U=Q+W=Q_V$

② 体系在恒压、不做非体积功的条件下：$Q_p=H_2-H_1=\Delta H$

③ 恒容反应热与恒压反应热的关系：$Q_p=Q_V+p\Delta V$

$$\Delta H=\Delta U+\xi\sum_B \nu_{B,g}RT$$

④ 盖斯定律：一个化学反应无论是一步完成还是几步完成，它们的热效应是相同的。

5. $\Delta_r H_m^{\ominus}$、$\Delta_r S_m^{\ominus}$、$\Delta_r G_m^{\ominus}$ 的计算

（1）对于在标准状态和 298.15K 下的任一反应：$a\mathrm{A}+h\mathrm{H}=\!=\!=g\mathrm{G}+d\mathrm{D}$

① $\Delta_r H_m^{\ominus}(298.15\mathrm{K})=\sum_B \nu_B \Delta_f H_m^{\ominus}(\mathrm{B},\ 298.15\mathrm{K})$

② $\Delta_r S_m^{\ominus}(298.15\mathrm{K})=\sum_B \nu_B S_m^{\ominus}(298.15\mathrm{K})$

③ $\Delta_r G_m^{\ominus}(298.15\mathrm{K})=\sum_B \nu_B \Delta_f G_m^{\ominus}(\mathrm{B},\ 298.15\mathrm{K})$

（2）任意温度时反应的标准摩尔吉布斯函数变（$\Delta_r G_m^{\ominus}$）的计算

$$\Delta_r G_m^{\ominus}=\Delta_r H_m^{\ominus}-T\Delta_r S_m^{\ominus}$$

（3）非标准状态吉布斯函数变（$\Delta G$）的计算

化学反应等温方程　$\Delta_r G_m(T)=\Delta_r G_m^{\ominus}(T)+RT\ln Q$

对于任意化学反应：

$$a\mathrm{A(s)}+b\mathrm{B(aq)}=g\mathrm{G(l)}+d\mathrm{D(g)}$$

$$Q=\frac{(p_{\mathrm{D}}/p^{\ominus})^{d}}{(c_{\mathrm{B}}/c^{\ominus})^{b}}$$

6. 在恒温、恒压不做非体积功的条件下，吉布斯函数变作为判断反应自发性的判据

$\Delta G<0$　反应正向能自发进行

$\Delta G=0$　平衡状态

$\Delta G>0$　反应正向不能自发进行，逆过程可自发进行

# 习　题

1. 是非题

(1) 单质的标准摩尔生成焓等于零，所以它的标准摩尔熵也等于零。（　）

(2) $H=U+pV$ 是在恒压条件下推导出来的，因此只有恒压过程才有焓变。（　）

(3) 在非体积功为零时，经恒容过程的封闭体系所吸收的热全部用于增加系统的热力学能。（　）

(4) 水在 273.15K，101.325kPa 下凝结为冰，其过程的 $\Delta S<0$。（　）

(5) 化学反应在任何温度下都不能自发进行时，其焓变是正的，熵变是负的。（　）

(6) 体系状态发生变化后，至少有一个状态函数要发生变化。（　）

(7) 若体系吸收 150kJ 的热量，并对环境做了 310kJ 的功，则热力学能变化为：$\Delta U=Q+W=+160\text{kJ}$。（　）

(8) 稳定单质在 $T$ 时，标准摩尔生成焓和标准摩尔熵均为零。（　）

(9) 功和热都是途径函数，无确定的变化途径就无确定的数值。（　）

(10) 一定量的某种理想气体的热力学能和焓只是温度的函数，与体系的体积、压力无关。（　）

2. 选择题

(1) 下列各组参数，属于状态函数的是（　）。

(A) $Q_p$，$G$，$V$　(B) $Q_V$，$V$，$G$　(C) $V$，$S$，$W$　(D) $G$，$U$，$H$

(2) 在下列反应中，$Q_p=Q_V$ 的反应为（　）。

(A) $CaCO_3(s)=CaO(s)+CO_2(g)$　(B) $N_2(g)+3H_2(g)=2NH_3(g)$

(C) $C(s)+O_2(g)=CO_2(g)$　(D) $2H_2(g)+O_2(g)=2H_2O(l)$

(3) 某系统由 A 态沿途径Ⅰ到 B 态放热 100J，同时得到 50J 的功；当系统由 A 态沿途径Ⅱ到 B 态做功 80J 时，$Q$ 为（　）。

(A) 70J　(B) 30J　(C) −30J　(D) −70J

(4) 下列反应中 $\Delta_r S_m^{\ominus}>0$ 的是（　）。

(A) $2H_2(g)+O_2(g)=2H_2O(g)$　(B) $N_2(g)+3H_2(g)=2NH_3(g)$

(C) $NH_4Cl(s)=NH_3(g)+HCl(g)$　(D) $C(s)+O_2(g)=CO_2(g)$

(5) 下列热力学函数的数值等于零的是（　）。

(A) $S_m^{\ominus}$ ($O_2$，g，298.15K)　(B) $\Delta_f G_m^{\ominus}$($I_2$，g，298.15K)

(C) $\Delta_f G_m^{\ominus}$(白磷，$P_4$，s，298.15K)　(D) $\Delta_f H_m^{\ominus}$(金刚石，s，298.15K)

(6) 298.15K 下的下列反应的 $\Delta_r H_m^{\ominus}$ 中，表示 $\Delta_f H_m^{\ominus}(CO_2, g, 298.15K)$ 的是（　　）。

(A) $CO(g)+\frac{1}{2}O_2(g)=CO_2(g)$　　$\Delta_r H_m^{\ominus}(a)$

(B) C(金刚石)$+O_2(g)=CO_2(g)$　　$\Delta_r H_m^{\ominus}(b)$

(C) 2C(石墨)$+2O_2(g)=2CO_2(g)$　　$\Delta_r H_m^{\ominus}(c)$

(D) C(石墨)$+O_2(g)=CO_2(g)$　　$\Delta_r H_m^{\ominus}(d)$

(7) 已知 $Mg(s)+Cl_2(g)=MgCl_2(s)$，$\Delta_r H_m^{\ominus}=-642kJ\cdot mol^{-1}$，则（　　）。

(A) 在任何温度下，正向反应是自发的

(B) 在任何温度下，正向反应是不自发的

(C) 高温下，正向反应是自发的；低温下，正向反应不自发

(D) 高温下，正向反应是不自发的；低温下，正向反应自发

(8) 下列说法中，不正确的是（　　）。

(A) 焓变只有在某种特定条件下，才与系统反应热相等

(B) 焓是人为定义的一种具有能量量纲的热力学量

(C) 焓是状态函数

(D) 焓是系统与环境进行热交换的能量

(9) 下列关于熵的叙述中，正确的是（　　）。

(A) 298.15K 时，纯物质的 $S_m^{\ominus}=0$

(B) 一切单质的 $S_m^{\ominus}=0$

(C) 系统的混乱度越大，则其熵值越大

(D) 在一个反应过程中，随着生成物的增加，熵值增大

(10) 如果系统经过一系列变化，最后又回到起始状态，则下列关系式均能成立的是（　　）。

(A) $Q=0$；$W=0$；$\Delta U=0$；$\Delta H=0$

(B) $Q=0$；$W=0$；$\Delta U=0$；$\Delta H>0$

(C) $\Delta U=0$；$\Delta H=0$；$\Delta G=0$；$\Delta S=0$

(D) $Q=W$；$\Delta U=0$；$\Delta H=0$

3. 填空题

(1) 25℃下在恒容量热计中测得：1mol 液态 $C_6H_6$ 完全燃烧生成液态 $H_2O$ 和气态 $CO_2$ 时，放热 3263.9kJ，则 $\Delta U$ 为________，若在恒压条件下，1mol 液态 $C_6H_6$ 完全燃烧时的热效应为________。

(2) 用吉布斯自由能的变量 $\Delta_r G$ 来判断反应的方向，必须在________条件下；当 $\Delta_r G<0$ 时，反应将________进行。

(3) 已知反应 $2H_2O(l)=2H_2(g)+O_2(g)$ 的 $\Delta_r H_m^{\ominus}(298K)=571.6kJ\cdot mol^{-1}$，则 $\Delta_f H_m^{\ominus}(H_2O, l, 298K)$ 为________ $kJ\cdot mol^{-1}$。

(4) 当体系的状态被改变时，状态函数的变化只取决于体系的________，而与________无关。

(5) 在 100℃，恒压条件下水的汽化热为 $40.68kJ\cdot mol^{-1}$。1mol 水在 100℃时汽化，则该过程的 $Q=$________，$\Delta H=$________。

4. 25℃，1.47MPa 下把氨气通入容积为 1.00L 刚性密闭容器中，在 350℃下用催化剂使部分氨分解为氮气和氢气，测得总压为 5MPa，求氨的解离度和各组分的摩尔分数和分压。

5. 在实验室中用排水集气法收集氢气。在 296K，100.5kPa 下，收集了 370mL 的气体。试求（1）该温度时气体中氢气的分压及氢气的物质的量；（2）若在收集氢气之前，集气瓶中已有氮气 20mL，收集气体的总体积为 390mL，问此时收集的氢气的分压是多少？氢气的物质的量又是多少？（296K，水的饱和蒸气压为 2338Pa。）

6. 在 298.15K，反应 $N_2(g)+3H_2(g)=2NH_3(g)$ 在恒容量热器内进行，生成 2mol $NH_3$ 时放热 82.7kJ，求反应的 $\Delta_r H_m$（不查表计算）。

7. 2.00mol 理想气体在 350K 和 152kPa 条件下，经恒压冷却至体积为 35.0L，此过程放出了 1260J 热量。试计算（1）起始体积；（2）终态温度；（3）体系所做的功；（4）体系的 $\Delta U$；（5）体系的 $\Delta H$。

8. 氨的催化氧化反应方程式为：$4NH_3(g)+5O_2(g)=4NO(g)+6H_2O(g)$。用反应物和生成物的标准摩尔生成焓（查表），计算 298.15K 时该反应的标准摩尔焓变。

9. 已知在 298.15K 时

| | $Fe_3O_4(s)$ | + | $4H_2(g)$ | = | $3Fe(s)$ | + | $4H_2O(g)$ |
|---|---|---|---|---|---|---|---|
| $\Delta_f H_m^\ominus/kJ\cdot mol^{-1}$ | $-1118$ | | 0 | | 0 | | $-242$ |
| $S_m^\ominus/J\cdot K^{-1}\cdot mol^{-1}$ | 146 | | 130 | | 27 | | 189 |

则反应在 298.15K 时的 $\Delta_r G_m^\ominus$ 是多少？

10. 已知 298.15K 时，$\Delta_f H_m^\ominus(PCl_3, g)=-287.0kJ\cdot mol^{-1}$，$\Delta_f H_m^\ominus(PCl_5, g)=-374.9kJ\cdot mol^{-1}$；$\Delta_f G_m^\ominus(PCl_3, g)=-267.8kJ\cdot mol^{-1}$，$\Delta_f G_m^\ominus(PCl_5, g)=-305.0kJ\cdot mol^{-1}$。试计算此时反应 $PCl_3(g)+Cl_2(g)=PCl_5(g)$ 的标准摩尔熵变。

11. 水煤气制造的反应 $C(s)+H_2O(g)=CO(g)+H_2(g)$，假定反应中各物质均处于标准状态，试计算：（1）298.15K 时的反应标准摩尔吉布斯函数变并判断是否自发进行；（2）该反应自发进行的温度条件。已知 298.15K 时，各物质的热力学数据如下：

| 物质 | C(s) | $H_2O(g)$ | CO(g) | $H_2(g)$ |
|---|---|---|---|---|
| $\Delta_f H_m^\ominus/kJ\cdot mol^{-1}$ | 0 | $-241.82$ | $-110.52$ | 0 |
| $S_m^\ominus/J\cdot mol^{-1}\cdot K^{-1}$ | 5.74 | 188.72 | 197.56 | 130.57 |

12. 已知反应 $2CuO(s)=Cu_2O(s)+\frac{1}{2}O_2(g)$，300K 时 $\Delta_r G_m^\ominus=112.7kJ\cdot mol^{-1}$；400K 时 $\Delta_r G_m^\ominus=101.6kJ\cdot mol^{-1}$。计算 $\Delta_r H_m^\ominus$ 与 $\Delta_r S_m^\ominus$（不查表）。

13. 在 298K，100kPa 下，下列反应 $MgO(s)+SO_3(g)=MgSO_4(s)$ 在标准状态时，$\Delta_r H_m^\ominus=-281.11kJ\cdot mol^{-1}$，$\Delta_r S_m^\ominus=-191.33J\cdot mol^{-1}\cdot K^{-1}$。问（1）上述反应能否自发进行？（2）对上述反应来说，是升高温度有利反应进行还是降低温度有利反应进行？（3）计算使上述反应逆向进行所需的最低温度。

14. 已知 298.15K 时下列数据

| 物质 | $SbCl_5(g)$ | $SbCl_3(g)$ |
|---|---|---|
| $\Delta_f H_m^\ominus/kJ\cdot mol^{-1}$ | $-394.3$ | $-313.8$ |
| $\Delta_f G_m^\ominus/kJ\cdot mol^{-1}$ | $-334.3$ | $-301.2$ |

求反应：$SbCl_5(g)$══$SbCl_3(g)+Cl_2(g)$，(1) 在标准状态，298.15K 时反应能否自发进行？(2) 在标准状态，500℃时反应能否自发进行？

15. 已知 298.15K 时，$\Delta_f H_m^{\ominus}(NH_3)=-46.11kJ\cdot mol^{-1}$，$S_m^{\ominus}(N_2)=191.50J\cdot K^{-1}\cdot mol^{-1}$，$S_m^{\ominus}(H_2)=130.57J\cdot K^{-1}\cdot mol^{-1}$，$S_m^{\ominus}(NH_3)=192.34J\cdot K^{-1}\cdot mol^{-1}$。试判断反应 $N_2(g)+3H_2(g)$══$2NH_3(g)$在 298.15K、标准态下正向能否自发？并估算最高反应温度。

16. 已知反应：$2SO_2(g)+O_2(g)$══$2SO_3(g)$，在 298.15K 时的数据如下

| 物质 | $SO_2(g)$ | $O_2(g)$ | $SO_3(g)$ |
|---|---|---|---|
| $\Delta_f H_m^{\ominus}/kJ\cdot mol^{-1}$ | −296.9 | 0 | −395.2 |
| $S_m^{\ominus}/J\cdot K^{-1}\cdot mol^{-1}$ | 248.5 | 205.0 | 256.2 |

求：500℃时，当 $p(SO_2)=10.133kPa$，$p(O_2)=10.133kPa$，$p(SO_3)=202.66kPa$ 时，该反应自发进行的方向。

# 第 5 章　化学平衡及化学反应速率

## 5.1　化学平衡

热力学除了要解决化学反应在指定条件下自发进行的方向性问题外，还需要解决化学反应在指定的条件下，反应物可以转变成产物的最大限度的问题，以及外界条件（如温度、浓度、压力等）发生变化，对反应限度有什么影响，这些都属于化学平衡的问题。

### 5.1.1　可逆反应与化学平衡

在同一条件下，既能向正反应方向进行又能向逆反应方向进行的反应称为可逆反应。例如某温度下，可逆反应：

$$PCl_5(g) \rightleftharpoons PCl_3(g) + Cl_2(g)$$

热力学上假设所有的反应都是可逆的，但是有些反应的逆反应倾向比较弱，从整体上看反应实际上是向着一个方向进行，如硫酸钡的沉淀反应。还有些反应在正反应进行时，逆反应发生的条件尚未具备，反应物已全部转化为产物。例如二氧化锰作为催化剂的氯酸钾受热分解反应。这些反应习惯上称为不可逆反应。

可逆反应进行到一定程度，正反应速率等于逆反应速率时，反应体系各物质的浓度（或分压）不再随时间变化而变化，即反应进行到了极限，这时反应体系所处的状态称为化学平衡状态。

从热力学观点看，在恒温恒压且不做非体积功时，可以用反应的吉布斯函数变 $\Delta_r G_m(T)$ 来判断化学反应进行的方向。当 $\Delta_r G_m(T) < 0$ 时，反应正向自发，随着反应的进行，当 $\Delta_r G_m(T) = 0$ 时，化学反应达到最大限度，称该体系达到了热力学平衡状态，简称化学平衡。只要体系的外界条件保持不变，这种平衡状态就一直持续下去。$\Delta_r G_m(T) = 0$ 是化学平衡的热力学标志或反应限度的判据。

综上所述，对于不同的可逆反应达到平衡状态的情况是不同的，但它们却有共同的特点：

① 化学平衡是动态平衡。处于化学平衡的可逆反应，正逆反应仍在进行，只不过是两者速率相等而已。

② 平衡体系的性质不随时间而变化。如达到平衡时，体系中每一种物质的浓度（或分压）都保持不变，即可逆反应进行到最大限度。

③ 化学平衡是相对的、暂时的、有条件的。当外界条件发生变化时，平衡会发生移动，直到在新的条件下建立新的平衡。

### 5.1.2　平衡常数

#### 5.1.2.1　平衡常数表达式

前面讨论了平衡状态的特征，我们知道，反应达到平衡时，反应物和产物的浓度都相对稳定，不随时间变化。这时反应物和产物两者的浓度之间是否存在某种关系呢？怎样定量表征一个化学反应的平衡状态呢？

大量实验表明，在一定温度下，某可逆反应达到平衡状态时，以其化学反应的化学计量数（绝对值）为指数的各产物相对分压（或相对浓度）的乘积与各反应物相对分压（或相对浓度）的乘积之比为一常数。

例如，在封闭体系中，任意气相反应：

$$aA(g)+bB(g) \rightleftharpoons gG(g)+dD(g)$$

在指定温度下达到平衡状态时，以平衡分压表示的标准平衡常数表达式为：

$$K^{\ominus}=\frac{[p_G^{eq}/p^{\ominus}]^g[p_D^{eq}/p^{\ominus}]^d}{[p_A^{eq}/p^{\ominus}]^a[p_B^{eq}/p^{\ominus}]^b} \tag{5.1}$$

式中的压力均为相应气态物质平衡时的分压力，标准压力 $p^{\ominus}=100\text{kPa}$，上角标“eq”表示平衡；$K^{\ominus}$ 称为标准平衡常数，从定义可知，$K^{\ominus}$ 是量纲为 1 的量。$K^{\ominus}$ 的数值表明化学反应进行的程度，$K^{\ominus}$ 值越大，说明反应进行得越彻底。

如果反应是在溶液中进行的，对于任意反应：

$$aA(aq)+bB(aq) \rightleftharpoons gG(aq)+dD(aq)$$

在指定温度下达到平衡状态时，以平衡浓度表示的标准平衡常数表达式为：

$$K^{\ominus}=\frac{[c_G^{eq}/c^{\ominus}]^g[c_D^{eq}/c^{\ominus}]^d}{[c_A^{eq}/c^{\ominus}]^a[c_B^{eq}/c^{\ominus}]^b} \tag{5.2}$$

应用标准平衡常数表达式应注意以下几点：

① $K^{\ominus}$ 的数值与化学反应方程式的写法有关。例如，反应（1）：$N_2(g)+3H_2(g) \rightleftharpoons 2NH_3(g)$ 的标准平衡常数表达式

$$K_1^{\ominus}=\frac{[p^{eq}(NH_3)/p^{\ominus}]^2}{[p^{eq}(N_2)/p^{\ominus}][p^{eq}(H_2)/p^{\ominus}]^3}$$

反应（2）：$\frac{1}{2}N_2(g)+\frac{3}{2}H_2(g) \rightleftharpoons NH_3(g)$的标准平衡常数表达式

$$K_2^{\ominus}=\frac{[p^{eq}(NH_3)/p^{\ominus}]}{[p^{eq}(N_2)/p^{\ominus}]^{1/2}[p^{eq}(H_2)/p^{\ominus}]^{3/2}}$$

反应（3）：$2NH_3(g) \rightleftharpoons N_2(g)+3H_2(g)$的标准平衡常数表达式

$$K_3^{\ominus}=\frac{[p^{eq}(N_2)/p^{\ominus}][p^{eq}(H_2)/p^{\ominus}]^3}{[p^{eq}(NH_3)/p^{\ominus}]^2}$$

显然，$K_1^{\ominus}=(K_2^{\ominus})^2$，$K_1^{\ominus}=1/K_3^{\ominus}$。

② 对于多相反应的标准平衡常数表达式，反应组分中的气体一般用相对分压（$p_B/p^{\ominus}$）表示；溶液中的溶质用相对浓度（$c_B/c^{\ominus}$）表示；纯固体、纯液体和溶剂的浓度视为常数，不写进 $K^{\ominus}$ 的表达式中。

例如：$MnO_2(s)+4H^+(aq)+2Cl^-(aq) \rightleftharpoons Mn^{2+}(aq)+Cl_2(g)+2H_2O(l)$

$$K^{\ominus}=\frac{[c^{eq}(Mn^{2+})/c^{\ominus}][p^{eq}(Cl_2)/p^{\ominus}]}{[c^{eq}(H^+)/c^{\ominus}]^4[c^{eq}(Cl^-)/c^{\ominus}]^2}$$

③ 标准平衡常数只是温度的函数，与压力及浓度无关。

④ $K^{\ominus}$ 与反应商 $Q$ 的表达形式一样，但表示的状态不一样。$K^{\ominus}$ 表示反应达到平衡状态时体系内各物质量的关系，而 $Q$ 表示反应进行到任意时刻时，体系内各物质量的关系。

#### 5.1.2.2 多重平衡规则

有些反应的平衡常数难以测定或不易在文献中查到，但可以利用已知的有关反应的平衡常数计算得到。

例如下列反应：

(1) $S(s)+\frac{3}{2}O_2(g) \rightleftharpoons SO_3(g)$

$$K_1^{\ominus}=\frac{p_{SO_3}/p^{\ominus}}{(p_{O_2}/p^{\ominus})^{3/2}}$$

反应（1）的 $K_1^{\ominus}$ 可以由下面两个反应的 $K^{\ominus}$（已知）计算得到：

(2) $S(s)+O_2(g) \rightleftharpoons SO_2(g)$

$$K_2^{\ominus}=\frac{p_{SO_2}/p^{\ominus}}{p_{O_2}/p^{\ominus}}$$

(3) $SO_2(g)+\frac{1}{2}O_2(g) \rightleftharpoons SO_3(g)$

$$K_3^{\ominus}=\frac{p_{SO_3}/p^{\ominus}}{(p_{SO_2}/p^{\ominus})(p_{O_2}/p^{\ominus})^{1/2}}$$

显然，(2) 和 (3) 两个反应相加就可得到反应 (1)，而反应 (1) 的 $K_1^{\ominus}=K_2^{\ominus}K_3^{\ominus}$。由于 $K_2^{\ominus}$、$K_3^{\ominus}$ 都是已知的，因此很容易就得到 $K_1^{\ominus}$。

从以上讨论可知，几个反应相加（或相减）得到另一个反应时，则所得反应的平衡常数等于几个反应的平衡常数的乘积（或商）。这个规则称为多重平衡规则。

### 5.1.3 标准平衡常数（$K^{\ominus}$）与反应的标准摩尔吉布斯函数变（$\Delta_r G_m^{\ominus}$）的关系

根据化学反应等温方程式：$\Delta_r G_m(T)=\Delta_r G_m^{\ominus}(T)+RT\ln Q$

若体系处于平衡状态，$\Delta_r G_m(T)=0$，则 $Q^{eq}=K^{\ominus}$，即

$$\Delta_r G_m^{\ominus}(T)+RT\ln Q^{eq}=0 \tag{5.3}$$

可得

$$\Delta_r G_m^{\ominus}(T)=-RT\ln K^{\ominus}$$

上式说明标准平衡常数与标准摩尔吉布斯函数变的关系。化学反应的 $\Delta_r G_m^{\ominus}(T)$ 数值越小，$K^{\ominus}$ 值越大，反应正向进行的程度越大，反之亦然。将式(5.3) 代入化学反应等温方程式得：

$$\Delta_r G_m(T)=-RT\ln K^{\ominus}+RT\ln Q$$

即

$$\Delta_r G_m(T)=RT\ln\frac{Q}{K^{\ominus}} \tag{5.4}$$

式(5.4) 为热力学等温方程的另一种表达形式。根据 $K^{\ominus}$ 与 $Q$ 的大小的比较，可以很容易判断反应是否达到平衡状态：

若 $Q>K^{\ominus}$，则 $\Delta_r G_m(T)>0$，反应逆向自发进行；

若 $Q<K^{\ominus}$，则 $\Delta_r G_m(T)<0$，反应正向自发进行；

若 $Q=K^{\ominus}$，则 $\Delta_r G_m(T)=0$，反应处于平衡状态。

### 5.1.4 化学平衡的有关计算

#### 5.1.4.1 关于标准平衡常数的计算

**【例题 5.1】** 计算反应 $C(s)+CO_2(g) \rightleftharpoons 2CO(g)$ 在 298.15K 及 1173K 时的标准平衡

常数 $K^{\ominus}$。

**解**：298.15K 各物质的标准热力学数据如下

| | C(s) + | $CO_2(g) \rightleftharpoons$ | 2CO(g) |
|---|---|---|---|
| $S_m^{\ominus}/J \cdot mol^{-1} \cdot K^{-1}$ | 5.74 | 213.7 | 197.7 |
| $\Delta_f H_m^{\ominus}/kJ \cdot mol^{-1}$ | 0 | −393.5 | −110.5 |
| $\Delta_f G_m^{\ominus}/kJ \cdot mol^{-1}$ | 0 | −394.4 | −137.2 |

(1) 先求在 298.15K 时的 $\Delta_r G_m^{\ominus}$

方法一：

$$\Delta_r G_m^{\ominus}(298.15K) = \sum_B \nu_B \Delta_f G_m^{\ominus}(298.15K)$$
$$= [2\times(-137.2)-(-394.4)]kJ \cdot mol^{-1}$$
$$= 120kJ \cdot mol^{-1}$$

方法二：

$$\Delta_r H_m^{\ominus}(298.15K) = \sum_B \nu_B \Delta_f H_m^{\ominus}(298.15K)$$
$$= [2\times(-110.5)-(-393.5)]kJ \cdot mol^{-1}$$
$$= 172.5kJ \cdot mol^{-1}$$

$$\Delta_r S_m^{\ominus}(298.15K) = \sum_B \nu_B S_m^{\ominus}(298.15K)$$
$$= (2\times197.7-213.7-5.74)J \cdot mol^{-1} \cdot K^{-1}$$
$$= 175.96J \cdot mol^{-1} \cdot K^{-1}$$

$$\Delta_r G_m^{\ominus} = \Delta_r H_m^{\ominus} - T\Delta_r S_m^{\ominus}$$
$$= (172.5-298.15\times175.96\times10^{-3})kJ \cdot mol^{-1}$$
$$= 120kJ \cdot mol^{-1}$$

在 298.15K 时标准平衡常数 $K^{\ominus}$，根据 $\Delta_r G_m^{\ominus}(T) = -RT\ln K^{\ominus}$，有

$$\ln K^{\ominus} = \frac{-\Delta_r G_m^{\ominus}}{RT} = \frac{-120\times10^3 J \cdot mol^{-1}}{8.314J \cdot mol^{-1} \cdot K^{-1}\times298.15K} = -48.41$$

$$K^{\ominus} = 9.5\times10^{-22}$$

(2) 同理，1173K 时

$$\Delta_r G_m^{\ominus} = \Delta_r H_m^{\ominus} - T\Delta_r S_m^{\ominus}$$
$$= (172.5-1173\times175.96\times10^{-3})kJ \cdot mol^{-1}$$
$$= -33.9kJ \cdot mol^{-1}$$

$$\ln K^{\ominus} = \frac{-\Delta_r G_m^{\ominus}}{RT} = \frac{33.9\times10^3 J \cdot mol^{-1}}{8.314J \cdot mol^{-1} \cdot K^{-1}\times1173K} = 3.476$$

$$K^{\ominus} = 32.33$$

**【例题 5.2】** 已知在 452K 时，下列反应的 $K^{\ominus}$：

反应(1) $2NOCl(g) + I_2(g) \rightleftharpoons 2NO(g) + 2ICl(g)$，$K_1^{\ominus} = 17.6$；

反应(2) $2ICl(g) \rightleftharpoons I_2(g) + Cl_2(g)$，$K_2^{\ominus} = 1.5\times10^{-4}$；

求：452K 时反应(3) $2NOCl(g) \rightleftharpoons 2NO(g) + Cl_2(g)$ 的 $K^{\ominus}$。

**解**：反应(3)＝反应(2)＋反应(1)

$$K_3^{\ominus}=K_2^{\ominus}K_1^{\ominus}=17.6\times1.5\times10^{-4}=2.6\times10^{-3}$$

#### 5.1.4.2 关于平衡组成的计算

在化工生产中常用转化率（$\alpha$）来衡量化学反应进行的程度。某反应物的转化率是指该反应物已转化为生成物的百分数。即

$$\text{某反应物的转化率}(\alpha)=\frac{\text{该反应物已转化的量}}{\text{该反应物起始的量}}\times100\% \tag{5.5}$$

**【例题 5.3】** 将 1.20mol $SO_2$ 和 2.00mol $O_2$ 的混合气体，在 800K 和 101.325kPa 的总压力下，缓慢通过 $V_2O_5$ 催化剂生成 $SO_3$，在恒温、恒压下达到平衡后，测得混合物中生成的 $SO_3$ 为 1.10mol。试利用上述实验数据求该温度下反应 $2SO_2(g)+O_2(g) \rightleftharpoons 2SO_3(g)$ 的 $K^{\ominus}$，$\Delta_rG_m^{\ominus}$ 及 $SO_2$ 的转化率。

| **解：** | $2SO_2(g)$ + | $O_2(g)$ | $\rightleftharpoons 2SO_3(g)$ |
|---|---|---|---|
| 起始时物质的量/mol | 1.20 | 2.00 | 0 |
| 平衡时物质的量/mol | 0.10 | 1.45 | 1.10 |
| 平衡时总的物质的量/mol | | 2.65 | |
| 平衡时各物质的摩尔分数 $x$ | 0.10/2.65 | 1.45/2.65 | 1.10/2.65 |

根据道尔顿分压定律

$$p(SO_2)=px(SO_2)=101.325\text{kPa}\times\frac{0.10}{2.65}=3.82\text{kPa}$$

$$p(O_2)=px(O_2)=101.325\text{kPa}\times\frac{1.45}{2.65}=55.4\text{kPa}$$

$$p(SO_3)=px(SO_3)=101.325\text{kPa}\times\frac{1.10}{2.65}=42.1\text{kPa}$$

$$K^{\ominus}=\frac{[p(SO_3)/p^{\ominus}]^2}{[p(SO_2)/p^{\ominus}]^2[p(O_2)/p^{\ominus}]}=\frac{(42.1)^2\times100}{(3.82)^2\times55.4}=219$$

$$\begin{aligned}\Delta_rG_m^{\ominus}\ (800\text{K}) &= -RT\ln K^{\ominus}\\ &= -8.314\text{J}\cdot\text{mol}^{-1}\cdot\text{K}^{-1}\times800\text{K}\times\ln219\\ &= -3.58\times10^4\text{J}\cdot\text{mol}^{-1}\end{aligned}$$

$$SO_2\text{ 的转化率}=\frac{1.10}{1.20}\times100\%=91.7\%$$

#### 5.1.4.3 判断指定浓度或分压条件下反应进行的方向

**【例题 5.4】** 利用标准热力学函数估算反应 $CO_2(g)+H_2(g) \rightleftharpoons CO(g)+H_2O(g)$ 在 873K 时的标准摩尔吉布斯函数变和标准平衡常数。若此时系统中各组分气体的分压为 $p(CO_2)=p(H_2)=127$kPa，$p(H_2O)=p(CO)=76$kPa，计算此条件下反应的摩尔吉布斯函数变，并判断反应进行的方向。

已知 25℃：

| 物质 | $CO_2(g)$ | + | $H_2(g)$ | $\rightleftharpoons$ | $CO(g)$ | + | $H_2O(g)$ |
|---|---|---|---|---|---|---|---|
| $\Delta_fH_m^{\ominus}/\text{kJ}\cdot\text{mol}^{-1}$ | −393.509 | | 0 | | −110.525 | | −241.818 |
| $S_m^{\ominus}/\text{J}\cdot\text{mol}^{-1}\cdot\text{K}^{-1}$ | 213.74 | | 130.684 | | 197.674 | | 188.825 |

**解：**

$$\Delta_r H_m^{\ominus}(298.15K) = \sum_B \nu_B \Delta_f H_m^{\ominus}(298.15K)$$
$$= [-241.818 + (-110.525) - 0 - (-393.509)]kJ \cdot mol^{-1}$$
$$= 41.17kJ \cdot mol^{-1}$$

$$\Delta_r S_m^{\ominus}(298.15K) = \sum_B \nu_B S_m^{\ominus}(298.15K)$$
$$= (188.825 + 197.674 - 130.684 - 213.74)J \cdot mol^{-1} \cdot K^{-1}$$
$$= 42.08J \cdot mol^{-1} \cdot K^{-1}$$

$$\Delta_r G_m^{\ominus} = \Delta_r H_m^{\ominus} - T\Delta_r S_m^{\ominus}$$
$$= (41.17 - 873 \times 42.08 \times 10^{-3})kJ \cdot mol^{-1}$$
$$= 4.43kJ \cdot mol^{-1}$$

由 $\Delta_r G_m^{\ominus}(873K) = -RT\ln K^{\ominus}$，即

$$4.43 \times 10^3 J \cdot mol^{-1} = -8.314J \cdot mol^{-1} \cdot K^{-1} \times 873K \times \ln K^{\ominus}$$
$$\ln K^{\ominus} = -0.61$$
$$K^{\ominus} = 0.54$$

由 $\Delta_r G_m(873K) = \Delta_r G_m^{\ominus}(873K) + RT\ln Q$

$$= \Delta_r G_m^{\ominus}(873K) + RT\ln \frac{[p(CO)/p^{\ominus}][p(H_2O)/p^{\ominus}]}{[p(CO_2)/p^{\ominus}][p(H_2)/p^{\ominus}]}$$
$$= [4.43 + 8.314 \times 10^{-3} \times 873\ln \frac{(76/100)^2}{(127/100)^2}]kJ \cdot mol^{-1}$$
$$= -3.0kJ \cdot mol^{-1}$$

因为 $\Delta_r G_m(873K) < 0$，所以此条件下反应向正方向进行。

### 5.1.5　化学平衡的移动

化学平衡是相对的、暂时的和有条件的，一旦维持平衡的条件发生了变化，平衡状态就会被破坏，反应物和产物的浓度或分压力就会随之发生相应变化，直至在新的条件下又建立起新的化学平衡。这种因外界条件的改变，使可逆反应从原来的平衡状态转变为新的平衡状态的过程，称为化学平衡的移动。化学平衡移动的结果，使反应物和产物的浓度或分压发生变化。

由热力学原理可知，化学平衡的移动是由于条件改变时，$Q \neq K^{\ominus}$，$\Delta_r G_m(T) \neq 0$，那么能够使化学平衡发生移动的外界因素有哪些呢？

#### 5.1.5.1　浓度对化学平衡的影响

在一定条件下，可逆反应 $aA + bB \rightleftharpoons gG + dD$ 达到平衡状态时，根据化学反应等温方程式：$\Delta_r G_m(T) = RT\ln \frac{Q}{K^{\ominus}}$，在其他条件不变时，改变平衡系统中任一种反应物或产物的浓度，必然使 $Q \neq K^{\ominus}$，平衡被破坏，导致化学平衡发生移动。如果增大反应物浓度或减小生成物浓度时，则 $Q < K^{\ominus}$，$\Delta_r G_m(T) < 0$，系统不再处于平衡状态，而向正反应方向移动。移动的结果，使反应商也随之逐渐增大，当反应商增大到再次等于标准平衡常数时，系统又重新达到平衡状态。反之，当减小反应物浓度或增大产物浓度时，反应商增大，使 $Q > K^{\ominus}$，$\Delta_r G_m(T) > 0$，化学平衡就向逆反应方向移动，反应商逐渐减小，直至反应商重新等于标准平衡常数，又建立起新的化学平衡。

**【例题 5.5】** 一定温度下，含有 0.100mol·$L^{-1}$ $Ag^+$、0.100mol·$L^{-1}$ $Fe^{2+}$、0.0100mol·$L^{-1}$ $Fe^{3+}$ 的溶液中发生下列反应：$Fe^{2+}(aq)+Ag^+(aq) \rightleftharpoons Fe^{3+}(aq)+Ag(s)$，已知 $K^{\ominus}=2.98$。

求：(1) $Ag^+$ 的平衡转化率；

(2) 当 $c_{Ag^+}$、$c_{Fe^{3+}}$ 不变，$c_{Fe^{2+}}$ 变为 0.300mol·$L^{-1}$ 时，$Ag^+$ 的平衡转化率。

**解**：(1) $Fe^{2+}(aq)+Ag^+(aq) \rightleftharpoons Fe^{3+}(aq)+Ag(s)$

| | | | |
|---|---|---|---|
| 开始浓度/mol·$L^{-1}$ | 0.100 | 0.100 | 0.0100 |
| 变化浓度/mol·$L^{-1}$ | $x$ | $x$ | $x$ |
| 平衡浓度/mol·$L^{-1}$ | $0.100-x$ | $0.100-x$ | $0.0100+x$ |

$$K^{\ominus}=\frac{(c^{eq}_{Fe^{3+}}/c^{\ominus})}{(c^{eq}_{Fe^{2+}}/c^{\ominus})(c^{eq}_{Ag^+}/c^{\ominus})}=\frac{0.0100+x}{(0.100-x)^2}=2.98$$

$$x=0.013$$

$$\alpha_{Ag^+}=\frac{0.013}{0.100}\times 100\%=13\%$$

(2) $Fe^{2+}(aq)+Ag^+(aq) \rightleftharpoons Fe^{3+}(aq)+Ag(s)$

| | | | |
|---|---|---|---|
| 开始浓度/mol·$L^{-1}$ | 0.300 | 0.100 | 0.0100 |
| 变化浓度/mol·$L^{-1}$ | $y$ | $y$ | $y$ |
| 平衡浓度/mol·$L^{-1}$ | $0.300-y$ | $0.100-y$ | $0.0100+y$ |

$$K^{\ominus}=\frac{(c^{eq}_{Fe^{3+}}/c^{\ominus})}{(c^{eq}_{Fe^{2+}}/c^{\ominus})\ (c^{eq}_{Ag^+}/c^{\ominus})}=\frac{0.010+y}{(0.100-y)\ (0.300-y)}=2.98$$

$$\alpha_{Ag^+}=\frac{0.038}{0.100}\times 100\%=38\%$$

通过计算说明，增大反应物浓度，平衡向正反应方向移动。

#### 5.1.5.2 压力对化学平衡的影响

压力变化对化学平衡的影响应视化学反应的具体情况而定。

① 对只有液体或固体参与的反应而言，改变压力对平衡影响很小，可以不予考虑。但对于有气态物质参与的平衡系统，系统压力的改变则可能会对平衡产生影响。

② 对于有气态物质参与的可逆反应，在等温的条件下，当改变反应体系的某物质的分压或总压时，对化学平衡的影响，分以下几种情况讨论。

a. 改变反应物的分压或生成物的分压，相当于改变它们的浓度，其对平衡的影响与改变浓度对平衡的影响一致。

b. 对反应方程式两边气体分子总数不等的反应，例如可逆反应：

$$aA(g)+bB(g) \rightleftharpoons gG(g)+dD(g) \quad [\sum\nu_B(g)\neq 0]$$

压力对化学平衡的影响如表 5.1 所示。

**表 5.1 压力对化学平衡的影响**

| 项目 | $\sum\nu_B(g)>0$<br>气体分子数增加的反应 | $\sum\nu_B(g)<0$<br>气体分子数减少的反应 |
|---|---|---|
| 增加总压 | $Q>K^{\ominus}$<br>平衡向逆反应方向移动 | $Q<K^{\ominus}$<br>平衡向正反应方向移动 |
| | 均向气体分子数减小的方向移动 | |

续表

| 项目 | $\sum\nu_B(g)>0$ 气体分子数增加的反应 | $\sum\nu_B(g)<0$ 气体分子数减少的反应 |
| --- | --- | --- |
| 降低总压 | $Q<K^{\ominus}$ 平衡向正反应方向移动 | $Q>K^{\ominus}$ 平衡向逆反应方向移动 |
| | 均向气体分子数增加的方向移动 | |

例如 298.15K 时，总压力为 $p_{1总}$ 的可逆反应 $N_2O_2(g) \rightleftharpoons 2NO(g)$ 达到平衡，标准平衡常数 $K_1^{\ominus}$ 为：

$$K_1^{\ominus}=\frac{[p_1^{eq}(NO)/p^{\ominus}]^2}{[p_1^{eq}(N_2O_2)/p^{\ominus}]}$$

如果将体系的总压力（例如压缩总容积）增大 1 倍，使新的总压 $p_{2总}=2p_{1总}$，那么各物质的分压也相应增大一倍，即 $p_2(N_2O_2)=2p_1(N_2O_2)$，$p_2(NO)=2p_1(NO)$，此时反应商为：

$$Q=\frac{[p_2(NO)/p^{\ominus}]^2}{[p_2(N_2O_2)/p^{\ominus}]}=\frac{[2p_1(NO)/p^{\ominus}]^2}{[2p_1(N_2O_2)/p^{\ominus}]}=2K_1^{\ominus}$$

则
$$\Delta_r G_m(T)=RT\ln\frac{Q}{K^{\ominus}}=RT\ln\frac{2K_1^{\ominus}}{K_1^{\ominus}}=RT\ln 2>0$$

因此增加总压后，平衡将向左移动。

如果改变总压使新的总压 $p_{2总}=\frac{1}{2}p_{1总}$，则 $Q=\frac{1}{2}K_1^{\ominus}$，$Q<K_1^{\ominus}$，$\Delta_r G_m(T)<0$，因此降低总压后，平衡将向右移动。综上所述，压力对化学平衡影响的原因在于反应前后气态物质的化学计量数之和不等于零。增加压力，平衡向气体分子数减少的方向移动；降低压力，平衡向气体分子数增多的方向移动。

c. 同理可以证明，如果反应前后气体分子数没有变化，$\sum\nu_B(g)=0$，则改变总压对化学平衡没有影响。

#### 5.1.5.3　加入惰性气体对平衡移动的影响

惰性气体是指不与体系中各物质发生反应的气体。

在温度和体系体积不变的条件下，向平衡系统加入惰性气体，虽然体系的总压力增大，但体系中各气态物质的分压力不变，$Q=K^{\ominus}$ 不会引起平衡的移动。

在温度和总压力不变的条件下，向平衡体系加入惰性气体，为了保持总压力不变，会使体系的体积增大，对各气体物质来说相当于“冲稀”了，各气体的分压降低的程度相同。由前面的分析可知，若 $\sum\nu_B(g)\neq 0$，则 $Q\neq K^{\ominus}$，此时化学平衡向气体分子数增加的方向移动；若 $\sum\nu_B(g)=0$，平衡不移动。

#### 5.1.5.4　温度对化学平衡的影响

温度对化学平衡的影响，与浓度和压力对化学平衡的影响有本质上的区别。可逆反应达到平衡后，浓度、压力的改变不会使 $\Delta_r G_m^{\ominus}(T)$ 和 $K^{\ominus}$ 发生改变，但会使反应商 $Q$ 发生变化，导致 $Q\neq K^{\ominus}$，使化学平衡发生移动。因为可逆反应的标准平衡常数是温度的函数，因此同一化学反应在不同温度下进行时，其标准平衡常数是不相同的。所以当温度改变时，会引起 $K^{\ominus}$ 和 $\Delta_r G_m^{\ominus}(T)$ 发生变化，导致 $K^{\ominus}\neq Q$，使化学平衡发生移动。

根据吉布斯-亥姆霍兹等温方程：$\Delta_r G_m^{\ominus}(T)=\Delta_r H_m^{\ominus}-T\Delta_r S_m^{\ominus}$

$$\Delta_r G_m^{\ominus}(T)=-RT\ln K^{\ominus}(T)$$

两式合并得：
$$\ln K^{\ominus}=\frac{-\Delta_r H_m^{\ominus}}{RT}+\frac{\Delta_r S_m^{\ominus}}{R} \tag{5.6}$$

设该反应在温度为 $T_1$ 时的标准平衡常数为 $K_1^{\ominus}$，在温度为 $T_2$ 时的标准平衡常数为 $K_2^{\ominus}$，可得到：
$$\ln K_1^{\ominus}=\frac{-\Delta_r H_m^{\ominus}}{RT_1}+\frac{\Delta_r S_m^{\ominus}}{R}$$

$$\ln K_2^{\ominus}=\frac{-\Delta_r H_m^{\ominus}}{RT_2}+\frac{\Delta_r S_m^{\ominus}}{R}$$

将两式相减得：
$$\ln\frac{K_2^{\ominus}}{K_1^{\ominus}}=\frac{\Delta_r H_m^{\ominus}}{R}\left(\frac{1}{T_1}-\frac{1}{T_2}\right) \tag{5.7a}$$

或
$$\ln\frac{K_2^{\ominus}}{K_1^{\ominus}}=\frac{\Delta_r H_m^{\ominus}}{R}\left(\frac{T_2-T_1}{T_1T_2}\right) \tag{5.7b}$$

式(5.6) 和式(5.7) 称为范特霍夫方程，它表明温度对标准平衡常数的影响。

对于放热反应，$\Delta_r H_m^{\ominus}<0$，温度升高时，$T_2>T_1$，则由式(5.7b) 可得 $K_2^{\ominus}<K_1^{\ominus}$，即平衡常数减小（使得 $Q>K^{\ominus}$），平衡向逆反应（吸热）方向移动。对于吸热反应，则 $\Delta_r H_m^{\ominus}>0$，当温度升高时，$T_2>T_1$，则由式(5.7b) 可得 $K_2^{\ominus}>K_1^{\ominus}$，即平衡常数将增大（使得 $Q<K^{\ominus}$），使平衡向正反应（吸热）方向移动。因此在不改变浓度、压力的条件下，升高系统的温度时，平衡向着吸热方向移动；反之，降低温度时，平衡向着放热方向移动。

**【例题 5.6】** 五氯化磷分解反应为：$PCl_5(g)\rightleftharpoons PCl_3(g)+Cl_2(g)$。

求：(1) 298.15K 时，反应的 $\Delta_r H_m^{\ominus}$、$\Delta_r S_m^{\ominus}$、$\Delta_r G_m^{\ominus}$ 及 $K^{\ominus}$；

(2) 473.15K 时反应的标准平衡常数 $K^{\ominus}$。已知 298.15K：

| 物质 | $PCl_5(g)$ | $\rightleftharpoons$ | $PCl_3(g)$ | + | $Cl_2(g)$ |
|---|---|---|---|---|---|
| $\Delta_f H_m^{\ominus}/kJ\cdot mol^{-1}$ | −375 | | −287 | | 0 |
| $S_m^{\ominus}/J\cdot mol^{-1}\cdot K^{-1}$ | 364.6 | | 311.8 | | 223.07 |

**解**：(1) $\Delta_r H_m^{\ominus}(298.15K)=\Delta_f H_m^{\ominus}(PCl_3)+\Delta_f H_m^{\ominus}(Cl_2)-\Delta_f H_m^{\ominus}(PCl_5)$

$$=[-287+0-(-375)]kJ\cdot mol^{-1}$$

$$=88kJ\cdot mol^{-1}$$

$$\Delta_r S_m^{\ominus}(298.15K)=S_m^{\ominus}(PCl_3)+S_m^{\ominus}(Cl_2)-S_m^{\ominus}(PCl_5)$$

$$=(311.8+223.07-364.6)J\cdot mol^{-1}\cdot K^{-1}$$

$$=170.27J\cdot mol^{-1}\cdot K^{-1}$$

$$\Delta_r G_m^{\ominus}(298.15K)=\Delta_r H_m^{\ominus}(298.15K)-T\Delta_r S_m^{\ominus}(298.15K)$$

$$=(88\times10^3-298.15\times170.27)J\cdot mol^{-1}$$

$$=37225J\cdot mol^{-1}$$

$$\ln K^{\ominus}(298.15K)=\frac{-\Delta_r G_m^{\ominus}(T)}{RT}=\frac{-37225J\cdot mol^{-1}}{298.15K\times8.314J\cdot mol^{-1}\cdot K^{-1}}=-15.0$$

$$K^{\ominus}(298.15K)=3.06\times10^{-7}$$

(2) 利用范特霍夫方程，可算出

$$\ln\frac{K^{\ominus}(473.15\text{K})}{K^{\ominus}(298.15\text{K})}=\frac{\Delta_r H_m^{\ominus}}{R}\left(\frac{T_2-T_1}{T_1T_2}\right)$$

$$\ln\frac{K^{\ominus}(473.15\text{K})}{3.06\times10^{-7}}=\frac{88\times10^3\text{J}\cdot\text{mol}^{-1}\times(473.15\text{K}-298.15\text{K})}{8.314\text{J}\cdot\text{mol}^{-1}\cdot\text{K}^{-1}\times473.15\text{K}\times298.15\text{K}}$$

$$K^{\ominus}(473.15\text{K})=0.15$$

## 5.2　化学反应速率

化学热力学从宏观的角度研究了化学反应进行的方向和限度，但是不涉及反应的速率和反应的机理。也就是说化学热力学只注意体系的始、末状态，不考虑过程，只回答了化学反应可能性的问题。至于反应怎样实现，经过什么途径，遇到什么阻力，需要多长时间，哪些因素能影响反应速率，如何改变条件控制反应速率，这些都不属于化学热力学研究的范围。例如，汽车尾气的主要污染物有 CO 和 NO，它们之间的反应为：

$$CO(g)+NO(g)=\!=\!=CO_2(g)+\frac{1}{2}N_2(g)\quad \Delta_r G_m^{\ominus}(298.15\text{K})=-344\text{kJ}\cdot\text{mol}^{-1}$$

从热力学角度看，该反应的 $\Delta_r G_m^{\ominus}<0$，表明该反应正向自发进行的趋势很大，具有热力学上实现的可能性，但其反应速率却很慢。若要利用这个反应来治理汽车尾气的污染，必须从动力学方面找到提高反应速率的办法，从而将可能性变为现实性。

化学动力学（chemical kinetics）的任务就是研究化学反应的速率及影响因素，并探讨反应的机理，是研究化学反应的现实性问题。它由宏观动力学和微观动力学组成。宏观动力学主要研究各种条件，如温度、浓度、压力、催化剂等对反应速率的影响，从而选择反应条件，使反应按所需要的速率进行。微观动力学主要研究反应的机理。

对化学反应来说，热力学和动力学是相辅相成、缺一不可的。反应的现实性，首先依赖于反应的可能性。如果一个化学反应在热力学上是不可能的，也就没有必要研究动力学过程。一个可能进行的反应，则要通过动力学研究来控制反应速率，才能完善地解决实际问题，这样才具有现实意义。

化学反应有快有慢。例如，爆炸反应、酸碱中和反应等能瞬时完成，而塑料薄膜的降解则需要几年甚至几十年的时间。即使是同一反应，条件不同，反应速率也不相同。例如，钢铁在室温时锈蚀较慢，高温时则锈蚀得很快。所以人们在生产实践中常常需要采取措施来控制反应的速率。有的需要提高反应速率来缩短生产的时间周期；有的需要减慢反应速率来延长产品的使用寿命。为此，就必须研究化学反应速率的变化规律，了解影响反应速率的因素，掌握调节和改变反应速率的方法手段，只有这样才能按照人们的需要控制反应速率，所以研究反应速率有着重要的实际意义。

### 5.2.1　反应速率的表示方法

对于化学反应 $0=\sum_B \nu_B B$，定义反应速率

$$v=\frac{1}{V}\times\frac{d\xi}{dt}\tag{5.8}$$

即反应速率为单位时间单位体积内发生的反应进度，单位为 $\text{mol}\cdot\text{L}^{-1}\cdot\text{s}^{-1}$。

若反应在恒容的条件下进行，反应速率常使用单位时间内反应物浓度的减少或生成物浓

度的增加来表示，即

$$v=\frac{1}{\nu_B}\times\frac{dc_B}{dt} \tag{5.9}$$

式中，$dc_B/dt$ 表示物质 B 的浓度随时间的变化率。

这样定义的反应速率，与物质的选择无关。对同一个化学反应，不管选用哪一种反应物或产物来表示反应速率，都得到相同的数值。

对于任意化学反应：$aA+bB=gG+dD$

$$v=-\frac{1}{a}\times\frac{dc_A}{dt}=-\frac{1}{b}\times\frac{dc_B}{dt}=\frac{1}{g}\times\frac{dc_G}{dt}=\frac{1}{d}\times\frac{dc_D}{dt}$$

**【例题 5.7】** 在某温度下，氮气和氢气在密闭容器中合成氨，实验测得反应体系在 0s 和 2s 时各组分浓度如下：

| 组分 | $N_2(g)$ | + | $H_2(g)\longrightarrow$ | $NH_3(g)$ |
|---|---|---|---|---|
| 开始时浓度/$mol\cdot L^{-1}$ | 2.0 | | 3.0 | 0 |
| 2s 时浓度/$mol\cdot L^{-1}$ | 1.8 | | 2.4 | 0.4 |

试分别以如下两个反应方程式为基础，计算该反应在 2s 内的反应速率。

(1) $N_2(g)+3H_2(g)=2NH_3(g)$

(2) $\frac{1}{2}N_2(g)+\frac{3}{2}H_2(g)=NH_3(g)$

**解：**(1)

$$v(N_2)=-\frac{(1.8-2.0)mol\cdot L^{-1}}{2s}=0.1mol\cdot L^{-1}\cdot s^{-1}$$

$$v(H_2)=-\frac{1}{3}\times\frac{(2.4-3.0)mol\cdot L^{-1}}{2s}=0.1mol\cdot L^{-1}\cdot s^{-1}$$

$$v(NH_3)=\frac{1}{2}\times\frac{0.4mol\cdot L^{-1}}{2s}=0.1mol\cdot L^{-1}\cdot s^{-1}$$

(2)

$$v(N_2)=-\frac{1}{1/2}\times\frac{(1.8-2.0)mol\cdot L^{-1}}{2s}=0.2mol\cdot L^{-1}\cdot s^{-1}$$

$$v(H_2)=-\frac{1}{3/2}\times\frac{(2.4-3.0)mol\cdot L^{-1}}{2s}=0.2mol\cdot L^{-1}\cdot s^{-1}$$

$$v(NH_3)=\frac{0.4mol\cdot L^{-1}}{2s}=0.2mol\cdot L^{-1}\cdot s^{-1}$$

计算结果表明，上述反应速率的量值与反应中物质 B 的选择无关，但与化学计量数有关，所以在表示反应速率时，必须写明相应的化学反应方程式。

### 5.2.2 反应机理

化学动力学的研究结果表明，我们所熟悉的许多化学反应实际进行的具体步骤，并不是按照计量方程式所表示的那样，由反应物直接作用而生成产物，例如 HI 的气相合成反应：

$$H_2+I_2=2HI$$

该反应并不是像计量方程式所写的那样，由一个 $H_2$ 分子和一个 $I_2$ 分子直接作用生成两个 HI 分子，而是经历了一系列具体步骤实现的。计量方程式仅仅描述反应体系中各物质之间的量的关系，表示反应的宏观总效果，称为总反应。上式可以理解为消耗 1mol $H_2$ 分子和 1mol $I_2$ 分子生成 2mol HI 分子，而不应理解为消耗一个 $H_2$ 分子和一个 $I_2$ 分子生成两个 HI 分子。

实验证明，HI 的气相合成反应的具体步骤如下：

① $I_2 \longrightarrow 2I\cdot$

② $2I\cdot + H_2 \longrightarrow 2HI$

③ $2I\cdot \longrightarrow I_2$

这三个反应才是由反应物分子直接作用而生成产物分子的。这种由反应物分子经过一步就能转变为产物分子的反应叫作基元反应，又称元反应（elementary reaction）。基元反应中参加反应的分子（可以是原子、自由基、质子）数目称为反应分子数。反应分子数是一个不大于三的正整数。如基元反应 $I_2 \longrightarrow 2I\cdot$ 的反应分子数为 1，称为单分子反应；基元反应 $2NO_2(g) \longrightarrow NO_3(g) + NO$ 的反应分子数为 2，称为双分子反应；基元反应 $2I\cdot + H_2 \longrightarrow 2HI$ 的反应分子数为 3，称为三分子反应。而绝大多数化学反应都不是基元反应，也就是说它们都不是一步就直接转化为生成物分子，而往往是要经过若干步即若干个基元反应才能最后转化为生成物。这些基元反应代表了反应所经历的途径，称为反应历程或反应机理。

由一个基元反应组成的化学反应称为简单反应。例如 $2NO_2(g) = 2NO(g) + O_2(g)$ 就是一个简单反应，反应机理是两个 $NO_2$ 分子经过一步反应就变成产物 NO 分子和 $O_2$ 分子。

由两个或两个以上基元反应组成的化学反应称为复合反应或复杂反应。绝大多数化学反应都是复合反应。例如反应 $2NO + 2H_2 = N_2 + 2H_2O$ 是由以下两个基元反应组成的：

① $2NO + H_2 \longrightarrow N_2 + H_2O_2$　（慢）

② $H_2O_2 + H_2 \longrightarrow 2H_2O$　（快）

总反应速率由整个反应中速率最慢的那一步决定，该步基元反应是复合反应的决速步骤。

## 5.2.3　影响反应速率的因素

### 5.2.3.1　浓度对反应速率的影响

（1）速率方程与反应级数

大量实验表明，在一定温度下，增加反应物的浓度可以加快反应速率。例如物质在纯氧中燃烧比在空气中燃烧更为剧烈，这说明反应物氧气的浓度增大，反应速率也增大。为了找出在温度一定时，反应物浓度和反应速率之间的定量关系，化学家进行了大量的研究。1863 年挪威化学家古德贝克和瓦格在大量实验的基础上总结出：在一定温度下，对某一基元反应，其反应速率与各反应物浓度的幂（以化学反应方程式中相应物质的化学计量数的绝对值为幂指数）的乘积成正比，这一规律称为质量作用定律（law of mass action）。

对于基元反应

$$aA + bB = gG + dD$$

其质量作用定律的表达式为：

$$v = kc_A^a c_B^b \tag{5.10}$$

上式称为速率方程或动力学方程。

式中，$a$ 和 $b$ 分别叫作反应物 A 和反应物 B 的分级数；各反应物浓度项指数之和（$n = a + b$）称为反应级数（reaction order），反应级数的大小体现了反应物浓度对反应速率的影响程度，即反应级数越大，表示反应物浓度对反应速率的影响越大；$k$ 为速率常数（rate constant），与反应的本性、温度和催化剂有关。其物理意义是：在一定温度下，反应物浓度均为1mol·L$^{-1}$ 时的反应速率，所以 $k$ 又叫比速率。显然 $k$ 的单位随反应级数 $n$ 值的不同而不同。

质量作用定律只适用于基元反应，对于基元反应，反应级数可直接从化学方程式得到。非基元反应的反应级数由实验确定。反应级数的值可以是正的，也可以是负的，可以是整数、分数或零。

例如，实验测得下列非基元反应：

$$2NO + 2H_2 \longrightarrow N_2 + 2H_2O$$

其速率方程为：$v = kc_{NO}^2 c_{H_2}$。所以此反应是三级反应，而不是四级反应，与根据质量作用定律写出的速率方程式不符合。

**【例题 5.8】** 写出下列基元反应$2NO(g) + Cl_2(g) \longrightarrow 2NOCl(g)$，在一定温度下的（1）速率方程；（2）反应级数；（3）其他条件不变，将容器体积增加到原来的2倍，反应速率如何变化？

**解**：（1）由于上述反应为基元反应，根据质量作用定律，$v = kc_{NO}^2 c_{Cl_2}$。

（2）反应级数 $n = 3$。

（3）其他条件不变，容器的体积增加到原来的2倍时，反应物的浓度则降低为原来的1/2，此时

$$v' = k\left(\frac{1}{2}c_{NO}\right)^2\left(\frac{1}{2}c_{Cl_2}\right) = \frac{1}{8}v$$

即反应速率为原来的1/8。

（2）一级反应

一级反应（first order reaction）是反应速率与反应物浓度的一次方成正比的反应。一级反应的实例很多，如放射性元素的衰变，一些物质的热分解反应（如 $N_2O_5$ 的分解反应），部分药物在体内的代谢，分子内部的重排反应及异构化反应等。

对任何一个一级反应，$a\text{A} \longrightarrow$产物，则反应速率方程为：

$$v = -\frac{dc}{dt} = kc$$

将上式定积分

$$-\int_{c_0}^{c}\frac{dc}{c} = \int_0^t k\,dt$$

得

$$\ln c - \ln c_0 = -kt$$

或

$$\ln\frac{c}{c_0} = -kt \tag{5.11}$$

$$\lg\frac{c}{c_0} = -\frac{kt}{2.303} \tag{5.12}$$

式(5.11)、式(5.12) 中 $c_0$ 为反应物 A 的初始浓度，$c$ 为反应 $t$ 时间后的反应物 A 的浓度。若以 $\ln c$-$t$ 作图，应得一直线，斜率为$-k$。

反应物浓度由 $c_0$ 变为 $c_0/2$ 时，亦即反应物消耗掉一半所需要的时间称为半衰期（half-life），常用 $t_{1/2}$ 表示。代入式(5.11) 得：

$$kt_{1/2} = \ln\frac{c_0}{\frac{1}{2}c_0} = \ln 2$$

即

$$t_{1/2}=\frac{0.693}{k} \tag{5.13}$$

由上式可看出，一级反应的半衰期是与反应物的初始浓度无关的常数。半衰期可以用来衡量反应速率，显然半衰期愈大，反应速率愈慢。

根据以上各式可概括出一级反应的三个特征（其中任何一条均可作为判断一级反应的依据）：

① $\ln c$ 对 $t$ 作图，应得一直线，斜率为 $-k$；

② 半衰期 $t_{1/2}$ 与反应物的起始浓度无关；

③ 速率常数 $k$ 具有（时间）$^{-1}$ 的量纲（其 SI 单位为 $s^{-1}$）。

**【例题 5.9】** 过氧化氢分解成水和氧气的半衰期为 16.9min，为一级反应：

$$H_2O_2(l) \rightleftharpoons H_2O(l)+\frac{1}{2}O_2(g)$$

(1) 若开始 $H_2O_2$ 的浓度为 $0.500\text{mol}\cdot\text{L}^{-1}$，10min 后，它的浓度是多少？

(2) $H_2O_2$ 的浓度由 $0.500\text{mol}\cdot\text{L}^{-1}$ 降到 $0.100\text{mol}\cdot\text{L}^{-1}$ 时，需要多长时间？

**解：**(1)

$$t_{1/2}=\frac{0.693}{k}$$

$$k=\frac{0.693}{t_{1/2}}=\frac{0.693}{16.9\text{min}}=0.0410\text{min}^{-1}$$

$$\ln\frac{c}{c_0}=-kt$$

$$\ln\frac{c}{0.500\text{mol}\cdot\text{L}^{-1}}=-0.0410\text{min}^{-1}\times 10\text{min}$$

$$c=0.33\text{mol}\cdot\text{L}^{-1}$$

(2)

$$\ln\frac{c}{c_0}=-kt$$

$$\ln\frac{0.100\text{mol}\cdot\text{L}^{-1}}{0.500\text{mol}\cdot\text{L}^{-1}}=-0.0410\text{min}^{-1}t$$

$$t=39.2\text{min}$$

#### 5.2.3.2 温度对反应速率的影响

绝大多数化学反应的速率总是随温度的升高而加快的。无论对吸热反应还是放热反应都是如此。温度影响反应速率的例子，影响明显的有氢气和氧气的化合反应，常温下氢气和氧气作用十分缓慢，以致两者的混合物放置几年都观察不到有水生成，但是如果温度升高到 873K 时，反应速率急剧增大，反应会以爆炸的方式瞬间完成。

1884 年荷兰物理化学家范特霍夫（J. H. Van't Hoff）根据实验归纳出一个近似规则：对一般化学反应，在反应物浓度一定时，温度每升高 10℃，反应速率通常增加到原来的 2～4 倍。范特霍夫规则只能粗略估计温度对反应速率的影响。

1889 年瑞典化学家阿伦尼乌斯（A. Arrhenius）根据大量实验事实，总结出反应速率常数和温度间的定量关系式，称为阿伦尼乌斯公式：

$$k=A\text{e}^{-E_a/RT} \tag{5.14}$$

式中，$E_a$ 为反应的活化能（activation energy），常用单位为 $\text{kJ}\cdot\text{mol}^{-1}$；$R$ 为摩尔气体常

数；$T$ 为热力学温度；$A$ 为给定反应的特征常数，称为指前因子，它与反应物分子的碰撞频率、反应物分子定向的空间因素等有关，与反应物浓度及反应温度无关。$A$ 的单位与 $k$ 相同。对同一化学反应 $E_a$、$A$ 为常数。从式(5.14) 可知，反应速率常数与热力学温度及活化能均呈指数关系，即温度和活化能的微小变化都会使 $k$ 值有较大的变化，体现了温度和活化能对反应速率的显著影响。

对上式取自然对数得：

$$\ln k = \ln A - \frac{E_a}{RT} \tag{5.15}$$

若以 $\ln k$ 为纵坐标，$1/T$ 为横坐标作图，可得一条直线，直线的斜率为 $-E_a/R$，由直线的斜率可求反应的活化能。直线在纵坐标上的截距为 $\ln A$。

不同的化学反应有不同的活化能，如已知某反应的活化能，便可利用阿伦尼乌斯公式计算不同温度下的速率常数；设在温度为 $T_1$、$T_2$ 时的速度常数分别为 $k_1$、$k_2$，则

①
$$\ln k_1 = \ln A - \frac{E_a}{RT_1}$$

②
$$\ln k_2 = \ln A - \frac{E_a}{RT_2}$$

②式减①式得：

$$\ln \frac{k_2}{k_1} = \frac{E_a}{R}\left(\frac{T_2 - T_1}{T_1 T_2}\right) \tag{5.16}$$

**【例题 5.10】** 已知 $CO(CH_2COOH)_2$ 在水溶液中发生分解反应，已知在 283K 和 333K 的速率常数分别为 $1.08\times10^{-4}\,s^{-1}$ 和 $5.48\times10^{-2}\,s^{-1}$，求该反应的活化能及反应在 303K 时的速率常数。

**解**：将已知数据代入

$$\ln \frac{k_2}{k_1} = \frac{E_a}{R}\left(\frac{T_2 - T_1}{T_1 T_2}\right)$$

$$\ln \frac{5.48\times10^{-2}\,s^{-1}}{1.08\times10^{-4}\,s^{-1}} = \frac{E_a}{8.314\,J\cdot mol^{-1}\cdot K^{-1}}\left(\frac{333K-283K}{333K\times283K}\right)$$

$$E_a = 9.76\times10^4\ J\cdot mol^{-1}$$

将所求 $E_a$ 代入下式，可求出 303K 时的速率常数：

$$\ln \frac{k_2}{k_1} = \frac{E_a}{R}\left(\frac{T_2 - T_1}{T_1 T_2}\right)$$

$$\ln \frac{k_2}{1.08\times10^{-4}\,s^{-1}} = \frac{9.76\times10^4\,J\cdot mol^{-1}}{8.314\,J\cdot mol^{-1}\cdot K^{-1}}\left(\frac{303K-283K}{303K\times283K}\right)$$

$$k_2 = 1.67\times10^{-3}\,s^{-1}$$

#### 5.2.3.3 活化能对反应速率的影响

由阿伦尼乌斯公式可知，在相同温度下，活化能越大，速率常数越小，反应速率越慢；反之活化能越小，速率常数越大，反应速率越快。

为了从微观上对化学反应速率及其影响因素做出理论解释，揭示化学反应速率的规律，人们提出了种种关于反应速率的理论，其中比较著名的有在气体分子运动论基础上发展起来的碰撞理论和在量子力学和统计力学基础上发展起来的过渡态理论。

碰撞理论要点是：①反应速率正比于反应物分子的碰撞次数；②反应物分子必须定向碰撞才可能发生反应；③具有一定能量的分子间的碰撞才能发生反应。实验证明任何化学反应

的实现，都依赖于反应物分子间的碰撞，但并不是每一次碰撞都能发生反应，其中绝大多数分子是无效的弹性碰撞，只有少数能量足够高的分子间的定向碰撞，才能形成产物。这种能够导致反应发生的碰撞称为有效碰撞，能发生有效碰撞的分子称为活化分子（activated molecule）。活化分子占总分子数的比率叫活化分子分数。

温度对反应速率的影响主要是由反应物中活化分子分数随温度发生了改变所致。当反应物浓度（或气体分压）不变时，随着温度的升高，任何反应体系中分子的动能随之增大，同一体系中会出现更多的活化分子。虽然全体分子的总数没有变，但活化分子在全体分子中所占的相对比率提高了。活化分子的绝对数量增多了，所以反应速率就加快了。

过渡态理论认为：发生反应的过程不是一次简单的碰撞就能完成，而是先形成一个中间过渡状态也称为活化络合物，过渡态时旧键未完全断裂，新键尚未形成，体系能量高，不稳定，它可能分解为产物，也可能重新变回反应物。例如 $NO_2$ 和 CO 的反应中，当 $NO_2$ 和 CO 的活化分子碰撞后，会形成一种活化络合物［ONOCO］，如图 5.1 所示。

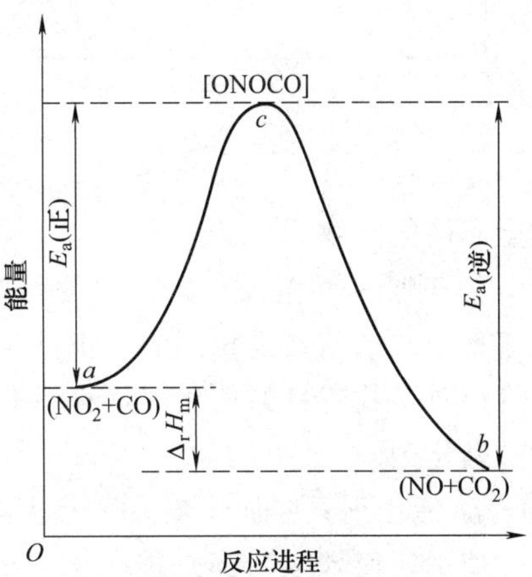


图 5.1　反应过程中能量变化示意图

活化络合物处于原有的 N—O 键距离变长、新的 C—O 键正在形成的一种过渡状态，其势能高于始态也高于终态，形成一个能垒。反应的活化能就是翻越能垒所需要的能量。在过渡状态理论中，活化分子是具有足够高的能量，可发生有效碰撞或彼此接近时能形成活化络合物的分子。活化络合物所具有的平均能量和反应物分子的平均能量之差叫活化能。

图 5.1 中，正向反应的活化能为 $E_a$(正)，逆向反应的活化能为 $E_a$(逆)。

$$E_a(\text{正})-E_a(\text{逆})\approx\Delta_r H_m(\text{反应热})$$

从活化分子和活化能的观点来看，增加单位体积内活化分子总数可加快反应速率。活化分子总数＝活化分子分数×分子总数。

#### 5.2.3.4　催化剂对反应速率的影响

我们知道氢气和氧气在室温下几乎不发生反应，原因是在此条件下化学反应的速率极慢，以致很长时间也察觉不出水的生成，但是只要在混合气体中加入微量的细铂粉，反应便立即发生。而且反应后铂粉并没有减少。又如，氯酸钾的分解反应，若反应只在加热条件下进行，分解速率很慢，若加少量的 $MnO_2$，可加速氯酸钾的分解反应，而在反应前后 $MnO_2$ 本身的数量和化学性质都不发生变化。像这种能在反应中改变反应速率，而在反应前后本身的化学组成和质量保持不变的物质，叫作催化剂。催化剂所起的改变反应速率的作用，叫作催化作用。凡能加快反应速率的物质，称正催化剂，即一般所说的催化剂。例如，合成氨用的铁催化剂，生产硫酸用的 $V_2O_5$ 催化剂。凡是减慢反应速率的物质，称负催化剂，如为了阻止橡胶、塑料老化而加入的抗老化剂，为了延缓金属腐蚀使用的缓蚀剂，则起负催化作用。

催化剂为什么能改变化学反应速率呢？实验表明，催化剂之所以能加速反应，是因为它参与了反应过程，改变了原来反应的途径，降低了反应的活化能。催化剂对反应历程的影响如图 5.2 所示。

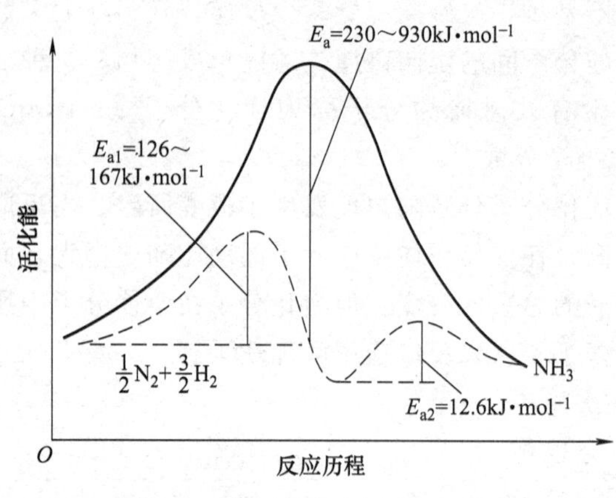


图 5.2　催化剂对反应历程的影响

例如合成氨的反应在无催化剂时活化能很高。加入铁催化剂后，铁催化剂与反应物形成一种势能较低的活化络合物，改变了反应的历程，使原来一步完成的反应分几步进行。与未使用催化剂的反应相比较，活化能显著降低，从而使活化分子数和有效碰撞次数增多，导致反应速率加快。

催化剂有以下几个特点。

① 催化剂具有独特的选择性。一种催化剂只加速一种或少数几种反应。例如，合成氨使用的铁催化剂无助于 $SO_2$ 的氧化。对同一反应使用不同的催化剂可能会得到完全不同的产物。

② 对同一可逆反应来说，催化剂同等程度地降低了正、逆反应的活化能。对正、逆反应速率增加的倍数是相同的。正反应的优良催化剂也必然是逆反应的优良催化剂。因此，这一规律对寻找优良的催化剂是有用处的。例如，合成氨反应使用的铁催化剂，也是氨分解反应的催化剂。

③ 催化剂只能加速热力学上认为可以实际发生的反应，对于热力学计算不能发生的反应，使用任何催化剂都是徒劳的。催化剂只能改变反应途径而不能改变反应发生的方向、限度。

由于催化剂可以有效地改变反应速率而不影响产品质量，所以催化剂在现代化学、化工中起着极为重要的作用。据统计，化工生产中约有 85%的化学反应需要使用催化剂。例如合成氨的反应、尿素合成反应、合成橡胶以及高分子聚合反应等。又如大气臭氧层的破坏、酸雨的形成、汽车尾气的净化等都涉及催化作用。此外，生物体内的新陈代谢都是酶催化反应，假如消化道中没有酶，消化一顿饭大约要用 50 年，可见催化剂在我们的生产、生活、科学研究、生命过程等诸多方面，都有十分重要的作用。对于催化剂的研究及新型催化剂的开发，一直是化学家们的重要课题。

## 本章内容小结

1. 化学平衡

(1) 平衡常数表达式

在封闭体系中，任意反应 $a\mathrm{A(g)}+b\mathrm{B(l)} \rightleftharpoons g\mathrm{G(s)}+d\mathrm{D(aq)}$，在指定温度下达到平衡状态时：

$$K^{\ominus}=\frac{(c_{\mathrm{D}}^{\mathrm{eq}}/c^{\ominus})^d}{(p_{\mathrm{A}}^{\mathrm{eq}}/p^{\ominus})^a}$$

(2) 化学平衡的有关计算

① 标准平衡常数（$K^{\ominus}$）与反应的标准摩尔吉布斯函数变（$\Delta_r G_m^{\ominus}$）关系式：

$$\Delta_r G_m^{\ominus}(T)=-RT\ln K^{\ominus}$$

② 标准平衡常数的计算。

③ 平衡组成的计算。

$$某反应物的转化率(\alpha)=\frac{该反应物已转化的量}{该反应物起始的量}\times 100\%$$

④ 判断指定浓度或分压条件下反应进行的方向。

(3) 化学平衡移动方向的判断：根据 $\Delta_r G_m(T)=RT\ln\frac{Q}{K^{\ominus}}$

① 若 $Q>K^{\ominus}$，则 $\Delta_r G_m(T)>0$，反应逆向自发进行；

② 若 $Q<K^{\ominus}$，则 $\Delta_r G_m(T)<0$，反应正向自发进行；

③ 若 $Q=K^{\ominus}$，则 $\Delta_r G_m(T)=0$，反应处于平衡状态。

(4) 平衡移动的影响因素

① 浓度对化学平衡的影响。如果增大反应物浓度或减小生成物浓度时，$Q$ 值减小，则 $Q<K^{\ominus}$，$\Delta_r G_m(T)<0$，平衡正向移动；当减小反应物浓度或增大产物浓度时，$Q$ 值增大，则 $Q>K^{\ominus}$，$\Delta_r G_m(T)>0$，平衡逆向移动。

② 压力对化学平衡的影响。压力增大，平衡向气体物质的量减小的方向移动；压力减小，平衡向气体物质的量增大的方向移动。

③ 温度对化学平衡的影响。对于放热反应，$\Delta_r H_m^{\ominus}<0$，温度升高时，平衡常数减小（使得 $Q>K^{\ominus}$），平衡向逆反应（吸热）方向移动；对于吸热反应，则 $\Delta_r H_m^{\ominus}>0$，当温度升高时，平衡常数将增大（使得 $Q<K^{\ominus}$），使平衡向正反应（吸热）方向移动。

范特霍夫方程：$\ln\frac{K_2^{\ominus}}{K_1^{\ominus}}=\frac{\Delta_r H_m^{\ominus}}{R}\left(\frac{T_2-T_1}{T_1 T_2}\right)$

2. 化学反应速率

(1) 反应速率的表示方法

$$v=\frac{1}{\nu_B}\times\frac{dc_B}{dt}$$

(2) 速率方程

对于任意基元反应：$aA+bB\Longrightarrow gG+dD$

速率方程：$v=kc_A^a c_B^b$

式中，$a$ 和 $b$ 分别叫作反应物 A 和反应物 B 的分级数；速率方程中各反应物浓度项指数之和 $n=a+b$ 称为反应级数。

(3) 一级反应

一级反应是反应速率与反应物浓度的一次方成正比的反应。

$$\ln\frac{c}{c_0}=-kt$$

一级反应的三个特征（其中任何一条均可作为判断一级反应的依据）：

① $\ln c$ 对 $t$ 作图，应得一直线，斜率为 $-k$；

② 半衰期 $t_{1/2}$ 与反应物的起始浓度无关；

③ 速率常数 $k$ 具有（时间）$^{-1}$ 的量纲（其 SI 单位为 $s^{-1}$）。

(4) 影响反应速率的因素

① 温度对反应速率的影响。阿伦尼乌斯公式：$k=Ae^{-E_a/RT}$

$$\ln\frac{k_2}{k_1}=\frac{E_a}{R}\left(\frac{T_2-T_1}{T_1 T_2}\right)$$

② 活化能对反应速率的影响。活化能越大，反应速率越慢；活化能越小，反应速率越快。

③ 催化剂对反应速率的影响。催化剂改变了原来反应的途径，降低了反应的活化能，从而影响反应速率。

## 习　题

1. 是非题

(1) 一个反应如果是放热反应，当温度升高时，表示补充了能量，因而有助于提高该反应进行的程度。（　）

(2) 在某温度下，密闭容器中反应$2NO(g)+O_2(g) \rightleftharpoons 2NO_2(g)$达到平衡，当保持温度和体积不变充入惰性气体时，总压将增加，平衡向气体分子数减少即生成$NO_2$的方向移动。（　）

(3) 对于反应$C(s)+H_2O(g) \rightleftharpoons CO(g)+H_2(g)$来说，因为反应式两边物质的化学计量数之和相等，所以增加体系总压对平衡无影响。（　）

(4) 对于可逆反应，平衡常数越大，反应速率越快。（　）

(5) 根据质量作用定律，反应物浓度增大，则反应速率加快，所以反应速率常数增大。（　）

(6) 由两个或两个以上基元反应构成的化学反应称为复杂反应。（　）

(7) 催化剂通过改变反应历程来加快反应速率，这是由于降低了反应的活化能。（　）

(8) 由反应速率常数的单位，可推知反应级数。（　）

(9) 速率常数值随反应物浓度增大而增大。（　）

(10) 化学反应的$\Delta_r G$越小，反应进行的趋势就越大，反应速率就越快。（　）

2. 选择题

(1) 一个气相反应$mA(g)+nB(g) \rightleftharpoons qC(g)$，达到平衡时（　）。

(A) $\Delta_r G_m^\ominus=0$　　(B) $Q=1$

(C) $Q=K^\ominus$　　(D) 反应物分压之和等于产物分压之和

(2) 反应$N_2(g)+3H_2(g) \rightleftharpoons 2NH_3(g)$的$\Delta G=a$，则$NH_3(g) \rightleftharpoons 1/2N_2(g)+3/2H_2(g)$的$\Delta G=$（　）。

(A) $a^2$　　(B) $1/a$　　(C) $1/a^2$　　(D) $-a/2$

(3) 如果某反应的$K^\ominus \geqslant 1$，则它的（　）。

(A) $\Delta_r G_m^\ominus \geqslant 0$　　(B) $\Delta_r G_m^\ominus \leqslant 0$　　(C) $\Delta_r G_m \geqslant 0$　　(D) $\Delta_r G_m \leqslant 0$

(4) 若可逆反应，当温度由$T_1$升高至$T_2$时，标准平衡常数$K_2^\ominus > K_1^\ominus$，此反应的等压热效应$\Delta_r H_m^\ominus$的数值将（　）。

(A) 大于零　　(B) 小于零　　(C) 等于零　　(D) 无法判断

(5) 若850℃时，反应$CaCO_3(s) \rightleftharpoons CaO(s)+CO_2(g)$的$K^\ominus=0.498$，则平衡时$CO_2$的分压（　）。

(A) 49.8kPa　　(B) 0.498kPa

(C) 71.5kPa　　(D) 取决于$CaCO_3$的量

(6) 增大反应物浓度，使反应速率加快的原因是（　）。

(A) 分子数目增加　　(B) 反应系统混乱度增加

(C) 单位体积内活化分子总数增加　　(D) 活化分子分数增加

(7) 某一级反应的速率常数为 $9.5\times10^{-2}\text{min}^{-1}$，则此反应的半衰期约为（　　）。

(A) 3.65min　　(B) 7.29min　　(C) 0.27min　　(D) 0.55min

(8) 质量作用定律适用于（　　）。

(A) 反应物、生成物的化学计量数都是 1 的反应

(B) 一步能完成的简单反应

(C) 任何能进行的反应

(D) 多步完成的复杂反应

(9) 某化学反应的速率常数的单位是（时间）$^{-1}$，则反应是（　　）。

(A) 零级反应　　(B) 三级反应

(C) 二级反应　　(D) 一级反应

(10) 对于一个确定的化学反应来说，下列说法中正确的是（　　）。

(A) $\Delta_r G_m^\ominus$ 越负，反应速率越快　　(B) $\Delta_r H_m^\ominus$ 越负，反应速率越快

(C) 活化能越大，反应速率越快　　(D) 活化能越小，反应速率越快

3. 填空题

(1) $\Delta_r H_m^\ominus>0$ 的可逆反应 $C(s)+H_2O(g)\rightleftharpoons CO(g)+H_2(g)$ 在一定条件下达到平衡后：①加入 $H_2O(g)$，则 $H_2(g)$ 的物质的量将________；②升高温度，$H_2(g)$ 的物质的量将________；增大总压，$H_2(g)$ 的物质的量将____________；加入催化剂，$H_2(g)$ 的物质的量将______________。

(2) 由 $N_2$ 和 $H_2$ 化合生成 $NH_3$ 的反应中，$\Delta_r H_m^\ominus<0$，当达到平衡后，再适当降低温度则正反应速率将________，逆反应速率将____________，平衡将向____________方向移动；平衡常数将____________________。

(3) 某一级反应的半衰期为 2.50h，则该反应的速率常数 $k$ 为________$\text{s}^{-1}$；若该反应中某物种 A 的浓度降低至初始浓度的 25.0%，则所需时间为________。

(4) 基元反应 $2NO+Cl_2\longrightarrow 2NOCl$ 是________分子反应，是______级反应，其速率方程为____________________________________。

(5) 已知下列反应为一个基元反应 $2A(g)+B(g)\longrightarrow 2C(g)$，$v_a : v_b : v_c=$______________。

4. 已知反应：$\frac{1}{2}H_2(g)+\frac{1}{2}Cl_2(g)\rightleftharpoons HCl(g)$ 在 298.15K 时的 $K^\ominus=4.9\times10^{16}$，$\Delta_r H_m^\ominus(298.15\text{K})=-92.307\text{kJ}\cdot\text{mol}^{-1}$，求在 500K 时的 $K^\ominus$ 值［近似计算，不查 $S_m^\ominus(298.15\text{K})$ 和 $\Delta_f G_m^\ominus(298.15\text{K})$ 的数据］。

5. 已知在 357K 时，反应 $SO_2Cl_2(g)\rightleftharpoons SO_2(g)+Cl_2(g)$ 的 $K^\ominus=2.4$。将 6.7g $SO_2Cl_2$ 装入 1.00L 封闭烧瓶，升温至 357K，如 $SO_2Cl_2$ 没有解离，其压力是多少？在 357K 平衡时 $SO_2$、$Cl_2$ 和 $SO_2Cl_2$ 分压又各是多少？（原子量：S 为 32，Cl 为 35.5。）

6. 已知五氯化磷蒸气按下式进行分解：$PCl_5(g)\rightleftharpoons PCl_3(g)+Cl_2(g)$。

当温度为 523K 和平衡总压力为 202.65kPa 时，有 69% 的 $PCl_5$ 发生了分解，求该温度下反应的标准平衡常数 $K^\ominus$ 和 $\Delta_r G_m^\ominus$。

7. 已知反应 $C_2H_6(g)\rightleftharpoons C_2H_4(g)+H_2(g)$，298.15K 时，$C_2H_6(g)$ 的 $\Delta_f G_m^\ominus=$

$-32.82kJ\cdot mol^{-1}$，$C_2H_4(g)$的$\Delta_f G_m^{\ominus}=68.11kJ\cdot mol^{-1}$，$H_2(g)$ 的 $\Delta_f G_m^{\ominus}=0kJ\cdot mol^{-1}$。

（1）试计算反应在 298.15K 时的标准平衡常数 $K^{\ominus}$；

（2）当 $p(C_2H_6)=80kPa$，$p(C_2H_4)=30kPa$，$p(H_2)=3kPa$，温度为 298.15K 时，通过计算说明上述反应自发进行的方向。

8. 反应$\frac{1}{2}Cl_2(g)+\frac{1}{2}F_2(g)$══$ClF(g)$，在 298K 和 398K 下，测得其标准平衡常数分别为 $9.3\times10^9$ 和 $3.3\times10^7$。

（1）计算 $\Delta_r G_m^{\ominus}$（298K）；

（2）若 298～398K 范围内 $\Delta_r H_m^{\ominus}$、$\Delta_r S_m^{\ominus}$ 基本不变，计算 $\Delta_r H_m^{\ominus}$ 和 $\Delta_r S_m^{\ominus}$。

9. 已知反应 $H_2(g) \rightleftharpoons 2H(g)$ 的 $\Delta_r H_m^{\ominus}=412.5kJ\cdot mol^{-1}$，在 3000K 及 $p^{\ominus}$ 时，$H_2$ 有 9％解离，问在 3600K 时，$H_2$ 的解离度为多少？

10. 在 693K 和 723K 下反应 $HgO(s)$══$Hg(g)+\frac{1}{2}O_2(g)$的平衡总压分别为 $5.16\times10^4Pa$ 和 $1.08\times10^5Pa$，求在该温度区域内分解反应的标准摩尔焓变和标准摩尔熵变。

11. 已知反应 $C(s)+CO_2(g) \rightleftharpoons 2CO(g)$的 $K_{1040K}^{\ominus}=4.6$，$K_{940K}^{\ominus}=0.5$，则该反应的 $\Delta_r H_m^{\ominus}$ 为多少？在 940K 时，该反应的 $\Delta_r S_m^{\ominus}$ 为多少？

12. 在 450℃时 HgO 的分解反应为：$2HgO(s) \rightleftharpoons 2Hg(g)+O_2(g)$，若将 0.05mol HgO 固体放在 1L 密闭容器中加热到 450℃，平衡时测得总压力为 108.0kPa，求该反应在 450℃时的标准平衡常数 $K^{\ominus}$、$\Delta_r G_m^{\ominus}$ 及 HgO 的转化率。

13. 在 514K 时，$PCl_5$ 分解反应：$PCl_5(g) \rightleftharpoons PCl_3(g)+Cl_2(g)$的 $K^{\ominus}=1.78$；若将一定量的 $PCl_5$ 放入一密闭的真空容器中，反应达到平衡时，总压为 200.0kPa，计算 $PCl_5$ 的分解分数为多少？

14. 反应 $CF_3+\frac{1}{2}H_2 \rightleftharpoons CF_3H$ 的活化能 $E_a$ 为 $40kJ\cdot mol^{-1}$，400K 时，$k=4.50\times10^{-3}L\cdot mol^{-1}\cdot s^{-1}$，试求 $k=9.0\times10^{-3}L\cdot mol^{-1}\cdot s^{-1}$ 时的反应温度。

15. 已知：$2N_2O_5(g)$══$2N_2O_4(g)+O_2(g)$的 $T_1=298.15K$，$k_1=0.469\times10^{-4}s^{-1}$，$T_2=318.15K$，$k_2=6.29\times10^{-4}s^{-1}$。求 $E_a$ 及 338.15K 时的 $k_3$。

16. 某反应在 273K 和 313K 下的速率常数分别为 $1.06\times10^{-5}s^{-1}$ 和 $2.93\times10^{-3}s^{-1}$，求该反应在 298K 下的速率常数。

17. 二氧化氮的分解反应：$2NO_2(g)$══$2NO(g)+O_2(g)$，已知在 592K 时，$k_1=0.498mol\cdot L^{-1}\cdot s^{-1}$；在 627K 时，$k_2=1.81mol\cdot L^{-1}\cdot s^{-1}$。计算该反应的活化能和指前因子 $A$。

# 第 6 章　水溶液化学

## 6.1　溶液的通性

溶液由溶质和溶剂组成，由不同的溶质和溶剂组成的溶液具有不同的性质，如溶液的颜色、密度、导电能力、黏度、体积变化等。但是所有的溶液也都具有一些共同的性质，即溶液的通性，例如，与纯溶剂相比溶液的蒸气压下降、沸点上升、凝固点下降等。下面按溶质的不同分电解质溶液和非电解质溶液分别讨论。

### 6.1.1　非电解质稀溶液的通性

实验证明：由难挥发的非电解质所形成的稀溶液的性质（与溶剂相比，溶液的蒸气压下降、沸点上升、凝固点下降和溶液渗透压）与一定量溶剂中所溶解溶质的物质的量成正比，而与溶质的本性无关。以上性质称为稀溶液的依数性，又称为稀溶液定律。

#### 6.1.1.1　溶液的蒸气压下降

(1) 蒸气压

在一定条件下，将一杯液体（如水）置于密闭的容器内，液体中那些能量较大的分子就会克服液体分子间的引力从表面逸出，成为蒸气分子，这个过程叫作蒸发，又称为汽化。同时，蒸发出来的蒸气分子在液面上部不断运动时也可能撞到液面，被液体分子所吸引而重新进入液体中，这个过程叫作凝聚。随着蒸发的进行，蒸气浓度逐渐增大，凝聚的速率也就随之增大，当蒸发的速率和凝聚的速率相等时，液体和它的蒸气就处于平衡状态，此时，蒸气所具有的压力叫作该温度下液体的饱和蒸气压，简称蒸气压。蒸气压与温度有关，且随温度升高而增大。

与液体相同，固体也有蒸气压，如果把固体放在密闭的容器里，固体和它的蒸气也能达到平衡，此时固体具有一定的蒸气压。固体的蒸气压也随温度升高而增大。例如，在寒冷的冬天，冰雪不经融化可以逐渐消失，樟脑丸在常温下就逐渐挥发，这些现象都说明固体表面的分子也能蒸发。

(2) 蒸气压下降

在同一温度下，当一种难挥发的非电解质溶解于纯液体（溶剂）形成溶液时，溶剂的一部分表面被溶质分子所占据，使得单位面积内从溶液中蒸发出的溶剂分子数比原来从纯溶剂中蒸发出的分子数要少，致使溶液中溶剂的蒸气压低于纯溶剂的蒸气压，且溶液的浓度越大，溶液的蒸气压下降越多。同一温度下，纯溶剂的蒸气压与溶液的蒸气压之差叫作溶液的蒸气压下降。由于溶质是难挥发的，这里讲的溶液蒸气压实际上是溶液中溶剂的蒸气压。

在一定温度下，难挥发的非电解质稀溶液中溶剂的蒸气压下降（$\Delta p$）与溶质的摩尔分数成正比，这一规律称为拉乌尔定律。用数学公式表示为：

$$\Delta p = p_A^* - p_A = \frac{n_B}{n} \times p_A^* = x_B p_A^* \tag{6.1}$$

式中，$n_B$ 为溶质 B 的物质的量；$n$ 为溶剂 A 与溶质 B 的物质的量之和；$x_B$ 是溶质 B 的摩尔分数；$p_A^*$ 表示纯溶剂 A 的蒸气压；$p_A$ 表示溶液中溶剂 A 的蒸气压。

#### 6.1.1.2 溶液的沸点上升和凝固点下降

当某一液体的蒸气压等于外界压力时（通常指 101.325kPa），液体就会沸腾，此时的温度称为该液体的沸点。在相同温度下，溶液的蒸气压低于其纯溶剂的蒸气压，如要和外界的大气压相等，则需升到更高的温度，故导致溶液的沸点上升。

物质的液相蒸气压和固相蒸气压相等时的温度称为该物质的凝固点。若固相蒸气压大于液相蒸气压，则固相就向液相转变；相反，若液相蒸气压大于固相蒸气压，则液相就向固相转变。总之，若固液两相蒸气压不等，则必有一相向另一相转变。当水中加入溶质后，由于溶液的蒸气压下降，0℃时水溶液的蒸气压低于冰的蒸气压，此时冰就会融化成水，所以水溶液的凝固点不是 0℃，而是 0℃以下。这种由于溶质的加入而使凝固点降低的现象称为凝固点下降。

对难挥发非电解质的稀溶液，其沸点上升和凝固点下降符合下列定量关系：

$$\Delta T_b = k_b m \tag{6.2}$$

$$\Delta T_f = k_f m \tag{6.3}$$

式中，$\Delta T_b$ 为沸点升高值；$\Delta T_f$ 为凝固点降低值；$k_b$ 为溶剂的摩尔沸点上升常数；$k_f$ 为溶剂的摩尔凝固点下降常数；$m$ 为溶质的质量摩尔浓度，$mol \cdot kg^{-1}$。质量摩尔浓度是指 1kg 溶剂中所含溶质的物质的量。

溶液的沸点上升和凝固点下降都是由溶液中溶剂的蒸气压下降所引起的，下面以水溶液为例来解释。

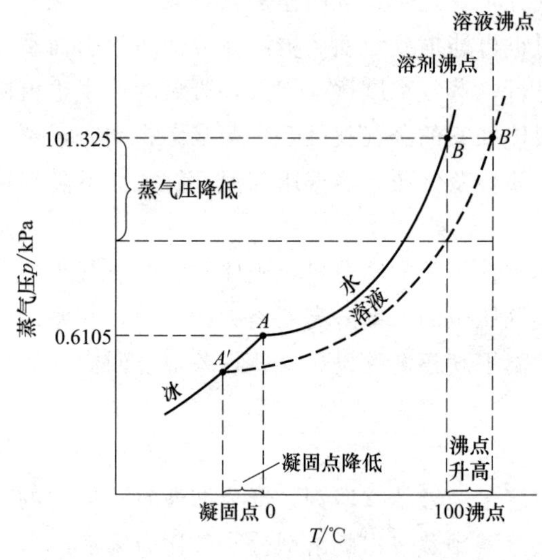


图 6.1 水、冰和溶液的蒸气压曲线

以蒸气压为纵坐标，温度为横坐标，画出水、冰和溶液的蒸气压曲线，如图 6.1 所示。水在正常沸点（100℃）时，其饱和蒸气压恰好等于常压（101.325kPa），如果水中溶解了难挥发性的溶质，其蒸气压就要下降。因此，溶液中溶剂的蒸气压曲线就低于纯水的蒸气压曲线，100℃时溶液的蒸气压就低于 101.325kPa。要使溶液的蒸气压与外界压力相等，以达到其沸点，就必须把溶液的温度升高到 100℃以上。从图 6.1 可以看出，溶液的沸点比水的沸点高。从图 6.1 还可以看出 0℃时水溶液的蒸气压低于冰的蒸气压，因此水溶液的凝固点低于 0℃。

在生产和科学实验中，溶液的凝固点下降这一性质得到了广泛的应用。例如，在雪地里撒盐，在汽车散热器（水箱）的用水中加入乙二醇，使溶液的凝固点下降以防止结冰。

#### 6.1.1.3 溶液的渗透压

渗透必须通过一种膜来进行，这种膜只允许溶剂分子通过，而不允许溶质分子通过，因此叫作半透膜。若被半透膜隔开的两边溶液的浓度不相等，则可发生渗透现象。如按图 6.2 所示的装置，用半透膜把溶液和纯溶剂隔开，这时溶剂分子在单位时间内进入溶液内的数目，要比溶液内的溶剂分子在同一时间内进入纯溶剂的数目多，结果使得溶液的体积逐渐增大，溶液的液面高出溶剂的液面，要使两边液面相平，则必须给溶液的上方施加一定的压力，这个增加的压力称为该溶液的渗透压。因此，渗透压是为维持被半透膜隔开的溶液与纯溶剂之间渗透平衡而施加的额外压力。

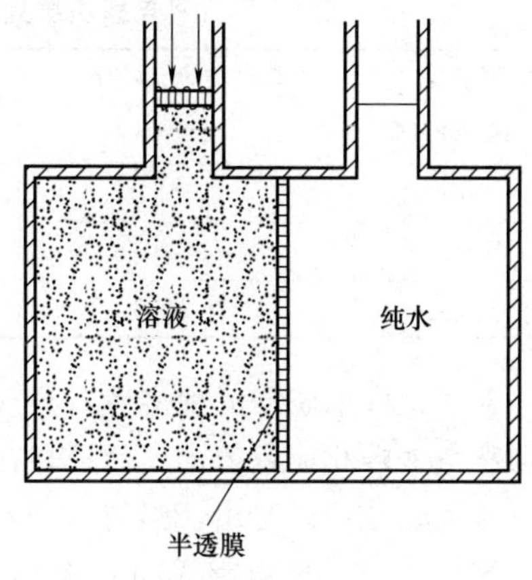


图 6.2　渗透现象示意图

如果外加在溶液上的压力超过了渗透压，则反而会使溶液中的溶剂向纯溶剂方向移动，使纯溶剂的量增加，这种现象叫反渗透。利用反渗透技术可以进行海水淡化、废水处理及溶液浓缩等。

对于难挥发的非电解质稀溶液的渗透压，可用下式表示：

$$\Pi V = nRT \quad 或 \quad \Pi = cRT \tag{6.4}$$

式中，$\Pi$ 为渗透压，Pa；$R$ 为摩尔气体常数，$R=8.314\text{J}\cdot\text{mol}^{-1}\cdot\text{K}^{-1}$；$c$ 为溶质的物质的量浓度，$\text{mol}\cdot\text{m}^{-3}$；$T$ 为热力学温度，K；$n$ 为溶质的物质的量，mol。

渗透压在生物学中具有重要意义。有机体的细胞膜大多具有半透膜的性质，渗透压是引起水在生物体中运动的重要推动力。稀溶液的渗透压相当大，例如 25℃时，$0.100\text{mol}\cdot\text{L}^{-1}$ 溶液的渗透压为：

$$\begin{aligned}\Pi &= cRT = 0.100\times10^{3}\text{mol}\cdot\text{m}^{-3}\times8.314\text{Pa}\cdot\text{m}^{3}\cdot\text{mol}^{-1}\cdot\text{K}^{-1}\times298.15\text{K}\\ &= 248\text{kPa}\end{aligned}$$

这相当于 25m 高水柱的压力，而一般植物细胞液的渗透压可达 2000kPa，正因为有如此大的推动力，所以水分可以从植物的根部运送到数十米高的顶端，自然界才有高达几十米的参天大树。

人体组织内许多膜，如毛细管壁、血红细胞的膜等都具有半透膜的性质，因而人体的体液（如血液、细胞液等）也具有一定的渗透压，所以人体静脉输液或注射时，必须使用与人体体液渗透压相同的溶液，这种溶液称为等渗溶液。如临床常用的是 0.9%的生理盐水及 5%的葡萄糖溶液，如溶液的浓度偏大或偏小都会由渗透引起血红细胞萎缩或肿胀而导致严重的后果。如果把血红细胞放入浓度较大（渗透压较大）的溶液中，血红细胞中的水就会通过细胞膜透出来，甚至会引起血红细胞收缩、干瘪；如果把血红细胞放入浓度小（渗透压较小）的溶液中，溶液中的水就会通过血红细胞的膜进入细胞中，而使细胞膨胀，甚至使细胞胀裂。

### 6.1.2　电解质溶液的通性

电解质溶液或浓度较大的非电解质溶液，也与非电解质稀溶液一样具有溶液的蒸气压下降、沸点上升、凝固点下降及渗透压等性质。例如：海水不易结冰，氯化钙可以作为干燥剂，盐和冰的混合物可以作为冷冻剂等，氯化钠和冰的混合物温度可以降到−22℃。

但是，稀溶液定律所表达的依数性与溶液浓度的定量关系不适用于电解质溶液或浓溶液。这是因为电解质溶液或浓溶液中，溶质的微粒较多，溶质微粒之间的相互影响以及溶质微粒与溶剂分子之间的相互影响加大，使电解质溶液对稀溶液定律产生偏差。例如，一些电解质水溶液的凝固点降低数值都比同浓度非电解质溶液的凝固点降低数值大。这一偏差可用电解质溶液与同浓度的非电解质溶液的凝固点下降的比值 $i$ 来表达，如表 6.1 所示。

**表 6.1　几种电解质质量摩尔浓度为 0.100mol·kg$^{-1}$ 时在水溶液中的 $i$ 值**

| 电解质 | 观察到的 $\Delta T_f'$/K | 按式(6.3)计算的 $\Delta T_f$/K | $i=\Delta T_f'/\Delta T_f$ |
|---|---|---|---|
| $CH_3COOH$ | 0.188 | 0.186 | 1.01 |
| HCl | 0.355 | 0.186 | 1.91 |
| NaCl | 0.348 | 0.186 | 1.87 |
| $K_2SO_4$ | 0.458 | 0.186 | 2.46 |

对于这些电解质的稀溶液，蒸气压下降、沸点上升和渗透压的数值也都比同浓度的非电解质稀溶液的相应数值大，而且存在着与凝固点降低类似的情况。

由表 6.1 可以看出，强电解质如 HCl、NaCl（AB 型）的 $i$ 接近 2，$K_2SO_4$（$A_2B$ 型）的 $i$ 接近 2～3，弱电解质如 $CH_3COOH$ 的 $i$ 略大于 1。因此，对同浓度的溶液来说，其沸点高低或渗透压大小的顺序为：$A_2B$ 型或 $AB_2$ 型强电解质溶液＞AB 型强电解质溶液＞弱电解质溶液＞非电解质溶液。而蒸气压或凝固点高低的顺序则相反。

## 6.2　酸碱解离平衡

### 6.2.1　酸碱概念

常用的酸碱理论有电离理论、电子理论和质子理论。

酸碱电离理论认为：在溶液中解离时所生成的正离子全部都是 $H^+$ 的化合物叫作酸；在溶液中解离时所生成的负离子全部都是 $OH^-$ 的化合物叫作碱。电离理论把酸碱局限在水溶液中，并把碱限制为氢氧化物，这样对非水溶液中的酸碱反应就无法解释。

酸碱电子理论认为：凡能接受电子对的物质称为酸；凡能给出电子对的物质称为碱。酸碱电子理论也称为路易斯酸碱理论。

酸碱质子理论认为：凡能给出质子（$H^+$）的物质（分子或离子）都是酸；凡能与质子结合的物质（分子或离子）都是碱。即酸是质子的给予体，碱是质子的接受体。例如，在一定条件下，HCl，HAc，$HS^-$，$H_2O$，$HCO_3^-$，$H_2PO_4^-$ 都能给出质子，它们都是酸；而 $NH_3$，$HS^-$，$S^{2-}$，$H_2PO_4^-$，$H_2O$，$HCO_3^-$ 都能结合质子，它们都是碱。可见，酸和碱可以是分子、正离子或负离子。有些物质如 $H_2O$，$HS^-$，$HCO_3^-$，$H_2PO_4^-$ 等，既可结合质子，也可以给出质子，所以它们既是酸又是碱，称它们为两性物质。

酸给出质子的过程是可逆的，酸给出质子后的部分是碱，碱又可结合质子转变为酸。它们的相互关系可表示如下：

$$\text{酸} \rightleftharpoons \text{质子} + \text{碱}$$
$$NH_4^+ \rightleftharpoons H^+ + NH_3$$
$$HAc \rightleftharpoons H^+ + Ac^-$$
$$HS^- \rightleftharpoons H^+ + S^{2-}$$
$$HCO_3^- \rightleftharpoons H^+ + CO_3^{2-}$$

这种相互依存、相互转化的关系叫作酸碱共轭关系。酸失去质子后形成的碱叫该酸的共轭碱；碱接受质子后形成的酸叫该碱的共轭酸。酸与它的共轭碱（或碱与它的共轭酸）一起称为共轭酸碱对。例如，HAc 是 $Ac^-$ 的共轭酸，而 $Ac^-$ 是 HAc 的共轭碱，把 HAc-$Ac^-$ 称为共轭酸碱对。共轭酸的酸性越强，其对应的共轭碱的碱性越弱；反之，共轭酸的酸性越弱，其对应的共轭碱的碱性就越强。

## 6.2.2　弱电解质的解离平衡

在弱电解质的水溶液中，当弱电解质达到解离平衡时，其对应的标准平衡常数叫作解离常数。对应于酸和碱，分别用 $K_a^{\ominus}$ 和 $K_b^{\ominus}$（简写为 $K_a$ 和 $K_b$）表示。解离常数可通过热力学数据计算，也可实验测定。

### 6.2.2.1　一元弱酸和一元弱碱的解离平衡

（1）以醋酸 HAc 为例，讨论一元弱酸的解离平衡

$$\mathrm{HAc(aq)} \rightleftharpoons \mathrm{H^+(aq)} + \mathrm{Ac^-(aq)}$$

$$K_a^{\ominus}(\mathrm{HAc}) = \frac{\{c^{eq}(\mathrm{H^+})/c^{\ominus}\}\{c^{eq}(\mathrm{Ac^-})/c^{\ominus}\}}{c^{eq}(\mathrm{HAc})/c^{\ominus}}$$

由于 $c^{\ominus} = 1\mathrm{mol \cdot L^{-1}}$，一般可将上式简化为

$$K_a(\mathrm{HAc}) = \frac{c^{eq}(\mathrm{H^+})c^{eq}(\mathrm{Ac^-})}{c^{eq}(\mathrm{HAc})} \tag{6.5}$$

值得注意的是，$K_a$ 和 $K_a^{\ominus}$ 的量纲不同，但当浓度 $c$ 的单位为 $\mathrm{mol \cdot L^{-1}}$时，两者的数值相等。为方便起见，本书均用简化式进行各类计算。

一般来说弱电解质的解离常数可表示弱电解质的相对强弱。相同浓度下，同类型弱酸的解离常数 $K_a$ 值大者则酸性强。如 HF($K_a = 3.53 \times 10^{-4}$) 和 HAc($K_a = 1.76 \times 10^{-5}$) 均为一元弱酸，HF 的酸性比 HAc 强。

解离度 $\alpha$ 也可表示弱电解质解离程度的大小：

$$\alpha = \frac{\text{弱电解质已解离的浓度}}{\text{弱电解质解离前的浓度}} \times 100\%$$

解离度和解离常数之间存在一定的关系，以 HAc 为例加以说明。设一元酸的浓度为 $c$，解离度为 $\alpha$，则

$$\mathrm{HAc(aq)} \rightleftharpoons \mathrm{H^+(aq)} + \mathrm{Ac^-(aq)}$$

| | HAc(aq) | $H^+$(aq) | $Ac^-$(aq) |
|---|---|---|---|
| 起始浓度/$\mathrm{mol \cdot L^{-1}}$ | $c$ | 0 | 0 |
| 平衡浓度/$\mathrm{mol \cdot L^{-1}}$ | $c - c\alpha$ | $c\alpha$ | $c\alpha$ |

则
$$K_a(\mathrm{HAc}) = \frac{c^{eq}(\mathrm{H^+})c^{eq}(\mathrm{Ac^-})}{c^{eq}(\mathrm{HAc})} = \frac{c\alpha \cdot c\alpha}{c - c\alpha} = \frac{c\alpha^2}{1-\alpha}$$

当 $\alpha$ 很小时，$1-\alpha \approx 1$，则

$$K_a \approx c\alpha^2$$

$$\alpha \approx \sqrt{\frac{K_a}{c}} \tag{6.6}$$

$$c^{eq}(\mathrm{H^+}) = c\alpha \approx \sqrt{cK_a} \tag{6.7}$$

式(6.6) 表明弱电解质的解离度与其浓度的关系，即弱电解质的浓度越小，解离度越大。这一规律称为稀释定律。

（2）以弱碱 $NH_3$ 为例，讨论一元弱碱的解离平衡

$$\mathrm{NH_3(aq)} + \mathrm{H_2O} \rightleftharpoons \mathrm{NH_4^+(aq)} + \mathrm{OH^-(aq)}$$

$$K_b = \frac{c^{eq}(\mathrm{NH_4^+})c^{eq}(\mathrm{OH^-})}{c^{eq}(\mathrm{NH_3})}$$

与一元酸相仿，一元碱的解离平衡中：

$$K_b=\frac{c\alpha^2}{1-\alpha}$$

当 $\alpha$ 很小时，$1-\alpha\approx1$，则

$$K_b\approx c\alpha^2$$

$$\alpha\approx\sqrt{\frac{K_b}{c}} \tag{6.8}$$

$$c^{eq}(OH^-)=c\alpha\approx\sqrt{cK_b} \tag{6.9}$$

（3）共轭酸碱对 $K_a$ 与 $K_b$ 的关系

一般化学手册中离子酸及离子碱的解离常数的数据比较少，但可根据已知分子酸和分子碱的解离常数求得其共轭离子酸或共轭离子碱的解离常数。

以 $NH_4^+$ 为例：

$$NH_4^+(aq)\rightleftharpoons NH_3(aq)+H^+(aq)$$

$$K_a=\frac{c^{eq}(H^+)c^{eq}(NH_3)}{c^{eq}(NH_4^+)}$$

$NH_4^+$ 的共轭碱是 $NH_3$：

$$NH_3(aq)+H_2O\rightleftharpoons NH_4^+(aq)+OH^-(aq)$$

$$K_b=\frac{c^{eq}(NH_4^+)c^{eq}(OH^-)}{c^{eq}(NH_3)}$$

$$K_aK_b=\frac{c^{eq}(H^+)c^{eq}(NH_3)}{c^{eq}(NH_4^+)}\times\frac{c^{eq}(NH_4^+)c^{eq}(OH^-)}{c^{eq}(NH_3)}=c^{eq}(H^+)c^{eq}(OH^-)$$

$H^+$ 和 $OH^-$ 的乘积是一常数，叫作水的离子积，用 $K_w$ 表示，在常温时，$K_w=1.0\times10^{-14}$。

任何共轭酸碱对的解离常数之间都有同样的关系，即：

$$K_aK_b=K_w \tag{6.10}$$

**【例题 6.1】** 计算 0.100mol·L$^{-1}$ HAc 溶液中的 $H^+$ 浓度及其 pH 值。已知 HAc 的 $K_a=1.76\times10^{-5}$。

**解：** $c^{eq}(H^+)\approx\sqrt{cK_a}=\sqrt{0.100\times1.76\times10^{-5}}\ \text{mol·L}^{-1}\approx1.33\times10^{-3}\ \text{mol·L}^{-1}$

$$pH=-\lg[H^+]=-\lg(1.33\times10^{-3})=2.88$$

**【例题 6.2】** 计算 0.100mol·L$^{-1}$ $NH_4Cl$ 溶液中的 $H^+$ 浓度及 pH 值（已知 $NH_3\cdot H_2O$ 的 $K_b=1.77\times10^{-5}$）。

**解：** $NH_4Cl$ 在溶液中以 $NH_4^+(aq)$ 和 $Cl^-(aq)$ 存在。$Cl^-$ 在溶液中可视为中性，因而只考虑 $NH_4^+(aq)$ 这一弱酸的解离平衡即可。

$$NH_4^+(aq)\rightleftharpoons NH_3(aq)+H^+(aq)$$

因 $$K_aK_b=K_w$$

所以 $$K_a=\frac{K_w}{K_b}=\frac{1.0\times10^{-14}}{1.77\times10^{-5}}=5.65\times10^{-10}$$

$$c^{eq}(H^+) \approx \sqrt{cK_a} = \sqrt{0.100 \times 5.65 \times 10^{-10}}\ mol \cdot L^{-1} = 7.52 \times 10^{-6}\ mol \cdot L^{-1}$$

$$pH = -lg(7.52 \times 10^{-6}) = 5.12$$

**【例题 6.3】** 计算 0.100mol·L$^{-1}$ 氨水溶液的 pH 值（已知 $NH_3 \cdot H_2O$ 的 $K_b = 1.77 \times 10^{-5}$）。

**解：** $c^{eq}(OH^-) \approx \sqrt{cK_b} = \sqrt{0.100 \times 1.77 \times 10^{-5}}\ mol \cdot L^{-1} = 1.33 \times 10^{-3}\ mol \cdot L^{-1}$

$$pOH = -lg(1.33 \times 10^{-3}) = 2.88$$

$$pH = 14 - pOH = 14 - 2.88 = 11.12$$

#### 6.2.2.2 多元酸的解离平衡

在水溶液中，每个酸分子能给出两个或两个以上 $H^+$，就称为多元酸。多元酸的解离是分步进行的，每一步解离都有相应的解离常数。以 $H_2S$ 为例，讨论其解离平衡。解离过程按以下两步进行。

一级解离为

$$H_2S(aq) \rightleftharpoons H^+(aq) + HS^-(aq)$$

$$K_{a_1} = \frac{c^{eq}(H^+)c^{eq}(HS^-)}{c^{eq}(H_2S)} = 9.1 \times 10^{-8}$$

二级解离为

$$HS^-(aq) \rightleftharpoons H^+(aq) + S^{2-}(aq)$$

$$K_{a_2} = \frac{c^{eq}(H^+)c^{eq}(S^{2-})}{c^{eq}(HS^-)} = 1.1 \times 10^{-12}$$

$K_{a_1}$ 和 $K_{a_2}$ 分别表示 $H_2S$ 的一级解离常数和二级解离常数。一般情况下，二元弱酸的 $K_{a_1} \gg K_{a_2}$，即二级解离比一级解离困难得多。氢离子浓度主要来自于一级解离，因此，计算多元酸的 $H^+$ 浓度时，可忽略二级解离，与计算一元酸 $H^+$ 浓度的方法相同。注意式中的 $K_a$ 应改为 $K_{a_1}$。

**【例题 6.4】** 已知 $H_2S$ 的 $K_{a_1} = 9.1 \times 10^{-8}$，$K_{a_2} = 1.1 \times 10^{-12}$，计算浓度为 0.10mol·L$^{-1}$ 的 $H_2S$ 水溶液中的 $H^+$、$HS^-$、$S^{2-}$ 的浓度及溶液的 pH 值。

**解：** $c^{eq}(H^+) \approx \sqrt{cK_{a_1}} = \sqrt{0.10 \times 9.1 \times 10^{-8}}\ mol \cdot L^{-1} = 9.5 \times 10^{-5}\ mol \cdot L^{-1}$

$$pH = -lg(9.5 \times 10^{-5}) = 4.02$$

$$c(HS^-) = c(H^+) = 9.5 \times 10^{-5}\ mol \cdot L^{-1}$$

二级解离为

$$HS^-(aq) \rightleftharpoons H^+(aq) + S^{2-}(aq)$$

$$K_{a_2} = \frac{c^{eq}(H^+)c^{eq}(S^{2-})}{c^{eq}(HS^-)} = 1.1 \times 10^{-12}$$

因 $c(HS^-) \approx c(H^+)$

所以 $c(S^{2-}) \approx K_{a_2} = 1.1 \times 10^{-12}\ mol \cdot L^{-1}$

### 6.2.3 缓冲溶液

#### 6.2.3.1 同离子效应

在弱酸溶液中加入该酸的共轭碱，或在弱碱溶液中加入该碱的共轭酸时，可使这些弱酸或弱碱的解离度降低，这种现象叫作同离子效应。

如在 HAc 的水溶液中加入 NaAc，由于 NaAc 完全解离产生 $Ac^-$ 和 $Na^+$，使溶液中的 $Ac^-$ 增多，从而使 HAc 的解离平衡向左移动，HAc 的解离度降低。

### 6.2.3.2 缓冲溶液

由共轭酸碱对组成的溶液，其 pH 值能够在一定范围内不因稀释或外加的少量酸或碱而发生显著变化，即对外加的少量酸或碱具有缓冲能力，这种溶液称为缓冲溶液。例如，在 HAc 和 NaAc 的混合溶液中，HAc 是弱电解质，解离度较小，NaAc 是强电解质，完全解离，所以溶液中 HAc 和 $Ac^-$ 的浓度都较大，$H^+$ 相对较少。

当向该溶液中加入少量强酸时，强酸提供的 $H^+$ 与 $Ac^-$ 结合生成 HAc，平衡向左移动，使溶液中 $Ac^-$ 的浓度略有减小，HAc 的浓度略有增大，但溶液中 $H^+$ 的浓度不会有显著变化；若往溶液中加入少量强碱，则溶液中的 $H^+$ 与外加的 $OH^-$ 结合生成 $H_2O$，使 HAc 解离平衡右移，HAc 解离出 $H^+$ 来补充溶液中的 $H^+$，HAc 的浓度略有减少，而 $H^+$ 的浓度仍保持基本不变。此过程表示如下：

$$
\begin{array}{ccccc}
\mathrm{HAc(aq)} \rightleftharpoons & \mathrm{H^+(aq)} & + & \mathrm{Ac^-(aq)} \\
\text{（大量）} & & & \text{（大量）} \\
 & + & & + \\
 & \mathrm{OH^-}\text{（外加）} & & \mathrm{H^+}\text{（外加）} \\
 & \downarrow & & \downarrow \\
 & \mathrm{H_2O} & & \mathrm{HAc(aq)}
\end{array}
$$

缓冲溶液一般由一对或多对共轭酸碱对组成，如 $HAc\text{-}Ac^-$、$HS^-\text{-}S^{2-}$、$NH_4^+\text{-}NH_3$ 等，这些共轭酸碱对又称为缓冲对。应该注意，缓冲溶液的缓冲能力是有一定限度的，若缓冲溶液中加入过多的酸或碱，缓冲对中的一方耗尽时，缓冲溶液就失去缓冲能力了。

根据共轭酸碱的平衡：

$$\text{共轭酸} \rightleftharpoons \text{质子} + \text{共轭碱}$$

$$K_a = \frac{c(\mathrm{H^+})c(\text{共轭碱})}{c(\text{共轭酸})}$$

缓冲溶液中由于同离子效应,共轭酸碱的平衡浓度可近似用浓度 $c$ 表示。

$$c(\mathrm{H^+}) = K_a \times \frac{c(\text{共轭酸})}{c(\text{共轭碱})}$$

$$\mathrm{pH} = \mathrm{p}K_a - \lg\frac{c(\text{共轭酸})}{c(\text{共轭碱})} \tag{6.11}$$

**【例题 6.5】** 将 10mL 0.20mol·L$^{-1}$ 的 NaOH 与 10mL 0.40mol·L$^{-1}$ 的 HAc 水溶液混合。试计算（1）该溶液的 pH 值；（2）若向此混合溶液中加入 5mL 0.010mol·L$^{-1}$ 的 NaOH 溶液，则溶液的 pH 又为多少？（已知 HAc 的 $\mathrm{p}K_a = 4.75$。）

**解**：（1）混合后，溶液中的 NaOH 与 HAc 反应生成 NaAc，$Ac^-$ 与溶液中剩余的 HAc 组成缓冲溶液。

$$c(\mathrm{Ac^-}) \approx c(\mathrm{NaOH}) = \frac{10\mathrm{mL} \times 0.20\mathrm{mol \cdot L^{-1}}}{10\mathrm{mL} + 10\mathrm{mL}} = 0.10\mathrm{mol \cdot L^{-1}}$$

$$c(\mathrm{HAc}) = \frac{10\mathrm{mL} \times 0.40\mathrm{mol \cdot L^{-1}} - 10\mathrm{mL} \times 0.20\mathrm{mol \cdot L^{-1}}}{10\mathrm{mL} + 10\mathrm{mL}} = 0.10\mathrm{mol \cdot L^{-1}}$$

$$\mathrm{pH} = \mathrm{p}K_a - \lg\frac{c(\mathrm{HAc})}{c(\mathrm{Ac^-})} = 4.75 - \lg\frac{0.10}{0.10} = 4.75$$

(2) 加入 NaOH 之后，$OH^-$ 将与 HAc 反应生成 $Ac^-$，反应完成之后溶液中：

$$c(\text{HAc})=\frac{20\text{mL}\times0.10\text{mol}\cdot\text{L}^{-1}-5\text{mL}\times0.010\text{mol}\cdot\text{L}^{-1}}{20\text{mL}+5\text{mL}}=0.078\text{mol}\cdot\text{L}^{-1}$$

$$c(\text{Ac}^-)=\frac{20\text{mL}\times0.10\text{mol}\cdot\text{L}^{-1}+5\text{mL}\times0.010\text{mol}\cdot\text{L}^{-1}}{20\text{mL}+5\text{mL}}=0.082\text{mol}\cdot\text{L}^{-1}$$

$$\text{pH}=\text{p}K_a-\lg\frac{c(\text{HAc})}{c(\text{Ac}^-)}=4.75-\lg\frac{0.078}{0.082}=4.77$$

由计算结果可知，在 20mL 上述缓冲溶液中加入少量 NaOH，缓冲溶液的 pH 仅仅改变了 0.02 个单位。如果在 20mL 纯水中加入同样量的 NaOH，则纯水的 pH 由 7.00 升到 11.30，pH 增加了 4.30。可见缓冲溶液的缓冲作用是非常明显的。

**【例题 6.6】** 欲配制 1.0L pH=9.8，$c(NH_3)=0.10\text{mol}\cdot\text{L}^{-1}$ 的缓冲溶液，需 $6.0\text{mol}\cdot\text{L}^{-1}$ 氨水多少毫升？固体氯化铵多少克？（已知 $NH_3\cdot H_2O$ 的 $K_b=1.77\times10^{-5}$，氯化铵的摩尔质量为 $53.5\text{g}\cdot\text{mol}^{-1}$。）

**解：** $K_a(NH_4^+)=\dfrac{K_w}{K_b}=\dfrac{1.0\times10^{-14}}{1.77\times10^{-5}}=5.65\times10^{-10}$

由 $\text{pH}=\text{p}K_a-\lg\dfrac{c(\text{共轭酸})}{c(\text{共轭碱})}$，则

$$9.8=-\lg(5.65\times10^{-10})-\lg\frac{c(NH_4^+)}{0.10\text{mol}\cdot\text{L}^{-1}}$$

$$c(NH_4^+)=0.028\text{mol}\cdot\text{L}^{-1}$$

则需固体 $NH_4Cl$ 的质量为：$0.028\text{mol}\cdot\text{L}^{-1}\times1.0\text{L}\times53.5\text{g}\cdot\text{mol}^{-1}=1.5\text{g}$

需要氨水的体积为：$1000\text{mL}\times\dfrac{0.10\text{mol}\cdot\text{L}^{-1}}{6.0\text{mol}\cdot\text{L}^{-1}}=17.0\text{mL}$

#### 6.2.3.3　缓冲溶液的选择及应用

根据所需 pH 选择缓冲对：缓冲溶液的 pH 不仅取决于缓冲对中共轭酸的 $K_a$，还取决于缓冲对中两种物质浓度的比值。缓冲对中任一物质的浓度过小都会使溶液丧失缓冲能力，故两者浓度之比最好趋近于 1，此时缓冲能力最强；当 $c$(共轭酸)=$c$(共轭碱) 时，pH = $\text{p}K_a$。因此选择缓冲体系时，应选择共轭酸的 $\text{p}K_a$ 与要求的 pH 相近的缓冲对。例如，如果需要 pH=5 左右的缓冲溶液，可选用 HAc 和 NaAc（$HAc\text{-}Ac^-$ 缓冲对）的混合溶液，因为 HAc 的 $\text{p}K_a=4.75$，与所需的 pH 接近。

缓冲溶液在工业、农业、生物学等方面应用广泛。例如，金属器件在进行电镀时，电镀液中常用缓冲溶液来控制一定的 pH 值，在制革、染料工业及化学分析中也要用到缓冲溶液。在土壤中，由于含有 $H_2CO_3\text{-}NaHCO_3$ 和 $NaH_2PO_4\text{-}Na_2HPO_4$，以及其他有机弱酸和共轭碱所组成的复杂的缓冲体系，能使土壤维持一定的 pH，从而保证了植物的正常生长。

人体的血液也必须依赖缓冲系统，以维持 pH 在 7.35～7.45 范围内。当血液的 pH 低于 7.3 或高于 7.5 时，就会出现酸中毒或碱中毒的现象。血液中存在许多缓冲对，主要有 $H_2CO_3\text{-}HCO_3^-$、$H_2PO_4^-\text{-}HPO_4^{2-}$、血浆蛋白-血浆蛋白共轭碱、血红蛋白-血红蛋白共轭碱等。其中以 $H_2CO_3\text{-}HCO_3^-$ 在血液中浓度最高，缓冲能力最大，对维持血液正常 pH 起主要作用。

# 6.3 多相离子平衡

可溶电解质的解离平衡是单相体系的离子平衡。难溶电解质在水溶液中，存在固体和溶液中离子之间的平衡，即多相离子平衡。

## 6.3.1 溶解度和溶度积

任何难溶的电解质在水中总是或多或少地溶解，绝对不溶解的物质是不存在的。通常将100g 水中溶解量小于 0.01g 的电解质称为难溶电解质。难溶电解质在水中溶解的部分是完全解离的。例如 $BaSO_4$ 在水中的溶解度虽小，但仍有一定数量的 $Ba^{2+}$ 和 $SO_4^{2-}$ 存在于溶液中。同时，溶液中的 $Ba^{2+}$ 和 $SO_4^{2-}$ 又会结合而不断析出。在一定条件下，当溶解与结晶的速率相等时，便建立了固体与溶液中离子之间的动态平衡，称为多相离子平衡，又称溶解平衡。$BaSO_4$ 的溶解平衡为：

$$BaSO_4(s) \rightleftharpoons Ba^{2+}(aq) + SO_4^{2-}(aq)$$

平衡常数表达式：$K_{sp}^{\ominus}(BaSO_4) = [c^{eq}(Ba^{2+})/c^{\ominus}][c^{eq}(SO_4^{2-})/c^{\ominus}]$

可将上式简化为：$K_{sp}(BaSO_4) = c^{eq}(Ba^{2+})c^{eq}(SO_4^{2-})$

式中各物质的浓度均为溶解平衡时的浓度，固体浓度在表达式中不出现。

上式表明：在难溶电解质的饱和溶液中，当温度一定时，其离子浓度的乘积是一常数，这个平衡常数 $K_{sp}$ 称为溶度积常数，简称溶度积。

对于任意难溶电解质 $A_nB_m$，均可用通式表示为：

$$A_nB_m(s) \rightleftharpoons nA^{m+}(aq) + mB^{n-}(aq)$$

溶度积表达式为：

$$K_{sp}^{\ominus}(A_nB_m) = [c^{eq}(A^{m+})/c^{\ominus}]^n[c^{eq}(B^{n-})/c^{\ominus}]^m$$

简化为

$$K_{sp}(A_nB_m) = [c^{eq}(A^{m+})]^n[c^{eq}(B^{n-})]^m \tag{6.12}$$

难溶电解质的溶度积和溶解度都表示其溶解能力的大小。对同一类型的难溶电解质，可用溶度积的大小来比较其溶解度的大小。例如均属 AB 型的难溶电解质 AgCl、AgI、$BaSO_4$ 等，在相同温度下，溶度积越大，溶解度也越大。但不同类型的难溶电解质，则不能直接用溶度积的大小来比较溶解度的大小，溶度积大的，溶解度不一定大。举例说明如下。

**【例题 6.7】** 在 25℃时，氯化银的溶度积为 $1.77\times10^{-10}$，铬酸银的溶度积为 $1.12\times10^{-12}$，试求氯化银和铬酸银的溶解度（以 $mol\cdot L^{-1}$ 表示）。

**解**：(1) 设 AgCl 的溶解度为 $s_1$，则

$$AgCl(s) \rightleftharpoons Ag^{+}(aq) + Cl^{-}(aq)$$

平衡浓度/$mol\cdot L^{-1}$　　　$s_1$　　　$s_1$

$$K_{sp} = c^{eq}(Ag^{+})c^{eq}(Cl^{-}) = s_1s_1 = s_1^2$$

$$s_1 = \sqrt{K_{sp}} = \sqrt{1.77\times10^{-10}}\ mol\cdot L^{-1} = 1.33\times10^{-5}\ mol\cdot L^{-1}$$

(2) 设 $Ag_2CrO_4$ 的溶解度为 $s_2$，则

$$Ag_2CrO_4(s) \rightleftharpoons 2Ag^{+}(aq) + CrO_4^{2-}(aq)$$

平衡浓度/$mol\cdot L^{-1}$　　　$2s_2$　　　$s_2$

$$K_{sp}=[c^{eq}(Ag^+)]^2c^{eq}(CrO_4^{2-})=(2s_2)^2s_2=4s_2^3$$

$$s_2=\sqrt[3]{\frac{K_{sp}}{4}}=\sqrt[3]{\frac{1.12\times10^{-12}}{4}}\ mol\cdot L^{-1}=6.54\times10^{-5}\ mol\cdot L^{-1}$$

上述结果表明，$Ag_2CrO_4$ 的溶度积虽比 AgCl 的小，但 $Ag_2CrO_4$ 的溶解度却比 AgCl 的大。这是因为 AgCl 是 AB 型的难溶电解质，$Ag_2CrO_4$ 是 $A_2B$ 型的难溶电解质，两者的类型不同。

## 6.3.2 溶度积规则及其应用

### 6.3.2.1 溶度积规则

难溶电解质的多相离子平衡是一动态平衡。当条件改变时，可以使溶液中的离子生成沉淀，也可以使固体溶解。对一给定难溶电解质来说，在一定条件下沉淀能否生成或溶解，可从反应商 $Q$ 与溶度积的比较来判断。对于任意难溶电解质 $A_nB_m$，反应商 $Q$ 的表达式为：

$$A_nB_m(s)\rightleftharpoons nA^{m+}(aq)+mB^{n-}(aq)$$

$$Q^{\ominus}=[c(A^{m+})/c^{\ominus}]^n[c(B^{n-})/c^{\ominus}]^m$$

简写为　　$$Q=[c(A^{m+})]^n[c(B^{n-})]^m$$

根据平衡移动原理，将 $Q$ 和 $K_{sp}$ 比较，可以得到以下规则：

$Q<K_{sp}$，不饱和溶液，无沉淀析出，或可使沉淀溶解；

$Q=K_{sp}$，饱和溶液，溶解平衡状态；

$Q>K_{sp}$，过饱和溶液，有沉淀析出。

这就是溶度积规则，根据这一规则可判断沉淀能否生成或溶解。

### 6.3.2.2 溶度积规则的应用

（1）沉淀的生成

根据溶度积规则，在难溶电解质的溶液中，若 $Q>K_{sp}$，则有沉淀生成。

**【例题 6.8】** 将 10mL $0.0100mol\cdot L^{-1}$ $BaCl_2$ 溶液和 30mL $0.00500mol\cdot L^{-1}$ $Na_2SO_4$ 溶液相混合，问是否有 $BaSO_4$ 沉淀产生？（$BaSO_4$ 的 $K_{sp}=1.07\times10^{-10}$。）

**解：** 两溶液混合后，各离子浓度为

$$c(Ba^{2+})=\frac{0.0100mol\cdot L^{-1}\times10mL}{10mL+30mL}=2.50\times10^{-3}mol\cdot L^{-1}$$

$$c(SO_4^{2-})=\frac{0.00500mol\cdot L^{-1}\times30mL}{10mL+30mL}=3.75\times10^{-3}mol\cdot L^{-1}$$

$$Q=c(Ba^{2+})c(SO_4^{2-})=2.50\times10^{-3}\times3.75\times10^{-3}=9.38\times10^{-6}$$

$Q=9.38\times10^{-6}>K_{sp}=1.07\times10^{-10}$，所以有 $BaSO_4$ 沉淀生成。

根据平衡移动原理，在难溶电解质饱和溶液中，加入含有与难溶电解质组成中相同离子的强电解质，会使难溶电解质的溶解度降低，这种现象也叫同离子效应。

**【例题 6.9】** 求 25℃时，AgCl 在 $0.0100mol\cdot L^{-1}$ NaCl 溶液中的溶解度（已知氯化银的溶度积为 $1.77\times10^{-10}$）。

**解：**　　$$AgCl(s)\rightleftharpoons Ag^+(aq)+Cl^-(aq)$$

平衡浓度/$mol\cdot L^{-1}$　　$s$　　$s+0.0100$

$$K_{sp}=c^{eq}(Ag^+)c^{eq}(Cl^-)=s(s+0.0100)=1.77\times10^{-10}$$

由于 AgCl 的 $K_{sp} \ll 1\times10^{-4}$，所以 $s+0.0100\approx0.0100$

$$s\approx1.77\times10^{-8}\,\text{mol}\cdot\text{L}^{-1}$$

本例题所得 AgCl 的溶解度与例题 6.7 中所得 AgCl 在水中的溶解度（$1.33\times10^{-5}\,\text{mol}\cdot\text{L}^{-1}$）相比要小得多，这说明由于同离子效应，难溶电解质的溶解度降低了。

（2）沉淀的溶解

在实际工作中，常会遇到要使难溶电解质溶解的问题。根据溶度积规则，只要设法降低电解质饱和溶液中有关离子的浓度，使 $Q<K_{sp}$，平衡便向溶解方向移动，使沉淀溶解。常用的方法有下列几种：

① 利用酸碱反应。例如，如果向含有碳酸钙的饱和溶液中加入稀盐酸，就能使碳酸钙溶解。这一反应的实质是利用酸碱反应使 $CO_3^{2-}$ 的浓度不断降低，难溶电解质 $CaCO_3$ 的多相离子平衡发生移动，因而使沉淀溶解。

$$CaCO_3(s)+2H^+(aq)=\!=\!=Ca^{2+}(aq)+CO_2(g)+H_2O(l)$$

又如，难溶金属氢氧化物中加入酸后，由于生成 $H_2O$，使 $OH^-$ 浓度大为降低，从而使金属氢氧化物溶解。

$$Fe(OH)_3(s)+3HCl(aq)=\!=\!=Fe^{3+}(aq)+3H_2O(l)+3Cl^-(aq)$$

② 利用配位反应。当难溶电解质中的金属离子与某些试剂（配合剂）形成配离子时，会使沉淀溶解。例如，AgCl 可溶于氨水。溶液中存在下列平衡：

$$AgCl(s)\rightleftharpoons Ag^+(aq)+Cl^-(aq)$$

$$Ag^+(aq)+2NH_3\rightleftharpoons[Ag(NH_3)_2]^+$$

$NH_3$ 和 $Ag^+$ 结合而生成稳定的配离子 $[Ag(NH_3)_2]^+$，降低了 $Ag^+$ 浓度，从而使固体 AgCl 溶解。

③ 利用氧化还原反应。有些难溶于酸的硫化物如 CuS、PbS 等，它们的溶度积太小，不能溶于稀酸，但可溶于氧化性酸。例如下列反应：

$$3CuS(s)+8HNO_3(稀)=\!=\!=3Cu(NO_3)_2+3S(s)+2NO(g)+4H_2O(l)$$

由于 $HNO_3$ 能将 $S^{2-}$ 氧化为 S，降低了 $S^{2-}$ 的浓度，从而使 CuS 溶解。

（3）沉淀的转化

有些沉淀不能利用酸碱反应、氧化还原反应和配位反应直接溶解，但可以使其转化为另一种沉淀，然后使它溶解。由一种沉淀转化为另一种沉淀的过程称为沉淀的转化。

例如，锅炉中锅垢的主要成分为 $CaSO_4$，由于锅垢的导热能力很小（热导率只有钢铁的 1/50～1/30），影响传热，浪费燃料，还有可能引起锅炉爆炸，造成事故。所以锅垢必须定期清除。但 $CaSO_4$ 不溶于酸，难以去除。若用 $Na_2CO_3$ 溶液处理，可使 $CaSO_4$ 转化为疏松且能溶于酸的 $CaCO_3$ 沉淀而除去。转化反应如下：

$$\begin{array}{c}CaSO_4(s)\rightleftharpoons Ca^{2+}(aq)+SO_4^{2-}(aq)\\ +\\ Na_2CO_3(s)\longrightarrow CO_3^{2-}(aq)+2Na^+(aq)\\ \Big\Updownarrow\\ CaCO_3(s)\end{array}$$

在溶液中 $CaSO_4$ 平衡中的 $Ca^{2+}$ 与加入的 $CO_3^{2-}$ 结合生成溶度积更小的 $CaCO_3$ 沉淀。

从而降低了溶液中 $Ca^{2+}$ 浓度，破坏了 $CaSO_4$ 的溶解平衡，使 $CaSO_4$ 不断溶解并转化。

沉淀转化的程度可用以下反应的平衡常数来衡量：

$$CaSO_4(s)+CO_3^{2-}(aq) \rightleftharpoons CaCO_3(s)+SO_4^{2-}(aq)$$

$$K=\frac{c^{eq}(SO_4^{2-})}{c^{eq}(CO_3^{2-})}=\frac{c^{eq}(SO_4^{2-})c^{eq}(Ca^{2+})}{c^{eq}(CO_3^{2-})c^{eq}(Ca^{2+})}$$

$$=\frac{K_{sp}(CaSO_4)}{K_{sp}(CaCO_3)}=\frac{7.10\times10^{-5}}{4.96\times10^{-9}}=1.43\times10^{4}$$

此转化反应的平衡常数较大，表明转化反应向右进行的程度较大。应该指出，沉淀的转化是有条件的，一般来说，由一种难溶的电解质转化为另一种更难溶的电解质是比较容易的；反之，由一种很难溶的电解质转化为不太难溶的电解质则比较困难，甚至不可能转化。沉淀的生成或转化除与溶解度或溶度积有关外，还与离子浓度有关。

（4）分步沉淀

若溶液中存在多种离子都能与加入的沉淀剂反应生成难溶物，当加入沉淀剂后，一种离子先沉淀，另一种离子后沉淀，这种现象叫分步沉淀。

**【例题 6.10】** 某溶液中含有 $0.0100mol\cdot L^{-1}$ 的 $Pb^{2+}$ 和 $0.0100mol\cdot L^{-1}$ 的 $Ag^{+}$，当逐渐加入 $0.00100mol\cdot L^{-1}$ 的 $K_2CrO_4$ 溶液（忽略溶液体积的改变）时，哪种离子先沉淀？

**解：** 根据溶度积规则，分别计算生成 $Ag_2CrO_4$ 和 $PbCrO_4$ 沉淀所需要的 $CrO_4^{2-}$ 最低浓度。查表得 $K_{sp}(Ag_2CrO_4)=1.12\times10^{-12}$，$K_{sp}(PbCrO_4)=2.8\times10^{-13}$

$$Pb^{2+}(aq)+CrO_4^{2-}(aq) \rightleftharpoons PbCrO_4(s)$$

$$K_{sp}(PbCrO_4)=c(Pb^{2+})c(CrO_4^{2-})$$

$$c(CrO_4^{2-})=\frac{2.80\times10^{-13}}{0.0100}mol\cdot L^{-1}=2.80\times10^{-11}mol\cdot L^{-1}$$

即 $Pb^{2+}$ 沉淀所需 $CrO_4^{2-}$ 的浓度为 $2.80\times10^{-11}mol\cdot L^{-1}$。

同样的方法计算沉淀 $Ag^{+}$ 所需 $CrO_4^{2-}$ 的最低浓度：

$$2Ag^{+}(aq)+CrO_4^{2-}(aq) \rightleftharpoons Ag_2CrO_4(s)$$

$$K_{sp}(Ag_2CrO_4)=[c(Ag^{+})]^2c(CrO_4^{2-})$$

$$c(CrO_4^{2-})=\frac{1.12\times10^{-12}}{0.0100^2}mol\cdot L^{-1}=1.12\times10^{-8}mol\cdot L^{-1}$$

由计算可知，沉淀 $Pb^{2+}$ 所需 $CrO_4^{2-}$ 的浓度小于沉淀 $Ag^{+}$ 所需要的 $CrO_4^{2-}$ 的浓度，所以 $Pb^{2+}$ 先沉淀，$Ag^{+}$ 后沉淀。

# 本章内容小结

1. 溶液的通性

难挥发的非电解质的稀溶液的性质（溶液的蒸气压下降、沸点上升、凝固点下降和溶液渗透压）与一定量溶剂中所溶解溶质的物质的量成正比。

难挥发的电解质溶液或浓度较大的非电解质溶液，也与非电解质稀溶液一样具有溶液的蒸气压下降、沸点上升、凝固点下降及渗透压等性质。但是，稀溶液定律所表达的依数性与溶液浓度的定量关系不适用于电解质溶液或浓溶液。

2. 酸碱解离平衡

(1) 酸碱质子理论

凡能给出质子的物质都是酸；凡能与质子结合的物质都是碱。

酸失去质子后形成的碱叫该酸的共轭碱；碱接受质子后形成的酸叫该碱的共轭酸。酸与它的共轭碱（或碱与它的共轭酸）一起称为共轭酸碱对。

共轭酸碱对的关系：酸$\rightleftharpoons$质子＋碱

共轭酸碱的解离常数之间的关系：$K_a K_b = K_w$

(2) 酸碱在溶液中的解离平衡和 pH 的计算

稀释定律：$\alpha \approx \sqrt{\dfrac{K_a}{c}}$

一元弱酸溶液中 $H^+$ 浓度的计算公式：$c^{eq}(H^+) = c\alpha \approx \sqrt{cK_a}$

一元弱碱溶液中 $OH^-$ 浓度的计算公式：$c^{eq}(OH^-) = c\alpha \approx \sqrt{cK_b}$

计算多元酸的 $H^+$ 浓度时，可忽略二级解离，与计算一元酸 $H^+$ 浓度的方法相同。

同离子效应：在弱酸溶液中加入该酸的共轭碱，或在弱碱溶液中加入该碱的共轭酸时，可使这些弱酸或弱碱的解离度降低，这种现象叫作同离子效应。

在难溶电解质饱和溶液中，加入含有与难溶电解质组成中相同离子的强电解质，会使难溶电解质的溶解度降低，这种现象也叫同离子效应。

缓冲溶液：由共轭酸碱对组成的溶液，其 pH 值能够在一定范围内不因稀释或外加的少量酸或碱而发生显著变化，即对外加的少量酸和碱具有缓冲能力，这种溶液称为缓冲溶液。

缓冲溶液 pH 计算公式：$c(H^+) = K_a \times \dfrac{c(\text{共轭酸})}{c(\text{共轭碱})}$

$$\mathrm{pH} = \mathrm{p}K_a - \lg \frac{c(\text{共轭酸})}{c(\text{共轭碱})}$$

缓冲溶液的选择：选择缓冲体系时，应选择共轭酸的 $\mathrm{p}K_a$ 与要求的 pH 相近的缓冲对。

3. 多相离子平衡和溶度积

多相离子平衡：在一定条件下，当溶解与结晶的速率相等时，便建立了固体与溶液中离子之间的动态平衡，称为多相离子平衡，又称溶解平衡。

溶度积：在难溶电解质的饱和溶液中，当温度一定时，其离子浓度的乘积是一常数，这个平衡常数 $K_{sp}^{\ominus}$ 称为溶度积常数，简称溶度积。

对于难溶电解质 $A_nB_m$，可用通式表示为：

$$A_nB_m(s) \rightleftharpoons nA^{m+}(aq) + mB^{n-}(aq)$$

溶度积表达式为：

$$K_{sp}^{\ominus}(A_nB_m) = [c^{eq}(A^{m+})/c^{\ominus}]^n [c^{eq}(B^{n-})/c^{\ominus}]^m$$

简化为 $$K_{sp}(A_nB_m) = [c^{eq}(A^{m+})]^n [c^{eq}(B^{n-})]^m$$

溶度积规则为：

$Q < K_{sp}$，不饱和溶液，无沉淀析出，或可使沉淀溶解；

$Q = K_{sp}$，饱和溶液，溶解平衡状态；

$Q > K_{sp}$，过饱和溶液，有沉淀析出。

沉淀的生成：根据溶度积规则，在难溶电解质的溶液中，若 $Q > K_{sp}$，则有沉淀生成。

沉淀的溶解：利用酸碱反应；利用配位反应；利用氧化还原反应。

沉淀的转化：由一种沉淀转化为另一种沉淀的过程称为沉淀的转化。

# 习　题

1. 是非题

(1) 下列浓度相同的水溶液，蒸气压下降从大到小顺序为：

$$H_2SO_4 > NaCl > HAc > C_6H_{12}O_6$$　(　)

(2) 根据酸碱质子理论，碱越强，其共轭酸的酸性就越弱。(　)

(3) 从酸碱质子理论来看，$HS^-$ 既是酸又是碱。(　)

(4) 若将氨水的浓度稀释至原来的一半，则溶液中 $c(OH^-)$ 也相应减小一半。(　)

(5) 氢氧根离子的共轭酸是水合质子。(　)

(6) 两种难溶电解质中，$K_{sp}$ 大的其溶解度一定大。(　)

(7) 在 $NH_3$ 溶液中加入 $NH_4Cl$ 溶液，由于同离子效应，溶液的 pH 降低。(　)

(8) 如果将弱电解质溶液的浓度稀释，则该溶液的解离度也将变小。(　)

(9) 根据 $K_a = c\alpha^2$，弱酸的浓度越小，则解离度 $\alpha$ 越大，因此酸性越强。(　)

(10) 一定温度下，将适量 NaAc 晶体加入 HAc 水溶液中，则 HAc 的标准解离常数会增大。(　)

(11) 25℃时，往 NaF 和 HF 的混合溶液中加入少量盐酸或 NaOH 后，该溶液的 pH 值基本上维持不变。(　)

(12) 弱酸与弱酸盐组成的缓冲溶液可抵抗少量外来碱的影响，而不能抵抗少量外来酸的影响。(　)

(13) 凡溶度积常数相等的难溶电解质，其溶解度也相同。(　)

(14) 一定温度下已知 AgF，AgCl，AgBr 和 AgI 的 $K_{sp}$ 依次减小，所以它们的溶解度也依次降低。(　)

(15) 已知 $K_{sp}(AgCl) > K_{sp}(AgI)$，则反应 $AgI(s) + Cl^-(aq) = AgCl(s) + I^-(aq)$ 有利于向右进行。(　)

2. 选择题

(1) 下列关于理想难挥发非电解质稀溶液的通性，说法不正确的是（　）。

(A) 稀溶液的沸点升高

(B) 稀溶液的凝固点下降

(C) 稀溶液的蒸气压等于纯溶剂的蒸气压乘以溶液的摩尔分数

(D) 利用稀溶液的沸点升高、凝固点下降可测物质的分子量

(2) 下列各组物质中不是共轭酸碱对的是（　）。

(A) $HNO_2$ 与 $NO_2^-$　　(B) $H_2O$ 与 $OH^-$

(C) $NH_3$ 与 $NH_2^-$　　(D) $H_2S$ 与 $S^{2-}$

(3) 按酸碱质子理论，下列物质在水溶液中具有两性的是（　）。

(A) $HCO_3^-$　(B) $H_3BO_3$　(C) $NH_4^+$　(D) $PO_4^{3-}$

(4) 下列诸种因素中，影响酸的解离常数的是（　）。

(A) 酸的本性和溶液温度　　(B) 溶液浓度

(C) 溶液的浓度和温度　　(D) 酸的解离度

(5) 为计算二元弱酸（$H_2S$）溶液的 pH 值，下列说法中正确的是（　　）。

(A) 只考虑第一级解离，忽略第二级解离

(B) 二级解离必须同时考虑

(C) 只考虑第二级解离

(D) 与第二级解离完全无关

(6) 常温下，往 1.0L 0.10$mol \cdot L^{-1}$ HAc 溶液中加入少量 NaAc 晶体并使之溶解，可能发生的变化是（　　）。

(A) HAc 的 $K_a$ 值减小　　(B) HAc 的 $K_a$ 值增大

(C) 溶液的 pH 值减小　　(D) HAc 的解离度减小

(7) 在下列溶液中，AgCl 溶解度最小的是（　　）。

(A) 0.1$mol \cdot L^{-1}$ NaCl　　(B) 纯水

(C) 0.1$mol \cdot L^{-1}$ $AgNO_3$　　(D) 0.2$mol \cdot L^{-1}$ NaCl

(8) 对少量外加的酸或碱能起到缓冲作用的溶液是（　　）。

(A) HCl 和 NaCl 混合溶液　　(B) NaAc 和 HAc 混合溶液

(C) NaOH 和 $NH_3 \cdot H_2O$ 混合溶液　　(D) HAc 和 NaCl 混合溶液

(9) 配制 pH=5.0 的缓冲溶液，下列缓冲对中最好选择（　　）。

(A) HAc-NaAc（$pK_a$=4.75）

(B) $H_2CO_3$-$HCO_3^-$（$pK_{a_1}$=6.37）

(C) $NH_3$-$NH_4^+$（$pK_b$=4.75）

(D) $H_3PO_4$-$H_2PO_4^-$（$pK_{a_1}$=2.12）

(10) 在含有 0.10$mol \cdot L^{-1}$ $NH_3$ 和 0.10$mol \cdot L^{-1}$ $NH_4Cl$ 的混合溶液中，加入少量强酸后，溶液的 pH 值将（　　）。

(A) 显著降低　　(B) 显著增加

(C) 保持基本稳定　　(D) 不受任何影响

(11) 对弱酸与弱酸盐组成的缓冲溶液，若 $c$(共轭酸)∶$c$(共轭碱)=1∶1 时，该溶液的 pH 值等于（　　）。

(A) $pK_a$　　(B) $pK_w$

(C) $c$(共轭酸浓度)　　(D) $c$(共轭碱浓度)

(12) 使人体血液 pH 值维持在 7.35 左右的主要缓冲溶液系统是（　　）。

(A) NaAc+HAc　　[$K_a$(HAc)=$1.76\times10^{-5}$]

(B) $NaHCO_3$+$H_2CO_3$　　[$K_{a_1}$($H_2CO_3$)=$4.30\times10^{-7}$]

(C) $Na_2CO_3$+$NaHCO_3$　　[$K_{a_2}$($H_2CO_3$)=$5.61\times10^{-11}$]

(D) $NH_4Cl$+$NH_3 \cdot H_2O$　　[$K_b$($NH_3 \cdot H_2O$)=$1.77\times10^{-5}$]

(13) 温度一定，在 $BaSO_4$ 饱和溶液中，加入一定量 $BaCl_2$ 溶液，则 $BaSO_4$ 的溶解度可能发生的变化是（　　）。

(A) 不变　　(B) 增大　　(C) 降低　　(D) 不确定

3. 填空题

(1) 冬季有些地方用 NaCl 或 $CaCl_2$ 等物质促使路面上的冰雪融化。就融化效果比较，

这两种物质中__________更好，这是因为________________。

(2) 写出下列各物质的共轭酸：

$H_2O$__________；$HPO_4^{2-}$ __________；$NH_3$__________；$S^{2-}$ __________。

(3) 根据酸碱质子理论，在物质 $Ac^-$、$H_2PO_4^-$、$H_2S$、$NH_4^+$、$HCO_3^-$、$Cl^-$ 中，只能作酸的有__________________，只能作碱的有__________________，既能作酸又能作碱的是__________________。

(4) 一定温度下，在 $CaCO_3$ 饱和溶液中，加入 $Na_2CO_3$ 溶液，结果降低了 $CaCO_3$ 的__________________，这种现象称为__________________。

(5) 同离子效应使弱电解质在水中的解离度________，使难溶性强电解质在水中的溶解度________。

4. 已知 HAc 的 $K_a=1.76\times10^{-5}$，计算 $0.010mol\cdot L^{-1}$ HAc 溶液的 pH 值和解离度 $\alpha$。

5. 已知 HAc 的 $K_a=1.76\times10^{-5}$，计算 $0.10mol\cdot L^{-1}$ NaAc 溶液的 pH 值。

6. 计算 $0.050mol\cdot L^{-1}$ 次氯酸（HClO）溶液中的 $H^+$ 浓度和次氯酸的解离度。

7. 在某温度下 $0.10mol\cdot L^{-1}$ 氢氰酸（HCN）溶液的解离度为 0.007%，试求在该温度时 HCN 的解离常数。

8. 已知氨水溶液的浓度为 $0.20mol\cdot L^{-1}$。

(1) 求该溶液中的 $OH^-$ 浓度、pH 和氨的解离度。

(2) 在上述溶液中加入 $NH_4Cl$ 晶体，使其溶解后 $NH_4Cl$ 的浓度为 $0.20mol\cdot L^{-1}$。求所得溶液的 $OH^-$ 浓度、pH 和氨的解离度。

(3) 比较上述 (1)、(2) 两小题的计算结果，说明了什么？

9. (1) 计算含有 $0.100mol\cdot L^{-1}$ HAc 和 $0.100mol\cdot L^{-1}$ NaAc 缓冲溶液的 pH 值和 HAc 的解离度（已知醋酸的 $K_a=1.76\times10^{-5}$）。

(2) 取上述缓冲溶液 100mL，加入 1mL $1.00mol\cdot L^{-1}$ HCl，则溶液的 pH 值变为多少？

10. 欲配制 1.0L pH=10.25，$c(NH_3)=1.0mol\cdot L^{-1}$ 的缓冲液，需固体 $NH_4Cl$ 多少克？

11. 计算下列混合溶液的 pH 值（已知 HAc 的 $K_a=1.76\times10^{-5}$）。

(1) 在 20mL $0.10mol\cdot L^{-1}$ HAc 溶液中，加入 10mL $0.10mol\cdot L^{-1}$ NaOH 溶液。

(2) 在 20mL $0.10mol\cdot L^{-1}$ HAc 溶液中，加入 20mL $0.10mol\cdot L^{-1}$ NaOH 溶液。

(3) 在 20mL $0.10mol\cdot L^{-1}$ HAc 溶液中，加入 30mL $0.10mol\cdot L^{-1}$ NaOH 溶液。

12. 在烧杯中盛放 20mL $0.100mol\cdot L^{-1}$ 的氨水，逐步加入 $0.100mol\cdot L^{-1}$ HCl，试计算：

(1) 加入 10mL HCl 溶液后，混合液的 pH 值。

(2) 加入 20mL HCl 溶液后，混合液的 pH 值。

(3) 加入 30mL HCl 溶液后，混合液的 pH 值。

13. 要配制 10mL pH=5 的 HAc-NaAc 缓冲液，问需浓度为 $1.0mol\cdot L^{-1}$ 的 HAc 和 NaAc 溶液各多少毫升？

14. 试计算 25℃ 时 $PbSO_4$ 在纯水中和在 $0.040mol\cdot L^{-1}$ 的 $Na_2SO_4$ 溶液中的溶解度（$mol\cdot L^{-1}$）分别为多少？[已知 25℃ 时 $K_{sp}(PbSO_4)=1.82\times10^{-8}$]

15. 已知 25℃ 时 $PbI_2$ 的 $K_{sp}(PbI_2)=8.49\times10^{-9}$，试计算：

（1）$PbI_2$ 在水中的溶解度（$mol \cdot L^{-1}$）；

（2）在此饱和溶液中 $c(Pb^{2+})$、$c(I^-)$ 各为多少？

（3）$PbI_2$ 在 $0.010mol \cdot L^{-1}$ KI 溶液中的溶解度（$mol \cdot L^{-1}$）为多少？

16. 已知 25℃时，$K_{sp}[Mg(OH)_2]=5.61\times10^{-12}$，试通过计算回答下列各问题：

（1）$Mg(OH)_2$ 在水中的溶解度（$mol \cdot L^{-1}$）为多少？

（2）在 $Mg(OH)_2$ 饱和溶液中，$c(Mg^{2+})$、$c(OH^-)$ 各为多少？

（3）$Mg(OH)_2$ 在 $0.010mol \cdot L^{-1}$ $MgCl_2$ 溶液中的溶解度（$mol \cdot L^{-1}$）为多少？

17. 在 1.0L $0.20mol \cdot L^{-1}$ 的 HAc 溶液中加入多少克无水醋酸钠固体（设加入固体后溶液的体积不变），才能使溶液 pH 为 5.0（已知醋酸的 $K_a=1.76\times10^{-5}$，NaAc 分子量 82)。

18. 将 10mL $0.10mol \cdot L^{-1}$ $BaCl_2$ 溶液和 30mL $0.0050mol \cdot L^{-1}$ $Na_2SO_4$ 溶液相混合，问是否有 $BaSO_4$ 沉淀产生［已知 $K_{sp}(BaSO_4)=1.07\times10^{-10}$］?

19. 将 $Pb(NO_3)_2$ 溶液与 NaCl 溶液混合，设混合液中 $Pb(NO_3)_2$ 的浓度为 $0.20mol \cdot L^{-1}$，问：

（1）当混合溶液中 $Cl^-$ 的浓度等于 $5.0\times10^{-4}mol \cdot L^{-1}$ 时，是否有沉淀生成？

（2）当混合溶液中 $Cl^-$ 的浓度多大时，开始生成沉淀？

# 第 7 章　配位化合物及配位平衡

配位化合物简称配合物，也称络合物。配合物种类繁多，广泛应用于日常生活、工业生产及生命科学中，具有光、电、磁、信息存储等良好应用前景的配合物也被研究关注。它属于无机化学领域，与有机金属化合物、原子簇化学、配位催化及分子生物学紧密关联，已发展成为一门独立的学科——配位化学。

## 7.1　配位化合物

### 7.1.1　配位化合物的组成

配合物由中心离子（或原子）和配体（分子、离子或基团，简称 L）组成。如图 7.1 所示，在方括号内的为配合物的内界，是表现配合物特性的核心部分，方括号外的为外界，起平衡电荷作用。有些配合物不存在外界，如 $[PtCl_2(NH_3)_2]$ 等。

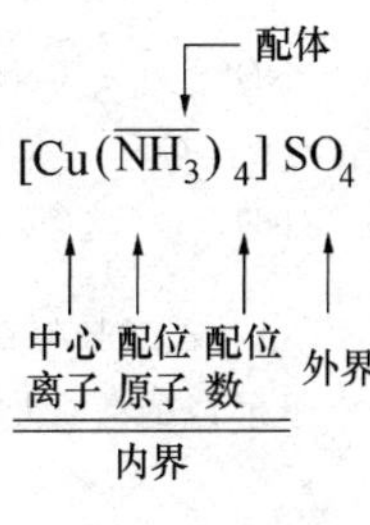

图 7.1　配合物的组成示意

在配合物的内界，有一个带正电荷的离子或中性原子，位于配合物的中心位置，称为配合物的中心离子（或原子），也称为配合物的形成体。配合物的中心离子通常是过渡金属离子或原子，可以给配体提供空的原子轨道。如 $[Cu(NH_3)_4]^{2+}$ 中的 $Cu^{2+}$，$[FeF_6]^{3-}$ 中的 $Fe^{3+}$，$Fe(CO)_5$ 中的 Fe 原子；也有少数是非金属元素，如 $[SiF_6]^{2-}$ 中的 $Si^{4+}$。

（1）配体

在中心离子周围直接配位的有化学键作用的分子、离子或基团称为配体，如 $[Cu(NH_3)_4]^{2+}$ 中的 $NH_3$，$K[PtCl_3(C_2H_4)]\cdot H_2O$ 中的 $C_2H_4$ 和 $Cl^-$。

（2）配位原子

在配体中，与中心原子直接配位形成配位键的原子称为配位原子，如 $[Cu(NH_3)_4]^{2+}$ 中的 N 原子。配位原子的特征是能够提供孤对电子。配位原子主要是非金属 N、O、S、C 和卤素等原子或离子。

根据配体提供的配位原子数目和配合物的空间结构特征，可以将配体分为以下几类。

① 单齿配体。配体中只有一个配位原子的为单齿配体，如 $NH_3$、$H_2O$、$Cl^-$、$OH^-$ 和吡啶等。

② 多齿配体。配体中含有两个或两个以上配位原子的，称为多齿配体。例如乙二胺（$H_2N—CH_2—CH_2—NH_2$，简写为 en）和邻菲咯啉，都有两个 N 配位原子，又如乙二胺四乙酸根离子，它的 4 个乙酸根上的 O 原子和 2 个氨基上的 N 原子，共 6 个原子都可以配位，见图 7.2。

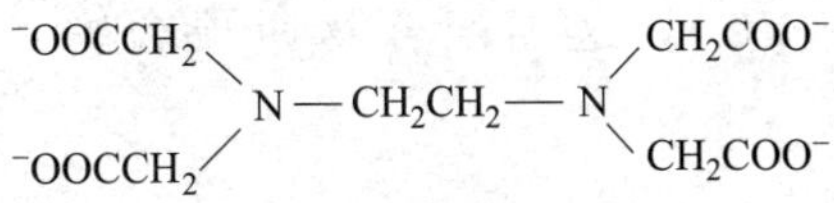

$$\begin{array}{l} ^{-}OOCCH_2 \qquad\qquad\qquad\qquad CH_2COO^{-} \\ \qquad\quad N—CH_2CH_2—N \\ ^{-}OOCCH_2 \qquad\qquad\qquad\qquad CH_2COO^{-} \end{array}$$

图 7.2　EDTA 酸根离子

由多齿配体中的 2 个或者 2 个以上的配位原子与同一中心离子形成的环状配合物又称螯合物。能提供多齿配体的物质称为螯合剂。图 7.3 和图 7.4 分别显示的是邻菲咯啉和乙二胺螯合剂对铜的螯合作用。螯合物一般都很稳定。EDTA 是一种螯合剂，它能与许多金属离子形成十分稳定的螯合物，分析化学里配位滴定法就多以 EDTA 滴定来测定金属离子。

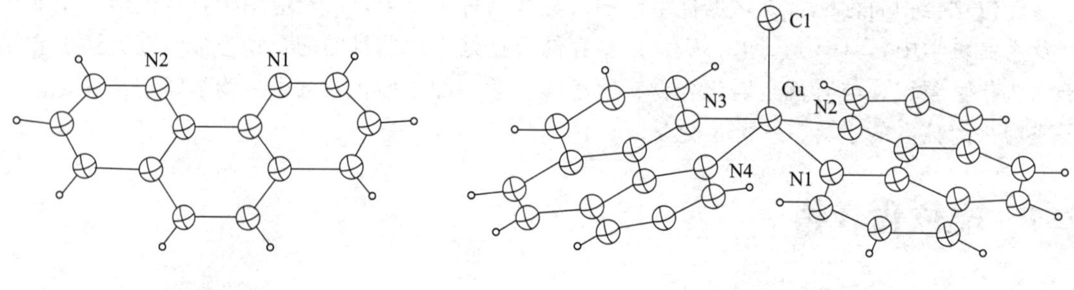


图 7.3　邻菲咯啉螯合剂对铜的螯合作用

$H_2C-NH_2$ → $Cu^{2+}$ ← $H_2N-CH_2$

$H_2C-NH_2$ ↗ 　 ↖ $H_2N-CH_2$

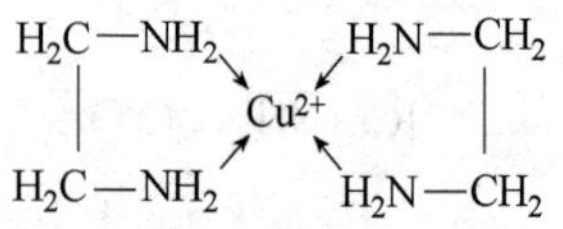

图 7.4　乙二胺与铜离子形成的螯合物

③ 桥联配体。一个配体同时和两个或两个以上的中心离子形成配位键，则该配体称为桥联配体。单一的原子可以作为桥联配体，即一个配位原子同时与两个或两个以上中心离子配位。但更多时候是基团作为桥联配体，即多齿的基团中不同的配位原子与不同的中心离子同时配位，空间伸展成链状、双链状、网状等结构的多金属核配合物。如图 7.5 所示，丁二酸根离子利用两端羧基的 O 原子与两个中心 $Fe^{3+}$ 配位形成了链状多核配合物。

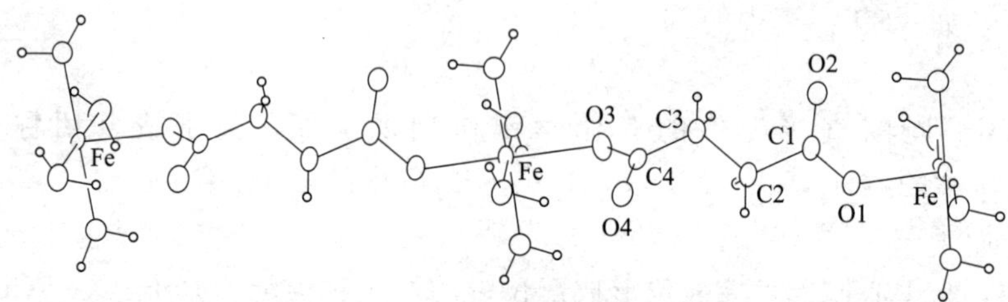


图 7.5　丁二酸根离子的桥联配体

④ π-配体。也称 π 键配体。含 π 键的化合物如乙烯、丁二烯、乙炔、苯等，分子中 π 电子可以与金属离子形成配位键。例如乙烯分子中形成碳-碳双键中 π 键的一对 p 电子，可以与金属离子发生 π-配位，形成 π 配合物。此时，碳原子是配位原子，很多有机化合物也能以自身的碳原子与金属离子或原子配位形成配合物，这类配合物被称为金属有机化合物，常被看成有机化合物，本书不做探讨。

配合物的中心为中性金属原子，配体为羰基（CO），这类配合物叫羰合物，如 $Ni(CO)_4$ 等。

（3）配位数

在配合物中，直接与中心离子成键的配位原子的数目称作配位数。由单齿配体形成的配合物，中心离子的配位数等于配位体的数目，如 $[Cu(NH_3)_4]^{2+}$ 中 $Cu^{2+}$ 的配位数为 4；由多齿配体形成的配合物，其配位数等于配位原子的个数。如 $[Cu(en)_2]^{2+}$ 中 $Cu^{2+}$ 的配位数为 4，$[Ca(EDTA)]^{2-}$ 中 $Ca^{2+}$ 的配位数为 6。

（4）配离子的电荷

中心离子和配体电荷的代数和即为配离子的电荷，常根据配合物的外界离子电荷数来确定。例如，在 $[PtCl(NH_3)_3]Cl$ 中，外界只有一个 $Cl^-$，可知配离子的电荷数为 +1，即 $[PtCl(NH_3)_3]^+$。据此也可以推断中心离子的氧化数值为多少。

### 7.1.2　配位化合物的命名

（1）配盐的命名

先命名负离子，再命名正离子。正负离子之间用“酸”或“化”连接。

（2）配离子的命名

先命名配体，再命名中心离子，两者之间用“合”连接。配体数目用一、二、三等标明（“一”可以省略），复杂配体的名称写在括号内。中心离子之后用（Ⅰ）、（Ⅱ）、（Ⅲ）等标明其氧化值。例如：

| | |
|---|---|
| $[Cu(NH_3)_4]SO_4$ | 硫酸四氨合铜(Ⅱ) |
| $[Cu(en)_2]Cl_2$ | 氯化二(乙二胺)合铜(Ⅱ) |
| $H[AuCl_4]$ | 四氯合金(Ⅲ)酸 |
| $K_3[Fe(CN)_6]$ | 六氰合铁(Ⅲ)酸钾 |

如果有两种及两种以上配体，先命名离子，再命名中性分子，不同配体之间应用中圆点“·”隔开。

有几种不同的负离子作配体时，先无机离子后有机离子。

有几种不同的同类配体作配体时，按配位原子元素符号的英文字母顺序排列先后。

配合物的命名举例如下：

| | |
|---|---|
| $K[PtCl_3(C_2H_4)]$ | 三氯·(乙烯)合铂(Ⅱ)酸钾 |
| $[CoCl(H_2O)_2(NH_3)_3]Cl_2$ | 氯化一氯·三氨·二水合钴(Ⅲ) |
| $[Fe(CO)_5]$ | 五羰基合铁 |

### 7.1.3　配位化合物的结构

价键理论认为配合物的中心离子或原子与配体之间的化学键是配位键，以符号“→”表示。基本要点如下：

（1）中心离子或原子有空的价电子轨道

中心离子或原子一般是位于 d 区或 ds 区的副族元素，如 $Fe^{3+}$、$Fe^{2+}$、$Cu^{2+}$、$Zn^{2+}$、$Ag^+$、$Au^{3+}$ 等。其空的价电子轨道多指 $(n-1)$d、$n$s 和 $n$d 或 $n$p 轨道。

（2）配位体的配位原子有孤对电子

例如：∶F、∶$Cl^-$、∶$Br^-$、∶$I^-$、$H_2O$∶、∶$NH_3$、∶CN∶$^-$、∶$OH^-$。

（3）中心离子的杂化类型决定配合物的构型

在形成配合物时，中心离子的价层空轨道进行杂化，接受配位原子提供的孤对电子，形成配位键。中心离子价层空轨道杂化的类型不同，配合物也就因此有不同的空间构型。这和前面 3.1.2 节中指明的中心原子杂化类型决定空间结构是相同的，所以要结合 3.1.2 中讲到的 sp～$sp^3$ 杂化轨道来理解杂化与空间结构的关系，并进一步深入到 $(n-1)$d 和 $n$d 轨道参与的杂化。

例如 $[Zn(NH_3)_4]^{2+}$，$Zn^{2+}$ 的基态价电子轨道中电子分布式为

3d　4s　4p

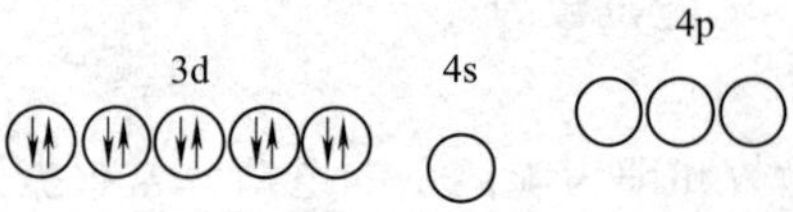

$Zn^{2+}$ 的 4s、4p 轨道杂化形成 $sp^3$ 杂化轨道，同时接受 4 个 $NH_3$ 的孤对电子形成配位键，配位数为 4，空间构型为正四面体。配离子 $[Zn(NH_3)_4]^{2+}$ 中的价电子轨道的电子分布为：

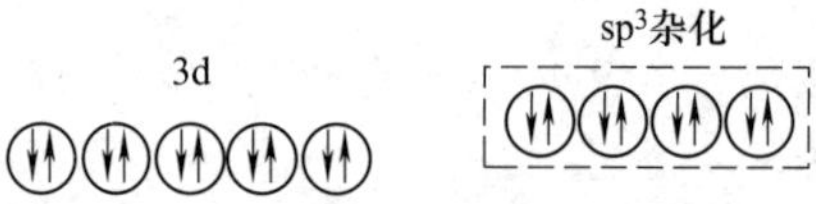

3d　$sp^3$杂化

又如 $[Ni(CN)_4]^{2+}$，$Ni^{2+}$ 的价电子轨道中电子分布式为

3d　4s　4p

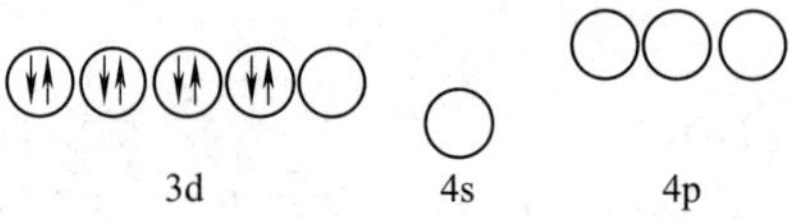

原先分布在不同 3d 轨道的 2 个 d 电子配对后占据 1 个轨道，空出 1 个 d 轨道（这样做虽然不符合洪特规则，但可在后续的成键中得到能量降低的补偿）。这个空出来的 d 轨道与 4s 轨道和 2 个 4p 轨道一起，形成 $dsp^2$ 杂化轨道。这 4 个 $dsp^2$ 杂化轨道按正方形对角线方向排列，所以生成的配合物具有平面四边形构型。4 个 $dsp^2$ 杂化轨道的形成：

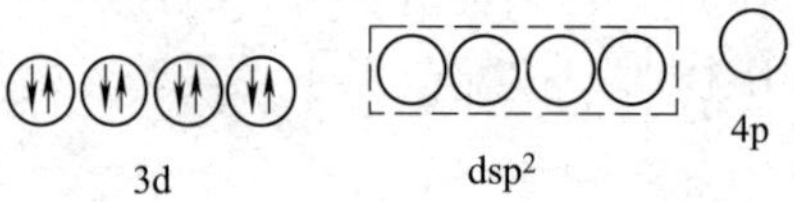

3d　$dsp^2$　4p

4 个 $CN^-$ 的 4 对孤对电子填充到 $dsp^2$ 杂化轨道上，形成平面四边形构型的 $[Ni(CN)_4]^{2+}$。

又如 $Fe^{3+}$ 的外层电子分布式为 $3s^2 3p^6 3d^5$。可形成 6 个互相垂直的 $sp^3d^2$ 杂化轨道：

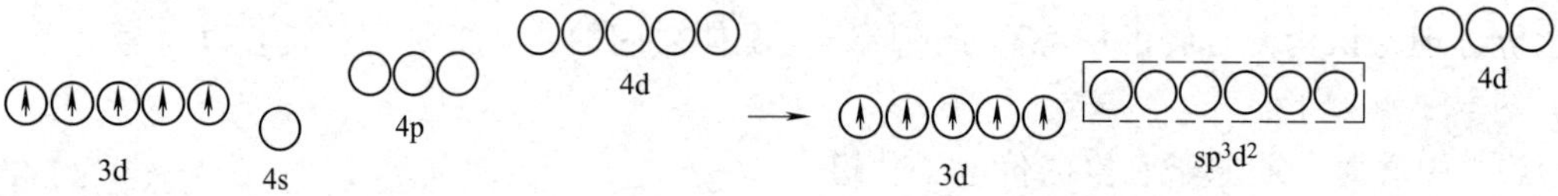

3d　4s　4p　4d　→　3d　$sp^3d^2$　4d

当 6 个配原子从这 6 个不同方向接近 $Fe^{3+}$，空轨道被填充，形成配位键，就生成了具有八面体构型的配合物分子。

$Fe^{3+}$ 还可以采取另一种杂化方式。先让原先分布在 5 个 3d 轨道上的电子重新排布，集中占据 3 个 3d 轨道，空出 2 个 3d 轨道。空出的 2 个 3d 轨道和 4s、4p 的 4 个空轨道杂化，形成 6 个互相垂直的 $d^2sp^3$ 杂化轨道，杂化轨道和配位原子配位成键，构型也为八面体。

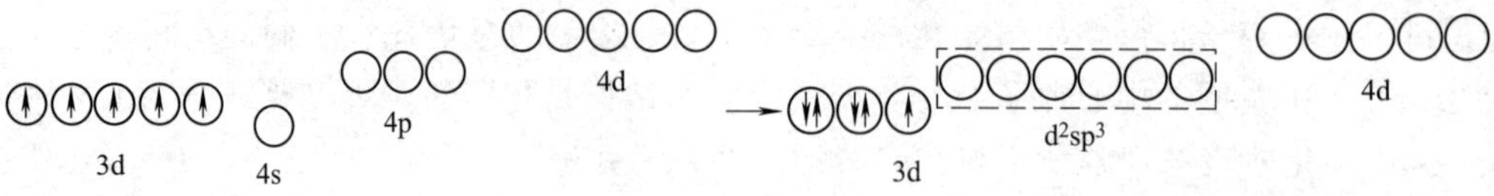

3d　4s　4p　4d　→　3d　$d^2sp^3$　4d

可以看出，$Fe^{3+}$的两种杂化方式同为八面体构型，但前者的分子中有 5 个未成对电子，后者只有 1 个未成对电子，我们分别称之为处于“高自旋”“低自旋”状态，从而在分子的磁性质上表现出明显的差异。

中心离子的杂化类型决定配合物的空间构型，中心离子的杂化类型又是由中心离子的电子构型以及配体共同影响的。表 7.1 列出了一些中心离子常见的杂化方式和对应配合物的空间构型。

**表 7.1　某些配合物的杂化轨道类型与空间构型**

| 配位数 | 杂化轨道 | 空间构型 | 实例 |
|---|---|---|---|
| 2 | sp | 直线形 | $[Ag(NH_3)_2]^+$,$[AuCl_2]^-$ |
| 4 | $sp^3$ | 正四面体形 | $[Zn(NH_3)_4]^{2+}$,$[Cu(CN)_4]^{3-}$,$[HgI_4]^{2-}$ |
|  | $dsp^2$ | 平面四边形 | $[Ni(CN)_4]^{2+}$,$[Cu(NH_3)_4]^{2+}$,$[AuCl_4]^-$,$[PtCl_4]^{2-}$ |
| 6 | $d^2sp^3$ | 八面体形 | $[Fe(CN)_6]^{3-}$,$[PtCl_6]^{2-}$ |
|  | $sp^3d^2$ |  | $[Ni(NH_3)_6]^{2+}$,$[FeF_6]^{3-}$ |

# 7.2　配离子的解离平衡

## 7.2.1　配离子的解离平衡

简单配合物一般包括配离子和平衡离子，在水中一般与强电解质一样，可充分解离出配离子和平衡离子。例如：

$$[Ag(NH_3)_2]Cl = [Ag(NH_3)_2]^+(aq) + Cl^-(aq)$$

配离子在水中也能解离，但只有部分解离，与弱电解质相似，存在着自身性质决定的解离平衡。例如：

$$[Ag(NH_3)_2]^+(aq) \rightleftharpoons 2NH_3(aq) + Ag^+(aq)$$

不同配离子的解离平衡不同，反映出配离子的稳定性不同，配离子的这种解离性质差异可用不稳定常数来表示。

### 7.2.1.1　配离子的不稳定常数 $K_d$（或 $K_{不稳}$）

上述解离反应的解离平衡常数表达式为

$$K_d^{\ominus} = \frac{\frac{c^{eq}(Ag^+)}{c^{\ominus}}\left\{\frac{c^{eq}(NH_3)}{c^{\ominus}}\right\}^2}{\frac{c^{eq}(Ag(NH_3)_2^+)}{c^{\ominus}}}$$

可简化为
$$K_d = \frac{c^{eq}(Ag^+)\{c^{eq}(NH_3)\}^2}{c^{eq}(Ag(NH_3)_2^+)}$$

$K_d$（或 $K_{不稳}$）称为配离子的不稳定常数，又称解离平衡常数。对于同类型的简单配离子，$K_d$ 值越大，表示配离子越不稳定，越易解离。

和多元弱酸（或弱碱）等弱电解质一样，配离子在溶液中的解离也是逐级进行的，以$[Ag(NH_3)_2]^+$为例，分两步解离，一级解离为：

$$[Ag(NH_3)_2]^+(aq) \rightleftharpoons [Ag(NH_3)]^+(aq) + NH_3(aq)$$

二级解离为：

$$[Ag(NH_3)]^+(aq) \rightleftharpoons Ag^+(aq) + NH_3(aq)$$

配离子解离反应的逆反应是配离子的生成反应：

$$Ag^+(aq) + 2NH_3(aq) \rightleftharpoons [Ag(NH_3)_2]^+(aq)$$

$$K_f^{\ominus} = \frac{\dfrac{c^{eq}([Ag(NH_3)_2]^+)}{c^{\ominus}}}{\dfrac{c^{eq}(Ag^+)}{c^{\ominus}}\left\{\dfrac{c^{eq}(NH_3)}{c^{\ominus}}\right\}^2}$$

简写为：

$$K_f = \frac{c^{eq}([Ag(NH_3)_2]^+)}{c^{eq}(Ag^+)\{c^{eq}(NH_3)\}^2}$$

$K_f$（或 $K_{稳}$）是配离子的生成平衡常数，常称为稳定常数。

对同一类型的配离子来说，$K_d$ 和 $K_f$ 是互为倒数关系。$K_f$ 越大，配离子越稳定，反之则越不稳定。如：$[HgCl_4]^{2-}$ 和 $[HgI_4]^{2-}$ 的 $K_f$ 分别为 $1.17\times10^{15}$ 和 $6.76\times10^{29}$，即后者更稳定。

$$K_f = \frac{1}{K_d}$$

或

$$K_{稳} = \frac{1}{K_{不稳}}$$

#### 7.2.1.2 配离子解离平衡的移动

与所有的动态平衡体系一样，如果改变配离子解离平衡时的条件，配离子的解离平衡将发生移动。下面介绍三例：

（1）配位平衡与酸碱解离平衡

往 $FeCl_3$ 溶液中滴加 $NH_4F$ 溶液至溶液颜色呈无色，即生成配离子 $[FeF_6]^{3-}$，将此溶液分成两份，一份逐滴加入 NaOH 溶液，另一份逐滴加入盐酸，会发现第一份产生红褐色沉淀，另一份颜色变黄。

这是因为在 $[FeF_6]^{3-}$ 水溶液中，存在着解离平衡：

$$[FeF_6]^{3-} \rightleftharpoons Fe^{3+} + 6F^-$$

当往溶液中加入 NaOH 溶液时，会生成更难解离出 $Fe^{3+}$ 的 $Fe(OH)_3$ 沉淀，降低了 $Fe^{3+}$ 的浓度，上述配位平衡向右移动，配离子稳定性降低而解离。当往溶液中加入盐酸时，配体 $F^-$ 与 $H^+$ 结合生成弱酸 HF，配位平衡也向右移动，配离子稳定性降低而解离释放出游离 $Fe^{3+}$。

通常酸度对配离子的影响较大。如 $NH_3$ 或弱酸根离子（$F^-$、$Ac^-$、$C_2O_4^{2-}$、$CN^-$ 等）作配体时，能与 $H^+$ 结合成弱电解质，从而使配合物的稳定性受到不同程度的降低，这种现象称为酸效应。一般可采取不生成中心金属氢氧化物沉淀的前提下提高溶液的 pH 的办法来保证配离子的稳定性。

（2）配位平衡和沉淀-溶解平衡

若配体、沉淀剂都可以和中心金属离子 $M^{n+}$ 结合，生成配合物或沉淀物，即存在两种平衡，配位平衡和沉淀平衡。这两种平衡关系的实质是配体和沉淀剂争夺 $M^{n+}$，此时，会向使 $M^{n+}$ 的浓度减小的方向转化。一般 $K_{稳}$ 越大或 $K_{sp}$ 越大，配合物越稳定，越不易转化为沉淀物。反之，$K_{稳}$ 越小或 $K_{sp}$ 越小，配合物越易转化为沉淀物。

如银氨溶液中，加入 $Br^-$ 溶液，$[Ag(NH_3)_2]^+$ 会转化为 AgBr 黄色沉淀：

$$[Ag(NH_3)_2]^+ \rightleftharpoons Ag^+ + 2NH_3$$
$$+$$
$$Br^- \rightleftharpoons AgBr\downarrow$$

总反应为：
$$[Ag(NH_3)_2]^+ + Br^- \rightleftharpoons AgBr\downarrow + 2NH_3$$

$$K=\frac{K_{不稳}}{K_{sp}}=\frac{8.93\times10^{-8}}{5.35\times10^{-13}}=1.67\times10^{5}$$

平衡常数 $K$ 较大，说明转化为沉淀的转化反应很明显。

若接着往其中添加 $Na_2S_2O_3$ 溶液，又可使沉淀 AgBr 溶解而转化为 $[Ag(S_2O_3)_2]^{3-}$ 配离子，说明 $[Ag(S_2O_3)_2]^{3-}$ 比 $[Ag(NH_3)_2]^+$ 更稳定。

(3) 配离子之间的平衡和转化

一种配离子溶液中，加入其他中心离子或配体，可能使原配位平衡破坏，发生配离子间的转化。例如，$[Ag(S_2O_3)_2]^{3-}$ 比 $[Ag(NH_3)_2]^+$ 更稳定，往 $[Ag(NH_3)_2]^+$ 的溶液中加入过量 $Na_2S_2O_3$ 溶液，会发生转化成 $[Ag(S_2O_3)_2]^{3-}$ 的反应。又如，往无色 $K_3[FeF_6]$ 溶液中加入 NaCN 溶液，会转化成赤血盐 $K_3[Fe(CN)_6]$ 溶液：

$$[FeF_6]^{3-} + 6CN^- \rightleftharpoons [Fe(CN)_6]^{3-} + 6F^-$$

该反应的 $K$ 值很大，转化很彻底：

$$K=\frac{K_{稳}([Fe(CN)_6]^{3-})}{K_{稳}([FeF_6]^{3-})}=\frac{1\times10^{42}}{1\times10^{16}}=1\times10^{26}$$

还有其他因素会引起平衡的移动或转化，比如氧化还原因素等，在此不再赘述。

### 7.2.2　配位化合物的应用

配位化合物有着广泛的应用，现仅就其在分析分离、冶金、电镀以及生物医学方面的应用做简要介绍。

(1) 在电镀方面的应用

在电镀铜工艺中，一般不直接用 $CuSO_4$ 溶液作电镀液，而常加入配体焦磷酸钾 ($K_4P_2O_7$) 使之形成配合物。溶液中存在下列平衡：

$$Cu^{2+} + 2P_2O_7^{4-} \rightleftharpoons [Cu(P_2O_7)_2]^{6-}$$

$[Cu(P_2O_7)_2]^{6-}$ 配离子的稳定常数 $K_{稳}=10^9$，比较稳定，溶液中游离的 $Cu^{2+}$ 的浓度很低，在镀件上 Cu 的析出电势代数值减小，若溶液中 $Cu^{2+}$ 在电镀中被消耗掉，$[Cu(P_2O_7)_2]^{6-}$ 配离子会因平衡移动而释放 $Cu^{2+}$，使 $Cu^{2+}$ 浓度总是维持相对固定的数值，这样，可以较好地控制 Cu 的析出速率，从而获得较均匀光滑、附着力较好的镀层。

(2) 在冶金方面的应用

如矿石中金的含量很低，其性质也很稳定，可用湿法冶金——氰化法提炼：

$$4Au + 8NaCN + O_2 + 2H_2O = 4Na[Au(CN)_2] + 4NaOH$$

$$2Na[Au(CN)_2] + Zn = 2Au + Na_2[Zn(CN)_4]$$

(3) 在分析分离方面的应用

在分析化学中，配合物常用于离子含量测定、分离、鉴定、掩蔽干扰离子等。金属离子与某些配体形成配合物前后，会有特定颜色或溶解度等的变化，因此可用来定性鉴定该金属离子，如 $Fe^{3+}$ 能与 $SCN^-$ 形成血红色的配合物，可用于检验 $Fe^{3+}$。又如在弱碱性条件下 $Ni^{2+}$ 能与丁二酮肟生成鲜红色难溶于水而易溶于乙醚等有机溶剂的螯合物（见图 7.6），可用于鉴定 $Ni^{2+}$。氨水检验 $Cu^{2+}$，也是因为生成深蓝色的 $[Cu(NH_3)_4]^{2+}$ 配离子。EDTA（乙二胺四乙酸）可以和多种金属离子形成 1∶1 型稳定配合物，可利用此类配位反应定量测定金属离子的含量。例如可用 EDTA 作滴定剂测定水的硬度（$Ca^{2+}$、$Mg^{2+}$）。另外，测定时，加入三乙醇胺掩蔽 $Fe^{3+}$、$Al^{3+}$ 等微量杂质离子，利用的也是配位反应原理。

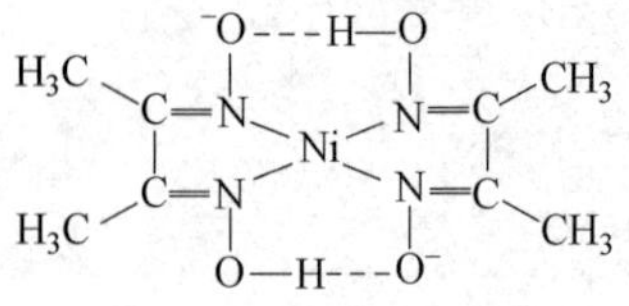

图 7.6　$Ni^{2+}$ 与丁二酮肟形成的螯合物

（4）在生物及医药方面的应用

在医学上，常利用配位反应治疗人体中某些元素的中毒。例如重度铅中毒，就可以选用乙二胺四乙酸二钠钙，使之与 $Pb^{2+}$ 配位生成配合物，随尿液排出体外，而达到排铅毒的目的。很多药物本身就是配合物，如抗癌药物二氯茂铁，治疗糖尿病的胰岛素（含锌配合物）。

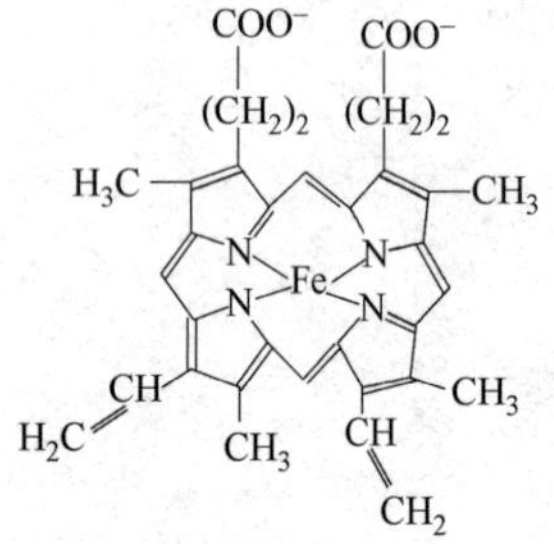

生物必需的微量金属离子多以配合物的形式存在于体内，如各种各样的酶，很多是 $Mg^{2+}$、$Fe^{2+}$、$Co^{2+}$、$Cu^{2+}$ 等金属的配合物，如维生素 $B_{12}$ 辅酶是钴的配合物，能输送 $O_2$ 的血红素是以 $Fe^{2+}$ 为中心的卟啉螯合物，如图 7.7 所示。煤气中毒是因为血红素中的 $Fe^{2+}$ 与 CO 生成了更稳定的配合物而失去了运输 $O_2$ 的功能。能固定空气中 $N_2$ 的植物固氮酶是铁和钼的蛋白质配合物。能进行光合作用的叶绿素是以 $Mg^{2+}$ 为中心的大环配合物。

图 7.7　血红素分子

# 本章内容小结

1. 配合物由中心离子（或原子）和配体（分子、离子或基团，简称 L）通过配位键结合组成。用方括号来标识出配合物的内界，方括号外的为外界，起平衡电荷作用。配合物的中心离子通常是过渡金属离子或原子，可以给配体提供空的原子轨道。在中心离子周围直接配位的有化学键作用的分子、离子或基团称为配体。在配体中，与中心原子直接配位形成配位键的原子称为配位原子，配位原子的特征是能够提供孤对电子。配位原子主要是非金属 N、O、S、C 和卤素等原子或离子。在配合物中，直接与中心离子成键的配位原子的数目称作配位数。中心离子和配体电荷的代数和即为配离子的电荷，常根据配合物的外界离子电荷数来确定。

2. 根据配体提供的配位原子数目和配合物的空间结构特征，可以将配体分为单齿配体、多齿配体、桥联配体和 π 配体。配体中只有一个配位原子的是单齿配体；配体中含有两个或两个以上配位原子的，称为多齿配体，例如乙二胺；由多齿配体中的两个或者两个以上的配位原子与同一中心离子形成的环状配合物又称螯合物，能提供多齿配体的物质称为螯合剂；一个配体同时和两个或两个以上的中心离子形成配位键，则该配体称为桥联配体；含 π 键的化合物如乙烯等，分子中 π 电子可以与金属离子形成 π 配合物。

3. 配位化合物的命名规则为先命名负离子，再命名正离子。正负离子之间用“酸”或“化”连接。对配离子的命名规则为先命名配体，再命名中心离子，两者之间用“合”连接。配体数目用一、二、三等标明，复杂配体的名称写在括号内。中心离子之后用（Ⅰ）、（Ⅱ）、（Ⅲ）等标明其氧化值。如果有两种及以上配体，先命名离子，再命名中性分子，不同配体之间应用中圆点“·”隔开。有几种不同的负离子做配体时，先无机离子后有机离子。有几种不同的同类配体做配体时，按配位原子元素符号的英文字母顺序排列先后。

4. 价键理论认为配合物的中心离子或原子与配体之间的化学键是配位键，以符号“→”表示。基本要点包括：中心离子或原子有空的价电子轨道、配位体的配位原子有孤对电子，在形成配合物时，中心离子的价层空轨道进行杂化，接受配位原子提供的孤对电子，形成配位键。中心离子价层空轨道杂化的类型不同，配合物也就对应着不同的空间构型。

5. 简单配合物在水中一般与盐类强电解质一样，可充分解离出配离子和平衡离子。而配离子在水中也能解离，且与弱电解质一样，存在解离平衡，不同配离子的解离程度不同，用不稳定常数 $K_d$（或 $K_{不稳}$）来表示。和多元弱酸（或弱碱）等弱电解质一样，配离子在溶液中的解离也是逐级进行的。配离子解离反应的逆反应是配离子的生成反应，其平衡常数 $K_f$（或 $K_{稳}$）称为稳定常数。对同一类型的配离子来说，$K_d$ 和 $K_f$ 是互为倒数关系。$K_{稳}$ 越大，配离子越稳定，反之则越不稳定。

6. 配离子解离平衡的移动。与所有的动态平衡体系一样，如果改变配离子解离平衡时的条件，配离子的解离平衡将发生移动。如随着介质的酸碱度变化，配合物的稳定性会受到不同程度的影响；若加入可以与中心金属离子 $M^{n+}$ 结合的沉淀剂，平衡会向使 $M^{n+}$ 的浓度减小的方向转化；加入其他中心离子或配体，也可能使原配位平衡破坏，发生配离子间的转化。转化反应的 $K$ 值越大，转化越彻底。

7. 配位化合物种类多，应用也很广泛，尤其在分析分离、冶金、电镀、生物医学以及新材料方面的应用较多。

# 习　　题

1. 是非题

(1) 所有的配合物都有颜色。　(　　)

(2) 在配离子中，中心离子的配位数等于其拥有的配体的数目。　(　　)

(3) 乙二胺四乙酸（EDTA）是一种常用的螯合剂，一个 EDTA 配体一般可以提供 6 个配位原子。　(　　)

(4) 配体浓度越大，生成配离子的配位数肯定越大。　(　　)

(5) 将 $0.10mol \cdot L^{-1}$ $[Cu(NH_3)_4]SO_4$ 溶液加入等体积水中稀释，则 $[Cu^{2+}]$ 变为原来的 1/2。　(　　)

(6) 配合物（离子）的 $K_{稳}$ 越大，则稳定性越高。　(　　)

(7) 对同类型配合物，$K_{不稳}$ 越大，配合物越不稳定。　(　　)

(8) 六氰合铁(Ⅲ) 酸钾，中心离子是 $Fe^{3+}$，配位原子为 C，配位数为 6。　(　　)

(9) 在水中，$[Ag(NH_3)_2]Cl$ 比 AgCl 的溶解能力要好。　(　　)

(10) 由于 $K_{稳}([Cu(NH_3)_4]^{2+}) > K_{sp}(CuS)$，所以 CuS 可以溶于氨水生成 $[Cu(NH_3)_4]^{2+}$。　(　　)

2. 选择题

(1) 下列化合物是螯合物的是（　　）。

(A) $Na_2[Fe(EDTA)]$　　(B) $Fe(CO)_5$

(C) $Na_3[Ag(S_2O_3)_2]$　　(D) $Na_3[Fe(CN)_6]$

(2) 在配离子 $[PtCl_3(C_2H_4)]^-$ 中，中心离子的价态是（　　）。

(A) +3　　(B) +4　　(C) +2　　(D) +5

(3) 对于一些难溶于水的金属化合物，加入配体后，使其溶解度增加，其原因是（　　）。

(A) 产生盐效应

(B) 配体与阳离子生成配合物，溶液中金属离子浓度增加

(C) 使其分解

(D) 阳离子被配位生成配离子，其盐溶解度增加

(4) 向含有 $[Ag(NH_3)_2]^+$ 的溶液中分别加入下列物质，$[Ag(NH_3)_2]^+$ 的解离平衡向左移动的是（　　）。

(A) 稀 $HNO_3$　　(B) $NH_3 \cdot H_2O$　　(C) $Na_2S$ 溶液　　(D) NaCl 溶液

(5) 已知 $\lg K_{稳}([Ag(NH_3)_2]^+) = 7.05$，$\lg K_{稳}([Ag(CN)_2]^-) = 21.1$，$\lg K_{稳}([Ag(SCN)_2]^-) = 7.57$，$\lg K_{稳}([Ag(S_2O_3)_2]^{3-}) = 13.46$。当配位剂的浓度相同时，AgCl 溶解度最大的溶液是（　　）。

(A) $NH_3 \cdot H_2O$　　(B) KCN　　(C) $Na_2S_2O_3$　　(D) NaSCN

(6) $[Zn(NH_3)_4]^{2+}$ 逐级稳定常数中的 $K_4$ 是其平衡常数的反应是（　　）。

(A) $Zn^{2+} + 4NH_3 \rightleftharpoons [Zn(NH_3)_4]^{2+}$

(B) $[Zn(NH_3)_4]^{2+} \rightleftharpoons Zn^{2+} + 4NH_3$

(C) $[Zn(NH_3)_3]^{2+} + NH_3 \rightleftharpoons [Zn(NH_3)_4]^{2+}$

(D) $[Zn(NH_3)_4]^{2+} \rightleftharpoons [Zn(NH_3)_3]^{2+} + NH_3$

(7) 下列说法中错误的是（　　）。

(A) 在某些金属难溶化合物中，加入配位剂，可使其溶解度增大

(B) 在 $Fe^{3+}$ 溶液中加入 NaF，该条件下 $Fe^{3+}$ 的氧化性降低

(C) 在 $[FeF_6]^{3-}$ 溶液中加入强酸，也不影响其稳定性

(D) 在 $[FeF_6]^{3+}$ 溶液中加入强碱，会使其稳定性下降

(8) $K_{稳}$ 与 $K_{不稳}$ 之间的关系是（　　）。

(A) $K_{稳} > K_{不稳}$　　(B) $K_{稳} > 1/K_{不稳}$　　(C) $K_{稳} < 1/K_{不稳}$　　(D) $K_{稳} = 1/K_{不稳}$

(9) 已知 $K_{稳}([Ag(CN)_2]^-) = 1.26 \times 10^{21}$，则含有 $0.10 mol \cdot L^{-1}$ 的 $[Ag(CN)_2]^-$ 和 $0.10 mol \cdot L^{-1}$ 的 KCN 溶液中 $Ag^+$ 的浓度（$mol \cdot L^{-1}$）为（　　）。

(A) $7.9 \times 10^{-21}$　　(B) $7.9 \times 10^{-22}$　　(C) $1.26 \times 10^{-21}$　　(D) $1.26 \times 10^{-22}$

(10) 在 $[Ag(NH_3)_2]^+$ 溶液中有下列平衡：$[Ag(NH_3)_2]^+ \rightleftharpoons [Ag(NH_3)]^+ + NH_3$，平衡常数为 $K_1$；$[Ag(NH_3)]^+ \rightleftharpoons Ag^+ + NH_3$，平衡常数为 $K_2$。则 $[Ag(NH_3)_2]^+$ 的不稳定常数为（　　）。

(A) $1/(K_1K_2)$　　(B) $K_2/K_1$　　(C) $K_1K_2$　　(D) $K_1/K_2$

3. 填空题

(1) 与中心离子直接形成配位键的原子称为＿＿＿＿＿＿，这类原子常见的有

__________、__________、__________、__________和卤素原子。

(2) 配位数为 4 的配合物，常见的空间构型有__________和__________两种。

(3) 根据配体提供的配位原子数目和配合物空间结构特征，配体可分为：单齿配体、__________配体和__________配体等。单齿配体如__________。

(4) $[PtCl_2(OH)_2(NH_3)_2]$ 中心离子的价态是__________，配位数是__________。

(5) 在配离子 $[Co(NH_3)(en)_2Cl]^{2+}$ 中，中心离子的氧化值是__________。

(6) 能作为螯合剂的配体有__________、__________、__________。

(7) 在 $[Ag(NH_3)_2]^+$ 中，__________有价层空轨道，__________能提供孤对电子。

(8) 已知 $[Ag(CN)_2]^-$ 的 $K_f$ 为 $1.3\times10^{21}$，$[Ag(NH_3)_2]^+$ 的 $K_f$ 为 $1.1\times10^7$。向配离子 $[Ag(NH_3)_2]^+$ 的溶液中加入足量的 $CN^-$ 后，将会发生____________________。

(9) 易于形成配离子的金属元素主要位于周期表中的________________。

(10) $[Cu(NH_3)_4]^{2+}$ 和 $[Zn(NH_3)_4]^{2+}$ 的中心离子杂化轨道类型不同，分别为__________和__________，对应的空间构型分别为__________和__________。

4. 命名下列配合物

(1) $LiAlH_4$　　(2) $K_3[Fe(CN)_6]$

(3) $[CoCl(NH_3)_5]Cl$　　(4) $K_2[Zn(OH)_4]$

(5) $[PtCl_2(NH_3)_2]$　　(6) $Co_2(CO)_8$

5. 写出下列配合物的化学式

(1) 硫酸四氨合铜(Ⅱ)

(2) 六氯合铂(Ⅳ)酸钾

(3) 二氯・四硫氰合铬(Ⅱ)酸铵

(4) 三氯化三(乙二胺)合钴(Ⅲ)

(5) 氯・水・草酸根・乙二胺合铬(Ⅲ)

(6) 六氟合硅(Ⅳ)酸亚铜

6. 简答题

(1) 为何 AgBr 沉淀能溶于 KCN 溶液中，但 $Ag_2S$ 不溶？

(2) 为什么在电镀银时，不用硝酸银等简单银盐溶液，而用含 $[Ag(CN)_2]^-$ 的溶液？如何处理含氰电镀废液并回收其中的银？

(3) 为何 AgI 沉淀不能溶于过量浓氨水？

(4) 在 $FeCl_3$ 溶液中加入 $NH_4SCN$ 溶液，出现血红色，再加入少量固体 NaF，血红色消失。为什么？

(5) 判断 $[Cu(NH_3)_4]^{2+}(aq)+Zn^{2+}(aq)=\!=\!=[Zn(NH_3)_4]^{2+}(aq)+Cu^{2+}(aq)$ 反应进行的方向，并解释之（设各反应物质的浓度均为 $1mol\cdot L^{-1}$）。

(6) $[Ag(NH_3)_2]^+(aq)\rightleftharpoons Ag^+(aq)+2NH_3(aq)$ 平衡系统中，分别加入氨水、$HNO_3$ 和 $Na_2S$ 溶液，平衡如何移动？为什么？

(7) 向 $0.10mo\cdot L^{-1}$ $CuSO_4$ 溶液中加入过量氨气至溶液中游离氨浓度 $c(NH_3)=1.0mol\cdot L^{-1}$，计算溶液中 $Cu^{2+}$ 的浓度（已知铜氨配离子的 $K_f=2.1\times10^{13}$）。

# 第 8 章　电化学及金属腐蚀

电化学主要是研究电能和化学能之间相互转化和转化规律的科学。

## 8.1　原电池

### 8.1.1　原电池中的化学反应

#### 8.1.1.1　原电池的组成

原电池是利用自发氧化还原反应，使化学能转变为电能的装置。从化学热力学的角度讲，原电池是一种利用氧化还原反应对环境输出电功的装置。

对于标准状态下任一化学反应，如：

$$Zn(s)+Cu^{2+}(aq)=\!=\!=Zn^{2+}(aq)+Cu(s)$$

$$\Delta_r G_m^{\ominus}(298.15K)=-212.55kJ\cdot mol^{-1}$$

要想将上述化学能转化为电能，可以通过图 8.1 所示装置来完成。

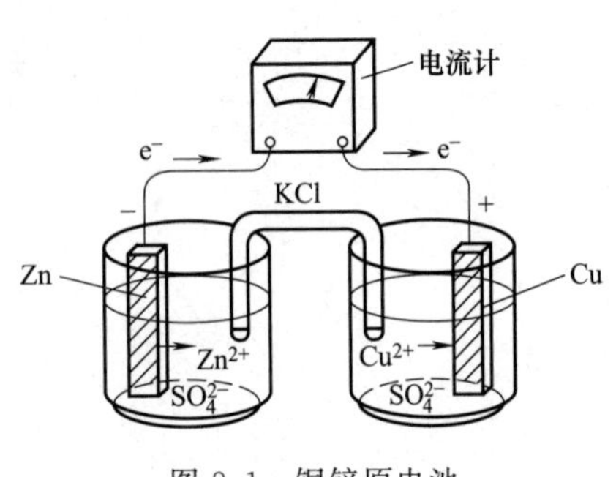


图 8.1　铜锌原电池

图 8.1 是铜锌原电池的装置示意图，两个烧杯中分别盛有 $ZnSO_4$ 溶液和 $CuSO_4$ 溶液，在 $ZnSO_4$ 溶液中插入锌片，在 $CuSO_4$ 溶液中插入铜片，两个烧杯中的溶液通过盐桥连通，用导线将锌片和铜片分别连接到电流计的两接线端，就可以看到电流计的指针发生偏转，说明有电流产生。

铜锌原电池之所以能产生电流，是由于锌比铜活泼，锌片上 Zn 原子失去电子，氧化成为 $Zn^{2+}$ 进入溶液，电子沿金属导线移向铜片；在铜片表面，溶液中的 $Cu^{2+}$ 得到来自于锌片的电子后，被还原为铜单质，沉积在铜片上；电子从锌片定向流向铜片而产生电流。

盐桥是一个 U 形管，其中装入含有琼胶的饱和 KCl 溶液。盐桥的作用是使原电池中两溶液保持电中性，否则锌盐溶液会由于 Zn 溶解为 $Zn^{2+}$ 而带正电，铜盐溶液会由于 Cu 的析出造成 $Cu^{2+}$ 减少而带负电，这两种电荷都会阻碍反应的继续进行。有了盐桥，盐桥中的 $Cl^-$ 和 $K^+$ 分别向 $ZnSO_4$ 溶液和 $CuSO_4$ 溶液中扩散，从而保持溶液的电中性，电流就能持续产生。

可见，原电池是由导线连接两个浸在相应的电解质溶液中的电极，再用盐桥连接两溶液而构成的。

#### 8.1.1.2　原电池符号

原电池中，电子流出的电极称为负极，发生氧化反应；电子流入的电极称为正极，发生还原反应。原电池可用符号表示，例如铜锌原电池可用符号表示为：

$$(-)Zn\,|\,ZnSO_4(c_1)\,\|\,CuSO_4(c_2)\,|\,Cu(+)$$

按规定，负极写在左边，正极写在右边；以单垂线“|”表示两相的界面；以双垂线

“‖”表示盐桥；$c_1$、$c_2$ 分别表示 $ZnSO_4$ 溶液和 $CuSO_4$ 溶液的浓度。若是气体物质，则要用分压 $p$ 表示。例如：

$$(-)Zn|Zn^{2+}(c_1)\parallel H^+(c_2)|H_2(p)|Pt(+)$$

式中，Pt 为惰性电极。

当溶液中有一种以上离子参与电极反应时，可用逗号将各离子分开，并加上惰性电极。例如：

$$(-)Pt|I_2(s)|I^-(c_1)\parallel Fe^{3+}(c_2),Fe^{2+}(c_3)|Pt(+)$$

#### 8.1.1.3　氧化还原电对和电极反应

在原电池中，由氧化态物质和对应的还原态物质组成的电对，称为氧化还原电对，并用符号“氧化态/还原态”表示。

例如铜锌原电池中，铜电极的氧化还原电对可表示为$Cu^{2+}/Cu$，锌电极的氧化还原电对可表示为$Zn^{2+}/Zn$。

一个氧化还原电对，可以组成一个半电池，电极中进行的半电池反应称为电极反应。例如铜锌原电池中，锌电极和铜电极分别发生氧化反应和还原反应，$Zn^{2+}/Zn$ 电对和$Cu^{2+}/Cu$ 电对的电极反应为：

锌电极反应：$Zn(s)-2e^- \longrightarrow Zn^{2+}(aq)$

铜电极反应：$Cu^{2+}(aq)+2e^- \longrightarrow Cu(s)$

电极上所发生的氧化反应或还原反应，都称为电极反应。

对一个能自发进行的氧化还原反应，原则上都可以设计成一个原电池，将原电池的负极反应和正极反应相加，就得到电池反应。如铜锌原电池中

电池反应：　$Zn(s)+Cu^{2+}(aq) \longrightarrow Zn^{2+}(aq)+Cu(s)$

电极反应的通式为：

$$a(\text{氧化态})+ne^- \longrightarrow b(\text{还原态})$$

式中，$n$ 为电子的化学计量数；$a$、$b$ 分别为电极反应式中氧化态和还原态的化学计量数。

电子的化学计量数 $n$ 是单位物质的量的氧化态物质在还原过程中获得的电子的物质的量，也就是在这一过程中金属导线内通过的电子的物质的量。由于 1 个电子所带的电荷量为 $1.602176\times10^{-19}$C（库仑），所以单位物质的量的电子所带电荷量为：

$$Q=N_Ae=6.02214\times10^{23}\times1.602176\times10^{-19}=96485(C\cdot mol^{-1})$$

通常把单位物质的量的电子所带电荷量称为 1Faraday（法拉第）。$96485C\cdot mol^{-1}$称为法拉第常数，用符号 $F$ 表示。即

$$1F=96485C\cdot mol^{-1}$$

### 8.1.2　原电池的热力学

#### 8.1.2.1　电池反应的 $\Delta_rG_m$ 与电动势 $E$ 的关系

从理论上讲，任何一个能自发进行的氧化还原反应都可以设计成一个原电池，把化学能转变成电能。在原电池中，作为电池反应推动力的吉布斯函数变 $\Delta_rG_m$ 与原电池的电动势 $E$ 之间有什么联系呢？根据化学热力学原理，如果在能量转变的过程中，化学能全部转变为电功而无其他的能量损失，则在恒温恒压条件下，反应的摩尔吉布斯函数变 $\Delta_rG_m$ 等于原电池可做的最大电功 $W_{max}$。即

$$\Delta_rG_m=W_{max} \tag{8.1}$$

由物理学知道，$W_{max}$ 等于电池的电动势 $E$ 与通过电量 $Q$ 的乘积：

$$W_{max} = -EQ \tag{8.2}$$

式中，负号“－”表示系统对环境做功。若在相应的电池反应中有 $n$（mol）的电子转移，根据法拉第定律，电量 $Q$ 为

$$Q = nF \tag{8.3}$$

将式(8.1) 和式(8.3) 代入式(8.2)，则

$$\Delta_r G_m = -nFE \tag{8.4}$$

如果参与电池反应的各组分都处于标准态，则

$$\Delta_r G_m^{\ominus} = -nFE^{\ominus} \tag{8.5}$$

式中，$E^{\ominus}$ 为原电池在标准状态下的电动势，称为原电池的标准电动势。

对于原电池反应：

$$a\mathrm{A(aq)} + b\mathrm{B(aq)} \longrightarrow g\mathrm{G(aq)} + d\mathrm{D(aq)}$$

因反应的摩尔吉布斯函数变 $\Delta_r G_m$ 可用化学反应等温方程式表示：

$$\Delta_r G_m = \Delta_r G_m^{\ominus} + RT\ln Q$$

所以

$$-nFE = -nFE^{\ominus} + RT\ln\frac{(c_G/c^{\ominus})^g (c_D/c^{\ominus})^d}{(c_A/c^{\ominus})^a (c_B/c^{\ominus})^b}$$

$$E = E^{\ominus} - \frac{RT}{nF}\ln\frac{(c_G/c^{\ominus})^g (c_D/c^{\ominus})^d}{(c_A/c^{\ominus})^a (c_B/c^{\ominus})^b} \tag{8.6}$$

式(8.6) 称为**电动势能斯特方程**。对于气态物质，用相对分压代替上式中的相对浓度。当 $T=298.15\mathrm{K}$ 时，将上式中自然对数换成常用对数，可得：

$$E = E^{\ominus} - \frac{0.05917V}{n}\lg\frac{(c_G/c^{\ominus})^g (c_D/c^{\ominus})^d}{(c_A/c^{\ominus})^a (c_B/c^{\ominus})^b} \tag{8.7}$$

可见，能斯特方程式表达了组成原电池的各种物质的浓度（对于气态物质，用分压代替浓度）、原电池的工作温度与原电池电动势之间的关系。在原电池对外做电功的过程中，随着电池反应的进行，作为原料的化学物质 A 和 B 的浓度逐渐减小，而产物 G 和 D 的浓度逐渐增大，从能斯特方程可以看出，原电池的电动势将逐渐减小。

**注意：原电池电动势数值与电池反应方程式的写法无关。**

例如，铜锌原电池的电池反应：

$$\mathrm{Zn(s)} + \mathrm{Cu^{2+}(aq)} \longrightarrow \mathrm{Zn^{2+}(aq)} + \mathrm{Cu(s)}$$

$$E = E^{\ominus} - \frac{RT}{2F}\ln\frac{c_{Zn^{2+}}/c^{\ominus}}{c_{Cu^{2+}}/c^{\ominus}}$$

如果把上述原电池反应的化学计量数减小一半，则电池反应方程式为：

$$\frac{1}{2}\mathrm{Cu^{2+}(aq)} + \frac{1}{2}\mathrm{Zn(s)} \longrightarrow \frac{1}{2}\mathrm{Cu(s)} + \frac{1}{2}\mathrm{Zn^{2+}(aq)}$$

与此同时，1mol 的反应过程中通过电子的物质的量也减少为 1mol（即 $n=1$），则：

$$E = E^{\ominus} - \frac{RT}{F}\ln\frac{(c_{Zn^{2+}}/c^{\ominus})^{\frac{1}{2}}}{(c_{Cu^{2+}}/c^{\ominus})^{\frac{1}{2}}}$$

$$= E^{\ominus} - \frac{RT}{2F}\ln\frac{c_{Zn^{2+}}/c^{\ominus}}{c_{Cu^{2+}}/c^{\ominus}}$$

可见，电动势的数值不随电池反应方程式书写方式的改变而改变。

#### 8.1.2.2　电池反应的标准平衡常数 $K^{\ominus}$ 与标准电动势 $E^{\ominus}$ 的关系

由 $\Delta_r G_m^{\ominus} = -nFE^{\ominus}$ 及 $\Delta_r G_m^{\ominus} = -RT\ln K^{\ominus}$ 得：

$$-nFE^{\ominus} = -RT\ln K^{\ominus}$$

$$\ln K^{\ominus} = \frac{nFE^{\ominus}}{RT} \tag{8.8}$$

当 $T=298.15\text{K}$ 时，$\lg K^{\ominus} = \dfrac{nE^{\ominus}}{0.05917\text{V}}$　(8.9)

因此，我们只要通过实验测量出原电池的标准电动势 $E^{\ominus}$，就可以计算出任意温度 $T$ 时电池反应的标准平衡常数 $K^{\ominus}$。由于现代科技手段能够精确地测量出原电池的电动势，所以用这一方法求得的反应的标准平衡常数 $K^{\ominus}$，比根据测量平衡浓度得出的结果更准确。

## 8.2　电极电势

### 8.2.1　电极电势的产生

原电池能够产生电流的事实，说明在原电池的两个电极之间有电势差，即构成原电池的两个电极各自具有不同的电势。那么，电极电势又是怎样产生的呢？这与金属及其盐溶液之间的相互作用有关，下面我们通过双电层理论来说明金属-金属离子电极的电极电势产生的原因。

当把金属插入其盐溶液时，会出现两种倾向：一种是金属表面的金属原子因热运动和受极性水分子的作用，以金属离子的形式进入溶液，金属越活泼或溶液中金属离子的浓度越小，这种倾向越大，此时，表面金属原子把电子留在金属表面而自身以正离子的形式进入溶液中，金属表面则由于失去金属离子而带负电荷，如图 8.2(a) 所示。

$$\text{M} \xrightarrow{\text{溶解}} \text{M}^{n+}(\text{aq}) + ne^-$$

另一种倾向是溶液中的金属离子受金属表面自由电子的吸引而沉积在金属表面上，金属越不活泼或溶液中金属离子浓度越大，这种倾向就越大，此时，金属表面由于沉积金属离子而带正电荷，而金属周围的溶液则因为失去金属离子而带负电荷，如图 8.2(b) 所示。

$$\text{M}^{n+}(\text{aq}) + ne^- \xrightarrow{\text{沉淀}} \text{M}$$

当金属在溶液中溶解速率和沉积速率相等时，则达到动态平衡，结果在金属和溶液之间形成了双电层，这样，在金属表面与其盐溶液之间就产生电势差。这种由于双电层的作用在金属和它的盐溶液之间产生的电势差称为该金属的平衡电极电势，即**电极电势**。显然对于不同的金属-金属离子电极，其平衡状态不同，电极电势也不同。

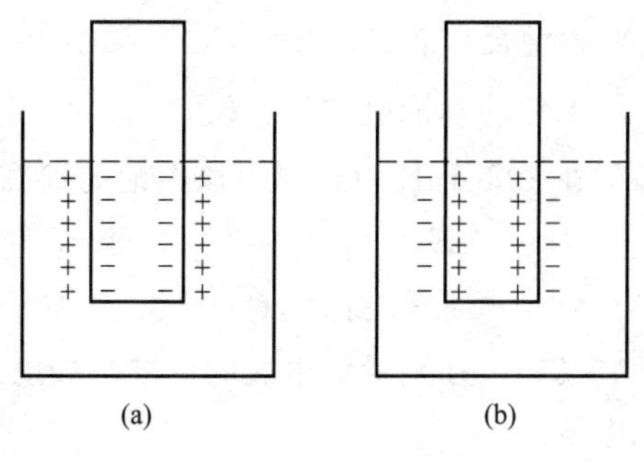

图 8.2　双电层示意图

如果用两种活泼性不同的金属及其盐溶液分别组成两个电极电势不等的电极，再将这两个电极以原电池的形式连接起来，就能产生电流。例如：在 Cu-Zn 原电池中，由于 Zn 比 Cu 活泼，Cu 电极的电极电势比 Zn 电极的电极电势高，电子

从 Zn 极流向 Cu 极，从而引发了负极的氧化反应和正极的还原反应。两极的电极电势差就是电池的电动势，即

$$E=\varphi_{正}-\varphi_{负}$$

## 8.2.2 标准电极电势（$\varphi^{\ominus}$）

### 8.2.2.1 标准氢电极

迄今为止，人们还无法直接测量单个电极的电极电势绝对值，但我们可以用比较的方法确定它的相对值。为了对所有电极的电极电势大小作出系统的定量比较，我们必须选择一个电极，作为衡量其他各种电极电势的相对标准，通常我们选择标准氢电极作为比较的标准，并将其电极电势规定为零：$\varphi^{\ominus}(H^+/H_2)=0V$。

标准氢电极是指处于标准状态下的氢电极，可表示为：

$$Pt|H_2(p=100kPa)|H^+(c=1mol\cdot L^{-1})$$

其结构如图 8.3 所示。

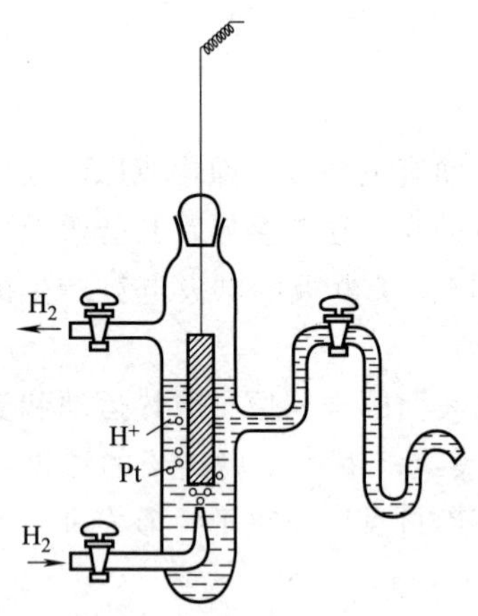


图 8.3　氢电极示意图

它是把镀有一层铂黑的铂片浸入 $H^+$ 浓度为 $1mol\cdot L^{-1}$ 的溶液中，在 298.15K 时通入压力为 100kPa 的纯氢气流。铂黑很容易吸附氢气达到饱和，同时对电化学反应有催化作用，使氢气很快与溶液中的 $H^+$ 达成平衡：

$$2H^+(aq)+2e^- \rightleftharpoons H_2(g)$$

这样组成的电极称为**标准氢电极**。

在规定了标准氢电极的电极电势 $\varphi^{\ominus}(H^+/H_2)=0V$ 以后，我们就可以将任一标准状态的待测电极与标准氢电极构成原电池，然后测量该原电池的标准电动势 $E^{\ominus}$，即可确定待测电极的标准电极电势。

例如，在测量铜电极的标准电极电势 $\varphi^{\ominus}(Cu^{2+}/Cu)$ 时，可将标准铜电极与标准氢电极构成原电池，根据外电路中检流计指针的偏转方向确定出电池的正负极。

$$(-)Pt|H_2(100kPa)|H^+(1mol\cdot L^{-1})\parallel Cu^{2+}(1mol\cdot L^{-1})|Cu(+)$$

电极反应：

负极：$H_2(g)-2e^- = 2H^+(aq)$

正极：$Cu^{2+}(aq)+2e^- = Cu(s)$

电池反应：$H_2(g)+Cu^{2+}(aq) = 2H^+(aq)+Cu(s)$

电池的标准电动势：$E^{\ominus}=\varphi^{\ominus}(Cu^{2+}/Cu)-\varphi^{\ominus}(H^+/H_2)$

在 298.15K 时，测得该电池的标准电动势 $E^{\ominus}=0.342V$，则

$$E^{\ominus}=\varphi^{\ominus}(Cu^{2+}/Cu)-\varphi^{\ominus}(H^+/H_2)=\varphi^{\ominus}(Cu^{2+}/Cu)-0=0.342V$$

故　　$\varphi^{\ominus}(Cu^{2+}/Cu)=0.342V$

又如：在测量锌电极的标准电极电势 $\varphi^{\ominus}(Zn^{2+}/Zn)$ 时，可将锌电极与标准氢电极构成原电池。

$$(-)Zn|Zn^{2+}(1mol\cdot L^{-1})\parallel H^+(1mol\cdot L^{-1})|H_2(100kPa)|Pt(+)$$

电极反应：

负极：$Zn(s)-2e^- = Zn^{2+}(aq)$

正极：$2H^{+}(aq)+2e^{-}=H_2(g)$

电池反应：$Zn(s)+2H^{+}(aq)=Zn^{2+}(aq)+H_2(g)$

电池的标准电动势：$E^{\ominus}=\varphi^{\ominus}(H^{+}/H_2)-\varphi^{\ominus}(Zn^{2+}/Zn)$

实验测得 $E^{\ominus}=0.762V$，则

$$E^{\ominus}=\varphi^{\ominus}(H^{+}/H_2)-\varphi^{\ominus}(Zn^{2+}/Zn)$$
$$=0-\varphi^{\ominus}(Zn^{2+}/Zn)=0.762V$$
$$\varphi^{\ominus}(Zn^{2+}/Zn)=-0.762V$$

用同样的方法，可测出其他电极的标准电极电势，见附录 7。

书末附录 7 中列出了 298.15K 时，标准状态（活度 $a=1$，压力 $p=100kPa$）下的一些氧化还原电对的标准电极电势，表中都是按代数值由小到大的顺序自上而下排列的。

说明：

① 表中的半反应均表示为还原过程：

$$a(\text{氧化态})+ne^{-}=b(\text{还原态})$$

② 表中电对按 $\varphi^{\ominus}$(氧化态/还原态）代数值由小到大的顺序排列。

③ 对同一电对而言，氧化态的氧化性越强，还原态的还原性就越弱；反之，氧化态的氧化性越弱，还原态的还原性就越强。

④ 一个电对的还原态能够还原处于该电对下方任何一个电对的氧化态。这是能从表中获得的最重要的信息之一。

⑤ $\varphi^{\ominus}$值与电极反应方程式的写法无关。如：

$$Cl_2(g)+2e^{-}=2Cl^{-}(aq)\quad \varphi^{\ominus}=1.36V$$
$$\frac{1}{2}Cl_2(g)+e^{-}=Cl^{-}(aq)\quad \varphi^{\ominus}=1.36V$$

⑥ 查阅标准电极电势数据时，要注意电对的具体存在形式、状态和介质条件等都必须完全符合。如：

$Fe^{2+}(aq)+2e^{-}=Fe(s)\quad \varphi^{\ominus}(Fe^{2+}/Fe)=-0.447V$

$Fe^{3+}(aq)+e^{-}=Fe^{2+}(aq)\quad \varphi^{\ominus}(Fe^{3+}/Fe^{2+})=0.771V$

$H_2O_2(aq)+2H^{+}(aq)+2e^{-}=2H_2O(l)\quad \varphi^{\ominus}(H_2O_2/H_2O)=1.776V$

$O_2(g)+2H^{+}(aq)+2e^{-}=H_2O_2(aq)\quad \varphi^{\ominus}(O_2/H_2O_2)=0.695V$

⑦ $\varphi^{\ominus}$是在标准状态下，物质在水溶液中的行为，对于高温非标准态、非水溶液体系（如熔融盐、液氨体系等）或高浓度体系是不适用的。

#### 8.2.2.2　参比电极

由于标准氢电极要求氢气纯度高，压力稳定，并且铂在溶液中易吸附其他组分而失去活性，因此实际上常用易于制备、使用方便且电极电势稳定的甘汞电极或氯化银电极等作为电极电势的对比参考，称为**参比电极**。

（1）甘汞电极

甘汞电极如图 8.4 所示。

电极符号：$Pt|Hg(l)|Hg_2Cl_2(s)|Cl^{-}(aq)$

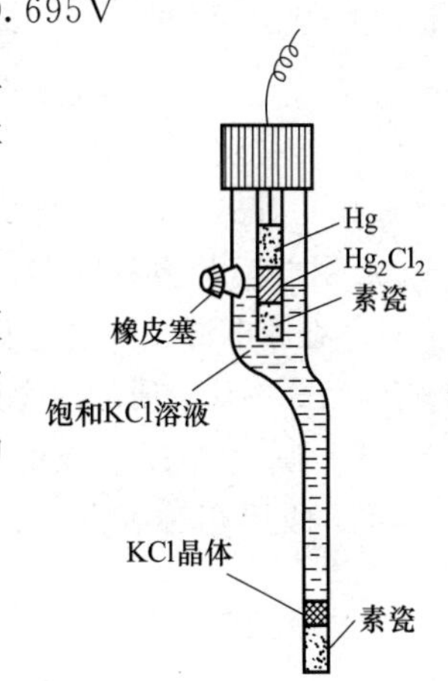


图 8.4　饱和甘汞电极示意图

电极反应：$Hg_2Cl_2(s)+2e^- \longrightarrow 2Hg(l)+2Cl^-(aq)$

25℃时电极电势为：$\varphi(Hg_2Cl_2/Hg)=\varphi^{\ominus}(Hg_2Cl_2/Hg)-\frac{0.05917V}{2}\lg c(Cl^-)^2$

从上式可见，在一定温度下，甘汞电极的电极电势的大小与 KCl 溶液中$Cl^-$浓度有关。表 8.1 给出了三种不同浓度 KCl 溶液的甘汞电极的电极电势。

**表 8.1　不同浓度 KCl 溶液的甘汞电极的电极电势（25℃时）**

| KCl 溶液浓度 | $0.1mol \cdot L^{-1}$ | $1mol \cdot L^{-1}$ | 饱和溶液 |
|---|---|---|---|
| 电极电势 $\varphi$/V | 0.3365 | 0.2828 | 0.2438 |

（2）氯化银电极

电极符号：$Ag(s)|AgCl(s)|Cl^-(aq)$

电极反应：$AgCl(s)+e^- \longrightarrow Ag(s)+Cl^-(aq)$

25℃时电极电势为：$\varphi(AgCl/Ag)=\varphi^{\ominus}(AgCl/Ag)-0.05917V\lg c(Cl^-)$

氯化银电极的电极电势大小与溶液中 $Cl^-$ 浓度有关。不同浓度 KCl 溶液的氯化银电极的电极电势见表 8.2。

**表 8.2　不同浓度 KCl 溶液的氯化银电极的电极电势（25℃时）**

| KCl 溶液浓度 | $0.1mol \cdot L^{-1}$ | $1mol \cdot L^{-1}$ | 饱和溶液 |
|---|---|---|---|
| 电极电势 $\varphi$/V | 0.2880 | 0.2223 | 0.2000 |

### 8.2.3　电极电势的能斯特方程

由于大多数情况下，电极并非处于标准状态，因此我们必须了解电极在非标准态时的电极电势。

电极电势的大小，不仅取决于电极的性质，还与温度和溶液中的离子的浓度、气体的分压有关。对于任意给定的电极，电极反应通式为：

$$a(\text{氧化态})+ne^- \longrightarrow b(\text{还原态})$$

能斯特（W. Nernst）从理论上推导出电极电势与浓度之间的关系为：

$$\varphi=\varphi^{\ominus}-\frac{RT}{nF}\ln\frac{(c_{\text{还原态}}/c^{\ominus})^b}{(c_{\text{氧化态}}/c^{\ominus})^a} \tag{8.10}$$

当 $T=298.15K$ 时，将上式改用常用对数表示，则

$$\varphi=\varphi^{\ominus}-\frac{0.05917V}{n}\lg\frac{(c_{\text{还原态}}/c^{\ominus})^b}{(c_{\text{氧化态}}/c^{\ominus})^a} \tag{8.11}$$

式(8.10）和式(8.11）称为电极电势的能斯特方程。

**应用能斯特方程式时，对于反应组分的浓度表达应注意以下两点：**

① 在原电池反应或电极反应中，当某物质是纯的固体或纯的液体（不是混合物）时，则能斯特方程式中该物质的浓度为 1（因为热力学规定，该状态下纯固体或纯液体的活度等于 1)。

② 当原电池反应或电极反应中某物质是气体时，则能斯特方程式中该物质的相对浓度（$c/c^{\ominus}$）改用相对压力（$p/p^{\ominus}$）表示，如

$$2H^+(aq)+2e^- \longrightarrow H_2(g)$$

$$\varphi(H^+/H_2)=\varphi^{\ominus}(H^+/H_2)-\frac{RT}{2F}\ln\frac{p_{H_2}/p^{\ominus}}{(c_{H^+}/c^{\ominus})^2}$$

**【例题 8.1】** 写出电对 $O_2/H_2O$（酸性介质）、$MnO_4^-/MnO_2$（中性介质）电极电势的能斯特方程式。

**解：**(1) $O_2/H_2O$（酸性介质）

电极反应为　$O_2(g)+4H^+(aq)+4e^- = 2H_2O(l)$

$$\varphi(O_2/H_2O)=\varphi^{\ominus}(O_2/H_2O)-\frac{RT}{4F}\ln\frac{1}{(p_{O_2}/p^{\ominus})(c_{H^+}/c^{\ominus})^4}$$

(2) $MnO_4^-/MnO_2$（中性介质）

电极反应为　$MnO_4^-(aq)+2H_2O(l)+3e^- = MnO_2(s)+4OH^-(aq)$

$$\varphi(MnO_4^-/MnO_2)=\varphi^{\ominus}(MnO_4^-/MnO_2)-\frac{RT}{3F}\ln\frac{(c_{OH^-}/c^{\ominus})^4}{c_{MnO_4^-}/c^{\ominus}}$$

**【例题 8.2】** 当 $c(Fe^{3+})=1.0\times10^{-3}mol\cdot L^{-1}$、$c(Fe^{2+})=0.1mol\cdot L^{-1}$ 时，计算 298.15K 时，电对 $Fe^{3+}/Fe^{2+}$ 的电极电势。

**解：**电极反应为 $Fe^{3+}(aq)+e^- = Fe^{2+}(aq)$

查表得，298.15K 时，$\varphi^{\ominus}(Fe^{3+}/Fe^{2+})=0.771V$

$$\varphi(Fe^{3+}/Fe^{2+})=\varphi^{\ominus}(Fe^{3+}/Fe^{2+})-\frac{0.05917V}{1}\lg\frac{c_{Fe^{2+}}/c^{\ominus}}{c_{Fe^{3+}}/c^{\ominus}}$$

$$=0.771V-0.05917V\lg\frac{0.1}{1.0\times10^{-3}}=0.653V$$

**【例题 8.3】** 已知 $c(MnO_4^-)=c(Mn^{2+})=1.000mol\cdot L^{-1}$，计算 298.15K 下，pH=5 和 pH=1 时，$MnO_4^-/Mn^{2+}$ 电极的电极电势。

**解：**电极反应为 $MnO_4^-(aq)+8H^+(aq)+5e^- = Mn^{2+}(aq)+4H_2O(l)$

查表得，298.15K 时，$\varphi^{\ominus}(MnO_4^-/Mn^{2+})=1.507V$

(1) 当 pH=5 时，$c(H^+)=1.000\times10^{-5}mol\cdot L^{-1}$

$$\varphi(MnO_4^-/Mn^{2+})=\varphi^{\ominus}(MnO_4^-/Mn^{2+})-\frac{0.05917V}{5}\lg\frac{c_{Mn^{2+}}/c^{\ominus}}{(c_{MnO_4^-}/c^{\ominus})(c_{H^+}/c^{\ominus})^8}$$

$$=1.507V-\frac{0.05917V}{5}\lg\frac{1}{(1.000\times10^{-5})^8}=1.034V$$

(2) 当 pH=1 时，$c(H^+)=0.1000mol\cdot L^{-1}$

$$\varphi(MnO_4^-/Mn^{2+})=\varphi^{\ominus}(MnO_4^-/Mn^{2+})-\frac{0.05917V}{5}\lg\frac{c_{Mn^{2+}}/c^{\ominus}}{(c_{MnO_4^-}/c^{\ominus})(c_{H^+}/c^{\ominus})^8}$$

$$=1.507V-\frac{0.05917V}{5}\lg\frac{1}{(0.1000)^8}=1.412V$$

由计算结果可知，电解质溶液的酸碱性对含氧酸盐的电极电势有较大的影响。酸性增强时，电极电势明显增大，则含氧酸盐的氧化性显著增强。

**【例题 8.4】** 取两根铜棒，将一根铜棒插入盛有 $0.1mol\cdot L^{-1}$ $CuSO_4$ 溶液的烧杯中，另一根铜棒插入盛有 $1mol\cdot L^{-1}$ $CuSO_4$ 溶液的烧杯中，外电路用导线连接，内电路通过盐桥沟通，计算组成的原电池的电动势。

**解：**查表得，298.15K 时，$\varphi^{\ominus}(Cu^{2+}/Cu)=0.3419V$

电极反应：$Cu^{2+}(aq)+2e^- \longrightarrow Cu(s)$

当 $c(Cu^{2+})=0.1mol\cdot L^{-1}$ 时，有

$$\varphi_1=\varphi^{\ominus}(Cu^{2+}/Cu)-\frac{0.05917V}{2}\lg\frac{1}{c_{Cu^{2+}}/c^{\ominus}}$$

$$=0.3419V-\frac{0.05917V}{2}\lg\frac{1}{0.1}=0.3123V$$

当 $c(Cu^{2+})=1mol\cdot L^{-1}$ 时，有

$$\varphi_2=\varphi^{\ominus}(Cu^{2+}/Cu)=0.3419V$$

电池电动势：$E=\varphi_2-\varphi_1=0.3419V-0.3123V=0.0296V$

原电池符号为：

$$(-)Cu|Cu^{2+}(0.1mol\cdot L^{-1})\parallel Cu^{2+}(1mol\cdot L^{-1})|Cu(+)$$

由此可见，对于同一电对而言，若离子浓度不同，也会导致其电极电势的不同，因此，我们可以用两种不同浓度的某种金属离子的溶液分别与该金属组成电极，利用这样的两个电极也能构成具有一定电动势的原电池，这种原电池称为浓差电池。

## 8.3 电动势与电极电势在化学上的应用

电极电势除了用来计算原电池的电动势和氧化还原反应的摩尔吉布斯函数变外，还可以用来比较氧化剂和还原剂的相对强弱，判断氧化还原反应进行的方向和程度等。

### 8.3.1 比较氧化剂和还原剂的相对强弱

电极电势代数值的大小反映了氧化还原电对中氧化态物质和还原态物质在水溶液中氧化还原能力的相对强弱。氧化还原电对的电极电势代数值越小，则该电对的还原态物质越容易失去电子，还原性越强，其对应的氧化态物质是越弱的氧化剂；氧化还原电对的电极电势代数值越大，则该电对中的氧化态物质越容易得到电子，氧化性越强，其对应的还原态物质是越弱的还原剂。

例如，对于下列三个电极（298.15K）：

| 电对 | 电极反应 | $\varphi^{\ominus}/V$ |
|---|---|---|
| $Na^+/Na$ | $Na^+(aq)+e^- \longrightarrow Na(s)$ | $-2.71$ |
| $Cu^{2+}/Cu$ | $Cu^{2+}(aq)+2e^- \longrightarrow Cu(s)$ | $+0.342$ |
| $Cr_2O_7^{2-}/Cr^{3+}$ | $Cr_2O_7^{2-}(aq)+14H^+(aq)+6e^- \longrightarrow 2Cr^{3+}(aq)+7H_2O(l)$ | $+1.232$ |

由标准电极电势可以看出，在离子浓度均为 $1mol\cdot L^{-1}$ 的条件下，Na 是最强的还原剂，$Cr_2O_7^{2-}$ 是最强的氧化剂。三个电对中各氧化态的氧化性强弱顺序为 $Cr_2O_7^{2-}>Cu^{2+}>Na^+$；各还原态还原性的强弱顺序为 $Na>Cu>Cr^{3+}$。

当电对中物质处于标准态时，可以直接利用标准电极电势 $\varphi^{\ominus}$ 的相对大小比较其氧化性和还原性的相对强弱。当电极中氧化态或还原态离子浓度不是 $1mol\cdot L^{-1}$，或者还有 $H^+$ 或 $OH^-$ 参加电极反应时，则不能直接使用标准电极电势 $\varphi^{\ominus}$ 来判断氧化还原能力，而应考虑离子浓度或溶液酸碱性对电极电势的影响，先运用能斯特方程计算 $\varphi$ 值后，再比较氧化剂或还原剂的相对强弱。

**【例题 8.5】** 下列三个电极中，在标准条件下哪个是最强的氧化剂？哪个是最强的还原

剂？若其中的$MnO_4^-/Mn^{2+}$电极改为在 pH=5 的条件下，它们的氧化性相对强弱次序将怎样变化？

已知：$\varphi^{\ominus}(MnO_4^-/Mn^{2+})=1.507V$；$\varphi^{\ominus}(Br_2/Br^-)=1.066V$；$\varphi^{\ominus}(I_2/I^-)=0.5355V$。

**解**：(1) 在标准状态下可用 $\varphi^{\ominus}$ 值的相对大小进行比较。$\varphi^{\ominus}$ 值的相对大小次序为：

$$\varphi^{\ominus}(MnO_4^-/Mn^{2+})>\varphi^{\ominus}(Br_2/Br^-)>\varphi^{\ominus}(I_2/I^-)$$

所以在上述物质中$MnO_4^-$ 是最强的氧化剂，$I^-$ 是最强的还原剂，即氧化性的强弱次序是：

$$MnO_4^->Br_2>I_2$$

(2) 当 pH=5 时，根据例题 8.3 的计算结果可知：$\varphi(MnO_4^-/Mn^{2+})=1.034V$。

此时各电极电势相对大小次序为：

$$\varphi^{\ominus}(Br_2/Br^-)>\varphi(MnO_4^-/Mn^{2+})>\varphi^{\ominus}(I_2/I^-)$$

这就是说，当$KMnO_4$ 溶液的酸性减弱为 pH=5 时，氧化性强弱的次序变为：

$$Br_2>MnO_4^->I_2$$

还需指出，在选择氧化剂和还原剂时，除了需要考虑上面所讨论的电极电势大小以外，有时还必须注意一些其他的因素。例如，欲从溶液中将$Cu^{2+}$还原成金属铜，若只从电极电势大小考虑，可选用金属钠作还原剂。但实际上，将金属钠放入水溶液中后，钠会首先与水反应，生成 NaOH 和 $H_2$，而生成的 NaOH 进而与$Cu^{2+}$反应生成 $Cu(OH)_2$ 沉淀。若选用较活泼的金属锌作还原剂，则过量的锌与还原产物铜会混在一起难以分离。因此，工业上常选用 $H_2SO_3$ 或 $SO_2$ 作还原剂，一方面可将$Cu^{2+}$还原成铜，同时又易于分离，既不产生副产品，又不带入其他杂质，且价廉。

### 8.3.2　氧化还原反应方向的判断

氧化还原反应是争夺电子的反应，自发的氧化还原反应总是在得电子能力强的氧化剂和失电子能力强的还原剂之间发生，即氧化还原反应自发进行的方向一定是：

$$强氧化剂(1)+强还原剂(2) \rightleftharpoons 弱还原剂(1)+弱氧化剂(2)$$

即在通常条件下，氧化还原反应总是由较强氧化剂和还原剂向着生成较弱氧化剂和还原剂的方向进行。

氧化还原反应的方向，还可以根据原电池的电动势进行判断。由于反应的吉布斯函数变与原电池电动势的关系为 $\Delta_r G_m=-nFE$，若 $\Delta_r G_m<0$，则 $E>0$，即在没有非体积功的等温等压条件下，当 $E>0$ 时，氧化还原反应就可以正向自发进行；当 $E<0$ 时，反应逆向进行。

**【例题 8.6】** 判断下列反应在 $H^+$ 浓度为 $1.00\times10^{-5}mol\cdot L^{-1}$溶液中，反应进行的方向(其余物质处于标准态)。

$$2Mn^{2+}+5Cl_2+8H_2O \rightleftharpoons 2MnO_4^-+16H^++10Cl^-$$

已知：$\varphi^{\ominus}(MnO_4^-/Mn^{2+})=1.507V$，$\varphi^{\ominus}(Cl_2/Cl^-)=1.358V$。

**解**：因 $\varphi^{\ominus}(MnO_4^-/Mn^{2+})>\varphi^{\ominus}(Cl_2/Cl^-)$，所以在标准状态下，$MnO_4^-$ 是强氧化剂，$Cl^-$ 是强还原剂，反应按下式逆向进行。

$$2Mn^{2+}+5Cl_2+8H_2O \rightleftharpoons 2MnO_4^-+16H^++10Cl^-$$

当 $c(H^+)=1.00\times10^{-5}mol\cdot L^{-1}$，其他物质均处于标准状态时，根据能斯特方程式可计算出各电对的电极电势。

两电极反应式为：$Cl_2(g)+2e^- \longrightarrow 2Cl^-(aq)$

$$MnO_4^-(aq)+8H^+(aq)+5e^- \longrightarrow Mn^{2+}(aq)+4H_2O(l)$$

从反应式可以看出，$c(H^+)$ 对 $\varphi(Cl_2/Cl^-)$ 无影响，对 $\varphi(MnO_4^-/Mn^{2+})$ 有很大影响。

$$\varphi(MnO_4^-/Mn^{2+})=\varphi^{\ominus}(MnO_4^-/Mn^{2+})-\frac{0.05917V}{5}\lg\frac{c_{Mn^{2+}}/c^{\ominus}}{(c_{MnO_4^-}/c^{\ominus})(c_{H^+}/c^{\ominus})^8}$$

$$=1.507V-\frac{0.05917V}{5}\lg\frac{1}{(1.00\times10^{-5})^8}=1.034V$$

显然，当 $c(H^+)=1.00\times10^{-5}mol\cdot L^{-1}$ 时，$\varphi(MnO_4^-/Mn^{2+})<\varphi^{\ominus}(Cl_2/Cl^-)$，此时，$Cl_2$ 是强氧化剂，$Mn^{2+}$ 是强还原剂，反应会自发地从左向右进行。

### 8.3.3 氧化还原反应进行程度的判断

对于任一氧化还原反应，在一定条件下，反应进行的程度，可以用氧化还原反应的标准平衡常数 $K^{\ominus}$ 来衡量。我们已经知道，$T=298.15K$ 时，电池反应的平衡常数与标准电动势的关系为：

$$\lg K^{\ominus}=\frac{nE^{\ominus}}{0.05917V}$$

$$E^{\ominus}=\varphi^{\ominus}(+)-\varphi^{\ominus}(-)$$

通过原电池的电动势 $E^{\ominus}$ 可以计算出电池反应的平衡常数 $K^{\ominus}$。$E^{\ominus}$ 越大，则 $K^{\ominus}$ 越大，反应进行的程度就越大。

**【例题 8.7】** 计算下列反应在 298.15K 时的标准平衡常数，并分析该反应能够进行的程度。

$$Cu(s)+2Ag^+(aq) \longrightarrow Cu^{2+}(aq)+2Ag(s)$$

**解**：查附录，$\varphi^{\ominus}(Cu^{2+}/Cu)=0.3419V$，$\varphi^{\ominus}(Ag^+/Ag)=0.7996V$

该原电池的标准电动势为：

$$E^{\ominus}=\varphi^{\ominus}(Ag^+/Ag)-\varphi^{\ominus}(Cu^{2+}/Cu)$$

$$=0.7996-0.3419=0.4577(V)$$

$$\lg K^{\ominus}=\frac{nE^{\ominus}}{0.05917V}=\frac{2\times0.4577V}{0.05917V}=15.47$$

$$K^{\ominus}=3.00\times10^{15}$$

上述结果表明，该反应进行得相当彻底。

### 8.3.4 原电池正负极的判断及原电池电动势的计算

在原电池中，电极电势代数值较大的电极为正极，电极电势代数值较小的电极为负极。电池电动势 $E=\varphi_{正}-\varphi_{负}$。

**【例题 8.8】** 计算下列原电池的电动势，并指出哪个电极作正极，哪个电极作负极。

$$(-)Zn|Zn^{2+}(0.100mol\cdot L^{-1})\|Cu^{2+}(3.00mol\cdot L^{-1})|Cu(+)$$

**解**：先计算两电极的电极电势

$$\varphi_{Zn^{2+}/Zn}=\varphi^{\ominus}_{Zn^{2+}/Zn}-\frac{0.05917V}{2}\lg\frac{1}{c_{Zn^{2+}}/c^{\ominus}}$$

$$=-0.7618\text{V}-\frac{0.05917\text{V}}{2}\lg\frac{1}{0.100}=-0.7914\text{V}$$

$$\varphi_{Cu^{2+}/Cu}=\varphi^{\ominus}_{Cu^{2+}/Cu}-\frac{0.05917\text{V}}{2}\lg\frac{1}{c_{Cu^{2+}}/c^{\ominus}}$$

$$=0.3419\text{V}-\frac{0.05917\text{V}}{2}\lg\frac{1}{3.00}=0.3560\text{V}$$

所以，铜电极为正极，锌电极为负极。

电池电动势为：

$$E=\varphi_{Cu^{2+}/Cu}-\varphi_{Zn^{2+}/Zn}=0.3560\text{V}-(-0.7914\text{V})=1.147\text{V}$$

## 8.4　化学电源

借助自发的氧化还原反应将化学能直接转变成电能的装置称为化学电源。化学电源又称电池，化学电源使用面广，种类繁多，按照其特点分为干电池、蓄电池、燃料电池。

### 8.4.1　干电池（一次电池）

干电池也称一次电池，一次电池是放电后不能充电或补充化学物质使其复原的电池。常用的有锌锰电池、锌汞电池、镁锰干电池等。

（1）锌锰干电池

锌锰干电池是日常生活中常用的干电池，其结构如图 8.5 所示。

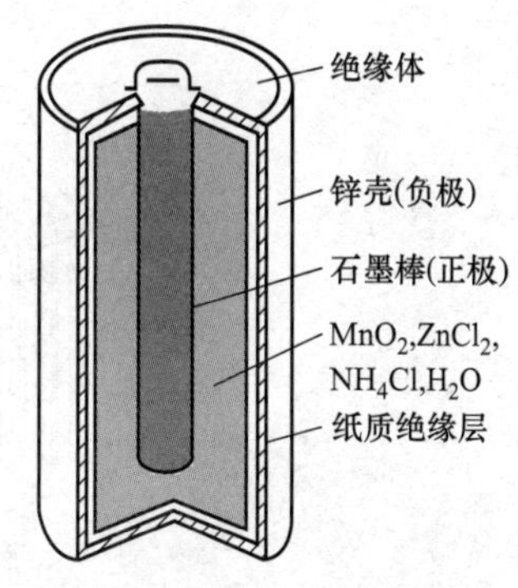

图 8.5　锌锰干电池示意图

正极材料：$MnO_2$、石墨棒

负极材料：锌片

电解质：$NH_4Cl$、$ZnCl_2$ 及淀粉糊状物

电池符号：$(-)Zn\mid ZnCl_2$，$NH_4Cl$(糊状)$\mid MnO_2\mid C(+)$

接通外电路放电时，两极上的主要反应为：

负极：$Zn(s)-2e^-$ ══ $Zn^{2+}(aq)$

正极：$2MnO_2(s)+2NH_4^+(aq)+2e^-$ ══ $Mn_2O_3(s)+2NH_3(g)+H_2O(l)$

电池总反应为：

$Zn(s)+2MnO_2(s)+2NH_4^+(aq)$ ══ $Zn^{2+}(aq)+Mn_2O_3(s)+2NH_3(g)+H_2O(l)$

锌锰干电池的电动势为 1.5V，携带方便，但反应不可逆，寿命有限。因产生的氨气能被石墨吸附，引起电动势下降。如果用高导电的糊状 KOH 代替 $NH_4Cl$，正极材料改用钢筒，$MnO_2$ 层紧靠钢筒，就构成碱性锌锰干电池，由于电池反应没有气体产生，内电阻较低，电动势为 1.5V，比较稳定。

（2）锌汞电池

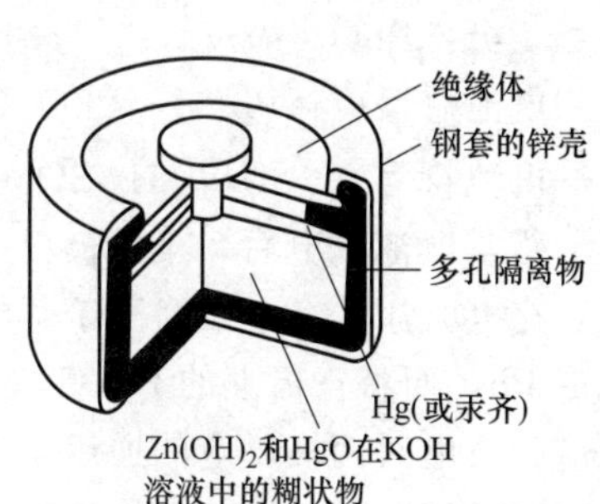

图 8.6　锌汞电池示意图

锌汞电池构造如图 8.6 所示，因外形像纽扣，又称纽扣电池。锌汞电池是一种碱性电池，它是以锌汞齐为负

极，氧化汞和碳粉（导电材料）为正极，含有饱和 ZnO 的 KOH 糊状物为电解质，其中 ZnO 与 KOH 形成 $[Zn(OH)_4]^{2-}$ 配离子。

电池符号：(−)Zn(Hg)|KOH(糊状,含饱和 ZnO)|HgO|C(+)

接通外电路放电时，两极上的主要反应为：

负极：$Zn(汞齐)+2OH^- - 2e^- \longrightarrow Zn(OH)_2$

正极：$HgO+H_2O+2e^- \longrightarrow Hg+2OH^-$

锌汞电池体积小，能量高，贮存性能优良，是常用电池中放电电压最平稳的电源之一。常用于助听器、心脏起搏器等。缺点是使用了汞，不利于环保。

### 8.4.2 蓄电池（二次电池）

蓄电池是可以反复使用，放电后可以充电使活性物质复原，以便再重新放电的电池，也称二次电池。由所用电解质的酸碱性不同分为酸性蓄电池和碱性蓄电池。

铅蓄电池由一组充满海绵状金属铅的铅锑合金格板作负极，由另一组充满二氧化铅的铅锑合金格板作正极，两组格板相间浸泡在电解质稀硫酸中。铅蓄电池示意图如图 8.7 所示。

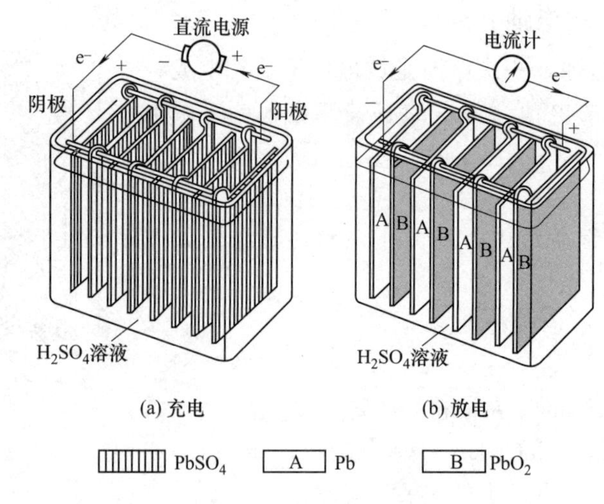


图 8.7 铅蓄电池示意图

铅蓄电池在放电时相当于一个原电池，见图 8.7(b)。

放电时，电极反应为：

负极：$Pb(s)+SO_4^{2-}(aq)-2e^- \longrightarrow PbSO_4(s)$

正极：$PbO_2(s)+SO_4^{2-}(aq)+4H^+(aq)+2e^- \longrightarrow PbSO_4(s)+2H_2O(l)$

电池总反应：$Pb(s)+PbO_2(s)+2H_2SO_4(aq) \longrightarrow 2PbSO_4(s)+2H_2O(l)$

电池符号：$(-)Pb|H_2SO_4(1.25\sim1.30kg\cdot L^{-1})|PbO_2(+)$

铅蓄电池放电后，正负极板上都沉积有一层 $PbSO_4$，放电到一定程度之后必须进行充电，充电时用一个电压略高于蓄电池电压的直流电源与蓄电池相接，将负极上的 $PbSO_4$ 还原成 Pb，而将正极上的 $PbSO_4$ 氧化成 $PbO_2$，铅蓄电池充电时［图 8.7(a)］两极上发生的反应为放电时两极反应的逆反应。

正常情况下，铅蓄电池的电动势是 2.0V，电池放电时，随着 $PbSO_4$ 沉淀的析出和水的生成，$H_2SO_4$ 溶液的浓度会降低，密度减小，故可以通过测量 $H_2SO_4$ 的密度来检查蓄电池的放电情况。正常蓄电池中硫酸密度在 $1.25\sim1.30kg\cdot L^{-1}$ 之间。若低于 $1.20kg\cdot L^{-1}$，则表示已部分放电，需充电后才能使用。铅蓄电池具有充放电可逆性好、放电电流大、稳定可靠、价格便宜等优点；缺点是笨重（例如，载重 2t 的搬运车电池自重 0.5t）。铅蓄电池常用作汽车的启动电源，潜艇的动力电源，以及变电站的备用电源等。

### 8.4.3　燃料电池

燃料电池与前两类电池的主要区别在于：它不是把还原剂、氧化剂物质全部贮藏在电池内，而是在工作时不断从外界输入氧化剂和还原剂，同时将电极反应产物不断排出电池。燃料电池是名副其实地把能源中燃料燃烧反应的化学能直接转化为电能的“能量转换机器”。能量转换率很高，理论上可达 100%。实际转化率约为 70%～80%，而一般火电站热机效率仅在 30%～40%之间。燃料电池具有节约燃料、污染小的特点。

燃料电池由燃料（氢气、甲烷、甲醇、煤气、天然气等）、氧化剂（氧气、空气等）、电极和电解质溶液等组成，其中还原剂（氢气、煤气、天然气、甲醇等）为负极反应物，氧化剂（氧气、空气等）为正极反应物。电极材料多采用多孔炭、多孔镍、铂、钯等贵重金属以及聚四氟乙烯，电解质则有碱性、酸性、熔融盐和固体电解质等数种。

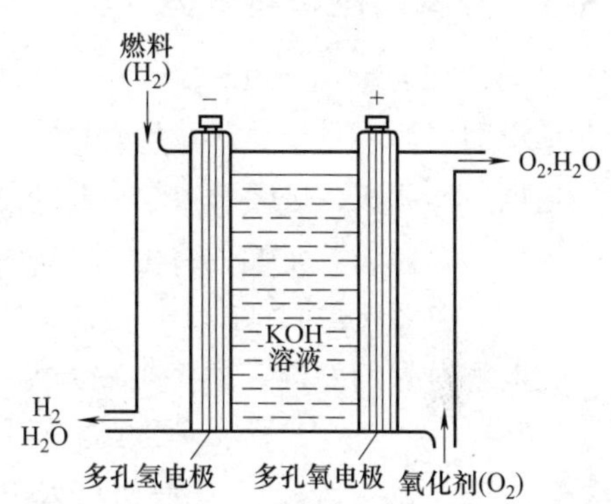


图 8.8　氢氧燃料电池

以碱性氢氧燃料电池为例说明其工作原理。

碱性氢氧燃料电池的燃料极常用多孔性金属镍或多孔炭，用它来吸附氢气。空气极常用多孔性金属银或多孔炭，用它吸附空气。电解质则是 30%～50%的 KOH 溶液。如图 8.8 所示。

其电池符号为：

$$(-)\mathrm{C}|\mathrm{H_2}(p)|\mathrm{KOH(aq)}|\mathrm{O_2}(p)|\mathrm{C}(+)$$

电极反应为：

负极：$2H_2(g)+4OH^-(aq)-4e^- \!=\!=\!= 4H_2O(l)$

正极：$O_2(g)+2H_2O(l)+4e^- \!=\!=\!= 4OH^-(aq)$

电池总反应：$2H_2(g)+O_2(g) \!=\!=\!= 2H_2O(l)$

氢氧燃料电池的理论电动势约为 1.23V。其优点是能量转换效率高，无噪声，无污染，可连续大功率供电。氢氧燃料电池已应用于航天、军事通信、电视中继站等领域，随着成本的下降和技术的提高，有望得到进一步的商业化应用。

## 8.5　电解

根据热力学原理，对于 $\Delta_r G_m > 0$ 的反应，在恒温、恒压、不做非体积功的情况下，反应不能自发进行，但是，如果环境对系统做非体积功（如电功），反应就可以发生了。因此，利用外加电流对系统做功的方法，可以使原本不能自发进行的反应发生，电解就是这样一种过程。

电解是将直流电通过电解质溶液，使电极上发生氧化还原反应的过程。借助于电能引起化学变化，将电能转变为化学能的装置叫电解池。

在电解池中，与外界电源负极相连的电极叫阴极，电解时，电解质溶液中的正离子受电子吸引，向阴极移动，并在阴极上得到电子，发生还原反应；与外界电源正极相连的电极叫阳极，电解时，电解质溶液中的负离子受正电荷的吸引，向阳极移动，并在阳极上释放电子，发生氧化反应。

电解池在工作过程中，电子的流动方向为：外界电源的负极→电解池阴极→电解液中的正离子在阴极上发生还原反应，消耗电子→通过电解液中的负离子向阳极移动，将电子携带至阳极，并在阳极上发生氧化反应，释放电子→电解池阳极→外电源正极。

由此可见，通过电极反应这一特殊形式，将金属导线中电子导电与电解质溶液中离子导电联系起来。

### 8.5.1 分解电压和超电势

例如：在电解 $0.1mol\cdot L^{-1}$ NaOH 溶液时，发生如下反应

通电前　$NaOH \longrightarrow Na^+ + OH^-$，$H_2O \rightleftharpoons H^+ + OH^-$

通电后　阴极：$4H^+ + 4e^- = 2H_2\uparrow$

阳极：$4OH^- - 4e^- = 2H_2O + O_2\uparrow$

总反应：$2H_2O = 2H_2\uparrow + O_2\uparrow$

在电解时人们发现，并不是一开始施加外加电压就会顺利地发生电解。实验表明，如果通过调节可变电阻，逐步增加电解池的外加电压，我们会发现，最初增大电压时，电路中电流的增加并不明显，只有当电压增大到一定数值时，电流才会剧烈地增加，使电解反应得以顺利进行，在两极上产生明显的气泡，我们把这种能使电解顺利进行所需的最小外加电压叫作实际分解电压，简称分解电压。

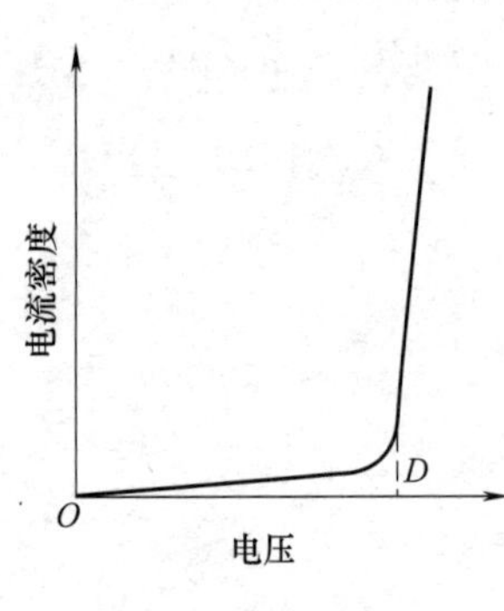

图 8.9　分解电压

如果以实验测定的电压为横坐标，以电流密度（指单位面积内电极上通过的电流）为纵坐标作图，可以得到如图 8.9 所示的曲线，图中 $D$ 点的电压即为分解电压（1.7V）。

那么分解电压是如何产生的呢？下面以电解 $0.1mol\cdot L^{-1}$ NaOH 溶液为例加以说明。

电解反应发生时，在阴极上析出氢气，在阳极上析出氧气，其中部分 $H_2$ 和 $O_2$ 分别吸附在两个铂电极的表面构成了一个原电池。

电池符号：

$$(-)Pt\mid H_2(100kPa)\mid NaOH(0.1mol\cdot L^{-1})\mid O_2(100kPa)\mid Pt(+)$$

该电池的电动势计算如下：

已知：$c_{OH^-} = 0.1mol\cdot L^{-1}$，则

$$c_{H^+} = \frac{K_w}{c_{OH^-}} = 1.0\times10^{-13}mol\cdot L^{-1}$$

电极反应为：

正极：$O_2 + 2H_2O + 4e^- = 4\,OH^-$

负极：$2H_2 - 4e^- = 4H^+$

电池反应：$2H_2 + O_2 = 2H_2O$

则：

$$\varphi_{正}=\varphi(O_2/OH)=\varphi^{\ominus}(O_2/OH)-\frac{RT}{nF}\ln\frac{(c_{OH^-}/c^{\ominus})^4}{p_{O_2}/p^{\ominus}}$$

$$=0.40V-\frac{0.05917V}{4}\lg\frac{0.1^4}{100/100}=0.46V$$

$$\varphi_{负}=\varphi(H_2/H^+)=\varphi^{\ominus}(H_2/H^+)-\frac{RT}{nF}\ln\frac{(p_{H_2}/p^{\ominus})^2}{(c_{H^+}/c^{\ominus})^4}$$

$$=0-\frac{0.05917V}{4}\lg\frac{(100/100)^2}{(1.0\times10^{-13})^4}=-0.77V$$

则上述氢氧原电池的电动势为：

$$E=\varphi_{正}-\varphi_{负}=\varphi(O_2/OH^-)-\varphi(H_2/H^+)=0.46V-(-0.77V)=1.23V$$

由于上述原电池的电动势与外加直流电源的电动势相反，对电解产生阻碍作用，故称为反电动势，也叫理论分解电压。可以想象，如果外加电压低于理论分解电压，那么，原电池将对外加电源输出电功，使外加电源发生电解反应（对外电源充电）；当外加电压等于理论分解电压时，则电路中不会有电流通过，在电解池和外加电源中不会有氧化还原反应发生；只有当外加直流电源的电压高于理论分解电压时，才能使电解顺利进行。

可见，分解电压是由电解产物在电极上形成某种原电池，产生反向电动势而引起的。

上述理论分解电压为 1.23V，而实际分解电压为 1.7V，比理论分解电压高出了许多，这又是为什么呢？

这是因为我们按照能斯特方程式计算得到的电极电势是在电极上没有（或几乎没有）电流通过条件下的平衡电极电势，而当有可觉察量的电流通过电极时，电极的电极电势会与平衡电极电势有所不同，我们把这种电极电势偏离了没有电流通过时的平衡电极电势值的现象，称为**电极极化**。

电极极化产生的原因很复杂，电解中某一步反应迟缓、产物气泡附着于电极表面、电解液中正负离子迁移速率不等等原因都会导致电极极化。一般地，可以将电极极化分为浓差极化和电化学极化两类。

（1）浓差极化

浓差极化是由离子（或分子）的扩散速率小于它在电极上的反应速率而引起的。在电解过程中，由于离子在电极上反应速率快，而溶液中离子扩散速率较慢，电极附近的离子浓度较溶液中的其他部分的要小，结果形成了浓差电池，其电动势与外加电压相反，因而使实际需要的外加电压增大。

搅拌和升高温度可以使离子的扩散速率加快，从而减小浓差极化。

（2）电化学极化

电化学极化是由电极反应过程中某一步骤（如离子放电，原子结合为分子，气泡形成等）反应速率迟缓而引起电极电势偏离平衡电极电势的现象。即电化学极化是由电化学反应速率决定的。对电解液的搅拌，一般不能消除电化学极化现象。

通常我们把某一电流密度下的电极电势 $\varphi$(实) 与没有电流通过时电极的电势 $\varphi$(理) 之差的绝对值称为超电势（$\eta$），即：

$$\eta=|\varphi(实)-\varphi(理)|$$

在电解池中，实际分解电压与理论分解电压之间的偏差除了因电阻所引起的电压降以外，就是由电极的极化所引起的。

电解时，电解池的实际分解电压 $E$(实)与理论分解电压 $E$(理)之差称为超电压。即：

$$E(\text{超})=E(\text{实})-E(\text{理})$$

在上述电解 $0.1\text{mol}\cdot\text{L}^{-1}$ NaOH 水溶液的电解池中，超电压为：

$$E(\text{超})=E(\text{理})-E(\text{实})=1.7\text{V}-1.23\text{V}=0.47\text{V}$$

因为 $\eta$ 均取正值，所以，超电压与超电势之间的关系为：

$$E(\text{超})=\eta(\text{阴})+\eta(\text{阳})$$

影响超电势的因素很多，如：电极材料，电极表面状况，电流密度，电解产物等。

① 电解产物。电解产物不同，超电势的数值也不同，一般金属的超电势较小，气体的超电势较大，而 $H_2$、$O_2$ 的超电势则更大。

② 电极材料和表面状态。同一电解产物在不同电极上的超电势数值不同，且电极表面状态不同时，超电势数值也不同。

③ 电流密度。超电势随电流密度的增大而增大，因此，在使用超电势数据时，必须指明电流密度的数值或具体条件。

### 8.5.2 电解池中两极的电解产物

在以铂或石墨等惰性材料作电极电解熔融盐时，电解产物一定是熔融盐的正、负离子分别在阴、阳两极上发生还原和氧化反应后得到的产物，例如电解熔融的 NaCl，在阴极得到金属钠，在阳极得到氯气。

$$2\text{NaCl}(\text{熔融})\xlongequal{\text{电解}}2\text{Na}(\text{阴极})+\text{Cl}_2\uparrow(\text{阳极})$$

如果电解的是盐类的水溶液，由于溶液中不仅存在着盐的解离产物，而且还存在着水的解离产物——$OH^-$ 和 $H^+$，电解时是哪种离子首先在电极上析出呢？

综合考虑电极电势和超电势的因素得出，当电解盐类的水溶液时，在阳极上首先失去电子发生氧化反应的一定是各电对中析出电势（指考虑超电势后的实际电极电势）代数值较小的电对的还原态物质（因为它是各相关电对中最强的还原剂，失电子能力最强）。而在阴极上，首先获得电子发生还原反应的一定是参与反应的各氧化还原电对中析出电势代数值较大的电对的氧化态物质（因为它是各相关电对中最强的氧化剂，得电子能力最强）。

简单盐类水溶液电解产物的一般情况为：

(1) 阴极析出的物质

① 电极电势代数值比 $\varphi(H^+/H_2)$ 大的金属正离子首先在阴极还原析出。

② 一些标准电极电势比 $\varphi(H^+/H_2)$ 略小的金属正离子（如$Zn^{2+}$，$Fe^{2+}$）则由于 $H_2$ 的超电势较大，这些金属正离子的析出电势也可能大于 $H^+$ 的析出电势 $\varphi(H^+/H_2)$，因此，这些金属也会首先析出。

③ 电极电势很小的金属正离子（如$Na^+$、$K^+$、$Mg^{2+}$、$Ca^{2+}$等）在阴极不易被还原，而总是水中的 $H^+$ 被还原成 $H_2$ 而析出。

(2) 阳极析出的物质

① 金属材料（除 Pt 等惰性电极外）作阳极时，金属（M）电极首先被氧化成金属离子溶解。

② 用惰性材料作电极时，若溶液中存在 $S^{2-}$、$Br^-$、$Cl^-$ 等简单负离子时，如果从标准电极电势来看，$\varphi^{\ominus}(O_2/OH^-)$ 比 $S^{2-}$、$Br^-$、$Cl^-$ 电对的标准电极电势小。但是，溶液中 $OH^-$ 浓度对 $\varphi^{\ominus}(O_2/OH^-)$ 的影响较大，再加上 $O_2$ 的超电势较大，使得 $OH^-$ 的析出电势可大于 1.7V，甚至更大。因此，当电解 $S^{2-}$、$Br^-$、$Cl^-$ 等简单负离子的盐溶液时，在阳极可优先析出 S、$Br_2$、$Cl_2$。

③ 用惰性阳极且溶液中存在复杂离子（如 $SO_4^{2-}$ 等）时，由于其标准电极电势 $\varphi^{\ominus}(SO_4^{2-}/S_2O_3^{2-})=+2.01V$，比 $\varphi^{\ominus}(O_2/OH^-)$ 还要大，因而一般都是 $OH^-$ 首先被氧化而析出氧气。总之，在阳极上发生氧化反应的先后顺序为：

$$M>S^{2-}>Br^->Cl^->OH^->\text{含氧酸根离子}$$

### 8.5.3　电解的应用

（1）电镀

电镀是应用电解的原理将一种金属覆盖到另一种金属零件表面上的过程。其装置构成是以镀层金属作阳极，以金属镀件作阴极，以含有镀层金属离子的溶液作电镀液。

如，镀锌铁的制造，以纯锌作阳极，以铁板作阴极，以 ZnO、NaOH 添加剂混合液作电镀液。

$$2NaOH+ZnO+H_2O=\!=\!=Na_2[Zn(OH)_4]$$

$$[Zn(OH)_4]^{2-}\rightleftharpoons Zn^{2+}+4OH^-$$

随着电解的进行，$Zn^{2+}$ 不断放电，同时 $[Zn(OH)_4]^{2-}$ 不断解离，能保证电镀液中 $Zn^{2+}$ 的浓度基本稳定。两极主要反应为：

阳极：$Zn-2e^-=\!=\!=Zn^{2+}$

阴极：$Zn^{2+}+2e^-=\!=\!=Zn$

（2）阳极氧化

有些金属在空气中能自然生成一层氧化物保护膜，起到一定的防腐作用，如铝和铝合金，能自然形成一层氧化铝膜，但膜厚度仅为 0.02～1.0μm，保护力不强。阳极氧化就是把金属在电解过程中作阳极，使之氧化而得到厚度为 5～30μm 的氧化膜，以适应防腐的要求。

例如，铝和铝合金的阳极氧化，将经过表面抛光、除油等处理的铝合金工件作电解池的阳极，以铝板作阴极，稀硫酸作电解液，通适当电流和电压，这时在阳极铝工件的表面可以生成一层氧化铝膜，其电极反应为：

阳极（铝合金）：$2Al+6OH^--6e^-=\!=\!=Al_2O_3+3H_2O$(主)

$4OH^--4e^-=\!=\!=2H_2O+O_2$(次)

阴极（铝板）：$2H^++2e^-=\!=\!=H_2$

这样在阳极表面生成的氧化膜能与金属牢固结合，厚度均匀，可以大大地提高铝及铝合金的耐腐蚀性和耐磨性，并可以提高表面的电阻和热绝缘性。同时，氧化铝膜中有许多小孔，可吸附各种染料，以增强工件表面的美观。

## 8.6　金属的腐蚀及防止

当金属与周围介质接触时，由发生化学作用或电化学作用而引起金属的破坏称为金属的腐蚀。

### 8.6.1　金属腐蚀的分类

根据金属腐蚀过程的不同特点，可分为化学腐蚀和电化学腐蚀两大类。

#### 8.6.1.1　化学腐蚀

单纯由化学作用而引起的腐蚀称为化学腐蚀。金属在干燥气体和无导电性非水溶液中的腐蚀都属于化学腐蚀，化学腐蚀速率受温度的影响很大。例如，钢铁在常温和干燥空气中不易腐蚀，但在高温下容易被氧化生成一层氧化皮（FeO，$Fe_2O_3$，$Fe_3O_4$）。

#### 8.6.1.2　电化学腐蚀

当金属与电解质溶液接触时，由电化学作用而引起的腐蚀称为电化学腐蚀。电化学腐蚀是由于形成原电池（腐蚀电池）而引起的。在电化学腐蚀中，通常将发生氧化反应的部分称为阳极，将发生还原反应的部分称为阴极。金属通常作为阳极，被氧化而腐蚀，阴极则根据腐蚀类型不同，可发生氢或氧的还原，即析氢腐蚀或吸氧腐蚀。

（1）析氢腐蚀

当钢铁暴露在潮湿的空气中时，因表面吸附作用使钢铁表面覆盖了一层水膜，它能溶解空气中的 $SO_2$ 和 $CO_2$ 等气体而成为电解质溶液，钢铁中的 Fe 和 C 处在电解质溶液中，便形成了许多微小的腐蚀电池。若钢铁处在酸性环境中，其电极反应为：

负极（阳极）：$Fe(s)-2e^-=\!=\!=Fe^{2+}(aq)$

正极（阴极）：$2H^+(aq)+2e^-=\!=\!=H_2(g)$

在腐蚀过程中有氢析出，所以称为析氢腐蚀。

（2）吸氧腐蚀

若钢铁处于中性或弱碱性介质中，且潮湿金属表面的水膜中有氧气溶解时，电极反应为：

正极（阴极）：$O_2(g)+2H_2O(l)+4e^-=\!=\!=4OH^-(aq)$

负极（阳极）：$Fe(s)-2e^-=\!=\!=Fe^{2+}(aq)$

当腐蚀电池阴阳极形成的 $OH^-$ 和 $Fe^{2+}$ 通过液膜扩散相遇时，便会发生反应生成 $Fe(OH)_2$，$Fe(OH)_2$ 进一步氧化为 $Fe(OH)_3$。

在腐蚀过程中 $O_2$ 得到电子被还原为 $OH^-$，所以称为吸氧腐蚀。

### 8.6.2　金属腐蚀的防止

防止金属腐蚀的方法很多，下面介绍几种常用的防腐方法。

（1）改变金属组成法

根据不同的用途选择不同的材料组成耐蚀合金，或在金属中添加合金元素，提高其耐蚀性，可以防止或减缓金属的腐蚀。例如，在钢中加入镍制成不锈钢，可以增强其防腐蚀能力。

（2）覆盖保护层法

在金属表面覆盖各种保护层，把被保护金属与腐蚀性介质隔开，是防止金属腐蚀的有效方法。可以用电镀、喷镀、真空镀、化学镀等方法在金属表面镀上一层金属保护层，或用涂料、搪瓷、油漆、塑料、高分子材料等涂在被保护金属的表面形成一层非金属保护层。

（3）缓蚀剂法

在腐蚀介质中，加入少量能减缓腐蚀速率的物质以防止腐蚀的方法称为缓蚀剂法。所加的物质称为缓蚀剂。按化学成分，缓蚀剂可分为无机缓蚀剂和有机缓蚀剂两类。

在中性或碱性介质中主要采用无机缓蚀剂，如铬酸盐、磷酸盐、硝酸盐等，它们主要在金属的表面形成氧化膜或沉淀，使金属与介质隔开。

在酸性介质中，无机缓蚀剂的效率较低，因而常采用有机缓蚀剂，它们一般是含有 O、N、S 的有机化合物。

不同的缓蚀剂各自对某些金属在特定的温度和浓度范围内才有效，具体需由实验决定。

(4) 牺牲阳极保护法

牺牲阳极保护法是将较活泼的金属或其合金连接在被保护的金属上，使其形成原电池的方法。较活泼的金属作为腐蚀电池的阳极而被腐蚀，被保护的金属则作为阴极得到电子而得到保护。常用的牺牲阳极材料有 Mg、Al、Zn 及其合金等。牺牲阳极保护法常用于保护海轮外壳、海水中的各种金属设备以及石油管道等。

(5) 外加电流法

外加电流法是将被保护金属与另一附加电极（常用废钢或石墨）组成电解池，在外加电流的作用下，用废钢或石墨等难溶性导电物质作为阳极，将被保护金属作为电解池的阴极而进行保护的方法。这种方法广泛应用于防止土壤、海水及河流中金属设备的腐蚀。

# 本章内容小结

1. 原电池组成与反应

| 电极名称 | 正极 | 负极 |
|---|---|---|
| 电极反应 | 还原反应：$Cu^{2+}(aq)+2e^- \longrightarrow Cu(s)$ | 氧化反应：$Zn(s)-2e^- \longrightarrow Zn^{2+}(aq)$ |
| 电池反应 | 自发氧化还原反应：$Zn(s)+Cu^{2+}(aq) \longrightarrow Zn^{2+}(aq)+Cu(s)$ | |
| 电池符号 | $(-)Zn\vert Zn^{2+}(c_1)\Vert Cu^{2+}(c_2)\vert Cu(+)$ | |

2. 电池反应的 $\Delta_r G_m$ 与电动势 $E$ 的关系

$$\Delta_r G_m = -nFE$$

如果原电池的各组分都处于热力学标准态下，则：

$$\Delta_r G_m^{\ominus} = -nFE^{\ominus}$$

3. 对于原电池反应：$a\text{A(aq)} + b\text{B(aq)} \longrightarrow g\text{G(aq)} + d\text{D(aq)}$

$$E = E^{\ominus} - \frac{RT}{nF}\ln\frac{(c_G/c^{\ominus})^g (c_D/c^{\ominus})^d}{(c_A/c^{\ominus})^a (c_B/c^{\ominus})^b}$$

上式称为电池**电动势能斯特方程**。对于气态物质，用相对压力代替上式中的相对浓度。

当 $T=298.15\text{K}$ 时，$E = E^{\ominus} - \frac{0.05917\text{V}}{n}\lg\frac{(p_G/p^{\ominus})^g (p_D/p^{\ominus})^d}{(p_A/p^{\ominus})^a (p_B/p^{\ominus})^b}$

4. 原电池反应的标准平衡常数 $K^{\ominus}$ 与原电池的标准电动势 $E^{\ominus}$ 的关系

$$\ln K^{\ominus} = \frac{nFE^{\ominus}}{RT}$$

当 $T=298.15\text{K}$ 时，$\lg K^{\ominus} = \frac{nE^{\ominus}}{0.05917\text{V}}$

5. 电极电势的能斯特方程

对于任意给定的电极，电极反应通式为：

$$a(\text{氧化态})+ne^{-} \rightleftharpoons b(\text{还原态})$$

电极电势的能斯特方程：$\varphi=\varphi^{\ominus}-\dfrac{RT}{nF}\ln\dfrac{(c_{\text{还原态}}/c^{\ominus})^{b}}{(c_{\text{氧化态}}/c^{\ominus})^{a}}$

当 $T=298.15\text{K}$ 时，$\varphi=\varphi^{\ominus}-\dfrac{0.05917\text{V}}{n}\lg\dfrac{(c_{\text{还原态}}/c^{\ominus})^{b}}{(c_{\text{氧化态}}/c^{\ominus})^{a}}$

6. 电动势与电极电势的应用

（1）氧化剂和还原剂相对强弱的比较

$\varphi$ 代数值越大，电对的氧化态得电子能力愈强，还原态失电子能力愈弱；其氧化态是越强的氧化剂，还原态是越弱的还原剂。

（2）判断氧化还原反应的方向

$$\text{强氧化剂(1)}+\text{强还原剂(2)} \rightleftharpoons \text{弱还原剂(1)}+\text{弱氧化剂(2)}$$

（3）衡量氧化还原反应进行的程度

对于任一氧化还原反应 $a\text{A(aq)}+b\text{B(aq)} \rightleftharpoons g\text{G(aq)}+d\text{D(aq)}$，在一定条件下，反应进行的程度如何，可以用氧化还原反应的标准平衡常数 $K^{\ominus}$ 的大小来衡量。

7. 电解池

| 电极名称 | 阳极 | 阴极 |
| --- | --- | --- |
| 电极反应 | 氧化反应 | 还原反应 |
| 电解池反应 | 非自发氧化还原反应 | |
| 能量转换形式 | 电能→化学能 | |

8. 分解电压和超电势

能使电解顺利进行所必需的最小外加电压叫作实际分解电压，简称分解电压。分解电压是由电解产物在电极上形成某种原电池，产生反向电动势（数值上等于理论分解电压）而引起的。

某一电流密度下的电极电势 $\varphi$(实）与没有电流通过时的平衡电极电势 $\varphi$(理）之差的绝对值称为超电势（$\eta$）。

$$\eta=|\varphi(\text{实})-\varphi(\text{理})|$$

电解时电解池的实际分解电压 $E$(实）与理论分解电压 $E$(理）之差称为超电压 $E$(超)，即

$$E(\text{超})=E(\text{实})-E(\text{理})$$

$$E(\text{超})=\eta(\text{阴})+\eta(\text{阳})$$

9. 电极极化

电极电势偏离了没有电流通过时的平衡电极电势值的现象，在电化学上称为电极极化。

浓差极化是离子（或分子）的扩散速率小于它在电极上的反应速率而引起的。

电化学极化是电极反应过程中某一步骤（如离子放电，原子结合为分子，气泡形成等）迟缓而引起的电极电势偏离平衡电极电势的现象。

10. 电解池中两极的电解产物

在阳极上进行氧化反应的首先是析出电势（考虑超电势因素后的实际电极电势）代数值较小的还原态物质；在阴极上进行还原反应的首先是析出电势代数值较大的氧化态物质。

11. 金属的腐蚀与防止

金属腐蚀
- 化学腐蚀
- 电化学腐蚀
  - 析氢腐蚀：发生在酸性较强介质中
  - 吸氧腐蚀：发生在弱酸性或中性介质中

金属的防腐方法主要有改变组成法、保护层法、缓蚀剂法和电化学方法。

# 习　题

1. 是非题

(1) 氢电极的电极电势等于零。（　）

(2) 对于电极反应：$Pb^{2+}+2e^{-} = Pb$ 和 $\frac{1}{2}Pb^{2+}+e^{-} = \frac{1}{2}Pb$，当 $Pb^{2+}$ 浓度均为 $1mol \cdot L^{-1}$ 时，若将其分别与标准氢电极组成原电池，则它们的电动势相同。（　）

(3) 在标准状态下，两个电对如果能组成原电池，那么标准电极电势 $\varphi^{\ominus}$ 较小的电极，一定作原电池的负极。（　）

(4) 两个类型相同的电极一定不可以组成原电池（　）

(5) 由能斯特方程可知，一定温度下，增大电对中氧化态物质的浓度，电对的电极电势代数值增大。（　）

(6) 取两根铜棒，将其中一根插入盛有 $0.01mol \cdot L^{-1}CuSO_4$ 溶液的烧杯中，另一根插入盛有 $1mol \cdot L^{-1}CuSO_4$ 溶液的烧杯中，用导线连接两根铜棒，用盐桥将两只烧杯中的溶液连接起来，可组成一个浓差电池。（　）

(7) 铜锌原电池中，盐桥中的电解质可以中和两个半电池中的过剩电荷。（　）

(8) 标准电极电势是指在标准状态下，电极相对于标准氢电极的电极电势。（　）

(9) 在标准状态下，铜银原电池的电池符号可表示为：（　）

$$(-)Ag|Ag^{+}(c_1)\|Cu^{2+}(c_2)|Cu(+)$$

(10) 在标准状态下，铜银原电池中，铜电极发生氧化反应。（　）

(11) 在析氢腐蚀中，金属作阳极被腐蚀；而在吸氧腐蚀中，则是作阴极的金属被腐蚀。（　）

2. 选择题

(1) 标准电极电势是（　）。

(A) 电极相对于标准氢电极的电极电势

(B) 在标准状态下，电极相对于标准氢电极的电极电势

(C) 在任何条件下，可以直接使用的电极电势

(D) 与物质的性质无关的电极电势

(2) 半电池 $4OH^{-}(aq)-4e^{-} = 2H_2O(l)+O_2(g)$，如 pH 值减小，则电极电势 $\varphi(O_2/OH^{-})$ 将（　）。

(A) 增加　　(B) 减小　　(C) 不变　　(D) 无法判断

(3) 已知 $\varphi^{\ominus}(Sn^{4+}/Sn^{2+})=0.15V$，$\varphi^{\ominus}(Pb^{2+}/Pb)=-0.13V$，$\varphi^{\ominus}(Ag^{+}/Ag)=0.80V$，则在标准条件下，氧化剂由强到弱的顺序为（　　）。

(A) $Sn^{4+}>Pb^{2+}>Ag^{+}$　　(B) $Ag^{+}>Pb^{2+}>Sn^{4+}$

(C) $Ag^{+}>Sn^{4+}>Pb^{2+}$　　(D) $Pb^{2+}>Sn^{4+}>Ag^{+}$

(4) 反应①$H^{+}(1mol\cdot L^{-1})+e^{-}=\!=\!=\frac{1}{2}H_2(g,p^{\ominus})$ 的标准电极电势为 $\varphi_1^{\ominus}$，②$2H^{+}(1mol\cdot L^{-1})+2e^{-}=\!=\!=H_2(g,p^{\ominus})$ 的标准电极电势为 $\varphi_2^{\ominus}$，则（　　）。

(A) $\varphi_1^{\ominus}=\frac{1}{2}\varphi_2^{\ominus}$　　(B) $\varphi_1^{\ominus}=2\varphi_2^{\ominus}$　　(C) $\varphi_1^{\ominus}=3\varphi_2^{\ominus}$　　(D) $\varphi_1^{\ominus}=\varphi_2^{\ominus}$

(5) 在标准条件下，下列反应均向正向进行：

$$Cr_2O_7^{2-}+6Fe^{2+}+14H^{+}=\!=\!=2Cr^{3+}+6Fe^{3+}+7H_2O$$

$$2Fe^{3+}+Sn^{2+}=\!=\!=2Fe^{2+}+Sn^{4+}$$

它们中最强的氧化剂和最强的还原剂是（　　）。

(A) $Sn^{2+}$和$Fe^{3+}$　　(B) $Cr_2O_7^{2-}$ 和$Sn^{2+}$

(C) $Cr^{3+}$和$Sn^{4+}$　　(D) $Cr_2O_7^{2-}$ 和$Fe^{3+}$

(6) 有一个原电池由两个氢电极组成，其中一个是标准氢电极，为了得到最小的电动势，另一个电极浸入的酸性溶液［设 $p(H_2)=100kPa$］应为（　　）。

(A) 0.2mol·L$^{-1}$ HCl　　(B) 0.1mol·L$^{-1}$ HAc+0.1mol·L$^{-1}$ NaAc

(C) 0.1mol·L$^{-1}$ HAc　　(D) 0.1mol·L$^{-1}$ HCl

(7) 对于化学反应$Cl_2+2NaOH=\!=\!=NaClO+NaCl+H_2O$，下列评述中，对 $Cl_2$ 在该反应中所起的作用，正确的是（　　）。

(A) $Cl_2$ 既是氧化剂，又是还原剂　　(B) $Cl_2$ 是氧化剂，不是还原剂

(C) $Cl_2$ 是还原剂，不是氧化剂　　(D) $Cl_2$ 既不是氧化剂，又不是还原剂

(8) 已知 $\varphi^{\ominus}(Cu^{2+}/Cu)=0.342V$，$\varphi^{\ominus}(Fe^{3+}/Fe^{2+})=0.771V$，$\varphi^{\ominus}(I_2/I^{-})=0.536V$，$\varphi^{\ominus}(Sn^{4+}/Sn^{2+})=0.151V$，试判断下列还原剂还原性由强到弱的顺序正确的是（　　）。

(A) $Cu>I^{-}>Fe^{2+}>Sn^{2+}$　　(B) $I^{-}>Fe^{2+}>Sn^{2+}>Cu$

(C) $Sn^{2+}>Cu>I^{-}>Fe^{2+}$　　(D) $Fe^{2+}>Sn^{2+}>I^{-}>Cu$

(9) 已知氯电极的标准电极电势为 1.358V，当氯离子浓度为 0.1mol·L$^{-1}$，氯气分压为 0.1×100kPa 时，该电极的电极电势为（　　）。

(A) 1.358V　　(B) 1.328V　　(C) 1.388V　　(D) 1.417V

(10) 已知各电对电极电势的大小顺序为 $\varphi^{\ominus}(F_2/F^{-})>\varphi^{\ominus}(Fe^{3+}/Fe^{2+})>\varphi^{\ominus}(Mg^{2+}/Mg)>\varphi^{\ominus}(Na^{+}/Na)$，则下列物质中最强的还原剂是（　　）。

(A) $F^{-}$　　(B) $Fe^{2+}$　　(C) Na　　(D) $Mg^{2+}$

(11) 在一自发进行的原电池反应中，若有关物质所得失的电子数同时增大为 $n$ 倍时，则此电池反应的 $\Delta_r G_m$ 和 $E$ 的代数值将分别（　　）。

(A) 变大和不变　　(B) 变大和变小　　(C) 变小和不变　　(D) 变小和变大

(12) 用铂作电极材料电解 0.1mol·L$^{-1}$ $K_2SO_4$ 溶液时，阳极和阴极析出的产物分别是（　　）。

(A) S和K　(B) $O_2$ 和 K　(C) $O_2$ 和 $H_2$　(D) $SO_2$ 和 K

(13) 为保护轮船不被海水腐蚀，可作阳极牺牲的金属是（　）。

(A) Zn　(B) Na　(C) Cu　(D) Pb

(14) 暴露在一般大气中的钢铁材料的腐蚀，主要是（　）

(A) 化学腐蚀　(B) 吸氧腐蚀　(C) 析氢腐蚀　(D) 吸氧与析氢腐蚀

(15) 为防止碳钢船体外表面被海水腐蚀，下列保护措施中不正确的是（　）。

(A) 船体外挂 Zn 块　(B) 涂油漆

(C) 外加电流阳极保护　(D) 外加电流阴极保护

3. 填空题

(1) 电解 $Na_2SO_4$ 溶液，阴极和阳极都用 Pt 作电极，则两极发生的电极反应，阳极为__________；阴极为__________。

(2) 有下列原电池：(－)Pt|$Fe^{2+}$(1mol·$L^{-1}$)，$Fe^{3+}$(0.01mol·$L^{-1}$)‖$Fe^{2+}$(1mol·$L^{-1}$)，$Fe^{3+}$(1mol·$L^{-1}$)|Pt(＋) 该原电池发生的负极反应为________；正极反应为________。

(3) 对于由标准锌电极和标准铜电极组成的原电池：

(－)Zn|$ZnSO_4$(1mol·$L^{-1}$)‖$CuSO_4$(1mol·$L^{-1}$)|Cu(＋)，若改变以下条件，会使原电池电动势如何变化（用增大、减小、不变表示）？

① 增加 $ZnSO_4$ 溶液的浓度（　）

② 在 $ZnSO_4$ 溶液中加入过量 NaOH（　）

(4) 用石墨作电极，电解 $K_2SO_4$ 溶液时，阴极主要产物是______，阳极主要产物是______，总的电解反应为__________。

(5) 已知 $Cr_2O_7^{2-}+14H^{+}+6e^{-}=2Cr^{3+}+7H_2O$，$\varphi^{\ominus}(Cr_2O_7^{2-}/Cr^{3+})=1.232V$；$I_2+2e^{-}=2I^{-}$，$\varphi^{\ominus}(I_2/I^{-})=0.5355V$。

在标准状态下，组成自发进行的氧化还原反应，其配平的化学反应离子方程式为__________。

(6) 往原电池(－)Pb|$Pb(NO_3)_2(c_1)$‖$CuSO_4(c_2)$|Cu(＋) 负极的电解质溶液中加入氨水，能使其电动势______；往正极的电解质溶液中加入氨水时，能使其电动势______（用增大、减小或不变表示）。

(7) 原电池 (－)Pt|$H_2$(100kPa)|$H^{+}$(1mol·$L^{-1}$)‖$Cu^{2+}$(1mol·$L^{-1}$)|Cu(＋) 中，当 $H_2$ 分压增大，则电动势______；若 $Cu^{2+}$ 浓度增大，则它氧化 $H_2$ 的能力______（用增大、减小或不变表示）。

4. 计算 298.15K，$c(Zn^{2+})=0.01mol\cdot L^{-1}$ 时，锌电极的电极电势［已知：$\varphi^{\ominus}(Zn^{2+}/Zn)=-0.7618V$］。

5. 在 298.15K 时，测得某铜锌原电池的电动势为 1.06V，已知 $c(Cu^{2+})=0.02mol\cdot L^{-1}$，求该原电池中 $Zn^{2+}$ 的浓度［已知：$\varphi^{\ominus}(Zn^{2+}/Zn)=-0.7618V$，$\varphi^{\ominus}(Cu^{2+}/Cu)=0.3419V$］。

6. 在 298.15K 时，判断下列氧化还原反应进行的方向。

(1) $Sn+Pb^{2+}(1.0mol\cdot L^{-1})=Sn^{2+}(1.0mol\cdot L^{-1})+Pb$

(2) $Sn+Pb^{2+}(0.10mol\cdot L^{-1})=Sn^{2+}(1.0mol\cdot L^{-1})+Pb$

［已知：$\varphi^{\ominus}(Pb^{2+}/Pb)=-0.1262V$，$\varphi^{\ominus}(Sn^{2+}/Sn)=-0.1375V$］

7. 计算 298.15K 时，下列反应的标准平衡常数，并分析该反应能够进行的程度。

$$Sn+Pb^{2+}(1.0mol\cdot L^{-1}) = Sn^{2+}(1.0mol\cdot L^{-1})+Pb$$

［已知：$\varphi^{\ominus}(Pb^{2+}/Pb)=-0.1262V$，$\varphi^{\ominus}(Sn^{2+}/Sn)=-0.1375V$］

8. 在 pH=5 的水溶液中，298.15K 时，判断下列反应进行的方向。

$$Cr_2O_7^{2-}(1.0mol\cdot L^{-1})+6Fe^{2+}(1.0mol\cdot L^{-1})+14H^+ = 2Cr^{3+}(1.0mol\cdot L^{-1})+6Fe^{3+}(1.0mol\cdot L^{-1})+7H_2O$$

［已知：$\varphi^{\ominus}(Cr_2O_7^{2-}/Cr^{3+})=1.232V$，$\varphi^{\ominus}(Fe^{3+}/Fe^{2+})=0.771V$］

9. 在 298.15K，由标准钴电极 $\varphi^{\ominus}(Co^{2+}/Co)$ 与标准氯电极组成原电池，测得其电动势为 1.64V，此时钴电极为负极，已知 $\varphi^{\ominus}(Cl_2/Cl^-)=1.36V$。

（1）写出此原电池的符号；

（2）写出电池反应及电极反应；

（3）计算标准钴电极的电极电势；

（4）其他条件不变，当氯气压力增大或者减小时，原电池电动势会发生什么样的变化？

（5）在其他条件不变的情况下，当 $Co^{2+}$ 的浓度降低到 $0.010mol\cdot L^{-1}$ 时，原电池的电动势将如何变化？数值是多少？

10. 298.15K 时，将下列反应组成原电池：$2I^-(aq)+2Fe^{3+}(aq) = I_2(s)+2Fe^{2+}(aq)$

［已知：$\varphi^{\ominus}(Fe^{3+}/Fe^{2+})=0.771V$，$\varphi^{\ominus}(I_2/I^-)=0.5355V$，$F=96485C\cdot mol^{-1}$］。

（1）写出此原电池的电池符号、电极反应；

（2）计算原电池的标准电动势 $E^{\ominus}$；

（3）计算电池反应的 $\Delta_rG_m^{\ominus}$（298.15K）及标准平衡常数 $K^{\ominus}$；

（4）计算 $c(I^-)=0.01mol\cdot L^{-1}$、$c(Fe^{3+})=0.02mol\cdot L^{-1}$、$c(Fe^{2+})=0.04mol\cdot L^{-1}$ 时，原电池的电动势。

11. 在 298.15K 时，已知下列原电池的电动势 $E=1.06V$，$\varphi^{\ominus}(Cu^{2+}/Cu)=0.3419V$，$\varphi^{\ominus}(Zn^{2+}/Zn)=-0.7618V$。

$$(-)Zn\,|\,Zn^{2+}(c=?\ mol\cdot L^{-1})\,\|\,Cu^{2+}(0.02mol\cdot L^{-1})\,|\,Cu(+)$$

（1）写出两电极反应及电池总反应式；

（2）求该原电池中 $Zn^{2+}$ 的浓度；

（3）计算电池反应的标准平衡常数 $K^{\ominus}$。

12. 在 25℃ 时，由标准铜电极和标准氯电极组成原电池。已知 $\varphi^{\ominus}(Cu^{2+}/Cu)=0.3419V$，$\varphi^{\ominus}(Cl_2/Cl^-)=1.358V$，$F=96485C\cdot mol^{-1}$。

（1）写出此原电池的符号，电极反应及电池反应；

（2）计算该原电池的 $E^{\ominus}$ 和电池反应的 $\Delta_rG_m^{\ominus}$（298.15K）。

13. 在 298.15K 时，已知原电池反应 $Zn+2Ag^+(1mol\cdot L^{-1}) = Zn^{2+}(1mol\cdot L^{-1})+2Ag$ 及 $\Delta_fG_m^{\ominus}(Ag^+, 298.15K)=77.107kJ\cdot mol^{-1}$，$\Delta_fG_m^{\ominus}(Zn^{2+}, 298.15K)=-147.06kJ\cdot mol^{-1}$，法拉第常数 $F=96485C\cdot mol^{-1}$。

（1）计算该原电池的标准电动势 $E^{\ominus}$；

（2）若已知 $\varphi^{\ominus}(Zn^{2+}/Zn)=-0.7618V$，计算 $\varphi^{\ominus}(Ag^+/Ag)$；

（3）若 $c(Ag^+)=0.0010mol\cdot L^{-1}$，求此时的 $\varphi(Ag^+/Ag)$。

# 第 9 章　元素化学与材料

## 9.1　单质的性质

元素按其性质可分为金属元素和非金属元素，单质的性质与它们的原子结构和晶体结构有关。

### 9.1.1　金属单质的性质

#### 9.1.1.1　物理性质

金属单质的密度、硬度和熔、沸点差别较大。对于大多数过渡金属来说，不仅最外层的 s 电子而且次外层的 d 电子也可能参与成键，这样有较多电子参与金属键的形成。同时，原子半径小，又具有较大的有效核电荷，因此过渡元素的金属键很强。它们的单质大都具有熔点高、硬度高和密度大的特点。ⅤB、ⅥB、ⅦB 族元素的原子中，未成对的 d 电子数最多，这些金属的熔点很高，硬度很大，如熔、沸点最高的金属为钨（熔点为 3410℃），铬是所有金属中最硬的，仅次于金刚石。第Ⅷ族元素的原子半径较小，其单质大多数具有较大的密度，其中以铂系单质的密度最大。锇的密度达到 $22.57g \cdot cm^{-3}$，是所有金属中密度最大的。与过渡金属的上述特性相反，有些金属，例如 ds 区的锌、镉、汞，熔点较低，硬度较小，其中汞的熔点最低（−38.84℃）；d 区的钪和钛，密度都小于 $5g \cdot cm^{-3}$，属于轻金属。这与 ds 区、d 区金属原子中的未成对 d 电子少、原子半径较大及晶体结构等因素有关。第ⅦB 族以后，未成对的 d 电子数又逐渐减少，其晶体类型有从金属晶体向分子晶体过渡的倾向，因而金属单质的熔沸点又逐渐降低。

由于金属具有紧密堆积结构和自由电子，金属具有一些共同的物理性质，如延展性、导电性和导热性等。延展性最好的是金，导电性最好的是银。

金属都能导电，处于 p 区金属非金属分区对角线附近的金属如锗，导电能力介于导体与绝缘体之间，是半导体。银、金、铜、铝等具有良好的导电性。银与金较昂贵，仅用于某些电子器件连接点等特殊地方；铜和铝则广泛应用于电器工业中。铝的电导率为铜的 60%左右，但密度不到铜的一半，因此常用铝代替铜来制造导电材料，特别是高压电缆。

金属的导电性受温度和纯度的影响较大，温度升高时，金属晶体格点上的粒子振动加剧，自由电子运动阻力增大，使金属导电性随温度升高而降低。另外，金属的纯度越高，导电性越好，当金属晶体存在其他杂质原子（缺陷）时，对电子的运动有阻碍作用，金属的导电性下降。温度升高，这种阻碍作用更为显著，金属的导电性将会降低。

#### 9.1.1.2　化学性质

由于金属元素的电负性较小，在化学反应时倾向于失去电子，因而金属单质最突出的化学性质是还原性。金属单质的还原性与金属元素的金属性虽然并不完全一致，但总体的变化趋势还是服从元素周期律的。

在短周期中，从左到右，同一周期金属单质的还原性逐渐减弱。这是因为，从左到右，核电荷数依次增多，电子受核的吸引力增大，使原子半径逐渐减小，失电子能力减弱。

在长周期中，总的递变情况和短周期是一致的。但由于副族金属元素的原子半径变化没有主族的显著，所以同周期单质的还原性变化不甚明显，甚至彼此较为相似。

同一主族中，自上而下，虽然核电荷数增加，但原子半径也在增大，两者相比后者影响更为显著，故同一主族中，自上而下金属单质的还原性一般增强；而副族的情况较为复杂，单质的还原性一般反而减弱，这也是受到镧系收缩效应的影响。

（1）金属单质与氧的作用

s 区金属很活泼，具有很强的还原性。易被空气中的氧氧化。在空气中燃烧时除能生成正常的氧化物（如 $Li_2O$，BeO，MgO）外，还能生成过氧化物（如 $Na_2O_2$，$BaO_2$）。过氧化物中存在着过氧离子 $O_2^{2-}$，其中含有过氧键—O—O—。这些过氧化物都是强氧化剂，遇到棉花、木炭或铝粉等还原性物质时，会发生爆炸，所以使用它们时要特别小心。钾、铷、铯以及钙、锶、钡等金属在过量的氧气中燃烧时还会生成超氧化物（如 $KO_2$，$BaO_4$ 等）。

过氧化物和超氧化物都是固体储氧物质，它们与水作用会放出氧气，装在面具中，可供在缺氧环境中工作的人员呼吸用。例如

$$4KO_2(s)+2H_2O(g)=\!=\!=3O_2(g)+4KOH(s)$$

呼出的二氧化碳则可被氢氧化钾所吸收：

$$KOH(s)+CO_2(g)=\!=\!=KHCO_3(s)$$

过氧化物和超氧化物也可以直接与 $CO_2$ 作用并放出 $O_2$。例如

$$4KO_2(s)+2CO_2(g)=\!=\!=3O_2(g)+2K_2CO_3$$

p 区金属的活泼性一般远比 s 区金属的要弱。除铝外，铅、锑、铋等在空气中无明显作用，加热可生成相应氧化物。铝较活泼，但在空气中铝能立即生成一层致密的氧化物保护膜，阻止氧化反应的进一步进行，因而在常温下，铝在空气中很稳定。锡在常温下表面有一层保护膜，抗腐蚀，马口铁就是镀锡铁。

d 区（除ⅢB 族外）和 ds 区金属的活泼性也较弱。同周期中各金属单质活泼性的变化情况与主族的相类似，即从左到右一般有逐渐减弱的趋势，但这种变化远不如主族明显。例如，对于第 4 周期金属单质，在空气中一般能与氧气作用。在常温下钪在空气中迅速氧化；钛、钒对空气都较稳定；铬、锰能在空气中缓慢被氧化；铁、钴、镍在没有潮气的环境中与空气中氧气的作用并不显著；铜的化学性质比较稳定，而锌的活泼性较强。铬、镍、锌与氧气作用生成的致密氧化物薄膜能阻止进一步的反应，具有一定的保护性能（即钝化）。

副族与主族还有不同之处。在副族金属中，同周期间的相似性较同族间的相似性更为显著，且副族金属单质的还原性往往有自上而下逐渐减弱的趋势，即第 4 周期中金属的活泼性较第 5 和第 6 周期金属的活泼性强。例如ⅠB 族中，自上而下，铜在加热时生成黑色 CuO，银在空气中加热并不变暗，金高温下也不与氧气作用。

（2）金属的溶解

金属的还原性还表现在金属单质的溶解过程中。这类氧化还原反应可以用电极电位予以说明。

s 区金属的标准电极电位值一般较小，用 $H_2O$ 作氧化剂即能将金属溶解。例如

$$2Na(s)+2H_2O(l)=\!=\!=2NaOH(aq)+H_2(g)$$

锂、铍和镁由于表面形成致密的保护膜而对水较为稳定。

p 区（除锑、铋外）和第 4 周期 d 区金属（如铁、镍）以及锌的标准电极电位虽为负值，但其代数值比 s 区金属的要大，能溶于盐酸或稀硫酸等非氧化性酸中而置换出氢气。

第 5、6 周期 d 区和 ds 区金属以及铜的标准电极电位则多为正值，这些金属单质不溶于非氧化性酸（如盐酸或稀硫酸），如铜必须用氧化性酸（如硝酸）予以溶解。一些不活泼的金属如铂、金需用王水溶解，这是由于王水中的浓盐酸可提供配位体 $Cl^-$ 而与金属离子形成配离子，从而使金属的电极电位代数值大为降低。

$$3Cu+8HNO_3 \xlongequal{} 3Cu(NO_3)_2+2NO\uparrow+4H_2O$$

$$3Pt+4HNO_3+18HCl \xlongequal{} 3H_2[PtCl_6]+4NO\uparrow+8H_2O$$

$$Au+HNO_3+4HCl \xlongequal{} H[AuCl_4]+NO\uparrow+2H_2O$$

铌、钽、钌、铑、锇和铱等不溶于王水，但浓硝酸和浓氢氟酸组成的混合酸可将之溶解。钽可用于制造化学工业中的耐酸设备。

另外，铝、锡、铅、铬和锌等还能与碱溶液作用。例如

$$2Al+2NaOH+6H_2O \xlongequal{} 2NaAl(OH)_4+3H_2\uparrow$$

$$Sn+2NaOH+2H_2O \xlongequal{} Na_2Sn(OH)_4+H_2\uparrow$$

第Ⅷ族的铂系金属钌、铑、钯、锇、铱、铂以及ⅠB 族的银、金，化学性质最不活泼，除银外统称为贵金属。铂即使在其熔化温度下也具有抗氧化的性能，常用于制造化学器皿或仪器零件，例如铂坩埚、铂蒸发皿、铂电极等。保存在巴黎的国际标准米尺也是用（质量分数）10% Ir 和 90% Pt 的合金制成的。

副族元素中的ⅢB 族，包括镧系元素和锕系元素单质的化学性质是相当活泼的。常将ⅢB 族的钇和 15 种镧系元素合称为稀土元素。稀土金属单质的化学活泼性与金属镁相当。在常温下，稀土金属能与空气中的氧气作用生成稳定的氧化物。

（3）金属的钝化

铝、铬、镍等与氧的结合能力较强，这些金属在空气中氧化生成的氧化膜具有较显著的保护作用，称为金属的钝化。粗略地说，金属的钝化主要是指某些金属及其合金在某种环境条件下丧失了化学活性的行为。最容易产生钝化作用的有铝、铬、镍和钛以及含有这些金属的合金。金属由于表面生成致密的氧化膜而钝化，不仅在空气中能保护金属免受氧的进一步作用，而且在溶液中还因氧化膜的电阻而有妨碍金属失去电子的倾向，从而使金属的电极电位变大，金属的还原性显著减弱。铝制品可作炊具，铁制的容器和管道能储运浓 $HNO_3$ 和浓 $H_2SO_4$，就是由于金属的钝化作用。

### 9.1.2 非金属单质的性质

非金属单质主要是 p 区元素所形成的单质。除金刚石、晶体硅和晶体硼外，晶体类型多为分子晶体，熔沸点、硬度等物理性质，主要决定于元素的原子结构和单质的晶体结构，同一晶体类型时，基本遵循元素周期律和分子间作用递变规律（原子晶体则需比较共价键作用大小），如同一周期自左至右熔沸点依次降低。又如，同一主族的氟、氯、溴、碘，同为分子晶体，分子间力主要为色散力，色散力随分子量增大而逐渐增大，因此自上而下熔沸点、密度等逐渐升高。同一主族的金刚石和晶体硅，同为原子晶体，共价键越长键能越小，因而后者熔沸点、硬度较小。综上所述，金刚石是硬度、沸点最高的，氦是熔沸点最低的。

非金属单质的特性是在化学反应中能获得电子而表现出氧化性，但不少非金属单质也能表现出还原性。单质的这种性质的变化，在通常条件下，基本上是符合周期表中元素金属性和非金属性的递变规律的。

p区中位于右上角的氟、氧、氯和溴等是活泼的非金属单质，它们具有很强的氧化性，能与大多数金属作用生成相应的卤化物和氧化物。

卤素单质，常温下能与水作用，其中氟与水强烈反应，放出$O_2$：

$$2F_2+2H_2O \longrightarrow 4HF+O_2\uparrow$$

氯和水作用较缓和：

$$Cl_2+H_2O \longrightarrow HCl+HClO$$

溴、碘也有类似反应，但进行的程度依次减弱，这可从电极电势值得到解释。

硼、碳、硅在常温下不与水反应，但在高温下与水蒸气反应，例如工业上制取水煤气的反应：

$$C+H_2O \longrightarrow CO\uparrow+H_2\uparrow$$

氮、氧、硫、磷、砷等在高温下也不与水反应。

卤素也能与碱溶液反应：

$$Cl_2+2NaOH \longrightarrow NaCl+NaClO+H_2O$$

可见氯、溴、碘和水或碱发生了歧化反应，位于对角线附近的非金属如硼、硅、砷等，也能与碱溶液反应并置换出氢气。例如

$$Si+2NaOH+H_2O \longrightarrow Na_2SiO_3+2H_2\uparrow$$

硫、磷等非金属也能发生歧化反应。

大多数非金属单质既有氧化性又有还原性。碘、硫、磷、碳、硼、硅、氢等单质不仅与金属作用表现出氧化性，也能与活泼非金属作用表现出还原性。例如，白磷在空气中会燃烧，硫、红磷、碳、硅、硼等在加热时也会与氧气化合甚至燃烧，生成相应的氧化物$SO_2$、$P_2O_5$、$CO_2$、$SiO_2$、$B_2O_3$等。高温时氢气与氧气的反应，由于反应放出大量热，可用于焊接钢板、铝板以及不含碳的合金等。

硫、磷、碳、硼等单质在常温下都不与水或非氧化性酸反应，但能被浓硝酸或浓硫酸氧化生成相应的氧化物或含氧酸，例如

$$S+2HNO_3(浓) \longrightarrow H_2SO_4+2NO\uparrow$$

$$C+2H_2SO_4(浓) \longrightarrow CO_2\uparrow+2SO_2\uparrow+2H_2O$$

氮的电负性较大，是一种典型的非金属元素，但$N_2$的化学性质却不活泼，常温下很难与其他物质发生反应，是因为分子内$N\equiv N$三键的键能高。因此，$N_2$常被用作制冷剂和保护气等。

## 9.2 无机化合物的性质

无机化合物的种类很多，限于篇幅，本章仅介绍典型的氧化物和卤化物。着重讨论它们的熔沸点等物理性质和氧化还原性、酸碱性等化学性质，从中把握某些结构、性质和应用之间的化学规律。

### 9.2.1 氧化物和卤化物的物理性质

#### 9.2.1.1 卤化物的熔点、沸点

卤化物是指卤素与电负性比卤素小的元素所组成的二元化合物。典型卤化物为氯化物。表9-1列出了一些氯化物的熔点。沸点与熔点规律相似，不再列出。

**表 9-1　氯化物的熔点（℃）**

| | ⅠA | | | | | | | | | | | | | | | | | |
|---|---|---|---|---|---|---|---|---|---|---|---|---|---|---|---|---|---|---|
| 1 | HCl<br>−114.8 | ⅡA | | | | | | | | | | | ⅢA | ⅣA | ⅤA | ⅥA | ⅦA | 0 |
| 2 | LiCl<br>605 | $BeCl_2$<br>405 | | | | | | | | | | | $BCl_3$<br>−107 | $CCl_4$<br>−23 | $NCl_3$<br>$<-40$ | $Cl_2O_7$<br>−91.5 | ClF<br>−154 | |
| 3 | NaCl<br>801 | $MgCl_2$<br>714 | ⅢB | ⅣB | ⅤB | ⅥB | ⅦB | Ⅷ | | | ⅠB | ⅡB | $AlCl_3$<br>190＊ | $SiCl_4$<br>−70 | $PCl_3$<br>−112<br>$PCl_5$<br>166d | $SCl_4$<br>−30 | $Cl_2$<br>−101 | |
| 4 | KCl<br>770 | $CaCl_2$<br>782 | $ScCl_3$<br>939 | $TiCl_4$<br>−25<br>$TiCl_2$<br>440d | $VCl_4$<br>−28 | $CrCl_2$<br>824<br>$CrCl_3$<br>1150 | $MnCl_2$<br>650 | $FeCl_2$<br>672<br>$FeCl_3$<br>306 | $CoCl_2$<br>724 | $NiCl_2$<br>1001 | CuCl<br>430<br>$CuCl_2$<br>620 | $ZnCl_2$<br>283 | $GaCl_3$<br>77.9 | $GeCl_4$<br>−49.5 | $AsCl_3$<br>−8.5 | $SeCl_4$<br>205 | | |
| 5 | RbCl<br>718 | $SrCl_2$<br>875 | $YCl_3$<br>721 | $ZrCl_4$<br>437＊ | $NbCl_5$<br>204.7 | $MoCl_5$<br>194 | | $RuCl_3$<br>$>500$d | $RhCl_3$<br>475d | $PdCl_2$<br>500d | AgCl<br>455 | $CdCl_2$<br>568 | $InCl_3$<br>586 | $SnCl_2$<br>246<br>$SnCl_4$<br>−33 | $SbCl_3$<br>73.4<br>$SbCl_5$<br>2.8 | $TeCl_4$<br>224 | α-ICl<br>27.2 | |
| | CsCl<br>645 | $BaCl_2$<br>963 | $LaCl_3$<br>860 | $HfCl_4$<br>319s | $TaCl_5$<br>216 | $WCl_5$<br>248<br>$WCl_6$<br>275 | | $OsCl_3$<br>550d | $IrCl_3$<br>763d | $PtCl_4$<br>370d | AuCl<br>170d<br>$AuCl_3$<br>254d | $Hg_2Cl_2$<br>400s<br>$HgCl_2$<br>276 | $TlCl_3$<br>25<br>TlCl<br>430 | $PbCl_2$<br>501<br>$PbCl_4$<br>−15 | $BiCl_3$<br>231 | | | |

注：d 表示分解，s 表示升华，＊表示在加压下。

活泼金属的氯化物如氯化钠、氯化钾、氯化钡等的熔点、沸点较高；非金属元素的氯化物如三氯化磷、四氯化碳、四氯化硅等熔沸点都很低；位于表中部的金属氯化物如 $FeCl_3$、$ZnCl_2$、$AlCl_3$ 等的熔点介于两者之间，大多偏低，且挥发性较大。

表中发现两个有趣的问题：①ⅠA 族氯化物（除 LiCl 外）的熔点自上而下逐渐降低，符合离子晶体的递变规律。而ⅡA 族氯化物（除 $BeCl_2$ 外）也有较高的熔点，说明它们基本上属于离子晶体，但自上而下熔点逐渐升高，变化趋势正好与ⅠA 族氯化物相反，这表明还有其他因素影响熔点。②多数过渡金属及 p 区金属氯化物熔点都较低，同一金属元素的低价态氯化物的熔点高于高价态的熔点。例如熔点：$FeCl_2 > FeCl_3$；$SnCl_2 > SnCl_4$；$PbCl_2 > PbCl_4$。

物质的熔点、沸点主要决定于物质的晶体结构。氯是活泼非金属元素，它与活泼金属如钠、钾、钡等化合，形成离子型氯化物，固态时是离子晶体，因而熔点、沸点较高；氯与非金属如磷、硫、硅等化合形成共价型化合物，固态时是分子晶体，因而熔点、沸点较低。但氯与位于周期表中部的金属（包括镁、铝等）化合，往往形成过渡型氯化物，如 $MgCl_2$、$FeCl_3$、$ZnCl_2$、$AlCl_3$ 等，固态时是层状晶体结构，不同程度地呈现出离子晶体向分子晶体过渡的性质。因而其熔点、沸点一般低于离子晶体，但高于分子晶体。这种晶体结构的过渡可用离子极化理论来解释。

#### 9.2.1.2　离子极化理论

离子极化是离子键理论的重要补充，由于离子极化作用引起键的极性减弱，相应的晶体从离子型逐渐变成过渡型直至共价型（一般为分子晶体），因而往往会使晶体的熔点降低，在水中溶解度减小，颜色加深等。

离子极化理论以离子键理论为基础，把化合物中的组成元素看作正、负离子，再考察离子间的相互作用。将元素离子视为球形，正负电荷的中心重合于球心，见图 9.1（a）。在外电场作用下，离子中的核与电子发生相对位移，离子变形，产生诱导偶极，见图 9.1（b），这种过程叫作离子极化。由于所有的离子都带电荷，离子本身的电场也可能导致异号电荷的相邻离子极化，见图 9.1（c）。

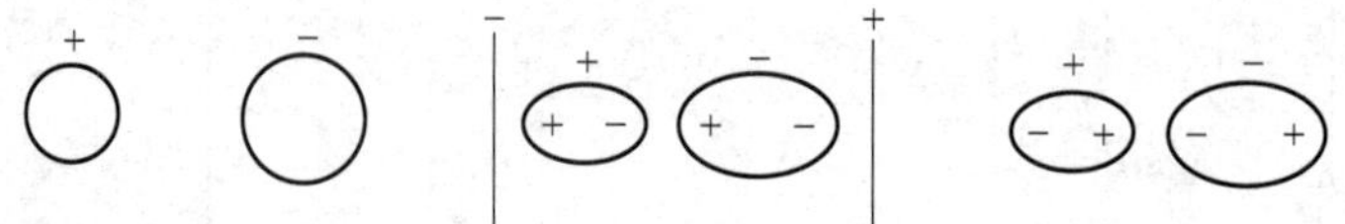

(a) 不在电场中的离子　(b) 离子在电场中的极化　(c) 两个离子的相互极化

图 9.1　离子极化作用示意图

离子极化使正、负离子之间发生了额外的吸引力，严重时可能使两种离子的原子轨道（电子云）发生明显变形，导致轨道相互重叠，带有部分共价键成分，即离子键向共价键转变，化学键极性变小，可看成是离子键和共价键的一种过渡形式，如图 9.2 所示。

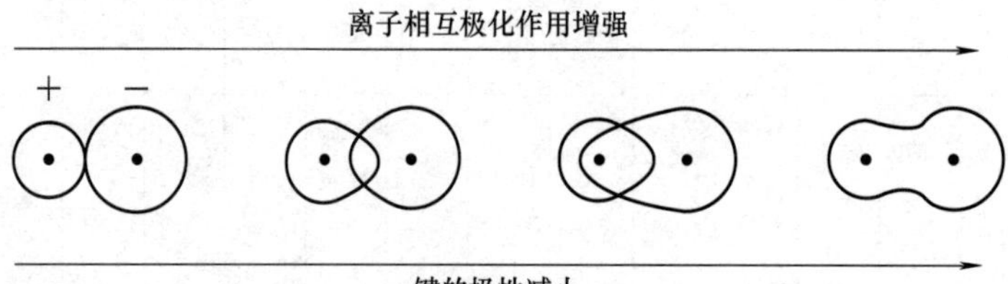


图 9.2　离子键向共价键过渡的示意图

离子极化作用的强弱与离子的极化力、变形性两方面有关。离子使其他离子极化（变形）的能力叫作离子的极化力。离子可以被极化的程度就是离子的变形性。离子的极化力、变形性的大小都与离子的结构有关。

离子的极化力决定于它的电场强度，离子的电场越强，离子的极化力越大。从结构上来说，主要看以下三个因素：

（1）离子的电荷

电荷数越多，极化力越强。

（2）离子的半径

半径越小，极化力越强。

（3）离子的外层电子构型

极化力：

8 电子构型的离子 < 9～17 电子构型的离子。如

$$K^+ < Fe^{3+};Na^+ < Mn^{2+}$$

8 电子构型的离子 < 18 电子构型的离子。如

$$Na^+ < Cu^{2+};K^+ < Zn^{2+}$$

离子的变形性主要决定于下列三个因素。

（1）离子的电荷数

随正电荷数的减少或负电荷数的增加，变形性增大。如

$$Si^{4+} < Al^{3+} < Mg^{2+} < Na^{+} < F^{-} < O^{2-}$$

（2）离子的半径

半径越大，变形性越大。如

$$O^{2-} < S^{2-}; F^{-} < Cl^{-} < Br^{-} < I^{-}$$

（3）离子的外层电子构型

变形性：8 电子构型的离子 < 9～17（或 18）电子构型的离子。如

$$K^{+} < Ag^{+}; Ca^{2+} < Hg^{2+}$$

由于负离子的极化力较弱，正离子的变形性较小，所以考虑离子极化作用时，主要看正离子的极化力引起负离子的变形。只有当正离子也容易变形时，才考虑正负离子相互之间进一步引起的极化作用。

离子极化对晶体结构和熔点等性质的影响，可以第 3 周期的氯化物为例加以说明，见表 9.2。

**表 9.2　第 3 周期中一些氯化物的性质**

| 氯化物 | $NaCl$ | $MgCl_2$ | $AlCl_3$ | $SiCl_4$ |
|---|---|---|---|---|
| 正离子 | $Na^{+}$ | $Mg^{2+}$ | $Al^{3+}$ | $Si^{4+}$ |
| $r_+$/nm | 0.097 | 0.066 | 0.051 | 0.042 |
| 熔点/℃ | 801 | 714 | 190(加压下) | −70 |
| 沸点/℃ | 1413 | 1412 | 177.8(升华) | 57.57 |
| 摩尔电导率(熔点时) | 大 | 大 | 很小 | 零 |
| 晶体类型 | 离子晶体 | 层状结构晶体 | 层状结构晶体 | 分子晶体 |

从表中可以看出，$Na^{+}$、$Mg^{2+}$、$Al^{3+}$、$Si^{4+}$ 的电荷数依次增大、半径依次减小，极化力依次增强，即它们使 $Cl^{-}$ 发生变形的程度依次增大。由于 $Cl^{-}$ 的原子轨道（或电子云）向正离子偏离，电子云发生形变而相互重叠。随着正离子极化力的增强，电子云的重叠程度加大，键的极性减小，离子键逐渐向共价键过渡，离子型晶体结构也就转变为共价型晶体结构。上述氯化物的熔点、沸点也随着发生相应的变化，导电性也如此。

再来解释前述的ⅡA 族及 p 区、过渡金属的氯化物的熔点规律。

由于氯离子半径较大，有一定变形性，而ⅡA 族金属离子与同周期的ⅠA 族金属离子相比，离子半径较小、电荷又较大，因而正离子的极化力也有所增强。在ⅡA 族中，这个极化作用又因 $Ba^{2+}$、$Sr^{2+}$、$Ca^{2+}$、$Mg^{2+}$、$Be^{2+}$ 半径依次减小而使极化作用不断增强，导致晶体结构类型从 $BaCl_2$ 的离子晶体逐渐转变为 $MgCl_2$ 的层状结构晶体或 $BeCl_2$ 的链状结构晶体（气态 $BeCl_2$ 是偶极矩为零的共价型分子），熔点也依次降低。在溶解度方面，$BeCl_2$、$MgCl_2$ 可溶于多种有机溶剂。这些都说明ⅡA 族金属的氯化物由于极化作用已有一些向分子晶体过渡的趋势。

许多过渡金属及 p 区金属的氯化物，由于正离子电荷数增多，外层电子又多为 9～17 或 18 等电子构型，因而具有较强的极化力，使这些氯化物往往具有自离子型向分子型转变的过渡型晶体结构，所以大多熔点、沸点比离子晶体的要低。而且由于较高价态离子电荷数更多、半径更小，因而具有更强的极化力，更易使其氯化物带有较多的共价性，更偏向分子晶体。所以高价态金属氯化物的熔点、沸点往往比低价态的低，挥发性也强。

又如，AgCl、AgBr、AgI 颜色逐渐加深且在水中的溶解度依次减少；同种元素的硫化

物的颜色常比相应的氧化物或氢氧化物的深等，都可从离子极化作用的增强得到解释。

#### 9.2.1.3 卤化物的应用

在卤素离子中 $F^-$ 的半径最小，最不易变形，所以一般金属的氟化物都是离子化合物，甚至 $AlF_3$ 和 $SnF_4$ 也是离子化合物。非金属元素如硼、氧、硅等才能与氟生成共价化合物。由于碱金属和碱土金属的卤化物是离子化合物，在熔融状态时能导电，这些金属的卤化物是制取相应金属的原料。例如电解熔融 LiCl 制备金属锂；电解熔融的 $MgCl_2$ 制备金属镁等。在熔盐电解法制备金属时，常加入其他的碱金属和碱土金属的卤化物（主要是氯化物）来降低盐的熔点。

离子型卤化物中 NaCl、KCl、$BaCl_2$ 的熔点、沸点较高，稳定性好，受热不易分解，这类氯化物的熔融态可用作高温时的加热介质，叫作盐溶剂；$CaF_2$、NaCl、KBr 晶体可用作红外光谱仪棱镜等光学晶体；位于周期表中部元素的卤化物中，过渡型的 $AlCl_3$、$CrCl_3$ 及分子型的 $SiCl_4$ 易挥发，正常情况下稳定性较好，但在高温时能在钢铁工件表面分解出具有活性的铝、铬、硅原子并渗入工件表层，因而可用于渗铝、渗铬、渗硅工艺中；共价型卤化物的熔点和沸点较低，可用于提取和提纯金属。例如冶炼钛时，在高温下把氯气通过金红石（$TiO_2$）和碳的混合物进行氯化，使钛以 $TiCl_4$ 形式挥发出来：

$$TiO_2 + 2Cl_2 + 2C \xlongequal{} TiCl_4 + 2CO$$

然后再用活泼金属或它们的氢化物，把金属钛从 $TiCl_4$ 中还原出来。易气化的 $SiCl_4$、$SiHCl_3$ 可被还原为硅而用于半导体硅的制取。利用共价型 $WI_2$ 易挥发且稳定性差、高温能分解为单质的性质，可在灯管中加入少量碘制得碘钨灯。当灯管中钨丝受热升华到灯管壁（温度维持在 250～650℃）时，可以与碘化合成 $WI_2$。$WI_2$ 蒸气又扩散到整个灯管，碰到高温的钨丝便重新分解，并又把钨沉积在灯丝上。这样循环不息，可以大大提高灯的发光效率和寿命。

#### 9.2.1.4 氧化物的熔点、沸点

氧化物是指氧与电负性比氧小的元素所形成的二元化合物。

氧化物的熔点、沸点与氯化物相类似，但也存在一些差异。金属性强的元素的氧化物如 $Na_2O$、BaO、CaO 等是离子晶体，熔点、沸点大都较高。大多数非金属元素的氧化物如 $SO_2$、$N_2O_5$、$CO_2$ 等是共价型化合物，固态时是分子晶体，熔点、沸点低。大多数金属性不太强的元素的氧化物是过渡型化合物，其中一些较低价态金属的氧化物如 $Cr_2O_3$、$Al_2O_3$、$Fe_2O_3$、NiO、$TiO_2$ 等可以认为是离子晶体向原子晶体的过渡，或者说介于离子晶体和原子晶体之间，熔点较高。而高价态金属的氧化物如 $V_2O_5$、$CrO_3$、$MoO_3$、$Mn_2O_7$ 等，由于金属离子与氧离子相互极化作用强烈，偏向于共价型分子晶体，可以认为是离子晶体向分子晶体的过渡，熔点、沸点较低。但与所有的非金属氯化物都是分子晶体不同，硅的氧化物 $SiO_2$（方石英）是原子晶体，熔点、沸点较高。与硅相邻的铝的氧化物 $Al_2O_3$（刚玉）偏向于离子型，而 MgO 则是离子晶体，它们的熔点、沸点较高。

其次，大多数相同价态的金属氧化物的熔点都比其氯化物的要高。例如，熔点：

$$MgO > MgCl_2, Al_2O_3 > AlCl_3, Fe_2O_3 > FeCl_3, CuO > CuCl_2$$

与氯化物另一不同点反映在氧化物的硬度上。一般离子型或偏向于离子型的金属氧化物不但熔点较高，而且硬度也较大。

### 9.2.2 氧化物和卤化物的化学性质

#### 9.2.2.1 氧化还原性

本节选择科学研究和实际工程中应用较多的高锰酸钾、重铬酸钾、亚硝酸盐和过氧化氢

为代表，介绍其氧化还原性。

(1) 高锰酸钾

锰原子核外的 $3d^5 4s^2$ 电子都能参加化学反应，氧化值从 +1 到 +7 的锰化合物都有，其中以 +2、+4、+6、+7 较为常见，应用最广的是高锰酸钾 $KMnO_4$。

$KMnO_4$ 是一种常用的氧化剂，无论在酸性、碱性和中性介质中都有氧化性，但其氧化性受介质酸度影响很大，随介质酸性减弱而减弱，还原产物也不同。在酸性介质中它是很强的氧化剂。这可从下列相关的电极电势看出：

$$MnO_4^-(aq) + 8H^+(aq) + 5e^- \longrightarrow Mn^{2+}(aq) + 4H_2O(l)$$

$$\varphi^{\ominus}(MnO_4^-/Mn^{2+}) = 1.507V$$

$$MnO_4^-(aq) + 2H_2O(l) + 3e^- \longrightarrow MnO_2(s) + 4OH^-(aq)$$

$$\varphi^{\ominus}(MnO_4^-/MnO_2) = 0.595V$$

$$MnO_4^-(aq) + e^- \longrightarrow MnO_4^{2-}(aq)$$

$$\varphi^{\ominus}(MnO_4^-/MnO_4^{2-}) = 0.558V$$

在酸性介质中，紫红色 $MnO_4^-$ 可氧化 $Fe^{2+}$、$H_2O_2$、$SO_3^{2-}$ 甚至 $Cl^-$ 等，本身被还原为浅红色 $Mn^{2+}$。例如：

$$2MnO_4^- + 5SO_3^{2-} + 6H^+ \longrightarrow 2Mn^{2+} + 5SO_4^{2-} + 3H_2O$$

在中性和弱碱性溶液中，$MnO_4^-$ 可被较强的还原剂如 $SO_3^{2-}$ 还原为 $MnO_2$（棕褐色沉淀）。

$$2MnO_4^- + 3SO_3^{2-} + H_2O \longrightarrow 2MnO_2(s) + 3SO_4^{2-} + 2OH^-$$

在强碱性溶液中，$MnO_4^-$ 还可被少量的较强的还原剂如 $SO_3^{2-}$ 还原为绿色的 $MnO_4^{2-}$。

$$2MnO_4^- + SO_3^{2-} + 2OH^- \longrightarrow 2MnO_4^{2-} + SO_4^{2-} + H_2O$$

(2) 重铬酸钾

$K_2Cr_2O_7$ 是常用的氧化剂。酸性介质中 $Cr_2O_7^{2-}$ 具有很强的氧化性，可将 $Fe^{2+}$、$H_2S$、$SO_3^{2-}$ 等氧化，自身被还原为 $Cr^{3+}$。分析检测中可借下列反应测定铁的含量：

$$Cr_2O_7^{2-} + 6Fe^{2+} + 14H^+ \longrightarrow 2Cr^{3+} + 6Fe^{3+} + 7H_2O$$

快速检测汽车驾驶员是否酒后驾车的证据即是通过 $Cr_2O_7^{2-}$ 酸性溶液吸收呼出气体中的乙醇而使橙红色变为绿色：

$$2Cr_2O_7^{2-} + 3C_2H_5OH + 16H^+ \longrightarrow 4Cr^{3+} + 3CH_3COOH + 11H_2O$$

在重铬酸盐或铬酸盐的水溶液中存在如下平衡：

$$2CrO_4^{2-} + 2H^+ \rightleftharpoons Cr_2O_7^{2-} + H_2O$$

加酸或加碱可以使上述平衡发生移动，酸化溶液，则溶液中以 $Cr_2O_7^{2-}$ 为主而显橙色；反之碱性环境中则以 $CrO_4^{2-}$ 为主而显黄色。

(3) 亚硝酸盐

可溶于水，食品中常用作发色剂和防腐剂。有毒性，能使血液中正常携氧的低铁血红蛋白氧化成高铁血红蛋白，因而失去携氧能力而引起组织缺氧。亚硝酸盐本身并不致癌，但在烹调或其他条件下，肉菜品内的亚硝酸盐可与氨基酸发生反应，生成有强致癌性的亚硝胺。

亚硝酸盐中因氮的氧化值为 +3，所以既可作氧化剂，又可作还原剂。在酸性溶液中的标准电极电势为

$$HNO_2(aq) + H^+(aq) + e^- = NO(g) + H_2O(l)$$

$$\varphi^{\ominus}(HNO_2/NO) = 0.983V$$

$$NO_3^-(aq) + 3H^+(aq) + 2e^- = HNO_2(aq) + H_2O(l)$$

$$\varphi^{\ominus}(NO_3^-/HNO_2) = 0.934V$$

亚硝酸盐在酸性介质中主要表现为氧化性。例如：

$$2NO_2^- + 4H^+ + 2I^- = 2NO\uparrow + I_2 + 2H_2O$$

亚硝酸盐遇到更强的氧化剂如酸性高锰酸钾、重铬酸钾、氯气时，会被氧化为硝酸盐，表现出还原性。

$$Cr_2O_7^{2-} + 3NO_2^- + 8H^+ = 2Cr^{3+} + 3NO_3^- + 4H_2O$$

（4）过氧化氢

$H_2O_2$ 中氧的氧化值为－1，既具有氧化性又具还原性，还会发生歧化反应。$H_2O_2$ 常用于消毒、漂白，在酸性或碱性介质中都显出相当强的氧化性。例如：

$$H_2O_2 + 2I^- + 2H^+ = I_2 + 2H_2O$$

但遇到更强的氧化剂如酸性高锰酸钾、重铬酸钾、氯气时，$H_2O_2$ 则显还原性而被氧化为 $O_2$：

$$2MnO_4^- + 5H_2O_2 + 6H^+ = 2Mn^{2+} + 5O_2 + 8H_2O$$

$H_2O_2$ 与 $Fe^{2+}$ 的混合溶液称为芬顿试剂（Fenton），可用于废水处理。这是因为在某些离子如 $Fe^{2+}$、$Ti^{3+}$ 催化下，过氧化氢分解反应会生成中间体羟基自由基 HO•等，氧化性增强。

#### 9.2.2.2 氧化物及其水合物的酸碱性

根据氧化物对酸、碱的反应不同，可将氧化物分为酸性、碱性、两性和不成盐氧化物等四类。不成盐氧化物（又称为惰性氧化物）与水、酸或者碱不起反应，例如 CO、NO、$N_2O$ 等。

与酸性、碱性和两性氧化物相对应，它们的水合物也有酸性、碱性和两性，都可以看作是氢氧化物，即可用一个通式 $R(OH)_x$ 来表示，其中 $x$ 是元素 R 的氧化数。在写酸的化学式时，习惯上总把氢列在前面；在写碱的化学式时，则把金属列在前面而写出氢氧化物的形式。例如硼酸写成 $H_3BO_3$ 而不写成 $B(OH)_3$，而氢氧化钡是碱，则写成 $Ba(OH)_2$。

当元素 R 的氧化数较高时，氧化物的水合物易脱去一部分水而变成含水较少的化合物。例如，硝酸不是 $H_5NO_5$ 而是 $HNO_3$，即脱去了 2 个水分子；又如，正磷酸不是 $H_5PO_5$，而是脱去了 1 个水分子的 $H_3PO_4$。

两性氧化物的水合物如氢氧化铝，则既可写成碱的形式 $Al(OH)_3$，也可写成酸的形式：

$$\underset{\text{（氢氧化铝）}}{Al(OH)_3} \rightleftharpoons \underset{\text{（正铝酸）}}{H_3AlO_3} \rightleftharpoons \underset{\text{（偏铝酸）}}{HAlO_2} + H_2O$$

周期表中元素的氧化物及其水合物的酸碱性的递变如下：

① 同一周期中，各主族元素中氧化数最高的氧化物及其水合物，从左到右酸性增强，碱性减弱。副族及Ⅷ族元素的氧化物及其水合物的酸碱性变化规律和主族的相似，但要缓慢些。例如第 3 周期中各元素中氧化数最高的氧化物及其水合物的酸碱性递变顺序如下：

| $Na_2O$ | $MgO$ | $Al_2O_3$ | $SiO_2$ | $P_2O_5$ | $SO_3$ | $Cl_2O_7$ |
|---|---|---|---|---|---|---|
| $NaOH$ | $Mg(OH)_2$ | $Al(OH)_3$ | $H_2SiO_3$ | $H_3PO_4$ | $H_2SO_4$ | $HClO_4$ |
| 碱性 | 碱性中强 | 两性 | 酸性弱 | 酸性中强 | 酸性强 | 酸性最强 |

又如第 4 周期中的ⅢB～ⅦB 族元素最高价态氧化物及其水合物的酸碱性递变顺序如下：

| $Sc_2O_3$ | $TiO_2$ | $V_2O_5$ | $CrO_3$ | $Mn_2O_7$ |
|---|---|---|---|---|
| $Sc(OH)_3$ | $Ti(OH)_4$ | $HVO_3$ | $H_2Cr_2O_7$ | $HMnO_4$ |
| 碱性 | 两性 | 酸性弱 | 酸性中强 | 酸性强 |

② 同一主族元素的相同氧化数的氧化物及其水合物，从上到下酸性减弱，碱性增强。在同一副族中，元素氧化物及其水合物的酸碱性变化规律也和主族的相似。

例如在ⅤA 族元素氧化数为+3 的氧化物中，$N_2O_3$、$P_2O_3$ 呈酸性，$As_2O_3$、$Sb_2O_3$ 呈两性，而 $Bi_2O_3$ 则呈碱性，与这些氧化物相对应的水合物的酸碱性也是如此。

又如ⅥB 族元素氧化数最高的氧化物的水合物酸性顺序：铬酸 $H_2CrO_4$＞钼酸 $H_2MoO_4$＞钨酸 $H_2WO_4$。

③ 同一元素（主族的或副族的）形成不同氧化数的氧化物及其水合物时，高价态的酸性比低价态的要强。例如，酸性由弱到强顺序：

$$HClO < HClO_2 < HClO_3 < HClO_4$$

弱酸　中强酸　强酸　极强酸

$$Mn(OH)_2 < Mn(OH)_3 < Mn(OH)_4 < H_2MnO_4 < HMnO_4$$

碱　弱碱　两性　弱酸　强酸

$$CrO < Cr_2O_3 < CrO_3$$

碱　两性　酸

氧化物的水合物酸碱性变化规律，可以粗略地用 $R(OH)_x$ 模型来说明。$R(OH)_x$ 型化合物总起来说可以按以下两种方式解离。

$$R \underset{\text{I}}{\vdots} O \underset{\text{II}}{\vdots} H$$

如果在Ⅰ处（R—O 键）断裂，化合物发生碱式解离；如果在Ⅱ处（O—H）断裂，就发生酸式解离。

到底在Ⅰ处还是Ⅱ处断裂？可以近似地把 R、O、H 都看成离子，比较正离子 $R^{x+}$ 和 $H^+$ 分别与负离子 $O^{2-}$ 之间的作用力相对强弱。

如果 $R^{x+}$ 和 $O^{2-}$ 之间的作用力不够强大，不能和 $H^+$ 与 $O^{2-}$ 之间的作用力相抗衡，则发生碱式解离。因而，在第三周期中，NaOH 和 $Mg(OH)_2$ 都发生碱式解离。$Al^{3+}$ 由于电荷数更大而半径更小，与 $O^{2-}$ 之间的作用力已能和 $H^+$ 与 $O^{2-}$ 之间的作用力相抗衡，因而 $Al(OH)_3$ 可按两种方式解离，是典型的两性氢氧化物。其余 4 种元素的 4 种氢氧化物，由于 $R^{x+}$ 的电荷数从 +4 到 +7 依次增加而半径依次减小，使 $R^{x+}$ 吸引 $O^{2-}$、斥 $H^+$ 的作用力逐渐增大，因而酸性依次增强。$HClO_4$ 是最强的无机酸。同理，$Cl^+$、$Cl^{3+}$、$Cl^{5+}$、$Cl^{7+}$ 的电荷数依次增大而半径依次减小，因此 HClO、$HClO_2$、$HClO_3$、$HClO_4$ 的酸性依次增强。

又如，$As^{3+}$、$Sb^{3+}$、$Bi^{3+}$ 的电荷数相同，而半径依次增大，$R^{3+}$ 的吸 $O^{2-}$、斥 $H^+$ 能力依次减弱，因此它们的氢氧化物的酸性依次减弱，碱性依次增强。

需要注意，在许多 $R(OH)_x$ 中并非真正存在 $R^{x+}$，R 右上角的数字也不是它所带的真正电荷数，而是形式“电荷数”。

#### 9.2.2.3 氯化物与水的作用

氯化物与水作用可以分为溶解和水解两种情况。

① 除 Be、Mg 外，碱金属和碱土金属等活泼金属的氯化物都溶于水，在水中以水合离子存在，不水解。

② 镁、铝等大多数金属的氯化物会发生不同程度的水解而且水解是分级和可逆的，产物一般为碱式盐与盐酸。例如：

$$MgCl_2 + H_2O \rightleftharpoons Mg(OH)Cl + HCl$$

又如三氯化铁可用下列反应式表示其分级水解过程：

$$FeCl_3 + H_2O \rightleftharpoons Fe(OH)Cl_2 + HCl$$

$$Fe(OH)Cl_2 + H_2O \rightleftharpoons Fe(OH)_2Cl + HCl$$

通常 $FeCl_3$ 主要进行一级水解，二级、三级水解相对较弱，所以固体 $FeCl_3$ 溶于水，一般不产生沉淀。若将浓 $FeCl_3$ 溶液加入沸水中，水解度增大，可产生氢氧化铁溶胶。$SnCl_2$ 水解生成的 Sn(OH)Cl 在水中溶解度很小会形成沉淀。

$$SnCl_2 + H_2O = Sn(OH)Cl\downarrow + HCl$$

某些金属氯化物水解生成的碱式盐，因脱水而析出氯氧化物沉淀。例如：

$$SbCl_3 + H_2O = SbOCl\downarrow + 2HCl$$

$$BiCl_3 + H_2O = BiOCl\downarrow + 2HCl$$

在配制 $SnCl_2$、$SbCl_3$ 和 $BiCl_3$ 这些氯化物溶液时，为了抑制其水解，一般都先将固体溶于较浓的盐酸中，再加适量水稀释而成。

一般来说，氧化数为+3 的金属氯化物的水解程度比氧化数为+2 的金属氯化物的要大些。例如水解程度：$FeCl_3 > FeCl_2$，$AlCl_3 > MgCl_2$。

③ 价态高于+3 的某些金属氯化物，水解作用一般可以进行到底。例如，四氯化锗水解，生成胶状二氧化锗的水合物。

$$GeCl_4 + 4H_2O = GeO_2 \cdot 2H_2O\downarrow + 4HCl$$

④ 硅、磷等大多数非金属元素的氯化物（$CCl_4$、$NCl_3$ 等除外）能迅速发生完全水解作用，生成两种酸，例如：

$$SiCl_4 + 3H_2O = H_2SiO_3\downarrow + 4HCl$$

$$PCl_5 + 4H_2O = H_3PO_4 + 5HCl$$

这些氯化物与水作用非常强烈，在潮湿空气中会引起再成雾现象，因此，在军事上可用作烟雾剂。生产上可借此用沾有氨水的玻璃棒来检查 $SiCl_4$ 系统是否漏气。

## 9.3 无机材料

从近代科技史来看，新材料的使用对社会经济和科技的发展起着巨大的推动作用。例如，钢铁材料的出现，孕育了产业革命；高纯半导体材料的制造，促进了现代信息技术的建立和发展；先进复合材料和新型超合金材料的开发，为空间技术的发展奠定了物质基础；新型超导材料的研制，大大推动了无损耗发电、磁流发电及受控热核反应堆等现代能源的发展；纳米材料的发展和利用，促进了多学科的发展，并将人类带入了一个奇迹层出不穷的时代。

根据材料的组成和结构特点，可将材料分为金属材料、无机非金属材料、有机高分子材料和复合材料四大类。也可根据材料的性能特征，将其分为结构材料和功能材料（热、光、电、磁等功能）。还可根据材料的用途将其分为建筑材料、能源材料、航空材料和电子材料等。本章将按照第一种分类对前两类材料分别加以简单介绍。

### 9.3.1 金属材料

金属材料是以金属元素为基础的材料。虽然纯金属具有良好的塑性、导电导热性，但纯金属的性能往往不能满足生产需要，因此金属材料绝大多数是以合金的形式出现。合金是由一种金属与一种或几种其他金属、非金属熔合在一起生成的具有金属特性的物质，结构比单一金属复杂，性能比纯金属优良，一般具有优良的力学性能、可加工性及优异的物理特性。金属材料的性质主要取决于它的成分、显微组织和制造工艺，人们可以通过调整和控制成分、组织结构和工艺，制造出具有不同性能的工艺材料。

#### 9.3.1.1 合金的结构和类型

根据合金中组成元素之间相互作用的不同，可将合金分为以下三种类型：金属固溶体、金属化合物和机械混合物。前两者是均匀合金，机械混合物是不均匀合金，其力学性能如硬度是各组分的平均，但熔点会下降。

（1）固溶体

以含量较多的一种金属为溶剂，另一种添加其内的金属或非金属为溶质，共熔后形成一种结构均匀的固态金属，称作固溶体。固溶体保持了溶剂金属的晶格类型，溶质原子以不同方式分布于溶剂金属的晶格中。根据溶质原子在溶剂晶格中位置的不同，可分为置换固溶体和间隙固溶体两种，如图 9.3 所示。

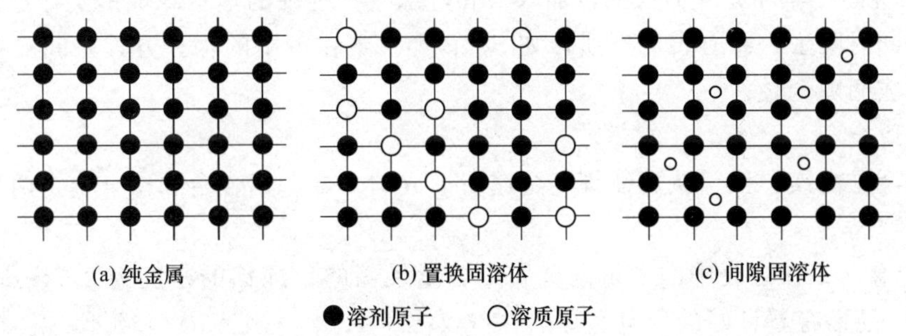


图 9.3 金属固溶体与纯金属结构对比示意图

当溶质元素与溶剂元素原子半径、电负性和晶格类型等因素相接近时，易形成置换固溶体，例如钒、铬、锰、钴和镍等都能与铁形成置换固溶体。氢、硼、碳和氮等一些原子半径特别小的元素与副族元素易形成间隙固溶体。

当溶剂溶入溶质原子形成固溶体后，造成原有晶格畸变，晶格畸变增大了位错运动的阻力，使滑移难以进行，从而使合金固溶体的强度与硬度增加。这种通过融入某种溶质元素来形成固溶体而使金属强化的现象称为固溶强化。在溶质原子浓度适当时，可提高材料的强度和硬度，而其韧性、塑性和导电性却有所下降。

（2）金属化合物

当形成合金的元素其电子层结构、原子半径和晶体类型相差较大时，易形成金属化合物。金属化合物是指一种金属元素与另一种元素（金属或非金属）间起化学作用而形成一种具有金属特性的物质。金属化合物的组成一般可用化学式表示，金属化合物的晶格不同于原来金属的晶格，自成新相，一般具有复杂的晶格结构。其性能特点是熔点高、硬度高、脆性大。当合金形成金属化合物时，通常能提高合金的硬度和耐磨性，但塑性和韧性会降低。

金属化合物种类很多，可以由金属与金属元素组成，也可以由金属与非金属元素组成。

前者如 CuZn、$Ag_3Al$ 等；后者如硼、碳或氮等与金属元素组成的硼化物、碳化物或氮化物等。

金属化合物与固溶体一样，都是结构均匀的合金，两者的不同之处在于形成金属固溶体时，溶剂元素原来的晶格类型基本保持不变，但形成金属化合物时内部有全新的不同于原有晶格类型的结构，化学组成也相对固定，例如铁碳合金中的渗碳体 $Fe_3C$。

（3）机械混合物

两种金属在熔融状态时完全互溶，但凝固后各组分又分别结晶，组成两种金属晶体的混合物，整个金属不完全均匀。例如钢中渗碳体和铁素体相间存在，形成机械混合物。机械混合物的主要性质是各组分金属的平均性质。

#### 9.3.1.2 典型的合金材料

（1）钢铁

钢铁是铁碳合金的总称。根据含碳量的不同，铁碳合金分为钢与铸铁两大类，钢是含碳量小于 1.8% 的铁碳合金。碳钢是最常用的普通钢，冶炼方便、加工容易，在多数情况下可满足使用要求。按照含碳量的不同，碳钢又分为低碳钢、中碳钢和高碳钢。随含碳量的升高，碳钢的硬度增加、韧性下降。在碳钢的基础上加入一些合金元素，如 Si、W、Mn、Cr、Ni、Mo、V、Ti 等，可使钢的组织结构和性能发生变化，从而具有一些特殊性能。如加入一定量的 Cr 和 Ni 等可炼成不锈钢，加入 Mn 可炼成特别硬的锰钢。炼钢实际上是调整铁中碳的含量，同时除去一些有害的杂质，如 S、P 等。碳在钢中的存在方式是间充在铁晶格的空隙中，形成间隙合金。

（2）轻质合金

轻质合金是由镁、铝、钛、锂等轻金属所形成的合金。铝合金和钛合金是两种较重要的轻质合金。

① 铝合金。铝在地壳中的含量是金属中含量最高的。纯铝的密度为 $2.7g\cdot cm^{-3}$，是钢密度的 1/3。纯铝有着良好的导电、导热性（仅次于 Au、Ag、Cu）和延展性。钝化作用又使铝具有良好的耐腐蚀性。纯铝的力学性能不高，不适宜作承受较大载荷的结构件。为了提高铝的力学性能，在纯铝中加入某些合金元素，如 Cu、Mg、Zn、Si、Mn 和稀土元素等，制成铝合金。铝合金的突出特点是密度小、强度高。铝中加入 Mn、Mg 形成的 Al-Mn、Al-Mg 合金有很好的耐腐蚀性、良好的塑性和较高的强度，称为防锈铝合金，用于制造油箱、容器、管道和铆钉等。铝中加入 Cu、Mg、Zn 等形成的 Al-Cu-Mg 和 Al-Cu-Mg-Zn 系合金的强度较防锈铝合金高，称作硬铝合金，但防蚀性能下降。新近开发的高强度硬铝，强度进一步提高，而密度比普通硬铝合金减小 15%，且能挤压成型，可用作摩托车骨架和轮圈等构件。Al-Li 合金可制作飞机零件和承受载荷的高级运动器材。目前，高强度铝合金广泛用于飞机、舰艇和载重汽车等，可增加载重量，提高运行速度，并具有抗海水腐蚀、避磁性等优点。

② 钛合金。钛是地壳中储藏量最丰富的元素之一，含量占地壳质量的 0.61%，在诸元素的分布序列中居第 9 位。金属钛为银白色，熔点达 1672℃，比铁和镍的熔点都高，是一种很好的热强合金材料。钛耐腐蚀、无磁性，韧性强于铁，而密度仅为铁的一半。钛的强度比铝高 3 倍，而且耐热性优于铝。液态钛几乎能溶解所有的金属，形成固溶体或金属化合物等多种合金。钛合金在冶金、电力、化工、石油、航空航天及军事工业中有着广泛应用。例如 Ti-6Al-4V 合金具有较高的力学性能和高温形变能力，稳定性高，可在较宽的温度范围内

使用，用于制造承力结构件；Ti-6Al-2Sn-4Zn-2Mo、Ti-7.7Al-11Zr-0.6Mo-1Nb 合金可在 500℃以上长期工作，可用于制造汽车排气阀；Ti-5Al-2.5Sn（低氧）和 Ti-6Al-4V（低氧）又是重要的低温材料，它们的使用温度分别可达到－253℃和－196℃，可用作宇宙飞船中的液氢容器和低温高压容器。此外，钛及其合金的耐腐蚀性也尤为突出，如 Ti-0.2Pd 和 Ti-0.8Ni-0.3Mo 在浓度为 20%的盐酸中腐蚀速率只有 0.255mm/a，是纯钛年腐蚀速率的 1/100。由于钛及其合金具有许多优异的性能，因而钛享有“第三金属”和“未来的金属”的美称。

（3）储氢材料

某些过渡金属和合金，由于其特殊的晶格结构等原因，氢原子比较容易进入金属晶格的四面体或八面体间隙位中，形成金属氢化物。这类材料可以贮存其体积 1000～1300 倍的氢，贮存氢的密度比液氢还高。由于氢与金属的结合力较弱，加热时氢就能从金属中放出。这实际上是金属吸氢和放氢的可逆过程，称作可逆贮氢。稀土尤其是镧和镍的金属化合物如 $LaNi_5$ 具有较好的贮氢性能。目前，正在研究和接近实用的贮氢材料有：$Mg_2Cu$、TiFe、TiMn、$TiCr_2$、$LaNi_5$、$ZrMn_2$ 和含稀土金属 La、Ce 的 Ni、Zr、Al 或 Cr-Mn 组成的多元合金。

贮氢材料具有的吸氢与放氢功能，以及吸氢放氢过程中伴随产生的热效应，使其在许多领域有着良好的应用前景。

① 氢气的贮运和提纯。贮氢材料不但能贮氢，而且由于 $LaNi_5$ 只与氢形成不稳定的氢化物，因此 $LaNi_5$ 放氢后有很好的提纯效果，仅需一次吸-放氢循环，就可以把氢气提纯到 99.99999%。稀土贮氢（纯化）器作为方便的氢源，已用于氢原子钟、气相色谱仪及冷却发动机等方面，还用于氨厂从吸洗气中回收并净化高纯氢气。

② 高性能充电电池。镍-金属氢化物（Ni-MH）电池作为新型的二次电池，已得到大力发展，这种电池性能优异，在航天航空、袖珍计算器、移动电话、电动汽车等方面有着广泛应用。

（4）记忆合金

记忆合金是近些年来发展起来的一种新型金属材料。这种材料在一定外力作用下其形状和体积发生改变，然后加热到某一温度，它能够完全恢复到变形前的几何形态，这种现象称作形状记忆效应，具有形状记忆效应的合金称作形状记忆合金，简称记忆合金。目前使用较广泛的记忆合金有 Ni-Ti，其他有 Cu-Zn-*X*（*X*＝Si、Sn、Al、Ga），Cu-Al-Ni，Cu-Au-Zn，Cu-Sn，Ag-Cd，Ni-Ti-*X*，Fe-Pt（Pd）等。记忆合金具有形状记忆效应的原因是，这类合金存在着一对可逆转变的晶体结构。例如含 Ti、Ni 各 50%的记忆合金，有菱形和立方体两种晶体结构，两种晶体结构之间有一个转化温度。高于这一温度时，会由菱形结构转变为立方结构，低于这一温度时，则向相反方向转变，晶体类型的转变导致了材料形状的改变。利用记忆合金具有传感和驱动的双重功能，可制成自动调节和控制装置，如随温度变化而胀缩的弹簧，用于暖房、玻璃房顶窗户的启闭，气温高时，弹簧伸长，顶窗打开；气温低时，弹簧收缩，气窗关闭。

### 9.3.2　无机非金属材料

无机非金属材料，简称无机材料，包括各种非金属单质材料、非金属元素间形成的无机化合物材料或金属与非金属元素间形成的无机化合物材料等，通常分为传统的硅酸盐材料和新型无机材料。前者主要有日用陶瓷、普通工业用陶瓷、普通玻璃、水泥和耐火材料等。后者包括氧、氮、碳、硅和硼化物等人工合成化合物和一些非金属单质，如光导纤维、超导材料、半导体材料等。

9.3.2.1 陶瓷材料

陶瓷是人类最早使用的合成材料，我国是最早发明陶瓷的国家。陶瓷的主要成分是硅酸盐，黏土是传统陶瓷的主要原料。黏土与适量水充分调制后，掺入适量 $SiO_2$ 粉以减少坯体在干燥、烧结时的收缩，加入一定量的长石等助熔剂，制成一定形状的坯体，再经低温干燥、高温烧结、保温处理、冷却等阶段，最终生成以 $3Al_2O_3 \cdot 2SiO_2$ 为主要成分的坚硬固体，即为陶瓷材料。

氧化铝、三氧化二铬、氧化铁、氧化镁、二氧化铈等氧化物熔点高，热稳定性好，并有较大的硬度，常用作磨料，缺点是强度较差。若在耐高温氧化物中加入一些耐高温金属（如 $Al_2O_3+Cr$、$ZrO_2+W$ 等），以细粉状均匀混合，加压成型后再烧结，就能得到既有金属的强度又有陶瓷的耐高温等特性的材料，称作金属陶瓷。金属陶瓷密度较小，硬度较大，耐磨，导热性较好，不会由于骤冷骤热的影响而脆裂。

氧化铝陶瓷是以氧化铝为主要成分的一类陶瓷，其主晶相为六方晶系的 $\alpha$-$Al_2O_3$。经烧结致密的氧化铝陶瓷硬度大、耐高温（使用温度可高达 1980℃）、抗氧化、耐骤冷骤热、力学强度高、化学稳定性好且高度绝缘，是最早使用的结构陶瓷，广泛用作机械部件、刀具等。在高纯 $Al_2O_3$ 中，加入少量的 MgO、$Y_2O_3$，经特殊烧结可制成微晶氧化铝，透光性强，用作高压钠灯灯管等高温透明部件。少量 $Cr_2O_3$ 和 $Al_2O_3$ 形成的固溶体称红宝石，是性能优良的固体激光材料。

氧化锆陶瓷是以 $ZrO_2$ 为主要成分的陶瓷材料，它不但具有一般陶瓷材料耐高温、耐腐蚀、耐磨损、高强度等优点，而且其韧性是陶瓷材料中最高的，与铁及硬质合金相当，被誉为“陶瓷钢”。如在 $ZrO_2$ 中加入 CaO、$Y_2O_3$、MgO 或 $CeO_2$ 等氧化物，可制得耐火材料。

碳化硅（SiC），又名金刚砂，是碳化硅陶瓷的主要成分。SiC 是典型共价键结合的化合物，熔点高、硬度大，是重要的工业磨料。SiC 具有优良的化学稳定性，直至 1500℃ 仍具有抗氧化性。碳化硅陶瓷不仅具有优良的常温力学性能，如高的抗弯强度、抗氧化性、抗磨损性、耐腐蚀性及较低的摩擦系数，而且高温力学性能（强度、抗蠕变等）是已知陶瓷材料中最好的。因而在石油化工、微电子、汽车、航空航天、原子能、激光及造纸等工业领域有着广泛应用。SiC 陶瓷的缺点是脆性较大。为此，近几年来以 SiC 陶瓷为基础的复相陶瓷，如纤维补强增韧、异相颗粒弥散强化和梯度功能材料相继出现，从而改善了 SiC 单体材料的韧性和强度。

氮化硅（$Si_3N_4$）是一种共价化合物，氮、硅两元素的电负性相近，因而原子间的共价键强，可作耐热高强结构材料。工业上普遍采用高纯硅粉在 1300℃ 直接氮化获得：

$$3Si + 2N_2 = Si_3N_4$$

氮化硅陶瓷的导热性好而且线膨胀系数小，可经低温、高温、急冷、急热多次反复不开裂。因此，可用作高温轴承、炼钢用铁水流量计、输送铝液的电磁泵管道。用它制作的燃气轮机，效率可提高 20% 以上，并可减轻自重，已用于发电站、无人驾驶飞机等。

9.3.2.2 水泥

水泥是一种水硬性胶凝材料，加水后成为塑性胶体，可将各种集料（沙、石）黏结硬化成为整体，并具有高的力学强度。它不仅能在空气中凝结硬化，而且能在水中继续硬化。水泥的品种极多，其中使用量最大的是硅酸盐水泥。硅酸盐水泥，是用黏土和石灰石（有时加入少量氧化铁粉）作为原料，经煅烧成熟料。将熟料磨细，再加一定量石膏而成。其主要成分为：CaO（约占总质量的 62%～67%）、$SiO_2$（20%～24%）、$Al_2O_3$（4%～7%）、$Fe_2O_3$（2%～5%）。这些氧化物组成了硅酸盐水泥的 4 种基本矿物成分。根据我国标准，将水泥按规定方法制成试样，在一定温度、湿度下，经 28 天后所达到的抗压强度（Pa）数值，表示为水泥的标号数。除硅酸盐水泥外，还有耐热性好的矾土水泥（以铝矾土 $Al_2O_3 \cdot nH_2O$ 和石灰石为原料）、快凝快硬的“双快水泥”、防裂防渗的低温水泥、耐火水泥及用于化工生产的耐酸水泥等。

#### 9.3.2.3　玻璃

玻璃是经高温熔化、急冷硬化制得的非晶态固体，称为玻璃态物质，没有固定的熔点，而是在某一温度范围内逐渐软化。其结构为短程有序、长程无序，具有各向同性及亚稳性，向晶态转变时放出能量。玻璃材料具有良好的光学性能和较好的化学稳定性，是现代建筑、交通、化工、医药、光通信技术、激光技术、光集成电路、新型太阳能电池等领域不可缺少的材料。

玻璃包括单质玻璃、无机玻璃和有机玻璃。通常所说的普通玻璃是指无机玻璃。普通玻璃是将砂、石灰石、纯碱等混合加热反应，后两者分解放出 $CO_2$ 而形成极黏稠的液体，冷却固化就得到以［$SiO_4$］四面体为网络骨架的硅酸盐玻璃。

改变玻璃的成分，或对玻璃进行特殊处理，可制得具有特殊性能和功能的玻璃。如钢化玻璃、光学玻璃、红外玻璃、激光玻璃、光导纤维、电子玻璃等。

#### 9.3.2.4　光导纤维

光导纤维是一种能够导光、传像的具有特殊光学性能的玻璃纤维，又称光纤。光导纤维是一种特殊导线，它可以使光束像电流一样在光导纤维中弯弯曲曲地传输而不中途损耗。为了使实际应用中所传的光有足够的亮度，必须把许多纤维集合起来，制成包皮型纤维，加上光学绝缘层，以避免纤维间互相接触而漏光。为了减少光损耗，对光纤材料的纯度要求很高，制造光纤的关键技术就是提纯技术。

光纤是根据光的全反射原理制成的，它具有传光效率高、集光能力强、信息处理传递量大、速度快、分辨率高、抗干扰、保密性好等一系列优良性能，因而被广泛应用于通信、交通、光学、医学、广播电视、微光夜视及光电子技术等许多领域。

光纤多由无机化合物制得。主要有氧化物玻璃光纤、非氧化物光纤和聚合物光纤等。氧化物玻璃光纤中性能最好应用最广的是石英光纤。石英光纤的组成以 $SiO_2$ 为主，添加少量 $GeO_2$、$P_2O_3$ 及 F 等以控制光纤折射率。氧化物光纤还有多元氧化物光纤，如 $SiO_2$-CaO-$Na_2O$ 等。非氧化物光纤有氟化物玻璃如 $ZrF_4$-$BaF_2$-$LaF_3$、卤化物玻璃如 $ZnCl_2$ 等，聚合物光纤如聚苯乙烯、聚甲基丙烯酸甲酯等。

#### 9.3.2.5　半导体材料

半导体材料是指导电能力处于导体和绝缘体之间的材料，与金属依靠自由电子导电不同，半导体导电是借助于载流子（电子或空穴）的迁移来实现的，因此其电导率随温度的升高而迅速增大。半导体按其化学成分可分为单质半导体和化合物半导体，按其是否含有杂质可分为本征半导体和杂质半导体。

处于元素周期表 p 区与非金属交界处的大多数元素单质多具有半导体性质，如 Si、Ge。根据能带理论，半导体禁带宽度较小，升温时或在光、电和磁效应下，价电子被激发，从满带进入导带，而在满带形成空穴，在外加电场中，负的电子和正的空穴的逆向流动形成电流，从而导电。电子和空穴都称为载流子。以电子导电为主的半导体，称为 n 型半导体，空穴导电为主的半导体，称为 p 型半导体。高纯半导体材料的导电性能很差，在电子工业中，使用较多的是杂质半导体。通过选择性地掺入杂质，控制掺杂物的浓度，可以提高、控制和调节电导率。

掺入的杂质有两种类型：

① 施主杂质。进入半导体中给出杂质，故称“施主”。如在硅中掺入 P 或 As，P 和 As 有 5 个价电子，当它和周围的 Si 原子以共价键结合时，余出 1 个电子。这个电子在硅半导体内是自由的，可以导电，因此，这类半导体属于 n 型半导体。

② 受主杂质。能俘获半导体中自由电子的杂质，因其接受电子而称为“受主”。如在硅中掺入 B，由于 B 原子只有 3 个价电子，比 Si 原子少一个价电子，因此在与周围的 Si 原子形成共价键时，其中一个键将缺少一个电子，价带中的电子容易跃迁进入而出现空穴。这类半导体为 p 型半导体。

利用半导体电阻率随温度而变化的性质，做成各种热敏电阻，用于制作测温元件。利用光照射使半导体材料电导率增大的现象，做成光敏电阻，用于光电自动控制及光电材料，可用于图像静电复印。利用温差能使不同半导体材料间产生温差电动势，可以制作热电偶。半导体材料是制作太阳能电池所必需的材料。

#### 9.3.2.6 超导材料

超导电性是 H. Kameligh Onnes 于 1911 年发现的。当温度降低至 4.15K 以下时，汞的电阻突然消失，这种在超低温度下失去电阻的性质，称为超导电性，具有超导电性的物质，称为超导体。电阻突然变为零的温度，称为临界温度，用 $T_c$ 表示。同一种材料在相同条件下，$T_c$ 为定值。$T_c$ 的高低是超导材料能否实际应用的关键。室温超导是我们最感兴趣的。

超导体的种类很多，已发现几十种金属、大量的金属合金和化合物甚至某些有机化合物都具有超导性。20 世纪 60 年代以来，超导磁体和超导电材料获得高速发展，已成功应用于各个领域。例如，超导核磁共振成像装置是当今世界上最受重视的临床诊断手段；利用材料的超导电性，可使其载流能力提高，使超导电机的质量大为减轻，而输出功率大为增加。一个中型磁体，用常规电磁材料质量达 20t，而超导磁体只有几千克。在列车和轨道上安装适当的磁体，利用同性磁场相斥，可使列车悬浮起来，称为超导磁体的磁悬浮列车。

## 本章内容小结

1. 金属单质的密度、硬度和熔沸点差别较大。过渡元素的单质大都具有熔点高、硬度高和密度大的特点。金属多具有延展性、导电性和导热性等。金属的导电性受温度和纯度的影响较大，金属的纯度越高，导电性越好，温度升高，导电性降低。

金属主要表现为还原性，并呈周期性变化。在短周期中，从左到右，同一周期金属单质的还原性逐渐减弱；在长周期中，总的递变情况和短周期是一致的，但没有主族的显著。同一主族中，自上而下金属单质的还原性一般增强。表现为与氧作用时，s 区金属除能生成正常的氧化物外，还能生成过氧化物和超氧化物。除锂、铍和镁外，s 区金属大多能和水作用；p 区（除锑、铋外）、第 4 周期 d 区金属和锌能与非氧化性酸作用；铝、锡、铅、铬和锌等不仅溶于酸也能溶于碱，呈现两性特征。铝、铬、镍等金属由于表面生成致密的氧化膜而钝化，从而十分稳定。

2. 非金属单质主要是 p 区元素所形成的单质。金刚石、晶体硅和晶体硼为原子晶体，具有熔点高硬度大等特点，石墨、红磷和硫等是过渡型晶体，其余晶体类型多为分子晶体。

p 区中位于右上角的氟、氧、氯和溴等是活泼的非金属单质，它们具有很强的氧化性，能与大多数金属作用生成相应的卤化物和氧化物。大多数非金属单质既有氧化性又有还原性，典型如氯、溴、碘遇水或碱会发生歧化反应。碘、硫、磷、碳、硼、硅、氢等单质不仅与金属作用表现出氧化性，也能与活泼非金属作用表现出还原性。氮气的化学性质不活泼，常用作保护气。

3. 卤化物是指卤素与电负性比卤素小的元素所组成的二元化合物。活泼金属的氯化物如氯化钠、氯化钾、氯化钡等是离子晶体，熔点、沸点较高；非金属元素的氯化物如三氯化磷、四氯化碳、四氯化硅等是分子晶体，熔沸点都很低；多数过渡金属及 p 区金属氯化物如 $FeCl_3$、$ZnCl_2$、$AlCl_3$ 等因为离子极化而属过渡晶体，熔点介于两者之间，大多偏低，且挥发性较大；同一金属元素的低价态氯化物的熔点高于高价态的熔点，例如熔点：$FeCl_2>FeCl_3$，$SnCl_2>SnCl_4$。根据卤化物熔沸点等性质，可用作高温时的加热介质、光学晶体、提纯、渗铝、渗铬、渗硅工艺等。

除 Be、Mg 外，碱金属和碱土金属等活泼金属的氯化物都不水解；镁、铝等大多数金属的氯化物会发生不同程度的水解而且水解是分级和可逆的，产物一般为碱式盐与盐酸；$SnCl_2$ 水解生成的 Sn(OH)Cl 在水中溶解度很小会形成沉淀；$SbCl_3$、$BiCl_3$ 等金属氯化物水解生成的碱式盐，因脱水而析出氯氧化物沉淀，因此在配制 $SnCl_2$、$SbCl_3$ 和 $BiCl_3$ 这些氯化物溶液时，为了抑制其水解，一般都先将固体溶于较浓的盐酸中，再加适量水稀释而成。价态高于+3 的某些金属氯化物，水解作用一般可以进行到底。例如四氯化锗水解会生成胶状二氧化锗的水合物。硅、磷等大多数非金属元素的氯化物（$CCl_4$、$NCl_3$ 等除外）能迅速发生完全水解作用，生成两种酸，因此，在军事上可用作烟雾剂。

4. 氧化物是指氧与电负性比氧小的元素所形成的二元化合物。氧化物的熔点、沸点与氯化物相类似，如金属性强的元素的氧化物（如 $Na_2O$ 等）是离子晶体，熔点、沸点大都较高。大多数非金属元素的氧化物（如 $SO_2$、$CO_2$ 等）固态时是分子晶体，熔点、沸点低。大多数金属性不太强的元素的氧化物是过渡型化合物，其中较低价态金属的氧化物（如 $Cr_2O_3$、$Al_2O_3$、$Fe_2O_3$ 等）熔点较高，而高价态金属的氧化物（如 $V_2O_5$、$CrO_3$、$Mn_2O_7$ 等）熔点、沸点较低。但与所有的非金属氯化物都是分子晶体不同，硅的氧化物 $SiO_2$ 是原子晶体，熔点、沸点较高；其次，大多数相同价态的金属氧化物的熔点都比其氯化物的要高；再者，与氯化物另一不同点反映在氧化物的硬度上，一般离子型或偏向于离子型的金属氧化物不但熔点较高，而且硬度也较大。

5. 无机化合物中因其氧化还原性应用较多的有高锰酸钾、重铬酸钾、亚硝酸盐和过氧化氢等。$KMnO_4$ 是一种常用的氧化剂，无论在酸性、碱性和中性介质中都有氧化性，但其氧化性受介质酸度影响很大，随介质酸性减弱而减弱，还原产物也不同。在酸性介质中它是很强的氧化剂。酸性介质中 $Cr_2O_7^{2-}$ 具有很强的氧化性，可将 $Fe^{2+}$、$H_2S$、$SO_3^{2-}$ 等氧化，自身被还原为 $Cr^{3+}$。亚硝酸盐在酸性介质中主要表现为氧化性，但遇到更强的氧化剂如酸性高锰酸钾、重铬酸钾、氯气时，会被氧化为硝酸盐。过氧化氢既具有氧化性又具有还原性，还会发生歧化反应，常用于消毒、漂白和水处理等。

6. 氧化物及其水合物的酸碱性按周期及族呈现有规律的递变。同一周期中，各主族元素中氧化数最高的氧化物及其水合物，从左到右酸性增强，碱性减弱。同一主族元素的相同氧化数的氧化物及其水合物，从上到下酸性减弱，碱性增强。对同一元素，一般高价态的酸性比低价态的要强。

7. 金属材料主要为合金，合金是由一种金属与一种或几种其他金属、非金属熔合在一起生成的具有金属特性的物质，结构比单一金属复杂，性能比纯金属优良，一般具有优良的力学性能、可加工性及优异的物理特性。合金分为金属固溶体、金属化合物和机械混合物。前两者是均匀合金，机械混合物是不均匀合金。合金材料种类多、应用广，如钢铁、轻质合金、储氢材料、记忆合金等。

8. 无机非金属材料，包括各种非金属单质材料、非金属元素间形成的无机化合物材料或金属与非金属元素间形成的无机化合物材料等，通常分为传统的硅酸盐材料和新型无机材料。前者主要有日用陶瓷、普通工业用陶瓷、普通玻璃、水泥和耐火材料等。后者包括氧、氮、碳、硅和硼化物等人工合成化合物和一些非金属单质，如光导纤维、超导材料、半导体材料等。

## 习　题

1. 是非题

(1) 同族元素的氧化物，如 $CO_2$ 和 $SiO_2$，应具有相似的物理和化学性质。（　）

(2) 活泼金属元素的氧化物都是离子晶体，熔点较高；非金属的氧化物都是分子晶体，熔点较低。（　）

(3) 铝和氯气分别是较活泼的金属和活泼非金属单质，因此两者能作用形成典型的离子键，固态为离子晶体，熔沸点很高。（　）

(4) 非金属原子之间是以共价键结合形成分子，所以它们的晶体都属于分子晶体。（　）

(5) 稀有气体固态时，在晶格格点上排列着原子，所以它们的晶体属于原子晶体。（　）

(6) 凡是标准电极电势小于零的金属都能从水中置换出氢气。（　）

(7) 在金属活动顺序表中位置越靠前的金属越活泼，因而也一定越易腐蚀。（　）

(8) 金属必须与非氧化性酸反应才能置换出氢气。（　）

(9) $FeCl_2$ 的熔点高于 $FeCl_3$ 的熔点。（　）

(10) 金属的导电性受温度和纯度的影响。（　）

2. 选择题

(1) 下列物质中不能与 NaOH 溶液反应的是（　）。

(A) Si　(B) Ag　(C) Zn　(D) Al

(2) 下列物质中酸性最弱的是（　）。

(A) $HClO_4$　(B) HClO　(C) $H_3PO_4$　(D) $HClO_2$

(3) 下列物质中熔点最高的是（　）。

(A) SiC　(B) Si　(C) KCl　(D) $AlCl_3$

(4) 超导材料的特性是它具有（　）。

(A) 高温下低电阻　(B) 低温下零电阻

(C) 高温下零电阻　(D) 低温下恒定电阻

(5) 光导纤维主要利用的是材料的（　）。

(A) 化学性质　(B) 光学性质　(C) 电学性质　(D) 力学性质

(6) 在配制 $SnCl_2$ 水溶液时，为了防止生成白色的沉淀，应采取的措施是（　）。

(A) 先加酸　(B) 先加热　(C) 加碱　(D) 多加水

(7) 下列制品中不含硅的是（　）。

(A) 唐三彩　(B) 陶瓷　(C) 玻璃　(D) 石膏像

(8) 下列金属中，熔点最低的是（　）。

(A) Zn　(B) Cr　(C) Fe　(D) Na

(9) 金刚砂是优良的硬质合成碳化物材料，它属于（　）。

(A) 离子晶体　(B) 原子晶体　(C) 金属晶体　(D) 分子晶体

(10) $K_2Cr_2O_7$ 溶液加入过量强碱后，溶液的颜色为（　）。

(A) 橙色　(B) 黄色　(C) 红色　(D) 紫色

(11) 下列物质中与碱不能发生歧化反应的是（　）。

(A) $F_2$　(B) $Cl_2$　(C) P　(D) S

(12) KCl 的熔点（770℃）高于 CuCl 的熔点（430℃），最合理的解释是（　）。

(A) K 比 Cu 金属性强　(B) K 的原子半径大于 Cu 的原子半径

(C) K 是主族元素而 Cu 是副族元素　(D) KCl 是离子晶体，CuCl 是过渡型晶体

(13) 下列物质中具有金属光泽的是（　）。

(A) $TiCl_4$　(B) TiC　(C) $TiO_2$　(D) $Ti(NO_3)_4$

(14) 在金属单质中，熔点最高、硬度最大的金属在（　）。

(A) d 区的第Ⅷ族　(B) ds 区的ⅠB 族

(C) d 区的第ⅣB 族　(D) d 区的第ⅥB 族

(15) 下列离子中极化力最大的是（　）。

(A) $Ag^+$　(B) $K^+$　(C) $Na^+$　(D) $Cu^+$

(16) 下列离子中变形性最强的是（　）。

(A) $I^-$　(B) $Br^-$　(C) $Cl^-$　(D) $F^-$

(17) 下列说法不正确的是（　）。

(A) $SiCl_4$ 在与潮湿的空气接触时会冒白烟　(B) $BCl_3$ 因会水解不能与水接触

(C) $SiO_2$ 在水中是稳定的　(D) $PCl_5$ 不完全水解生成 $POCl_3$

(18) 下列性质递变顺序，其中正确的是（　）。

(A) 酸性：HF>HCl>HBr>HI　(B) 酸性：$H_2O>H_2S>H_2Se>H_2Te$

(C) 还原性：$H_2O<H_2S<H_2Se<H_2Te$　(D) 还原性：HF>HCl>HBr>HI

3. 填空题

(1) $H_2O_2$ 中氧的氧化数为________，所以 $H_2O_2$ 既具有________性，又具有________性。

(2) ________、________是较常用的半导体元素。

(3) 目前使用较广泛的记忆合金是________合金。

(4) 熔点最高的金属是________，熔点最低的金属是________，硬度最大的金属是________，导电性最好的金属是________。

(5) 合金的三种类型为________、________和________。

(6) 普通水泥和普通玻璃在化学组成上的共同点是____________。

（7）____________和____________是半导体的两种载流子。

（8）SiC、$CO_2$ 和 MgO 晶体中，硬度最大的是____________。

（9）$SiO_2$、KCl、$FeCl_2$ 和 $FeCl_3$ 中，熔点最高的是____________，熔点最低的是____________。

（10）写出两种两性氧化物：____________和____________。

4. 比较下列各项性质的高低或大小顺序，并说明理由。

（1）$H_3PO_4$、$H_2SO_4$、$HClO_4$ 的酸性

（2）NaCl、$MgCl_2$、$AlCl_3$ 的熔点

（3）SiC、Na、NaCl 的硬度

（4）HClO、$HClO_2$、$HClO_3$、$HClO_4$ 的酸性

（5）$H_2CrO_4$、$H_2Cr_2O_7$、$Cr(OH)_3$ 的酸性

（6）HClO、HBrO、HIO 的酸性

5. 写出下列氯化物与水反应的方程式。

$MgCl_2$、$FeCl_3$、$GeCl_4$、$SnCl_2$、$SiCl_4$

6. 写出下列反应的现象及已配平的化学方程式或离子方程式。

（1）将 $H_2S$ 通入酸化的重铬酸钾溶液中

（2）将 KI 加入酸化的 $NaNO_2$ 溶液中

（3）将 $FeCl_2$ 加入酸化的高锰酸钾溶液中

（4）将 $H_2O_2$ 通入酸化的高锰酸钾溶液中

# 第10章　高分子化合物与材料

高分子化合物包括无机高分子化合物和有机高分子化合物两大类。本章所讨论的主要是有机高分子化合物。

有机高分子化合物按来源可分为：天然高分子化合物和合成高分子化合物。松香、淀粉、纤维素和蛋白质等属于天然高分子化合物；聚乙烯、聚氯乙烯和涤纶等属于合成高分子化合物。

与具有相同组成和结构的小分子化合物相比较，高分子化合物具有高熔点（或高软化点）、高强度、高弹性及其溶液和熔体具有高黏度等特殊的物理性质。它的制品有较小密度，较大的力学强度、耐磨性、耐腐蚀性、耐水性、耐寒性及较高的介电性等多种多样的特性，已被广泛地应用在工业、现代国防以及日常生活方面。随着科学技术的发展，有机高分子化合物化学已成为一门独立的学科。

## 10.1　有机高分子化合物概述

### 10.1.1　有机高分子化合物基本概念和特点

#### 10.1.1.1　基本概念

高分子化合物由成千上万，甚至几十万个原子彼此以共价键结合形成分子量特别大、具有重复结构单元的有机化合物。分子量大是高分子化合物的基本特征之一，也是与低分子化合物的根本区别。

由于高分子化合物多是由小分子通过聚合反应而制得的，因此也常被称为聚合物或高聚物，用于聚合的小分子则被称为单体。例如合成人造象牙的主要成分是多聚甲醛，它的单体是甲醛：

$$n\mathrm{HCHO} \longrightarrow \left[\mathrm{CH_2-O}\right]_n$$

又如：聚氯乙烯的分子是由许多氯乙烯结合而成的，氯乙烯是单体。

$$n\mathrm{CH_2{=}CHCl} \longrightarrow \left[\mathrm{CH_2-\underset{\displaystyle Cl}{\underset{|}{CH}}}\right]_n$$

组成高分子链的重复结构单元称为链节。例如聚氯乙烯的重复结构单元为 $\mathrm{-CH_2-\underset{\displaystyle Cl}{\underset{|}{CH}}-}$。

高分子链所含链节的数目，即上式中的 $n$ 称为高聚物的聚合度。

聚合度，它是衡量高分子化合物分子量的重要指标。一般而言，高分子化合物都是由具有相同化学组成、不同聚合度的高聚物组成的混合物。因而通常所说的高分子化合物的分子量只是这些不同聚合度的高聚物分子量的统计平均值。聚合度和高分子化合物的分子量有如下关系：

$$M_r = Mn$$

式中，$M_r$ 为高分子化合物的分子量；$n$ 为聚合度；$M$ 为链节的分子量。

#### 10.1.1.2 特点

高分子化合物与低分子化合物比较，具有如下几个特点。

（1）组成

高分子化合物的分子量很大，具有“多分散性”。大多数高分子化合物都是由一种或几种单体聚合而成。分子量很大是高分子物质具有各种独特性能，如密度小、强度大，具有高弹性和可塑性等的基本原因。一般来说，高分子化合物具有较好的强度和弹性。

（2）高分子化合物的结构

组成高分子链的原子之间是以共价键相结合的，高分子链一般具有线形和体形两种结构。

① 线形结构。成千上万个链节以共价键连成一条长链，并不是以伸直的长链存在的，而是像普通的乱线团，无规则地缠绕，受力拉伸时则可成直线状。可以不带支链，也可以带支链。线形结构的高聚合物具有良好的弹性和塑性，在适当的溶剂中可以溶解，加热可软化或熔化。因此线形结构的高聚物易于加工成型，并可重复使用。如：聚乙烯、聚氯乙烯中以C—C键连接成长链；淀粉、纤维素中以C—C键和C—O键连接成长链。

② 体形结构。高分子链上有能与别的单体或物质起反应的基团，发生反应后，高分子链之间形成化学键，产生了一些交联，形成体形网状结构。如：硫化橡胶中，长链与长链之间又形成化学键，产生网状结构而交联在一起。

### 10.1.2 高分子化合物的性能

（1）化学稳定性和老化

高分子化合物的分子链主要由C—C、C—H等共价键构成，含有较少的活性基团，且分子链相互缠绕，使分子链上不少基团难以参与反应，因而一般化学性质较稳定。许多高分子化合物可以制成耐酸碱、耐化学腐蚀的优良材料。尤其是被称作“塑料王”的聚四氟乙烯，不仅耐酸碱，还能经受煮沸王水的侵蚀。但是也有不少的高分子化合物，在特定的物理因素（如光、热、高能射线等）以及化学因素（如氧、水、酸、碱等）的作用下，发生交联或裂解，导致性能变坏。例如，塑料制品变脆、橡胶龟裂、纤维泛黄、油漆发黏等。高分子化合物的这种现象称为老化。交联反应是大分子与大分子相连，产生体形结构，致使高分子化合物进一步变硬变脆而丧失弹性；裂解，又称降解，是高聚物分子链的断裂，分子变小，分子量降低，从而使高聚物变软、发黏以至丧失力学强度。实际上，这两种变化有时是同时发生的。

目前采用的防老化措施主要有三种：

① 改变聚合物的结构。例如聚氯乙烯的热稳定性较差，为改善此性能，在聚氯乙烯的悬浮液中通入氯气并用紫外线照射，可制得热稳定性较高的氯化聚氯乙烯。

② 物理防老化。根据需要可在聚合物的表面上镀一层金属或涂一层耐老化涂料作为防护层，这样就可以使聚合物与氧、光隔绝，以达到防老化目的。

③ 化学防老化。化学防老化的本质是抑制最初自由基的生成或抑制最初自由基引起的链式反应。通常是加入各种防老剂（又叫作稳定剂），如抗氧剂。它的作用是消除高分子化合物在氧化反应中产生的大量自由基，终止氧化反应进一步发生。

（2）弹性

前面已经指出，线形高分子在一般情况下是卷曲的，像一团不规则的线团。此时，整个分子的能量最低。当受到外力拉伸时，卷曲的分子被拉得直一些。外力除去后，分子又恢复原来能量最低的状态，这就使高聚物显示出弹性。许多线形高分子都具有不同程度的弹性。橡胶具有很好的弹性，就是因为它属于线形高聚物。交联不多的高聚物，如橡皮，也有弹性。但交联很多的体形高聚物，变成较硬物质，如高度硫化的硬橡皮，便僵硬而无弹性。

（3）塑性

线形高分子化合物受热到一定程度后会逐渐软化，直至形成可流动的黏液，即黏流态。这时可将它们加工成各种形状，冷却去压后，形状仍可保持。然后，再加热至黏流态，又可加工成别的形状，这种性质称为塑性。塑料即因其具有塑性而得名。其中，可反复使用，反复受热和冷却仍有可塑性的高分子化合物称为热塑性高分子化合物。如聚乙烯、聚苯乙烯、聚酰胺等线形高聚物都属于热塑性高聚物。而另一些高聚物如酚醛树脂、脲醛树脂等体形高聚物，由于受热过程中发生了交联，变得不溶和不熔，无法再使其变到黏流态，这类高聚物称为热固性高聚物。它们只能一次成型，不能反复加工。

（4）力学性能

高聚物力学性能的指标主要有力学强度、刚性以及衡量韧性的冲击强度等。主要决定于大分子间的作用力，而大分子间的作用力与它的平均聚合度、结晶度及取代基的性质等有关。一般而言，同种高聚物的聚合度愈大，结晶度和晶体的定向性愈高，分子间力愈大，力学性能愈好。纤维的强度和刚性通常比塑料、橡胶都要好，其原因在于制造纤维用的高聚物，特别是经过拉伸处理后，其结晶度是比较高的。但当聚合度大于 400 时，这种关系就不那么显著，此时，高聚物的力学性能更大程度上受其他因素的影响，如高聚物中的添加成分等。

（5）绝缘性

由于高分子化合物大都是有机化合物，分子中的化学键都是共价键，不能电离。因此不能传递电子，所以它不具有离子性和电子性的导电能力。对直流电来说，高分子化合物是优良的绝缘体。但对交流电而言，极性高分子化合物由于极性基团或极性链节会随着电场的方向发生周期性的取向而可以导电。这就是说，高分子化合物的电绝缘性与其极性有关。一般来说，高分子化合物的极性越小，则其电绝缘性越好。

（6）溶解性

高分子化合物的溶解性一般服从“相似相溶”原理，即极性大的高聚物易溶于极性大的溶剂，极性小的高聚物易溶于极性小的溶剂。例如，未硫化的天然橡胶是弱极性的，可溶于汽油、苯等非极性或弱极性溶剂中；聚苯乙烯也是弱极性的，可溶于苯、乙苯等非极性或弱极性溶剂中，也可溶于极性不太大的丁酮中。聚甲基丙烯酸甲酯（俗称有机玻璃）是极性的，可溶于极性的丙酮中，聚乙烯醇极性相当大，可溶于水或乙醇中。但与低分子物质不同，高分子化合物溶解时，首先是溶剂小分子钻入高分子化合物内部，使它慢慢地胀大起来，这种现象叫作溶胀。经过一段时间后，胀大的高聚物才逐渐地消失于溶剂中，溶解成均匀的溶液。对于非晶态高聚物来说，溶胀是溶解的必经阶段。由此可以推想线形非晶态高聚物的溶解度与分子量的大小有关，分子量大的，分子链之间作用力大，溶解度必然小。当分子链之间产生了交联而成为体形高聚物时，则在溶剂中只能溶胀而不会溶解。

## 10.2 高分子化合物的分类与命名

### 10.2.1 高分子化合物的分类

高分子化合物可以按照不同的原则，或从不同角度加以分类，现介绍两种分类方法。

(1) 按性能和用途分类

根据高分子化合物的力学性能和使用状况，可将其分为塑料、橡胶、纤维类。各类高分子材料之间并无严格的界限。

① 凡是在一定条件下（加热、加压）可塑制成形，而在日常条件下（101325Pa，室温）能保持固定形状的有机高聚物材料叫作塑料。塑料可根据其受热后性能的不同，分为热塑性塑料和热固性塑料两大类。从应用来分，可将塑料分成通用塑料和工程塑料。通用塑料指那些应用广、产量大的塑料。例如聚乙烯、聚氯乙烯、聚苯乙烯、酚醛塑料等。工程塑料主要是指那些综合性能（电性能、力学性能、耐高温低温性能）好，具有金属的某些特点，可用作工程材料的零部件的塑料。其中重要的有聚甲醛、聚酰胺、聚碳酸酯和（丙烯腈-丁二烯-苯乙烯 ABS）塑料等。

② 橡胶是具有可逆形变的弹性高分子材料，橡胶的特性是在室温下弹性高，即在很小的外力作用下，能产生很大的形变，外力去除后，能迅速恢复原状。橡胶可分为天然橡胶和合成橡胶。

天然橡胶是一种从橡胶树、橡胶草的浆汁中取得的天然有机物质，在干馏时能产生异戊二烯，将异戊二烯聚合也可以得到类似橡胶的物质。因此，天然橡胶可以被看作是异戊二烯的高聚物。合成橡胶指由人工合成的，在常温下以高弹态存在并工作的一大类高聚物材料。合成橡胶主要是由二烯类单体合成的高聚物。在结构上与天然橡胶有共同之处，因而它的性能与天然橡胶十分相似。它们共同的特点是在工作温区内都显示出极优良的高弹性。合成橡胶的原料主要来自石油化工产品。常用的合成橡胶有异戊橡胶、顺丁橡胶、氯丁橡胶等。

橡胶是具有高弹性的轻度交联的线形高分子化合物。有良好的储能能力和耐磨、隔音、绝缘等性能，因而广泛用于制作密封件、轮胎、电线等制品。

③ 纤维一般是指细而长的材料。纤维具有弹性模量大，受力时形变小，强度高等特点，有很高的结晶能力，分子量小，一般为几万。

纤维分为天然纤维和化学纤维。天然纤维是自然界原有的或经人工培植的植物上、人工饲养的动物上直接取得的纺织纤维，是纺织工业的重要材料来源。天然纤维包括棉花、麻、羊毛、蚕丝、蜘蛛丝等。化学纤维又包括人造纤维和合成纤维。人造纤维是利用自然界的天然高分子化合物——纤维素或蛋白质作原料（如木材、棉籽绒、稻草、甘蔗渣等纤维或牛奶、大豆、花生等蛋白质），经过一系列的化学处理与机械加工而制成类似棉花、羊毛、蚕丝一样能够用来纺织的纤维，如人造棉、人造丝等。合成纤维是以空气、煤、天然气、石油等原料，用化学方法合成各种树脂，再纺织而成的纤维。合成纤维的化学组成和天然纤维完全不同，是从一些本身并不含有纤维素或蛋白质的物质（如石油、煤、天然气、石灰石或农副产品）中加工提炼出来的有机物质，再用化学合成与机械加工的方法制成纤维，如涤纶、锦纶、腈纶、丙纶、氯纶等。合成纤维一般都具有强度高、弹性大、密度小、耐磨、耐化学腐蚀、耐光、耐热等特点，广泛用作衣料等生活用品，在工农业、交通、国防等部门也有许多重要应用。例如锦纶帘子线做的汽车轮胎，寿命比一般天然纤维的高出 1～2 倍，并可节约橡胶用量 30%。

(2) 按高分子主链结构分类

按主链结构，高分子化合物可分为碳链高分子化合物、杂链高分子化合物、元素有机高分子化合物和元素无机高分子化合物四大类。

① 碳链高分子化合物。主链是由碳原子联结而成的，如聚乙烯、聚丙烯、聚丙烯脂等。

② 杂链高分子化合物。它的主链除碳原子外，还含有氧、氮、硫等其他元素，如聚酯、聚酰胺、纤维素等。

③ 元素有机高分子化合物。它的主链由碳和氧、氮、硫等以外的其他元素的原子组成，如硅、氧、铝、钛、硼等元素，但支链是有机基团，如聚二甲基硅氧烷等。

$$\left[ \begin{array}{c} CH_3 \\ | \\ Si—O \\ | \\ CH_3 \end{array} \right]_n$$

④ 元素无机高分子化合物。它的主链和侧链基团均由无机元素或基团构成。天然无机高分子如云母，水晶等；合成无机高分子如玻璃。

### 10.2.2　高分子化合物的命名

高分子化合物有系统命名法和习惯命名法。系统命名法很少采用，这里仅介绍习惯命名法。

(1) 按组成高聚物的单体名称来命名

由一种单体制得的聚合物，一般在单体名称前冠以“聚”字。例如，由单体氯乙烯制得的高聚物叫“聚氯乙烯”。

$$nCH_2=CH_2 \longrightarrow \left[ CH_2—CH_2 \right]_n$$

氯乙烯(单体)　聚氯乙烯(高聚物)

由单体丙烯腈制得的高聚物叫“聚丙烯腈”。

$$nCH_2=CHCN \longrightarrow \left[ CH_2—\underset{\displaystyle CN}{\underset{|}{CH}} \right]_n$$

丙烯腈(单体)　聚丙烯腈(高聚物)

(2) 以原料名称命名

由两种单体缩聚而成的聚合物，如果结构比较复杂，则往往在单体名称后对塑料而言加上“树脂”二字；对橡胶则加上“橡胶”二字；对纤维则加上“纶”字。例如，苯酚和甲醛合成的聚合物称为“酚醛树脂”，尿素和甲醛合成的聚合物称为“脲醛树脂”，环氧丙烷和双酚 A 合成的聚合物称为“环氧树脂”等，丁二烯和苯乙烯的共聚物称为“丁苯橡胶”，丁二烯和丙烯腈的共聚物称为“丁腈橡胶”，对苯二甲酸和乙二醇的共聚物称为“涤纶”。

有时用不同单体可制出同一种聚合物，这就容易造成混乱。为此国际纯粹与应用化学联合会（IUPAC）制定了系统命名法，这种命名法虽然严谨，但又过于烦琐，在此不予介绍。

## 10.3　高分子化合物的合成

由低分子化合物（单体）制备（或合成）高分子化合物的基本反应类型有加成聚合反应（简称加聚反应）和缩合聚合反应（简称缩聚反应）两类。

（1）加聚反应

由若干单体经过加成反应而聚合生成高聚物的反应，就叫加聚反应。在此反应过程中，没有产生其他副产物，因此，生成的高分子化合物具有与单体相同的成分。而且进行加聚反应的单体必须含有不饱和键。例如，将乙烯和丙烯按一定比例，经加成反应而聚合，可得乙丙橡胶：

$$nCH_2{=}CH_2 + nCH_3{-}CH{=}CH_2 \longrightarrow {+}CH_2{-}CH_2{-}\underset{\displaystyle CH_3}{\underset{|}{CH}}{-}CH_2{+}_n$$

乙烯　　　　丙烯　　　　乙丙橡胶

（2）缩聚反应

通常由具有两个或两个以上可反应官能团（如—OH、—COOH、$-NH_2$）的单体在分子间通过缩合反应成键，彼此连接成缩聚物，同时伴有小分子物质（如水、氨、醇及卤化氢等）生成的反应，称为缩聚反应。所以，缩聚物中结构单元的组成与其单体的组成不同。一般含有两个官能团的单体分子缩聚时，形成线形的高聚物。

例如：

$$nH_2N(CH_2)_5COOH \longrightarrow {+}NH(CH_2)_5CO{+}_n + nH_2O$$

6-氨基己酸　　　　聚酰胺（尼龙-6）

含有两个以上官能团的单体分子缩聚时，可能生成交联的体形高聚物。例如，用于油漆工业上的醇酸树脂，就是由三元醇（甘油）和二元酸酐（邻苯二甲酸酐）经缩聚反应生成的聚酯。许多重要的天然有机高分子化合物，如蛋白质、淀粉、纤维素等都是经缩聚反应而形成的缩聚物。

## 10.4　重要的高分子材料

### 10.4.1　塑料

塑料是一类重要的高分子材料，具有质轻、电绝缘、耐化学腐蚀、容易加工成型等特点。某些性能是木材、陶瓷甚至金属所不及的。塑料和其他合成高分子材料一样，都是由一定的高聚物（称合成树脂）作为主要成分，加上各种辅助成分（如添加剂）组成的。合成树脂是塑料的重要成分，它决定了塑料的基本性质和类型（热固性或热塑性），而塑料中的添加剂可改善塑料的各种使用性能。例如，加入木屑、石棉、棉布等填充剂，以增进其力学性能、物理性能，并降低成本，加入增塑剂（如氯化石蜡、苯二甲酸酯、癸二酸酯、磷酸酯类化合物）增加了塑性、流动性和柔软性，即降低了塑料的脆性和硬度；加入颜料可使塑料制品色彩丰富；加入发泡剂可制成泡沫塑料；加入抗静电剂可消除塑料的静电效应；加入金属添加剂可增强塑料的导电性；加入润滑剂使压制品结实，不易松散，且易脱模。所有的塑料均为电的不良导体，表面电阻约为 $10^9 \sim 10^{18}\Omega$，因而广泛用作电绝缘材料。塑料也常用作绝热材料。塑料性能可调范围宽，具有广泛的应用领域。

塑料的突出缺点是，力学性能比金属材料差，表面硬度亦低，大多数品种易燃，耐热性也较差。这些正是当前研究塑料改性的方向和重点。

塑料有各种不同的分类方式。

（1）根据受热后形态性能表现的不同

可分为热塑性塑料和热固性塑料两类。

热塑性塑料受热后软化，冷却后又变硬，这种软化和变硬可循环，因此可以反复成型，这对塑料制品的再生很有意义。热塑性塑料占塑料总产量的 70%以上，大吨位的品种有聚氯乙烯、聚乙烯、聚丙烯等。其优点是成型工艺简便，废料可回收重复使用。

热固性塑料是由单体直接形成网状聚合物或通过交联线形预聚体而形成，一旦形成交联聚合物，受热后不能再恢复到可塑状态。因此，对热固性塑料而言，聚合过程（最后的固化阶段）和成型过程是同时进行的，所得制品是不溶、不熔的。热固性塑料的主要品种有酚醛树脂、氨基树脂、不饱和聚酯、环氧树脂等。其优点是耐热性高、有较高的力学强度。

（2）按塑料的用途

可分为通用塑料和工程塑料两大类。

① 通用塑料。是指产量大、价格较低、用途广、力学性能一般、主要作非结构材料使用的塑料，如聚氯乙烯、聚乙烯、聚丙烯、聚苯乙烯等。

a. 聚乙烯（PE）

性能：无味、无毒、半透明，质轻、有韧性，电绝缘性能优越。缺点是受热易老化。

用途：主要用作各种管材、防腐材料、电线绝缘层及包装材料。

b. 聚氯乙烯（PVC）

聚氯乙烯是通用塑料中产量最大、用途最广的一个品种，这是由于聚氯乙烯原料易得，具有较好的综合性能。

性能：聚氯乙烯相对密度很小，质量轻，只相当于最轻的金属铝的一半，其拉伸强度与橡胶相当，绝缘性好，且具有良好的耐水性、耐油性及耐酸碱腐蚀性。缺点是介电性能差，在 100～120℃即可分解出氯化氢，热稳定性差。

聚氯乙烯塑料的性能可以通过改变聚合配方来加以改善。例如，添加适量的醋酸乙烯单体，嵌聚在聚氯乙烯高分子链中，可制成软的聚氯乙烯塑料，即便在冬天也不会变硬。又如在配方中加入特种耐油的增塑剂，还可制成耐油污的聚氯乙烯塑料制品。

用途：制造水槽、下水管、农用薄膜的主要材料，也常用作建筑材料。聚氯乙烯薄膜也是重要的包装材料。

聚氯乙烯本身无毒，但在制膜过程中使用的亲油性添加剂会渗出聚氯乙烯薄膜表面，污染食品，因此，不能用于食品包装。

c. 聚丙烯（PP）

性能：无色透明，聚丙烯较聚乙烯更耐热，弹性好，表面硬度大，质量轻。

用途：可制成纺织品，电线电缆、机械零件。

d. 酚醛树脂

又称电木，是第一个人工合成的热固性塑料。

性能：性脆、不耐碱、有一定的力学强度。

用途：可做三合板、刨花板、电器零件和仪表外壳等。

e. 脲醛树脂

性能：具有优良的电绝缘性能及耐热性，可带有各种鲜艳的色彩。

用途：用于制作各种胶合板、纤维板、装饰板，也大量用来制造生活用品、加热容器、家用电器外壳等。

② 工程塑料。是指那些强度大、具有某些金属特点、能在机械设备和工程结构中应用

的塑料，具有优异的力学性能、耐热、耐磨性能和良好的尺寸稳定性。其中重要的有聚甲醛、聚酰胺、聚碳酸酯和 ABS 塑料等类。

a. 聚甲醛

性能：聚甲醛是 20 世纪 60 年代出现的新型工程塑料。它的力学性能和铜、锌等金属极其相似，可在－40～100℃范围内长期使用。它有优良的耐磨性、自润滑性和耐过氧化物的性能，但不耐酸、碱和日光辐射。

用途：自来水和煤气工业中的管件、阀门和各种结构的泵、服装的拉链等。

b. 聚酰胺（尼龙 PA）

性能：尼龙质轻，耐油性极为优良，拉伸强度大，可在 80℃以下使用。耐磨、耐震、耐热，具有韧性、抗霉性，无毒。缺点是吸湿性大、不耐强酸和强碱、刚性、导热性差、尺寸稳定性差。

用途：可用于替代铜等有色金属制造机械、仪表仪器等零件及电缆护套等。

c. 聚碳酸酯

性能：透明度好，被称为“透明金属”，允许使用的温度范围宽（－100～130℃）。其突出优点是具有高的韧性、抗冲击性和其他良好的力学强度，有优异的尺寸稳定性。

用途：它不但可代替金属，还可代替玻璃、木材和特种合金。在机械、航空、汽车、仪器仪表、无线电、电器工业中都有广泛的应用。

d. 丙烯腈（A）-丁二烯（B）-苯乙烯（S）共聚物（ABS）

性能：ABS 共聚物既保持了聚苯乙烯优良的电性能和加工成型性，又增加了弹性、强度、耐腐蚀性、耐热性和耐油性。

用途：主要用于机械、电气、汽车、飞机和造船等工业。成为具有广泛用途的工程塑料。

e. 聚甲基丙烯酸甲酯（有机玻璃）

性能：具有较好的透光性、力学强度高、密度轻。有机玻璃的密度为 $1.18\mathrm{kg \cdot dm^{-3}}$，同样大小的材料，其质量只有普通玻璃的一半，易于加工。缺点是耐磨性差，溶于有机溶剂。

用途：除了在飞机上用作座舱盖、风挡和弦窗外，也用作吉普车的风挡和车窗、大型建筑的天窗（可以防破碎）、电视和雷达的屏幕、仪器和设备的防护罩、电讯仪表的外壳、望远镜和照相机上的光学镜片。还可以制造各种日用品。有机玻璃在医学上还有一个绝妙的用处，那就是制造人工角膜。

### 10.4.2 橡胶

橡胶是具有可逆形变的高弹性聚合物材料。在室温下富有弹性，在很小的外力作用下能产生较大形变，除去外力后能恢复原状。橡胶属于完全无定形聚合物，橡胶的分子链可以交联，交联后的橡胶受外力作用发生变形时，具有迅速复原的能力，并具有良好的物理力学性能和化学稳定性。橡胶是橡胶工业的基本原料，广泛用于制造轮胎、胶管、胶带、电缆及其他各种橡胶制品。

橡胶按照来源和用途可分为两类：天然橡胶、合成橡胶。

#### 10.4.2.1 天然橡胶

天然橡胶主要来源于三叶橡胶树，这种橡胶树的表皮被割开时，就会流出乳白色的汁液，称为胶乳。胶乳经凝聚、洗涤、成型、干燥即得天然橡胶，是异戊二烯的聚合物。

性能：具有很好的耐磨性、很高的弹性、拉伸强度及伸长率，耐酸碱。缺点是在空气中易老化，遇热变黏，在矿物油或汽油中易膨胀和溶解，耐碱但不耐强酸。

用途：是制作胶带、胶管、胶鞋的原料，并适用于制作减震零件，在汽车刹车油、乙醇等带氢氧根的液体中使用的制品。

天然橡胶弹性虽好，但无论在数量上和质量上都满足不了现代工业对橡胶制品的需求，因此，人们仿造天然橡胶的结构，以低分子有机化合物合成了各种各样的合成橡胶。

#### 10.4.2.2　合成橡胶

合成橡胶是由人工合成方法而制得的，合成橡胶的原料主要来自石油化工产品。1900～1910 年化学家 C. D. 哈里斯（Harris）测定了天然橡胶的结构是异戊二烯的高聚物，这就为人工合成橡胶开辟了途径。1910 年俄国化学家 SV 列别捷夫（Lebedev）以金属钠为引发剂使 1,3-丁二烯聚合成丁钠橡胶，以后又陆续出现了许多新的合成橡胶品种，如顺丁橡胶、氯丁橡胶、丁苯橡胶等等。合成橡胶的产量已大大超过天然橡胶，其中产量最大的是丁苯橡胶。

合成橡胶又分为通用橡胶和特种橡胶。

（1）通用橡胶

① 丁苯橡胶

丁苯橡胶是应用最广、产量最多的合成橡胶，其性能与天然橡胶接近，加入炭黑后，其强度与天然橡胶相仿。

性能：耐水、耐老化、耐磨、气密性好。缺点是不耐油和有机溶剂。

用途：它与天然橡胶混炼，可制成轮胎、密封器件、电绝缘材料等。

$$nCH_2=CH-CH=CH_2+nCH(C_6H_5)=CH_2 \longrightarrow \left[ CH_2-CH=CH-CH_2-CH(C_6H_5)-CH_2 \right]_n$$

② 顺丁橡胶

高分子链中的 C═C 双键均在链的一侧，为顺式结构，这种结构与天然橡胶的结构十分接近。

性能：弹性、耐磨性、耐老化性等方面优于天然橡胶。缺点是加工性能较差，耐油性不好，易出现裂纹。

用途：目前用于制造三角胶带、耐热胶管、鞋底等。

③ 氯丁橡胶

性能：有耐油、耐氧化、耐老化、阻燃、耐酸碱和耐候性好等性能。氯丁橡胶遇火会释放出氯化氢气体，具有阻燃特性。它的缺点是密度大、弹性差、耐寒性差、电绝缘性低。

用途：制造运输带、海底电缆，尤其适宜制造采矿用的橡胶制品。

④ 丁腈橡胶

性能：因为分子链中有氰基（—CN）存在，耐油性特别好，特别耐脂肪烃；耐热性好、拉伸强度大。缺点是耐寒性差、塑性低、电绝缘性低，难加工。

用途：广泛用来制造油箱、印刷用品等。

⑤ 异戊橡胶

性能：异戊橡胶与天然橡胶一样，具有良好的弹性和耐磨性，优良的耐热性和较好的化学稳定性。

用途：可以代替天然橡胶制造载重轮胎和越野轮胎，还可以用于生产各种橡胶制品。

（2）特种橡胶

① 硅橡胶

性能：由于硅橡胶中的主链由硅、氧原子构成，它与碳链橡胶性能不同，既能耐低温，又能耐高温，能在−65～250℃之间保持弹性，耐油、防水、耐老化，电绝缘性也很好。缺点是强度低，抗撕裂性能差，耐磨性能也差。

用途：硅橡胶制品柔软、光滑，物理性能稳定，对人体无毒性反应，能长期与人体组织、体液接触，不发生变化，因此，在医疗方面用作整容材料，也可用作高温高压设备的衬垫、油管衬里、火箭导弹的零件和绝缘材料等。

② 氟橡胶

氟橡胶是由含氟单体经过聚合或缩合而得到的分子主链或侧链的碳原子上连有氟原子的弹性聚合物。

性能：具有优异的耐热性、耐氧化性、耐油性和耐化学品性。

用途：可用来制造喷气飞机、火箭、导弹的特种零件。氟橡胶还可用作人造血管、人造皮肤等。

③ 聚氨酯橡胶

性能：耐磨性能好、弹性好、硬度高、耐油、耐溶剂。缺点是耐水性及耐高温性能不好。

用途：在汽车、制鞋、机械工业中的应用最多。

## 10.4.3 纤维

通常人们将长度比直径（直径在几微米或几十微米）大千倍以上且具有一定柔韧性和强度的纤细物质统称为纤维。

纤维可被分为天然纤维及化学纤维。

### 10.4.3.1 天然纤维

天然纤维是自然界存在的，可以直接取得的纤维，根据其来源分成植物纤维、动物纤维和矿物纤维三类。

### 10.4.3.2 化学纤维

化学纤维是经过化学处理加工而制成的纤维。可分为人造纤维（再生纤维）和合成纤维。

（1）人造纤维

人造纤维也称再生纤维。

人造纤维是用含有天然纤维或蛋白纤维的物质，如木材、甘蔗、芦苇、大豆蛋白质纤维等及其他失去纺织加工价值的纤维原料，经过化学加工后制成的纺织纤维。主要用于纺织的人造纤维有：黏胶纤维、醋酸纤维、铜氨纤维。

再生纤维是指将天然高聚物制成的浆液高度纯化后制成的纤维，如再生纤维素纤维、再生蛋白质纤维、再生淀粉纤维以及再生合成纤维。

（2）合成纤维

合成纤维的化学组成和天然纤维完全不同，是从一些本身并不含有纤维素或蛋白质的物质如石油、煤、天然气、石灰石或农副产品，先合成单体，再用化学合成与机械加工的方法制成纤维。即合成纤维是由小分子有机单体通过聚合反应合成的纤维，如聚酯纤维（涤纶）、聚酰胺纤维（锦纶或尼龙）、聚乙烯醇纤维（维纶）、聚丙烯腈纤维（腈纶）、聚丙烯纤维（丙纶）、聚氯乙烯纤维（氯纶）等。

作为合成纤维的条件，高聚物必须是线形结构，且分子量大小要适当，其次，还必须能够拉伸，这就要求高分子链应具有极性或链间能有氢键结合，或有极性基团间的相互作用。因此，聚酰胺、聚酯、聚丙烯腈均是优良的合成纤维的高分子材料。

① 聚酯纤维（涤纶）

性能：强度高，耐磨性好、电绝缘性好、对热光稳定性好，挺括不皱、防潮、防蛀，缺点是遇碱易水解，不吸汗，需要高温染色。

用途：纺织日用品，渔网、缆绳、运输带。

② 聚酰胺纤维（锦纶或尼龙）

性能：耐磨性最好、质轻、强度高，弹性大，不易燃烧，抗油，抗霉菌或微生物侵蚀，在酸性介质中易水解。

用途：聚酰胺纤维的用途很广，长丝可制作袜子、内衣、衬衣、运动衫、滑雪衫、雨衣等。短纤维可与棉、毛和黏胶纤维混纺，使混纺织物具有良好的耐磨性和强度，还可以用作尼龙搭扣带、地毯、装饰布等。聚酰胺纤维在工业上主要用于制造帘子布、传送带、渔网、缆绳、篷帆等。

③ 聚丙烯腈纤维（腈纶）

性能：具有与羊毛相似的特性，有人造羊毛之称。具有柔软、膨松、易染色、色泽鲜艳、耐光、抗菌、不怕虫蛀等优点。缺点是强度不如尼龙和涤纶。

用途：可与羊毛混纺成毛线，或织成毛毯、地毯等，还可与棉、人造纤维、其他合成纤维混纺，织成各种衣料和室内用品。聚丙烯腈纤维加工的膨体毛条可以纯纺，或与黏胶纤维、羊毛混纺，得到各种规格的中粗绒线和细绒线“开司米”。

④ 聚乙烯醇纤维（维纶）

指以聚乙烯醇为原料纺丝制得的合成纤维。将这种纤维经甲醛处理所得的聚乙烯醇缩甲醛纤维，国内称为维纶。

性能：具有柔软、保暖等特性，尤其是吸湿率（可达 5%）在合成纤维诸品种中是比较高的，故有合成棉花之称。缺点是耐热性差，制得的织物不挺括，不能在热水中洗涤。

用途：在工业领域中可用于制作帆布、防水布、滤布、运输带、包装材料、工作服、渔网和海上作业用缆绳。可与棉混纺，制作各种衣料和室内用品，也可生产针织品。

⑤ 聚丙烯纤维（丙纶）

性能：最大的优点是质地轻。强度高、耐磨性好、耐化学腐蚀。缺点是耐光性差、热稳定性差、易老化，不易染色。

用途：是制造渔网、缆绳的理想材料。也可用作过滤材料和包装材料。

⑥ 聚氯乙烯纤维（氯纶）

性能：保暖、耐晒、耐磨、耐腐蚀和耐蛀，弹性也很好，氯纶的突出优点是难燃性和自熄性。缺点是染色困难，耐热性低，在 60～70℃时开始收缩，到 100℃时分解，因此在洗涤和熨烫时必须注意温度。

用途：氯纶可以加工成具有各种特殊用途的阻燃纺织品，如沙发布、安全性帐篷等。氯纶还可用作工业滤布、工作服、绝缘布等。

### 10.4.4　胶黏剂

能将同种或两种或两种以上同质或异质的制件（或材料）连接在一起，固化后具有足够强度的有机或无机的、天然或合成的一类物质，统称为胶黏剂或黏结剂、黏合剂、习惯上简称为胶。

它是工程技术中不可缺少的重要材料，用以黏结金属、陶瓷、玻璃、塑料、橡皮和木材等，广泛地应用在机械制造、航空、航天、造船和建筑等工业中。例如人造卫星上数以千计的太阳能电池，就是用胶黏剂固定在卫星表面上的。

胶黏剂通常分为天然胶黏剂（骨胶、淀粉、松香等）和合成胶黏剂（主要是合成树脂）两类，本节着重介绍合成胶黏剂，它是以有机物高分子材料为主体，配以辅助成分经过加工而制成的。

(1) 合成胶黏剂的成分

① 树脂（俗称黏料）。这是胶黏剂的基本组分，黏合剂的黏结性主要由它决定。在合成树脂黏合剂中，黏料主要是合成的高分子化合物。分子主链上带有极性基团的热固性树脂具有良好的黏结性，均适宜作胶黏剂主料。例如热固性树脂的有酚醛树脂、脲醛树脂、有机硅树脂等，但是热固性树脂作为黏料往往脆性高，抗弯曲、抗冲击、抗剥离能力差；热塑性树脂和橡胶由于耐溶剂性差和易形变，不能单独作胶黏剂主料。

② 固化剂（硬化剂）和促进剂。固化剂亦称硬化剂，是使线形高分子化合物交联成体形结构的物质。固化剂是热固性树脂胶黏剂必不可少的组分，固化后胶层的性能在很大程度上取决于固化剂。例如，环氧树脂中加入胺类或酸类固化剂，便可分别在室温或高温作用后成为坚固的胶层，以适应不同的需要。

促进剂可加速固化，提高某些性能。

③ 填料。填料主要提高胶接强度、硬度、耐热性，赋予胶黏剂以新的或特殊的性能。例如，加入石棉填料对提高耐热性有很好的作用；用石英粉可提高表面硬度；用铝粉、铁粉可提高导热、导电性等。一般加入填料有增大胶料黏度、降低热膨胀、减小收缩性和降低成本等作用。

④ 其他添加剂。为了改进性能，达到某些特定目的而添加的物质。例如为了增强胶接接头韧性、降低脆性，常需加入增韧剂，此外还有防霉剂、抗氧剂、防老剂等。

(2) 常用的胶黏剂

① 环氧树脂胶黏剂。环氧树脂胶黏剂主要由环氧树脂和固化剂两大部分组成。为改善某些性能，满足不同用途还可以加入增韧剂、稀释剂、促进剂、偶联剂等辅助材料。由于环氧胶黏剂的黏结强度高、通用性强，曾有“万能胶”“大力胶”之称，在航空、航天、汽车、机械、建筑、化工、轻工、电子、电器以及日常生活等领域得到广泛的应用。

② 聚乙烯醇缩甲醛胶。它又称“107 胶”，是以聚乙烯醇与甲醛在酸性介质中进行缩合反应而制得的一种透明水溶液。无臭、无味、无毒，有良好的黏结性能，黏结强度可达 0.9MPa。它在常温下能长期储存，但在低温状态下易发生冻胶。聚乙烯醇缩甲醛胶除了可用于壁纸、墙布的裱糊外，还可用作室内外墙面、地面涂料的配置材料。在普通水泥砂浆内加入 107 胶后，能增加砂浆与基层的黏结力。

③ 氯丁橡胶胶黏剂。氯丁橡胶（CR）是氯丁橡胶胶黏剂的主体原料，所配成的胶黏剂可室温冷固化、初粘力很大、强度建立迅速、黏结强度较高，综合性能优良，用途极其广泛，能够粘接橡胶、皮革、织物、人造革、塑料、木材、纸品、玻璃、陶瓷、混凝土、金属等多种材料，因此，氯丁橡胶胶黏剂也有“万能胶”之称。

# 本章内容小结

1. 基本概念

高分子化合物、聚合度、链节、单体、体形结构、线形结构、弹性、塑性、加聚反应、缩聚反应。

2. 高分子化合物的结构

分子链一般具有线形和体形两种结构。

3. 高分子化合物的性能

①化学稳定性和老化；②弹性；③塑性；④力学性能；⑤绝缘性；⑥溶解性。

4. 高分子化合物的分类

① 根据高分子化合物的力学性能和使用状况，可将其分为塑料、橡胶、纤维。

② 按主链结构，高分子化合物可分为碳链高分子化合物、杂链高分子化合物、元素有机高分子化合物和无机高分子化合物四大类。

5. 聚合物的命名

(1) 按组成高聚物的单体名称来命名

由一种单体制得的聚合物，一般在单体名称前冠以“聚”字。

(2) 以原料名称命名

由两种单体缩聚而成的聚合物，如果结构比较复杂，则往往在单体名称后对塑料而言加上“树脂”二字；对橡胶则加上“橡胶”二字；对纤维则加上“纶”字。

6. 高分子化合物的合成

① 由若干单体经过加成反应而聚合生成高聚物的加聚反应。

② 由具有两个或两个以上可反应官能团（如—OH、—COOH、$—NH_2$）的单体在分子间通过缩合反应成键，彼此连接成缩聚物，同时伴有小分子物质（如水、氨、醇及卤化氢等）失去的缩聚反应。

7. 重要的高分子材料

(1) 塑料

塑料有各种不同的分类，如

① 根据受热后形态性能表现的不同，可分为热塑性塑料和热固性塑料两类。

② 按塑料的用途可分为通用塑料和工程塑料两大类。

(2) 橡胶

按照来源和用途可分为两类：天然橡胶、合成橡胶。

(3) 纤维

纤维分为天然纤维及化学纤维。

(4) 胶黏剂

# 习　题

1. 选择题

(1) 某导电高分子材料聚乙炔，其单体为（　　）。

（A）$—CH═CH—$　　（B）$CH_2═CH_2$　　（C）$HC≡CH$　　（D）$CH_2═CHCH_3$

（2）苯酚与甲醛生成酚醛树脂的反应属于（　　）。

（A）加聚反应　　（B）缩聚反应　　（C）消去反应　　（D）加成反应

（3）下列高分子化合物能溶于适当溶剂的是（　　）。

（A）有机玻璃　　（B）酚醛树脂　　（C）纤维素　　（D）硫化橡胶

（4）下列属于热塑性塑料的是（　　）。

（A）纤维素　　（B）聚乙烯　　（C）橡胶　　（D）酚醛树脂

（5）下列属于热固性塑料的是（　　）。

（A）纤维素　　（B）聚乙烯　　（C）橡胶　　（D）酚醛树脂

（6）下列物质中，一定不是天然高分子化合物的是（　　）。

（A）橡胶　　（B）蛋白质　　（C）尼龙　　（D）纤维

（7）下列物质中，属于天然高分子化合物的是（　　）。

（A）酚醛树脂　　（B）羊绒　　（C）尼龙　　（D）黏合剂

（8）下列材料制成的产品，破损后不能进行热修补的是（　　）。

（A）聚氯乙烯塑料凉鞋（B）电木插座　　（C）自行车内胎　（D）聚乙烯塑料盆

（9）下列物质中，一定属于合成高分子材料的是（　　）。

（A）塑料　　（B）橡胶　　（C）纤维　　（D）钢铁

（10）橡胶属于重要的工业原料。它是一种有机高分子化合物，具有良好的弹性，但强度较差。为了增加某些橡胶制品的强度，加工时往往需进行硫化处理，即将橡胶原料与硫黄在一定条件下反应。橡胶制品硫化程度越高，强度越大，弹性越差。下列橡胶制品中，加工时硫化程度较高的是（　　）。

（A）橡皮筋　　（B）汽车外胎　　（C）普通气球　　（D）医用乳胶手套

2．填空题

（1）绝大多数有机化合物分子的化学键都是________键，所以其晶体结构属于________晶体类型，这是其水溶液中反应速率________的主要原因。

（2）加聚反应所需单体的结构特点是________，缩聚反应所需单体的结构特点是________。加聚高聚物的成分与其单体成分________；缩聚高聚物的成分与其单体成分________。

（3）聚乙烯的结构简式为________，其单体的结构简式为________，链节为____________，若其分子量为1400000，则其聚合度为________。

（4）下列物质中，属于天然高分子材料的是________，属于合成高分子材料的是________，属于小分子物质的是________。

①棉花；②酚醛树脂；③天然橡胶；④羊毛；⑤聚丙烯腈纤维；⑥丁苯橡胶；⑦油脂；⑧蔗糖

（5）线形高分子链之间通过________力紧密结合，一般其分子量越______，分子链之间的相互作用力就________，熔点越________。

（6）有机高分子化合物有两种基本结构类型，即________型高分子和________型高分子，能溶于适当溶剂的是________型高分子，而________型高分子不能溶解只能溶胀；________型高分子塑料具有热塑性，如聚氯乙烯，__________________型高分子化合物具有热固性，如酚醛树脂。

3. 名词解释

(1) 热塑性、热固性。

(2) 单体、链节、聚合度。

(3) 体形结构、线形结构。

# 第 11 章　化学与环境

## 11.1　环境污染与人体健康

环境污染指由于人类活动所引起的环境质量下降而有害于人类及其他生物的正常生存和发展的现象。其产生有一个由量变到质变的发展过程。环境污染从不同角度、不同方面有多种分类。按环境要素，可分为大气污染、水体污染、噪声污染等。按污染物的性质，可分为化学污染、物理污染和生物污染。按污染物的形态，可分为废气污染、废水污染、固废污染、噪声污染、辐射污染等。按污染产生的原因，可分为生产污染和生活污染，生产污染又可分为工业污染、农业污染、交通污染等。按污染物分布的范围，可分为全球性污染、区域性污染、局部性污染等。

### 11.1.1　环境污染源

（1）工业污染源

工业污染源主要来自煤、石油等燃料的燃烧，产生了烟尘、粉尘、二氧化硫、氮氧化合物、一氧化碳、酸类和有机物等大量污染物。其次，工业污染源还包括在生产过程中伴随着工业成品而产生的废气、废水、废渣及噪声。工业污染源中危害严重的行业有动力工业、钢铁工业、化学工业、石油化工、造纸工业、制革工业、纺织工业、印染工业等。工业生产过程中产生的污染物的特点是数量大、成分复杂、毒性强。常见的有重金属、有机物、放射性物质、酸、碱等。有的工业生产过程还排放致癌物质，如亚硝基化合物、苯并芘、二噁英等。制药、发酵、制革、食品等一些生物制品加工工业，除排放大量需氧有机物外，还会产生微生物、寄生虫等。

（2）农业污染源

农业污染源主要是农业生产中滥用化学农药、化学肥料以及农业废弃物等。农药污染是指农药或其有害代谢物、降解物对土壤、水（地表水、地下水）和空气等环境介质以及农作物、农牧业产品和食品的污染。可直接危及人类的生命安全或损害人类的健康，破坏人类赖以生存的生态环境，最终影响人类的生产活动和降低人类的生活质量。农药污染程度及其危害性主要取决于农药及其代谢产物和降解产物对非目标生物的毒性和它们在环境介质中和介质间的迁移性和持久性。化肥污染指农田施用大量化学肥料引起的污染。农田施用的任何种类和形态的化肥，都不可能全部被植物吸收利用。化肥的有效利用率仅为30%，其余70%都挥发进入大气或随水流入土壤和江、河、湖、库，造成水体富营养化，或使饮用水水源硝酸盐含量超标。长期施用化肥，还会使土壤酸化、结构破坏、土地板结、微生物区系退化，直接导致土壤环境的污染。农业废弃物包括农田和果园的废弃物如秸秆、残株、果壳等，饲养场、农产品加工废弃物等。值得强调的是近年来大量使用的农业塑料，对土壤物理性质有极大影响，被称为“白色污染”。

（3）交通运输污染源

铁路、公路、航空、航海等交通运输污染源包含点（厂、站）、线（铁路、公路、航线）、面（大的机务段、编组站、客货运站）的污染，影响范围较大。火车、汽车、飞机、轮船等交通工具的污染主要是噪声、扬尘，机车、客车、油罐车等的清洗污水，汽油（柴油）等燃料燃烧产物的排放和有毒有害物质的泄漏等。汽油燃烧排放的废气中含有一氧化碳、氮氧化物、烃类化合物、铅、硫氧化物和苯并芘等。

（4）生活污染源

生活污染首先来自生活用煤产生的污染。分散取暖和炊事燃煤所产生的烟尘、二氧化硫、氮氧化合物等有害气体，是人口密集的城市主要的大气污染源之一。生活污水主要包括洗涤和粪便污水，除了含有碳水化合物、蛋白质和氨基酸、动植物油脂、尿素和氨、肥皂和合成洗涤剂外，还有细菌、病毒、病菌与寄生虫等微生物；生活垃圾中含有大量动植物食品的废弃物、重金属、塑料、玻璃等。

### 11.1.2　环境中的化学污染物

对环境产生危害的化学污染物有：

（1）元素

如镉、铬、铅、汞、砷等重金属和准金属、卤素、黄磷等。

（2）无机物

如氰化物、一氧化碳、氮氧化物、卤化氢、次氯酸及其盐，无机磷化合物（如 $PH_3$、$PX_3$）、硫的无机化合物（如 $H_2S$、$SO_2$、$H_2SO_4$）等。

（3）有机物

烃类（如多环芳烃、烷烃、不饱和非芳香烃等）、有机磷化合物（如有机磷农药等）、有机硫化合物（如烷基硫化物、二甲砜等）、有机卤化物（如多氯联苯、氯代苯酚、氯代二噁英类等）、有机氮化合物（如硝基苯、三硝基甲苯）、有机含氧化合物（如环氧乙烷、醛、醚、酮、酚类化合物等）。

近年来，持久性有毒污染物（PTS）污染及其对人体健康和生态系统的危害越来越被人们所认识。其中，持久性有机污染物是指通过各种环境介质（大气、水、生物体等）能够长距离迁移并长期存在于环境中，具有长期残留性、生物蓄积性、半挥发性和高毒性，对人类健康和环境具有严重危害的天然或人工合成的有机污染物质。持久性有机污染物（POPs）由于大多具有“三致”（致癌、致畸、致突变）效应和遗传毒性，能干扰人体内分泌系统，并且在全球范围的各环境介质（江河、海洋、大气、底泥、土壤等）以及动植物组织器官和人体中广泛存在，已经引起了各国政府、学术界、工业界和公众的广泛关注，成为一个新的全球性环境问题。

《关于持久性有机污染物的斯德哥尔摩公约》，又称 POPs 公约的正式生效，开启了人类向持久性有机污染物宣战的进程。

联合国环境规划署（UNEP）国际公约中首批控制的 12 种持久性有机污染物（POPs）是艾氏剂、狄氏剂、异狄氏剂、滴滴涕（DDT）、氯丹、六氯苯、灭蚁灵、毒杀芬、七氯、多氯联苯（PCBs）、二噁英和苯并呋喃（PCDD/Fs）。其中前 9 种属于有机氯农药，多氯联苯是精细化工产品，后 2 种是化学产品的衍生物杂质和含氯废物焚烧所产生的次生污染物。

1998 年 6 月在丹麦奥尔胡斯召开的泛欧环境部长会议上，美国、加拿大和欧洲 32 个国家正式签署了关于长距离越境空气污染物公约，提出了 16 种（类）加以控制的 POPs，除了联合国环境规划署 UNEP 提出的 12 种物质之外，还有六溴联苯、林丹（即 99.5% 的六六六丙体制剂）、多环芳烃和五氯酚。

2009 年 5 月在瑞士日内瓦举行的 POPs 公约缔约方大会第四届会议决定将全氟辛烷磺酸以及其盐类，全氟辛烷磺酰氟，林丹，五氯苯，四溴联苯醚，五溴联苯醚，六溴联苯醚和七溴联苯醚九种新增化学物质列入公约附件 A、B 或 C 的受控范围。

### 11.1.3 环境污染的特征

从影响人体健康的角度来看，环境污染一般具有以下特征：

（1）影响范围大

环境污染涉及的地区广、人口多，而且接触的污染对象，除从事工矿企业的青壮年外，也包括老、弱、病、残、幼，甚至胎儿。

（2）作用时间长

接触者长时间不断地暴露在被污染的环境中，每天可达 24 小时。

（3）污染情况复杂

污染物进入环境后，受到大气、水体等的稀释，一般浓度很低。但由于环境中存在的污染物种类繁多，它们不但可通过生物或理化作用发生转化、代谢、降解和富集作用，从而改变其原有的性状和浓度，产生不同的危害作用，而且多种污染物同时作用于人体，往往产生复杂的联合作用。

（4）污染治理难

环境一旦被污染，要想恢复原状，不但费力，代价高，而且难以奏效，甚至还有重新污染的可能。有些污染物，如重金属和难以降解的有机氯农药，污染土壤后，能在土壤中长期残留，短期内很难消除，处理起来十分困难。

### 11.1.4 环境污染对人体健康的危害

生命是以蛋白质的方式生存着，并以新陈代谢的特殊形式运动着。因此，从机体的新陈代谢过程，可以看出人类与环境的关系是非常密切的。人体通过新陈代谢和周围环境进行物质交换。物质的基本单元是化学元素，人体各种化学元素的平均含量与地壳中各种化学元素含量相适应。

环境污染使某些化学物质突然增加和出现了环境中本来没有的合成化学物质，破坏了人与环境的对立统一关系，因而引起机体疾病，甚至死亡。

空气、水、土壤与食物是环境中的四大要素，都是人类和各种生物不可缺少的物质。环境污染首先影响到这些要素，并直接或间接地对人体健康造成危害。如果大量工业“三废”（废气、废水、废渣）、农药等毒物进入环境，并通过各种途径侵入人体，当超过了人体所能忍受的限度时，就会引起中毒，导致疾病和死亡。某些元素在自然界含量过高或偏低，就会造成一些地方病。

## 11.2 大气污染及其防治

排入大气环境的污染物经历空气运动产生的输移和扩散等迁移过程，同时发生光解、氧化还原等转化过程，其大气污染物的浓度是由污染物排放量和污染气象条件等影响因素共同决定的。污染气象条件等影响因素的好坏反映了大气环境自净能力的高低。

### 11.2.1 影响大气环境的因素

影响大气环境的因素很多，可归纳为气象因素、地理因素和其他因素三类。

#### 11.2.1.1　气象因素

大气污染物的迁移过程，取决于周围大气对污染物的扩散能力。大气污染物的转化过程取决于大气温度和太阳辐射的光强度。因此，气象条件是影响大气污染的主要因素之一。

（1）风和湍流

通常把空气的水平流动称为风。风对污染物的作用主要是污染物的输移和冲淡、稀释作用。因此，污染区总是出现在污染源的下风向，随着风速的增大，污染物的浓度降低。

湍流是流体不同尺度的不规则运动。大气湍流的结果使流场各部分得以充分混合，对污染物的作用主要是污染物的分散、稀释等大气扩散作用。对流层大气湍流的强弱主要取决于机械动力因素和热力因素。前者指随风速和地面糙度的变化，风速愈强，糙度愈大，机械湍流愈强。后者指由大气铅直方向的温度变化所引起的湍流，也称热力湍流。它与大气稳定度有关，大气愈不稳定，湍流愈强。

（2）大气温度层结

① 大气层的结构和特点。大气温度在垂直方向上的分布，称为大气温度层结。根据大气的温度层结、密度层结和运动规律，可将大气划分为对流层、平流层、中间层和热层，更远的地方称为逸散层，那里气体已极其稀薄。

对流层是大气的最底层，其厚度随纬度和季节而变化。在中纬度地区厚度为 10～12km，赤道附近为 16～18km，两极附近为 8～9km，夏季厚，冬季薄。风、雪、雨、霜、雾和雷电等复杂的气象现象都出现在这一层。对流层的特点：

a. 气温随高度升高而降低。气温随高度的变化通常用气温垂直递减率（$\gamma$）来表示（指在垂直方向上每升高 100m 气温的变化值）。整个对流层中的气温垂直递减率平均为 0.6℃/100m，这是个总趋势，实际上在贴近地面的低层大气中，气温的垂直分布有气温随高度递减、气温随高度基本不变和气温随高度递增（逆温）三种情况，还存在三者之间的过渡情况。

b. 空气密度大。大气总质量的 3/4 以上集中在对流层。

c. 天气复杂多变。平流层是指从对流层顶到海拔高度约 50km 的大气层。在平流层下部，即 30～35km 以下，气温几乎不随高度而变化，为等温层。在平流层上部，即在 30～35km 以上，气温随高度升高而增加。平流层层顶处，气温可升至－3～0℃，比对流层层顶处的气温高出 60～70℃。这是因为在平流层的上部存在一厚度约为 20km 的臭氧层。该臭氧层能强烈吸收 200～300nm 的太阳紫外线，致使平流层上部的气温明显增加。平流层的特点：

a. 空气基本无对流，平流运动占显著优势。

b. 空气比下层稀薄，水汽、尘埃含量很少，很少有天气现象，透明度极高。

c. 在 15～35km 的范围内（平流层上层），有厚度约 20km 的臭氧层。

污染物一旦进入平流层，就会在该层停留较长时间，有时可达数十年之久，进入平流层的氮氧化物、烃类化合物、氟利昂等能与臭氧层中的臭氧发生光化学反应，致使臭氧浓度降低，对臭氧层造成严重破坏，太阳辐射到地球表面的紫外线将增强，地球上的生物会受到极大的威胁。

中间层位于平流层顶之上，从平流层顶到约 80km 高度的大气层。中间层的特点如下：

a. 空气稀薄，无水分。

b. 气温随高度增加而迅速降低，中间层顶气温可降至－100℃。

c. 中间层中上部，气体分子（$O_2$、$N_2$）开始电离。

热层位于中间层层顶之上，从中间层层顶到约 500km 高度的大气层。热层的特点如下：

a. 温度随高度增加迅速增高，温度升高到 1200℃。

b. 大气更为稀薄，空气密度很小。

c. 大部分空气分子被电离成为离子，所以该层又称为电离层。

热层以上的大气层称为逸散层，是地球大气的最外层，800km 以上高空，空气极为稀薄，密度几乎与太空相同，故又称为外大气层。由于空气分子受地球引力极小，所以气体及其微粒可以不断从该层飞出地球重力场而进入太空，是从大气圈逐步过渡到星际空间的大气层。逸散层的气温随高度增加略有增高。

② 大气稳定度。大气稳定度是指整层空气的稳定程度，是大气对在其中做垂直运动的气团是加速、遏制还是不影响其运动的一种热力学性质。气温的垂直递减率越大，大气越不稳定，这时湍流将得以发展，大气对污染物的稀释扩散能力越强。相反，气温的垂直递减率越小，大气越稳定。这时湍流受到抑制，大气的垂直运动发展受到了阻碍，有时甚至如同一个盖子一样起着阻挡作用，污染物停滞积累在近地大气层中，从而加剧了大气污染。

③ 逆温（对流层内）。逆温的形成有各种原因，一般可分为五类：辐射逆温、地形逆温、平流逆温、下沉逆温和锋面逆温。逆温抑制了大气的湍流运动，对污染物的扩散造成很不利的影响。

（3）辐射与云

太阳辐射是地面和大气的主要能量来源。地面既是吸收体又是发射体。白天吸收来自太阳的辐射而增温，夜晚又以长波辐射的形式向外放射使自身降温。

云对太阳辐射起着反辐射的作用，反射的强弱视云的厚度而定。云层存在总的效果是减少气温随高度的变化，至于减少的程度要视云量而定。

概括起来可以认为，晴朗的白天风比较小，阳光照射下地面迅速升温，随之，空气也从下而上逐渐增热，温度递减，大气处于不稳定的状态，直至中午为最强。夜间，太阳辐射为零，地面因有效辐射而降温，空气自下而上逐渐降温从而形成逆温，大气稳定。日出前后处于转换期，大气接近中性层结。阴天或多云天气风比较大，温度层结昼夜变化很小，大气接近中性。

必须指出，上述都是以单个气象因子的作用来进行叙述的，实际情况往往是多因子同时在起作用，它们间存在着错综复杂的关系，因此在具体实际问题的分析中必须做综合性的考虑。

#### 11.2.1.2 地理因素

空气流动总是受下垫面的影响，即与地形、地貌、海陆位置、城镇分布等地理因素有密切关系，在小范围内引起气温、气压、风向、风速、湍流的变化，从而对大气污染物的扩散产生间接的影响。

（1）地形和地物

当地面是凹凸不平的粗糙曲面时，气流沿地表通过，必然要同各种地形、地物发生摩擦作用，改变风向和风速，其影响程度与各障碍物的体量、形态、高低有密切关系。在一定的地域内，山脉、河流、沟谷的走向，对主导风向具有较大的影响，气流沿着山脉、河谷流动。地形山脉的阻滞作用，对风速也有很大影响。尤其是封闭的山谷盆地，因四周群山的屏障，往往静风、小风频率占较大比例，不利于大气污染物的扩散。

高层建筑、形体较大的建筑物和构筑物，都能造成气流在小范围内产生涡流，阻碍污染物质迅速地输移扩散，使之停留在某一区域，加深污染。

（2）局地风场

地形地貌的差异，造成地表热力性质的不均匀性，往往形成局地风场，对当地的大气污染起着显著的作用。常见的局地风场有：海陆风（水陆风）、山谷风和城市热岛环流。

海陆风常出现在水陆交界处，由于水陆面热导率和热容量的差异，形成海陆风。白天吹海风，夜间吹陆风，见图 11.1。受海陆风的影响，近海地区容易形成循环污染。

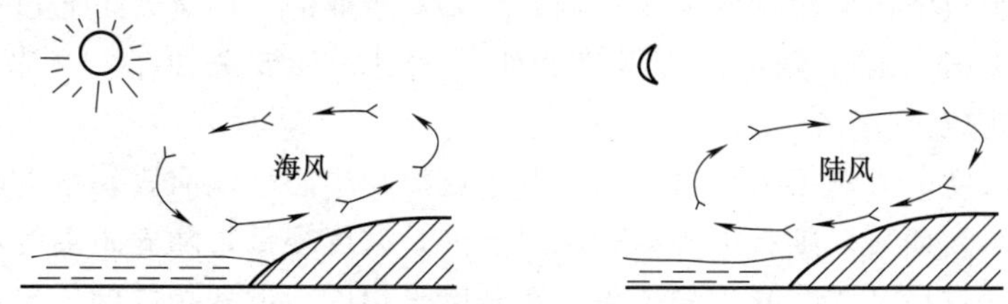


图 11.1　海陆风示意图

山谷风出现在山谷地区，白天气流顺坡、顺谷上升形成上坡风或谷风，夜间形成下坡风或山风，见图 11.2。这种昼夜交替的局地环境，使污染物在山谷内往返累积，常常会达到较高的浓度，加上山风冷空气沉入谷底形成的逆温，有时能出现十分危险并持久的高浓度污染。

图 11.2　山谷风示意图

城市热岛的形成原因主要有三方面：第一是大量的生产生活燃烧放热；第二是地面相当大的面积被建筑物和路面覆盖，从而吸热多而放热少；第三是空气中经常存在大量的温室气体类污染物，对地面长波辐射的吸收和反射能力很强。这些均是造成城市温度高于周围乡村的重要条件，其温差夜间更为明显，最大可达 8℃。城市热岛效应可引起城乡间的局地环流，使周围的空气向中心辐合，使层结转变为中性，甚至略有稳定，构成了城市夜间特有的混合层。混合层的存在，使地面污染物的浓度增大，混合层的高度有时可达 400m 左右，见图 11.3。

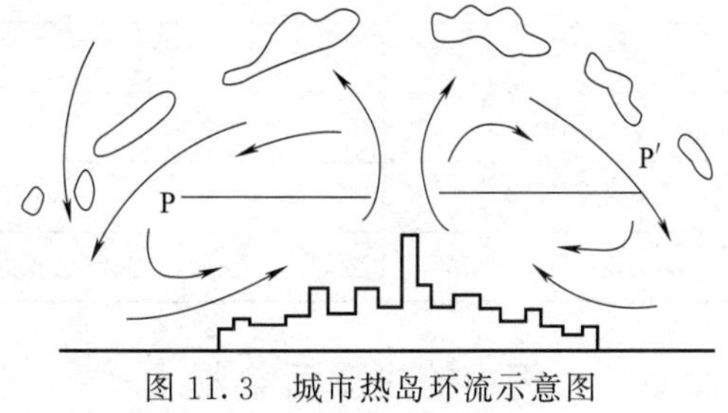


图 11.3　城市热岛环流示意图

#### 11.2.1.3　其他因素

（1）污染物的性质和成分

大气污染物通常有颗粒物和气体污染物，它们的化学成分不同，所造成的污染危害也不同，不同成分在大气中进行的化学反应和清除过程也不一样。对颗粒物而言，由于颗粒大小级别不同，它们在大气中的沉降速度和清除过程也各有异，从而影响着扩散过程中浓度的分布。

（2）污染源的几何形态和排放方式

由于不同类别、不同性质的污染源有不同的几何形态和排放方式，因而污染物进入大气的初始状态不一样，其后的状况和污染物的浓度就不同。

（3）污染源强和源高

污染源强是指污染物的排放速率。因为源强与污染物的浓度成正比，所以，若要研究空气污染问题，必须摸清污染源的源强变化规律。要对企业的生产量、工艺过程、净化设备等有一定的了解。此外，除了烟囱的点源有组织排放外，还要关注生产环节常见的跑、冒、滴、漏等无组织排放。

源高对地面浓度的影响很大。对于高架源，就烟羽中心轴线而言，浓度随距离的增加而减少，但就地面浓度而言，则将出现离烟囱很近处，浓度很低，随着距离的增加浓度逐渐增加至一个最大值，过后又逐渐减小的现象。在开阔平坦的地形和相同的气象条件下，高架源产生的地面浓度总比相同源强的低架源产生的地面浓度要低。此外，温度层结对地面浓度的影响也取决于源高。逆温对地面源扩散不利，但对于高架源，层结稳定时，地面浓度最高值出现在离源较远的地方，层结不稳定时，由于空气铅直方向运动较强，烟云在近距离便接近地面，地面高浓度可能在离烟囱较近的地方出现。

### 11.2.2 干燥清洁大气的主要成分

干燥清洁大气的主要成分是 $N_2$（78.08%）和 $O_2$（20.95%），其次是 Ar（0.934%）和 $CO_2$（0.0314%），上述气体约占空气总量的 99.99%。此外还有一些稀有气体和 $CH_4$、$SO_2$、$NO_2$、CO、$NH_3$、$O_3$ 等，总和不超过 0.01%。

干燥清洁空气的组成在地球表面的各处几乎是一致的，可以看作大气中自然不变的组成，或称为大气本底值。见表 11.1。有了这个组成就可以容易地判定大气中的外来污染物。

**表 11.1 干燥清洁空气的组成**

| 气体类别 | 体积分数 $\varphi$/% | 气体类别 | 体积分数 $\varphi$/% |
| --- | --- | --- | --- |
| 氮气($N_2$) | 78.08 | 氦(He) | $5.24\times10^{-4}$ |
| 氧气($O_2$) | 20.95 | 氪(Kr) | $1.0\times10^{-4}$ |
| 氩(Ar) | 0.93 | 氢气($H_2$) | $0.5\times10^{-4}$ |
| 二氧化碳($CO_2$) | 0.03 | 氙(Xe) | $0.08\times10^{-4}$ |
| 氖(Ne) | $18\times10^{-4}$ | 臭氧($O_3$) | $0.01\times10^{-4}$ |

### 11.2.3 大气中的主要污染物

大气污染物种类不下数千种，若按形成过程可分为一次污染物和二次污染物。所谓一次污染物是指直接从污染源排放出的污染物。二次污染物是指由一次污染物在空气中相互作用或它们与空气中的正常组分发生反应所产生的新的污染物。若按物理状态可分为大气颗粒物和气态污染物。大气颗粒物按粒径和沉降特性分为总悬浮颗粒物、降尘、飘尘、可吸入粒子等。气态污染物按化学组成可分为硫氧化物、氮氧化物、碳氧化物、烃类化合物等。

#### 11.2.3.1 大气颗粒物

大气是由各种固体或液体微粒均匀地分散在空气中形成的一个庞大的分散体系。它也可称为气溶胶体系。气溶胶体系中分散的各种粒子称为大气颗粒物。大气污染物的来源可分为天然源和人为源。人为源主要是燃料燃烧过程中产生的煤烟、飞灰、气态污染物，各种工业过程排放的原料或产品微粒，汽车尾气，地面扬尘等。天然源主要是海浪溅出的浪沫、火山灰、森林火灾、宇宙陨星尘埃、花粉等。大气颗粒物按其空气动力学粒径大小和重力作用下的沉降特性，可分为如下几类：

(1) 总悬浮颗粒物

用标准大容量颗粒采样器在滤膜上所收集到的颗粒物的总质量，通常称为总悬浮颗粒物，用 TSP 表示。其粒径在 0.01～100μm 之间，尤以 10μm 以下的最多。

(2) 降尘

一般直径大于 10μm 的粒子由于自身的重力作用会很快沉降下来，这部分颗粒物称为降尘。

(3) 飘尘

可在大气中长期漂浮的悬浮物称为飘尘。其主要是粒径小于 10μm 的颗粒物。

(4) 可吸入粒子

易于通过呼吸过程而进入呼吸道的粒子。目前国际标准化组织（ISO）建议将其定义为空气动力学直径 $D_p \leqslant 10\mu m$ 的粒子。我国科学工作者已采用了这个建议。目前人们对大气颗粒物的研究更侧重于 $PM_{2.5}$（$D_p \leqslant 2.5\mu m$）甚至超细颗粒（纳米）的研究。

颗粒物的危害性主要表现在：

(1) 对人体的影响

大于 5μm 的飘尘，多滞留在上呼吸道上，小于 5μm 的飘尘可以直接到达肺细胞而沉积，造成硅沉着病。飘尘往往附着有害污染物，如 $NO_2$、$SO_2$、多环芳烃等，因此其危害性很大。

(2) 对环境的影响

颗粒物具有对光的散射和吸收作用，特别是 0.1～1μm 粒径范围的粒子与可见光的波长相近，可降低大气能见度。

#### 11.2.3.2 气态污染物

(1) 硫氧化物

硫氧化物主要是指 $SO_2$ 和 $SO_3$，$SO_2$ 是酸雨的主要前体物，主要来自含硫燃料（通常煤的含硫量大约为 0.5%～6%，石油大约为 0.3%～3%）的燃烧及冶金、硫酸制造等工业过程。在人为排放的 $SO_2$ 中，约有 60%来自煤燃烧，30%左右来自石油燃烧和炼制。$SO_2$ 的天然源主要来自火山喷发。

$SO_2$ 是无色、有臭味的刺激性气体，吸入二氧化硫含量 $\varphi(SO_2) > 0.002$ 的空气，就会使嗓子变哑、呼吸困难甚至失去知觉。它对植物还会产生漂白的斑点、抑制生长、损害叶片和降低产量。此外，二氧化硫还会对金属结构、建筑物、名胜古迹等造成严重的腐蚀与损害。当空气中有微粒物质共存时，其危害可增大 3～4 倍。

硫氧化物主要通过化学转化转变成硫酸或硫酸盐，并通过干沉降或湿沉降（酸雨）的形式降落到地面。

硫酸烟雾也称为伦敦烟雾，最早发生在英国伦敦。它主要是由燃煤而排放出来的 $SO_2$、颗粒物以及由 $SO_2$ 氧化所形成的硫酸盐颗粒物所造成的大气污染现象。1952 年 12 月 5—8 日，英国伦敦市几乎全境被浓雾覆盖，由于低空出现逆温层，从工厂和家庭排出的烟尘，持续四五天弥漫不散，四天中死亡人数较常年同期约多4000人，45岁以上的死亡最多，约为平时的3倍，1岁以下死亡的，约为平时的2倍。事件发生的一周中因支气管炎死亡的人数是事件前一周同类人数的9.3倍。这就是著名的伦敦烟雾事件。

（2）氮氧化物

氮氧化物种类很多，造成大气污染的主要是指NO和$NO_2$。它们是由汽油、柴油、煤炭、天然气等各种燃料在高温燃烧时与大气中的$N_2$和$O_2$反应生成的。此外，硝酸的生产和使用过程，氮肥厂、有机中间体厂、有色及黑色金属冶炼厂的某些生产过程等也会有氮氧化物产生。NO是无色无味的气体，能刺激呼吸系统，并能与血红蛋白结合生成亚硝基血红蛋白而引起中毒。$NO_2$是棕色有刺激性气味的气体，能严重刺激呼吸系统，并能使血红蛋白硝基化，$NO_2$浓度大时可致人死亡。

含有氮氧化物和烃类化合物等一次污染物的大气，在阳光照射下发生光化学反应而产生二次污染物［二次污染物主要有$O_3$、过氧乙酰硝酸酯（PAN）、醛、$H_2O_2$］，这种由一次污染物和二次污染物的混合物所形成的烟雾污染现象，称为光化学烟雾。它最早发生在美国洛杉矶，所以又称为洛杉矶烟雾。

（3）碳氧化物

碳氧化物主要有CO和$CO_2$。大气中CO的来源有人为污染源，也有天然污染源。人为污染源主要是燃料的不完全燃烧，主要来自机动车尾气的排放。

$$2C+O_2 = 2CO$$

向大气释放一氧化碳的天然污染源有：

① 甲烷的氧化转化。生命有机体分解出的甲烷经氢氧自由基（·OH）氧化生成CO：

$$CH_4 + \cdot OH \longrightarrow \cdot CH_3 + H_2O$$

$$\cdot CH_3 + O_2 \longrightarrow HCHO + \cdot OH$$

$$HCHO \xrightarrow{h\nu} CO + H_2$$

② 海水中CO的挥发。由于海洋生物代谢，可不间断地向大气释放CO。

③ 萜烯反应。萜烯类化合物广泛存在于某些植物的叶、花或果实中，植物释放的萜烯类物质在大气中与自由基反应生成CO。

④ 植物叶绿素的光解。

⑤ 森林火灾、农业废弃物焚烧。

$CO_2$主要来源于燃料的燃烧、海洋脱气、甲烷转化、动植物呼吸、腐败作用以及生物质的燃烧，还有地球内部的释放。自然循环，使大气中的$CO_2$平均含量维持在$300mL \cdot m^{-3}$左右。

CO是无色无味的气体。CO与血红蛋白的结合能力比$O_2$与血红蛋白的结合能力大200～300倍，因此CO进入血液后，会使血液失去输氧能力，导致人体缺氧，轻者有头疼、恶心等症状，严重时则昏迷、痉挛，甚至死亡。

$CO_2$与CO不同，它本身没有毒性，但$CO_2$是非常重要的大气污染物，它是一种温室气体，若其含量不断增加，必然会引起全球气候变暖，导致地球表面冰川融化，海平面上升，沿海城市水灾增加，甚至被淹没。

（4）烃类化合物

烃类化合物主要来自石油开采、运输、使用过程中的泄漏，炼油厂排放，汽车油箱的溢漏，工业生产及固定燃烧污染源等。一个更主要的来源是汽车尾气，汽车尾气排出的未经燃烧的汽油、燃烧不完全产生的烃类衍生物以及致癌物质苯并芘，它们造成的污染则更为严重。

烃类的生物来源主要是牛体内的肠发酵和稻田释放出的 $CH_4$，以及存在于某些植物的叶、花或果实中的萜烯类物质。这些物质释放量虽大，但分散在广阔的大自然中，所以并未构成对人类的直接危害。

烃类化合物最大的危害在于它们可被大气中的氢氧自由基（·OH）或其他氧化剂所氧化，生成二次污染物，并参与温室效应及光化学烟雾的形成。此外，$CH_4$ 是重要的温室气体，其温室效应比 $CO_2$ 大 20 倍。

### 11.2.4　全球性大气污染及防治

全球性大气污染是指某一些超越国界的，会带来全球性影响的大气污染。人类对环境的过度干涉或者影响的急剧增长，致使全球大气发生了严重的变化，已经对人类的生存带来了现实性的危害和潜在的威胁。

（1）酸雨

酸雨是指 pH 小于 5.6 的天然降水（湿沉降）和酸性气体及颗粒物的沉降（干沉降）。酸雨中含有的酸主要是硫酸和硝酸，是化石燃料燃烧产生的二氧化硫和氮氧化物排到大气中，经大气化学和物理过程转化而来的。酸雨成分因各国能源结构和交通发达程度不同而不同，在以石油为主要燃料的发达国家中，酸雨中 $H_2SO_4$ 与 $HNO_3$ 的比例一般为 2∶1，我国以燃煤污染为主，酸雨中二者之比能达到 10∶1，这种酸雨称为硫酸型酸雨。

酸性降水的研究始于酸雨问题出现之后，20 世纪 50 年代，英国的 Smith 最早观察到酸雨，并提出酸雨这个名词。之后发现降水酸性有增强的趋势，尤其当欧洲以及北美洲发现酸雨对地表水、森林、植被、土壤等有严重的危害之后，酸雨问题受到了普遍关注，目前已成为全球性的环境问题。

（2）臭氧层破坏

臭氧层存在于对流层上面的平流层中，主要分布在距地面 15～35km 范围内，浓度峰值在 20～25km 处。臭氧层对地球上生命的出现、发展以及维持地球上的生态平衡起着重要作用。由于臭氧层能够吸收 99%以上的来自太阳的紫外辐射，从而使地球上的生物不会受到紫外辐射的伤害。然而，由于人类活动的影响，水蒸气、氮氧化物、氟氯烃等污染物进入了平流层，在平流层形成了 HO·、NO·和 ClO·等活性基团，从而破坏了臭氧层的稳定状态。1984 年英国科学家首次发现南极上空出现了臭氧空洞，1985 年美国的人造气象卫星“雨云-7 号”也观测到了这个臭氧空洞，其面积与美国领土相等，深度相当于珠穆朗玛峰的高度。随后在北极地区也出现了类似南极上空的臭氧层空洞。观察还发现，臭氧层空洞并不是固定在某一个地方或某一地区，它会移动，且面积有逐渐扩大的趋势。

破坏臭氧层的化学物质主要来源为：

① 大量制冷剂氟利昂（氟氯烷烃类）和灭火剂哈龙（含溴的氯代甲烷和卤代乙烷）；

② 大型喷气式飞机在高空（平流层底部）频繁飞行，排出的大量氮氧化物、碳氧化物和烃类化合物；

③ 核试验中大量的污染物进入平流层，核爆炸的火球能从地面直达 30～40km 的高空，并将大量氮氧化物带入平流层。

进入平流层的氟利昂、哈龙等在紫外线的照射下，分解产生一些活性自由基 Cl·、Br·、

ClO·、HO·等，可作为催化剂引起连锁反应，促使 $O_3$ 分解。

如氟氯甲烷光解产生自由基 Cl·，光解产生的 Cl·破坏 $O_3$。

$$CFCl_3 \xrightarrow{h\nu} \cdot CFCl_2 + Cl\cdot$$

$$Cl\cdot + O_3 \longrightarrow ClO\cdot + O_2$$

$$ClO\cdot + O\cdot \longrightarrow Cl\cdot + O_2$$

总反应：
$$O_3 + O\cdot \longrightarrow 2O_2$$

大气中臭氧层的损耗，主要是由消耗臭氧层的化学物质引起的，因此必须对这些物质的生产及消费加以限制。1985 年以来联合国环境规划署召开了多次国际会议并通过了多项关于保护臭氧层的国际条约。最重要的有 1985 年签订的《保护臭氧层维也纳公约》，1987 年 9 月签订的《关于消耗臭氧层物质的蒙特利尔议定书》。1990 年 6 月，包括中国在内的 90 个国家在伦敦通过了《蒙特利尔议定书（修正案）》。1992 年 11 月，92 个国家在哥本哈根对《蒙特利尔议定书（修正案）》进一步修订与调整。规定发达国家 1994 年停用哈龙，1996 年停用氯氟烃（CFC），发展中国家分别于 2010 年和 2015 年停用哈龙和 CFC。

（3）温室效应

大气中的 $CO_2$、$CH_4$ 等气体可以强烈地吸收波长 1200～1630nm 的红外辐射，因而它在大气中的存在对截留红外辐射能量影响较大。这些气体如同温室的玻璃一样，它允许来自太阳的可见光到达地面，但阻止地面重新辐射出来的红外光返回外空间，因此，这些气体起到了单向过滤作用，吸收了地面辐射出来的红外光，把能量截留在大气之中，从而使大气温度升高，这种现象称为温室效应。能引起温室效应的气体叫温室气体。主要的温室气体有 $CO_2$、$CH_4$、$N_2O$、CFC 等。各温室气体对全球变暖所做贡献中 $CO_2$ 占 55%，CFC 占 24%、$CH_4$ 占 15%、$N_2O$ 占 6%，因此 $CO_2$ 的增加是造成全球变暖的主要原因。

温室效应将导致严重的环境问题，首要的问题是全球气候变暖，近百年来，全球地面平均气温增加了 0.3～0.7℃，尤其是 20 世纪 80 年代以后，全球气温明显升高。气温升高，导致冰川融化、海平面上升等。海平面的升高将严重威胁低地势岛屿和沿海地区人民的生命和财产安全。

（4）大气污染的防治

国家为保护人类健康和生存环境，对污染物容许含量做出规定，制定环境质量标准。大气质量标准对大气中污染物的最大容许浓度做出规定。我国 1982 年颁布《环境空气质量标准》，2012 年 2 月进行了第三次修订，《环境空气质量标准》（GB 3095—2012）关键内容见附录 10。

大气污染的主要防治措施如下。

① 合理利用大气环境容量。科学利用大气自净规律，结合调整工业布局，合理开发大气环境容量。

② 以集中控制为主，降低污染物排放量。集中控制措施针对我国燃煤型污染，包括集中供热、普及型煤、煤气化等措施。

③ 强化污染源治理，降低工业大气污染物排放。积极推进老企业技术改造，推广应用各类烟气净化工艺，推进燃煤锅炉的更新换代，提高除尘装置的安装率和除尘效率，促进乡镇企业更新改造和技术换代等。

④ 开发利用清洁能源。如应用太阳能、核能、地热能、风能、生物质能（沼气）等。

采用燃煤脱硫技术，可以有效减少大气中二氧化硫的含量。

⑤ 提倡清洁生产。发展无污染和少污染的生产工艺，以减少污染物在生产过程中的排放和泄漏。

⑥ 加强机动车污染控制。机动车污染物排放已经成为我国城市空气污染的一个重要来源。应全面实施机动车氮氧化物总量控制，进一步加强机动车生产、使用全过程的环境监管，同时与有关部门密切协助，从行业发展规划、城市公共交通、清洁燃油供应等方面采取综合措施，协调推进车、油、路同步升级，减轻机动车尾气排放对大气环境的影响。

## 11.3 水体污染及其防治

### 11.3.1 水资源状况

(1) 水资源严重短缺

水是一种宝贵的自然资源，是人类生活、动植物生长和工农业生产不可缺少的物质，是一切生命机体的组成物质。没有水就没有生命。

自然界的水资源极其丰富，地球有 71%的面积被水覆盖，但是，全部水资源中 97.5%的水是又苦又咸无法饮用的海水，在余下的 2.5%的淡水中，有 87%是人类难以利用的两极冰盖、高山冰川和永冻地带的冰雪。人类真正能够利用的是江河、湖泊、水库以及地下水中的一部分，仅为世界淡水量的 0.26%。中国是一个贫水国家，水资源总量位居世界第 6 位，但人均水资源仅为世界平均水平的四分之一，排名在 110 位之后。

这些有限的淡水资源，也受到了不同程度的污染，这更加剧了水资源的短缺。

(2) 水资源普遍受污染

当进入水体的污染物超过一定的数量时，水体就会受到污染。所谓水体污染是指排入水体的污染物在水体中的含量超过了水体的本底含量和水体的自净能力，从而破坏了水体原有的环境功能。水体因接受过多的杂质而导致其物理、化学及生物学特性的改变和水质的恶化，从而影响水的有效利用率，危害人体健康。

一方面水资源短缺，另一方面还伴随着严重的水资源污染。2011 年全国污水排放总量 807 亿吨，2011 年中国水资源公报显示，采用《地表水环境质量标准》GB 3838—2002，对全国 18.9 万千米的河流水质状况进行了评价，全年Ⅰ～Ⅲ类水的河长比例为 64.2%，属Ⅳ类、Ⅴ类及劣Ⅴ类的为 35.8%。对全国 103 个主要湖泊的 2.7 万平方千米水面进行的水质评价结果表明，全年水质Ⅰ类的水面占 0.5%、Ⅱ类的水面占 32.9%、Ⅲ类的水面占 25.4%、Ⅳ类占 12.0%、Ⅴ类占 4.5%、劣Ⅴ类多达 24.7%，且上述湖泊中富营养化湖泊有 71 个，其余均为中营养化湖泊。

在人类活动的影响下，生物所需要的氮、磷、有机物等营养物质大量进入湖泊、海湾等流动缓慢的水体，引起藻类及其他浮游生物迅速繁殖，水体溶解氧量下降，水质恶化，鱼类及其他生物大量死亡的现象，叫作水体富营养化。这种现象在江河、湖泊中叫“水华”，在海洋中则叫作“赤潮”。

赤潮又称红潮，国际上统称“有害藻华”，是海洋中某一种或几种浮游生物在一定环境条件下暴发性繁殖或高度聚集，引起海水变色，影响和危害其他海洋生物正常生存的灾害性海洋生态异常现象。赤潮主要发生在近海海域。赤潮不一定都是红色，它可以因引发赤潮的生物种类和数量不同而呈现出不同颜色。

目前，世界上已有30多个国家和地区不同程度地受到赤潮的危害。赤潮已成为一种世界性的公害。由于海洋污染日益严重，我国赤潮灾害也有加重的趋势，如2010年黄海海域发生大面积浒苔绿潮灾害。

水华又称藻花，是淡水水体中某些蓝藻类过度生长的现象。大量发生时，水面形成一层很厚的绿色藻层，它们能释放藻毒素，对人体健康造成危害。

### 11.3.2 水体中的污染物

水体污染主要分为自然污染和人为污染两类，人为污染是主要的。人为污染是人类生活和生产活动中排放到水源中的生活污水、工业废水、农田排水、固体废物中的有害物质经水溶解随水流入水体等造成的污染。这些污染物质成分相当复杂，从污染物的化学成分划分，主要是无机污染物、有机污染物和生物体污染物等。下面对影响水体水质的主要污染物做简单介绍。

（1）铬

铬在环境中的分布是微量级的。大气中约1μg·L$^{-1}$，天然水中1～40μg·L$^{-1}$，海水中的正常含量是0.05μg·L$^{-1}$，但在海洋生物体内铬的含量达50～500μg·kg$^{-1}$，说明生物体对铬有较强的富集作用。

电镀、皮革、染料和金属酸洗等工业均是环境中铬的污染来源。对我国某电镀厂周围环境的监测结果发现，该电镀厂下游方向的地下水、土壤和农作物都受到不同程度的六价铬的污染，且离厂区越近，污染越严重。电镀厂附近居民的血液、尿液、毛发中的六价铬水平均超过了正常水平。另外，重铬酸钾和浓硫酸配制成的溶液曾被广泛用作实验室的洗液，自从六价铬的毒性被确认后，这种洗液现在已经被禁用了。

进入自然水体中的$Cr^{3+}$，在低pH条件下易被腐殖质吸附形成稳定的配合物，当pH>4时，$Cr^{3+}$开始沉淀，接近中性时可沉淀完全。天然水体的pH在6.5～8.5之间，在这种条件下，大部分的$Cr^{3+}$都进入到底泥中了。在强碱性介质中，遇有氧化性物质时，Cr(Ⅲ)会向Cr(Ⅵ)转化；而在酸性条件下，Cr(Ⅵ)可以被水体中的$Fe^{2+}$、硫化物和其他还原性物质还原为Cr(Ⅲ)。在天然水体环境中经常发生三价铬和六价铬之间的这种相互转化。

三价铬是人体必需的微量元素。它参与正常的糖代谢和胆固醇代谢的过程，促进胰岛素的功能，人体缺铬会导致血糖升高，产生糖尿，还会引起动脉粥样硬化症。但六价铬对人体有严重的毒害作用，吸入可引起急性支气管炎和哮喘；入口则可刺激和腐蚀消化道，引起恶心、呕吐、胃烧灼痛、腹泻、便血、肾脏损害，严重时会导致休克昏迷。另外，长时间与高浓度六价铬接触，还会损害皮肤，引起皮炎和湿疹，甚至产生溃疡（称为铬疮）。六价铬对黏膜的刺激和伤害也很严重，空气中浓度为0.15～0.3mg·m$^{-3}$时可导致鼻中隔穿孔。六价铬的致癌作用也已被确认。另外，三价铬的摄入也不应过量，否则同样会对人体产生有害作用。

（2）镉

地壳中的镉通常与锌共生，最早发现镉元素就是在$ZnCO_3$矿中。在Zn-Pb-Cu矿中含镉浓度最高，所以炼锌过程是环境中镉的主要来源。在冶炼Pb和Cu时也会排放出镉。镉的工业用途很广，主要用于电镀、增塑剂生产、颜料生产、Ni-Cd电池生产等。另外，在磷肥、污泥和矿物燃料中也含有少量镉。

镉迁移性较大，易络合，络合基团受水化学条件影响较大，在氧化性淡水体中，主要以 $Cd^{2+}$ 形式存在；在海水中主要以 $CdCl_x^{2-x}$ 形态存在；当 pH>9 时，$CdCO_3$ 是主要存在形式；而在厌氧的水体环境中，大多都转化为难溶的 CdS 了。

镉是人体不需要的元素。许多植物如水稻、小麦等对镉的富集能力很强，能使镉及其化合物通过食物链进入人体，镉的生物半衰期长，从体内排出的速度十分缓慢，容易在肾脏、肝脏等部位积聚，对人体的肾脏、肝脏、骨骼、血液系统等都有较大的损害作用，还能破坏人体正常的新陈代谢功能。

镉对骨质的破坏作用在于它阻碍了 Ca 的吸收，导致骨质疏松。$Cd^{2+}$ 半径为 0.097nm，$Ca^{2+}$ 半径为 0.099nm，二者非常接近，很容易发生置换作用，骨骼中钙的位置被镉占据，就会造成骨质变软，骨痛病就是由此引起的。此外，$Ca^{2+}$ 与 $Zn^{2+}$ 和 $Cu^{2+}$ 的外层电子结构相似，半径也相近，因此在生物体内也存在着 Cu 和 Zn 被 Cd 置换取代的现象。Cu 和 Zn 均为人体必需元素，受到镉污染而造成人体缺 Cu 和缺 Zn，都会破坏正常的新陈代谢功能。

在重金属污染造成的严重事件中，除水俣病之外，就属骨痛病了。骨痛病又叫痛痛病，1955 年首次发现于日本富山县神通川流域，是积累性镉中毒造成的。患者初发病时，腰、背、手、脚、膝关节感到疼痛，以后逐渐加重，上下楼梯时全身疼痛，行动困难，持续几年后，出现骨萎缩、骨弯曲、骨软化等症状，进而发生自然骨折，甚至咳嗽都能引起多发性骨折，直至最后死亡。经过调查，发现是神通川上游锌矿冶炼排出的含镉废水污染了神通川，用河水灌溉农田，又使镉进入稻田被水稻吸收，致使当地居民因长期饮用被镉污染的河水和食用被镉污染的稻米而引起了慢性镉中毒。此病潜伏期一般为 2～8 年，长者可达 10～30 年。直到这一事件发生之后，镉污染问题才引起了人们普遍的关注。

(3) 汞

汞在自然界的浓度不大，但分布很广。据统计，目前全世界每年开采应用的汞中绝大部分最终以“三废”的形式进入环境。据计算，在氯碱工业中每生产 1t 氯，要流失 100～200g 汞；生产 1t 乙醛，需用 100～300g 汞，以损耗 5%计，年产 $10\times10^4$t 乙醛就有 500～1500kg 汞排入环境。

与其他金属相比，汞的重要特点是能以零价的形式存在于大气、土壤和天然水中。一般有机汞的挥发性大于无机汞，有机汞中又以甲基汞和苯基汞的挥发性最大。无机汞中以碘化汞挥发性最大，硫化汞最小。气相汞的最后归趋是进入土壤和海底沉积层。

有机汞化合物曾作为一种农药，特别是作为一种杀真菌剂而获得广泛应用。这类化合物包括芳基汞（如二硫代二甲氨基甲酸苯基汞在造纸工业中用作杀黏菌剂和纸张霉菌抑制剂）和烷基汞制剂（如氯化乙基汞 $C_2H_5HgCl$，用作种子杀真菌剂等）。无机汞化合物在生物体内一般容易排泄。但当汞与生物体内的高分子结合，形成稳定的有机汞络合物，就很难排出体外。

甲基汞能与许多有机配位体基团结合，如—SH、—OH、—COOH、$—NH_2$、—C—S—C—等，所以甲基汞非常容易和蛋白质、氨基酸类物质起作用。由于烷基汞具有高脂溶性，且它在生物体内分解速度缓慢（其分解半衰期约为 70d），因此烷基汞比可溶性无机汞化合物的毒性大 10～100 倍。水生生物富集烷基汞比富集非烷基汞的能力大很多。一般鱼类对氯化甲基汞的浓缩系数是 3000，甲壳类则为 100～100000。在日本水俣湾的鱼肉中，汞的含量可达 8.7～2.1$\mu g\cdot g^{-1}$。根据对日本水俣病的研究，中毒者发病时发汞含量为 200～

$1000\mu g \cdot g^{-1}$，最低值为 $50\mu g \cdot g^{-1}$；血汞为 $0.2 \sim 2.0\mu g \cdot mL^{-1}$；红细胞中为 $0.4\mu g \cdot g^{-1}$。因此，可以把发汞 $50\mu g \cdot g^{-1}$、血汞 $0.2\mu g \cdot mL^{-1}$、红细胞中汞 $0.4\mu g \cdot g^{-1}$ 看成是对甲基汞最敏感的人中毒的阈值。

1953 年在日本熊本县水俣湾附近的渔村，发现一种中枢神经性疾患的公害病，称为水俣病。经过十年研究，于 1963 年从水俣湾的鱼、贝中分离出 $CH_3HgCl$ 结晶。并用纯 $CH_3HgCl$ 结晶喂猫进行试验，出现了与水俣病完全一致的症状。1968 年日本政府确认水俣病是由水俣湾附近的化工厂在生产乙醛时排放的含汞废水造成的。这是世界历史上首次出现的重金属污染重大事件。

（4）铅

铅在自然界的分布很广，在地壳中，铅是重金属里含量最多的元素，多以硫化物和氧化物存在，铅大部分都是从硫化铅矿（如方铅矿 PbS）冶炼出来的，金属状态铅常与锌、铜等元素共生。环境中的铅通常以＋2 价离子状态存在。$Pb^{2+}$ 与 $S^{2-}$ 作用生成黑色 PbS 沉淀，由于铅化合物在水中的溶解度小，并且水中的悬浮颗粒物和底部沉积物有强烈的吸附作用，所以天然水中的含铅量低。

铅的主要来源有矿山开采、汽车尾气、金属冶炼、燃煤、油漆涂料等。

铅是有毒元素，通过消化道和呼吸道进入人体，液体中的铅化合物也可通过皮肤接触进入人体。它可与体内一系列蛋白质、酶和氨基酸中的官能团（如巯基 SH）结合，干扰机体许多方面的生化和生理活动而引起中毒。铅中毒能引起贫血、运动和感觉异常、末梢神经炎，干扰代谢活动、损伤小脑和大脑皮质细胞，导致营养物质和氧气供应不足，还会对心血管和肾脏产生损害，表现为细小动脉硬化。铅中毒对消化系统产生伤害，可引起肝肿大、黄疸等。

（5）铊

铊的矿物极少，大部分铊以分散状态的同晶型杂质存在于铅、锌、铜、铁等硫化物和硅酸盐矿中，目前主要从处理硫化矿的烟道灰中制取铊。铊在空气中不稳定，常温下易被氧化，生成一氧化二铊（$Tl_2O$），$Tl_2O$ 溶于水生成 TlOH，其溶解性很大。

铊有毒，毒性仅次于甲基汞，是剧烈的神经毒物，主要由呼吸道和消化道进入人体，损伤人体中枢和周围神经系统、肝脏和肾脏，且有脱发作用。急性中毒会出现剧烈腹部绞痛、两脚沉重、下肢酸麻、无力、脚跟部疼痛，甚至不能站立，进而出现昏迷、多发性颅神经和周围神经损害，中毒 10 天左右开始脱发。慢性铊中毒的症状表现为迟发性毛发脱落，一般在接触后两周左右发病，末梢神经痛觉表现突出，只要稍有触动即感到疼痛难忍，后期则出现肌肉萎缩，严重者发生癫痫和痴呆。天然高铊地区或工业含铊废水会污染水源和土壤，使蔬菜及粮食含铊量高，人食用后会引起慢性铊中毒。

（6）砷

砷是一个广泛存在并具有准金属特性的元素，主要以无机砷形态分布于许多矿物中，如砷黄铁矿（FeAsS）、雄黄矿（$As_4S_4$）、雌黄矿（$As_2S_3$）等。多伴生于铅、锌、铜等的硫化矿中。在某些煤中也含有较高浓度的砷，如美国煤的平均含砷量为 $1 \sim 10mg \cdot kg^{-1}$。海藻与海草的含砷量相当高，为 $10 \sim 100mg \cdot kg^{-1}$ 干重。地表水中砷的含量较低，一些地下水的含砷量极高，如日本地热水含砷量为 $1.8 \sim 6.4mg \cdot L^{-1}$。我国《生活饮用水卫生标准》（GB 5749—2006）规定生活饮用水中砷的含量不得超过 $0.01mg \cdot L^{-1}$。环境中砷的人为污染源主要来自以砷化物为主要成分的农药以及工厂和矿山含砷废水、废渣的排放，矿物燃料的燃烧等。

+3 价砷毒性高于+5 价砷，无机砷可抑制酶的活性，+3 价砷可与机体内酶蛋白的巯基反应，使酶失去活性，因此具有较强的毒性，如砒霜、亚砷酸、三氯化砷等都是剧毒的物质。长期饮用高砷水的人群会患皮肤癌，长期接触无机砷会对人和动物体内的许多器官产生影响，如造成肝功能异常等。无机砷还影响人的染色体，在服药接触砷（主要是+3 价砷）的人群中发现染色体畸变率增加。

（7）氰化物

环境中的氰化物主要来自工业生产。氰化物可用作工业生产的原料或辅料，如氰化钠用于金属电镀、矿石浮选、燃料、药品及塑料生产；氰化钾用于白金的电解精炼、金属的着色、电镀及制药等化学工业。这些工业部门排放的废水都含有氰化物。

氰化钾、氰化钠和氢氰酸等氰化物都有剧毒。氰化物经呼吸道或皮肤进入人体，极易被人体吸收。进入血液的氰根离子 $CN^-$ 与细胞色素氧化酶的 $Fe^{3+}$ 结合，生成氰化高铁细胞色素氧化酶，使 $Fe^{3+}$ 失去传递电子的能力，造成呼吸链中断，细胞窒息死亡。急性氰化物中毒的病人，其症状主要是呼吸困难；慢性中毒，会出现头晕、头痛、心悸等症状。

（8）氟

氟污染主要来自磷矿石加工、铝和钢铁的冶炼以及煤的燃烧过程。农药、陶瓷、玻璃、塑料、原子能等工业也排放含氟污染物。此外，火山活动也使氟进入自然环境。

氟是人体必需的微量元素，人可从食物、水、空气中摄取氟。90%的氟蓄积于骨骼和牙齿等硬组织中，余下分布于软组织中。血液含氟量是诊断地方性氟病的特异性指标之一。肾脏是氟的主要排泄器官，尿液含氟量是诊断地方性氟病的另一项特异性指标。人体缺氟会发生龋齿。

氟化物过量又会发生氟中毒，氟中毒分为两种情况，一种是在环境中接触一定浓度的氟化物引起的工业性氟中毒，另一种是由地理条件而引起的，则称为地方性氟中毒。地方性氟中毒是一种世界性地方病，流行于五大洲的 40 多个国家，如俄罗斯、美国、德国、英国、意大利、波兰、日本、朝鲜、印度、捷克等。我国是地方性氟中毒较严重的国家之一。

地方性氟中毒的基本病症是氟斑牙和氟骨症。患氟斑牙、有骨关节痛和功能障碍等表现的人，经 X 射线检查有骨质硬化等症状，而且尿氟量高于正常值，即可诊断为地方性氟骨症。轻度氟骨症患者只有关节疼痛的症状，中度患者除关节疼痛外，还出现骨骼改变，重度患者会出现关节畸形。

（9）石油

石油对水体的污染，越来越引起人们的关注。海底油田、沿海油库漏油或非法排放以及偶然事故的发生造成石油泄漏，工业排放含油废水和大气中石油烃的沉降也会引起水体的石油污染。

石油进入水体后，在水面上形成一层油膜，阻断了水体与空气的接触，会给水生生物带来灭顶之灾，使水体平衡遭到严重破坏，也给养殖业、捕捞业带来了极大损失。据测算，100t 泄漏的石油可分散在 $8km^2$ 的海面上，形成 0.002cm 厚的油膜，每天可向大气挥发 1t 左右的低分子烃，为光化学污染创造了条件。

（10）酚

酚具有特殊的臭味，易溶于水，易氧化。环境中常见的有苯酚、五氯酚、甲酚及其钠盐。

酚是水质污染的重要指标，微量的酚可使水产生不适的气味和口感。我国《生活饮用水卫生标准》（GB 5749—2006）规定生活饮用水中挥发酚（以苯酚计）的含量不得超过 $0.002mg \cdot L^{-1}$。

酚能使细胞原浆中的蛋白质变性，形成不溶性蛋白质。酚的急性中毒症状主要表现为中枢神经抑制，神志不清，反射消失，面部苍白，体温、血压降低。慢性中毒症状常见有呕吐、腹泻、食欲不振等，并伴有头痛、头晕、精神不安等。

酚污染主要来自含酚废水，含酚废水来自石油化工、造纸厂、农药厂、印染厂、炼油厂、木材厂、焦化厂及塑料厂等。

（11）多环芳烃

多环芳烃（PAH）是指两个及两个以上苯环连在一起的化合物。如萘、蒽、菲、芘、苯并［*a*］芘等。结构式如下：

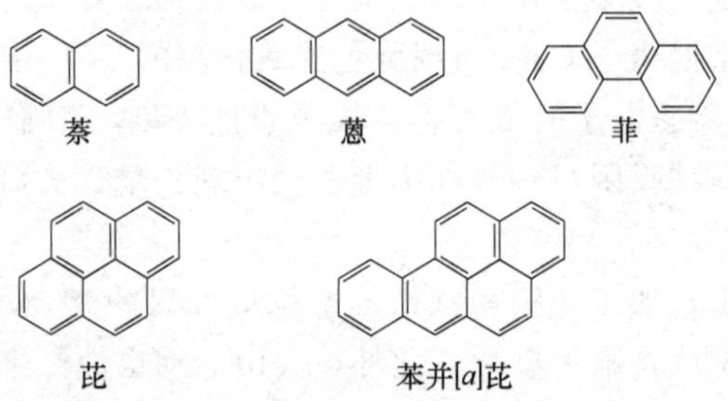


多环芳烃是一大类广泛存在于环境中的有机污染物，也是最早被发现和研究的化学致癌物。多环芳烃的人为来源主要是煤、石油、天然气等矿物燃料，木材、纸及其他碳氢化合物的不完全燃烧或在还原气氛下热解。天然来源主要是陆地和水生植物、微生物的生物合成，森林、草原的天然火灾以及火山活动等。烟草焦油中的多环芳烃有 150 多种，其中致癌性的多环芳烃有 10 多种，如苯并［*a*］芘、苯并［*a*］蒽等。据研究，食品经过炸、熏、烘烤等加工之后也会生成多环芳烃。

（12）多氯联苯

多氯联苯（PCBs）是一组有多个氯原子取代联苯分子中氢原子而形成的氯代芳烃类化合物。商品多氯联苯是多种异构体的混合物，为油状液体。

$Cl_m$ $Cl_n$

多氯联苯

($1 \leqslant m+n \leqslant 10$)

PCBs

多氯联苯化学稳定性好，耐酸碱，抗氧化，热稳定性好，绝缘性能优良，无腐蚀性。可作为变压器和电容器的绝缘流体，在热传导系统和水利系统中作介质，在配制润滑油、切削油、油墨、油漆、胶黏剂、农药、复写纸、封闭剂等中作添加剂，在塑料中作增塑剂。PCBs 由于化学惰性而成为环境中的持久性污染物。

大气、水、土壤中的 PCBs 通过食物链在生物体内富集，进入人体的 PCBs 蓄积在肝脏、肾上腺、消化道而引起危害，可引起皮肤溃疡、囊肿、白细胞增加、肝损伤等，而且还可致癌，并通过母体转移给胎儿而导致畸形。所以当母体受到亲脂性毒物 PCBs 污染时，其婴儿比母体遭受的危害更大。日本 1968 年发生的米糠油事件就是多氯联苯污染的典型事件。

1968 年 3 月日本福冈县北九州市和爱知县一带生产米糠油用多氯联苯作脱臭工艺中的热载体，由于生产管理不善，混入米糠油，食用后中毒，患病者超过 1400 人，至七八月份患病者超过 5000 人，其中 16 人死亡。这就是世界有名的米糠油事件。

### 11.3.3　水污染防治

水污染是世界各国都面临的一大环境问题，它严重威胁着人类的生命健康，阻碍了经济建设的发展。因此必须积极进行水污染防治，保护水资源和水环境。1993 年 1 月 18 日，第 47 届联合国大会作出决定：从 1993 年开始，每年的 3 月 22 日为“世界水日”。这标志着水的问题日益被世界各国所重视。世界水日的确定，旨在使全世界都来关心解决这一问题，就是要唤醒全世界人都来关心水、爱惜水、保护水，提高全世界人民的节水意识。在这一天，各国根据自己的国情就水资源保护与开发开展各种活动，以提高公众的节水意识。我国把从“世界水日”开始的这一周定为“中国水周”。

#### 11.3.3.1　水污染防治的主要任务

① 加强对水环境水资源的保护与管理，通过法律、行政、技术等一系列措施，使水环境免受污染。科学的管理包括对污染源的经常监测和管理，对污水处理厂的监测与管理，以及对水体卫生特征的监测与管理。

② 进行区域、流域的水污染防治规划，在调查分析现有水环境质量及水资源利用需求的基础上，明确水污染防治的具体任务，制订应采取的防止措施。

③ 加强对污染源的控制，包括工业污染源，畜禽养殖业污染源，城市居民区污染源，以及农田径流等面污染源，采取有效措施减少污染物的排放量。

④ 对各类废水进行妥善的收集和处理，建立完善的排水系统及污水处理厂，使污水排入水体前达到排放标准。

#### 11.3.3.2　废水处理技术

废水处理方法可分为物理法、化学法和生物法三大类。

（1）物理法

物理法是利用物理作用进行废水处理的方法。其主要目的是分离除去废水中不溶性的悬浮颗粒物，主要工艺有筛滤截留、离心分离、重力分离等，使用的处理设备和构筑物有格栅和筛网、气浮装置、离心机、沉砂池和沉淀池、旋流分离器等。

（2）化学法

利用化学反应分离、回收废水中的污染物，或者把它们转化成无害的物质的方法，叫作化学处理法。主要工艺有中和法、氧化还原法、化学沉淀法、混凝法、吸附法、离子交换法、膜分离法等。

① 中和法。中和法主要是针对酸性废水和碱性废水的，可采取二者互相中和或投加药剂中和的方法，如投加碳酸钠、石灰、苛性碱中和酸性废水，投加盐酸或硫酸中和碱性废水。

② 混凝法。向废水中加入混凝剂，使其中不能自然沉淀的胶体污染物和一部分细小悬浮物经过脱稳、凝聚、架桥等反应过程，形成一定大小的絮凝体，在后续沉淀池中沉淀分离，使胶体状污染物与废水分离的方法，叫作混凝法。常用的混凝剂有硫酸铝、聚合氯化铝、硫酸亚铁、三氯化铁以及有机高分子絮凝剂等。

③ 化学沉淀法。向废水中加入化学药剂，使其与水中的溶解性污染物发生反应，生成难溶性物质沉淀下来，以降低废水中溶解性污染物的浓度的方法，叫作化学沉淀法。化学沉

淀法可用来处理废水中的重金属离子，如汞、镉、铅等。

④ 氧化还原法。向废水中加入氧化剂或还原剂，使其中溶解的有毒有害物质被氧化或被还原，转变成无毒无害物质的方法，叫氧化还原法。水处理中常用的氧化剂有氯气、臭氧、漂白粉、次氯酸钠等；常用的还原剂有硫酸亚铁、锌粉、铁屑、亚硫酸盐等。

（3）生物法

自然环境中存在着大量的微生物，它们具有氧化分解有机物并将其转化为无机物的能力。水的生物处理法就是采用一定的人工措施，营造适合微生物生长、繁殖的环境，让微生物大量繁殖，加强它们氧化、分解有机物的能力，从而除去废水中有机物。它主要用于除去污水中溶解的和胶体性有机物，降低水中氮磷等营养物。

按照所需微生物的呼吸特性，废水生物处理法可分为好氧生物处理法和厌氧生物处理法两大类；按照微生物的生长状态，废水生物处理法又可分为悬浮生长型（如活性污泥法）和附着生长型（如生物膜法）。

## 本章内容小结

环境污染包括大气污染、水体污染、土壤污染等。环境污染来源于生产污染和生活污染，生产污染源包括工业污染源、农业污染源、交通污染源等。环境污染物中的化学污染物包括元素、无机物、有机物三大类。环境污染具有若干重要的特性，对人体健康产生重大影响。

影响大气环境的因素包括气象、地形、地物、局地气流等因素。大气中的主要污染物有降尘、飘尘、$PM_{2.5}$ 等颗粒物、硫氧化物、氮氧化物、碳氧化物等，造成酸雨、臭氧层破坏、温室效应、光化学烟雾、硫酸型烟雾等环境污染。造成水资源短缺的主要原因是水源性缺水和水质性缺水两类。废水中的污染物质主要是铬、镉、汞、铅、砷、氰化物、氮、磷等高毒性和营养性无机污染物，石油类、酚类等有机污染物及多环芳烃、多氯联苯等持久性有机污染物，病原体、微生物等生物污染物等。环境污染的防治要针对环境污染类型、产生原因、发展变化动向提出，以便更有效地控制和治理环境污染。

## 习　　题

1. 人类生产的污染源主要包含哪几类？各类污染源中哪些污染源对人类健康影响较大？
2. 气象因素是如何影响大气环境的？
3. 大气层是如何划分的？每个层结具有哪些特点？
4. 城市热岛效应如何理解，对城市大气环境有何影响？
5. 大气中有哪些重要污染物？来源有哪些？
6. 什么是酸性降水？有什么危害？
7. 什么是温室效应？大气中有哪些温室气体？
8. 简述大气颗粒物的来源和分类。
9. 什么叫水体富营养化？其成因和危害是什么？
10. 解释赤潮和水华的概念。
11. 水俣病的症状及病因是什么？

12. 骨痛病的症状及病因是什么？
13. 地方性氟中毒的症状及病因是什么？
14. 酚对人体有何危害？
15. 废水的处理方法有哪几大类？
16. 水污染防治的主要任务有哪些？

# 附　　录

## 附录 1　我国法定计量单位

我国法定计量单位主要包括下列单位。

(1) 国际单位制（简称 SI）的基本单位

| 量的名称 | 单位名称 | 单位符号 |
| --- | --- | --- |
| 长度 | 米 | m |
| 质量 | 千克[公斤] | kg |
| 时间 | 秒 | s |
| 电流 | 安[培] | A |
| 热力学温度 | 开[尔文] | K |
| 物质的量 | 摩[尔] | mol |
| 发光强度 | 坎[德拉] | cd |

(2) 国际单位制的辅助单位

| 量的名称 | 单位名称 | 单位符号 |
| --- | --- | --- |
| 平面角 | 弧度 | rad |
| 立体角 | 球面度 | sr |

(3) 国际单位制中具有专门名称的导出单位（摘录）

| 量的名称 | 单位名称 | 单位符号 | 其他表示式 |
| --- | --- | --- | --- |
| 频率 | 赫[兹] | Hz | $s^{-1}$ |
| 力;重力 | 牛[顿] | N | $kg\cdot m\cdot s^{-2}$ |
| 压力,压强;应力 | 帕[斯卡] | Pa | $N\cdot m^{-2}$ |
| 能量;功;热 | 焦[耳] | J | $N\cdot m$ |
| 功率;辐射通量 | 瓦[特] | W | $J\cdot s^{-1}$ |
| 电荷量 | 库[仑] | C | $A\cdot s$ |
| 电位;电压;电动势 | 伏[特] | V | $W\cdot A^{-1}$ |
| 电容 | 法[拉] | F | $C\cdot V^{-1}$ |
| 电阻 | 欧[姆] | Ω | $V\cdot A^{-1}$ |
| 电导 | 西[门子] | S | $A\cdot V^{-1}$ |
| 摄氏温度 | 摄氏度 | ℃ | |

(4) 国家选定的非国际单位制单位（摘录）

| 量的名称 | 单位名称 | 单位符号 | 换算关系和说明 |
| --- | --- | --- | --- |
| 时间 | 分 | min | 1min＝60s |
| | [小]时 | h | 1h＝60min＝3600s |
| | 天(日) | d | 1d＝24h＝86400s |
| 平面角 | [角]秒 | (″) | 1″＝(π/648000)rad(π 为圆周率) |
| | [角]分 | (′) | 1′＝60″＝(π/108000)rad |
| | 度 | (°) | 1°＝60′＝(π/180)rad |

续表

| 量的名称 | 单位名称 | 单位符号 | 换算关系和说明 |
|---|---|---|---|
| 质量 | 吨<br>原子质量单位 | t<br>u | $1t=10^3kg$<br>$1u\approx1.6605402\times10^{-27}kg$ |
| 体积 | 升 | L(l) | $1L=1dm^3=10^{-3}m^3$ |
| 能 | 电子伏 | eV | $1eV\approx1.60217733\times10^{-19}J$ |

(5) 用于构成十进倍数和分数单位的词头

| 所表示的因数 | 词头名称 | 词头符号 |
|---|---|---|
| $10^{24}$ | 尧[它] | Y |
| $10^{21}$ | 泽[它] | Z |
| $10^{18}$ | 艾[可萨] | E |
| $10^{15}$ | 拍[它] | P |
| $10^{12}$ | 太[拉] | T |
| $10^{9}$ | 吉[咖] | G |
| $10^{6}$ | 兆 | M |
| $10^{3}$ | 千 | k |
| $10^{2}$ | 百 | h |
| $10^{1}$ | 十 | da |
| $10^{-1}$ | 分 | d |
| $10^{-2}$ | 厘 | c |
| $10^{-3}$ | 毫 | m |
| $10^{-6}$ | 微 | μ |
| $10^{-9}$ | 纳[诺] | n |
| $10^{-12}$ | 皮[可] | p |
| $10^{-15}$ | 飞[母托] | f |
| $10^{-18}$ | 阿[托] | a |
| $10^{-21}$ | 仄[普托] | z |
| $10^{-24}$ | 幺[科托] | y |

# 附录 2　一些基本物理常数

| 物理量 | 符号 | 数值 |
|---|---|---|
| 真空中的光速 | $c$ | $2.99792458\times10^8 m\cdot s^{-1}$ |
| 元电荷(电子电荷) | $e$ | $1.60217733\times10^{-19}C$ |
| 质子质量 | $m_p$ | $1.6726231\times10^{-27}kg$ |
| 电子质量 | $m_e$ | $9.1093897\times10^{-31}kg$ |
| 摩尔气体常数 | $R$ | $8.314510J\cdot mol^{-1}\cdot K^{-1}$ |
| 阿伏伽德罗(Avogadro)常数 | $N_A$ | $6.0221367\times10^{23}mol^{-1}$ |
| 里德伯(Rydberg)常量 | $R_\infty$ | $1.0973731534\times10^7 m^{-1}$ |
| 普朗克(Planck)常量 | $h$ | $6.6260755\times10^{-34}J\cdot s$ |
| 法拉第(Faraday)常数 | $F$ | $9.6485309\times10^4 C\cdot mol^{-1}$ |
| 玻耳兹曼(Boltzmann)常数 | $k$ | $1.380658\times10^{-23}J\cdot K^{-1}$ |
| 电子伏 | eV | $1.60217733\times10^{-19}J$ |
| 原子质量单位 | u | $1.6605402\times10^{-27}kg$ |

# 附录 3　一些物质的标准热力学数据（$p^{\ominus}$=100kPa，$T$=298.15K）

| 物质(状态) | $\frac{\Delta_f H_m^{\ominus}}{kJ\cdot mol^{-1}}$ | $\frac{\Delta_f G_m^{\ominus}}{kJ\cdot mol^{-1}}$ | $\frac{S_m^{\ominus}}{J\cdot mol^{-1}\cdot K^{-1}}$ |
|---|---|---|---|
| Ag(s) | 0 | 0 | 42.55 |
| $Ag^{+}$(aq) | 105.579 | 77.107 | 72.68 |
| AgBr(s) | −100.37 | −96.90 | 170.1 |
| AgCl(s) | −127.068 | −109.789 | 96.2 |
| AgI(s) | −61.68 | −66.19 | 115.5 |
| $Ag_2O$(s) | −30.05 | −11.20 | 121.3 |
| $Ag_2CO_3$(s) | −505.8 | −436.8 | 167.4 |
| $Al^{3+}$(aq) | −531 | −485 | −321.7 |
| $AlCl_3$(s) | −704.2 | −628.8 | 110.67 |
| $Al_2O_3$(s、α、刚玉) | −1675.7 | −1582.3 | 50.92 |
| $AlO_2^-$(aq) | −918.8 | −823.0 | −21 |
| $Ba^{2+}$(aq) | −537.64 | −560.77 | 9.6 |
| $BaCO_3$(s) | −1216.3 | −1137.6 | 112.1 |
| BaO(s) | −553.5 | −525.1 | 70.42 |
| $BaTiO_3$(s) | − 1659.8 | −1572.3 | 107.9 |
| $Br_2$(l) | 0 | 0 | 152.231 |
| $Br_2$(g) | 30.907 | 3.110 | 245.463 |
| $Br^-$(aq) | −121.55 | −103.96 | 82.4 |
| C(s、石墨) | 0 | 0 | 5.740 |
| C(s、金刚石) | 1.8966 | 2.8995 | 2.377 |
| $CCl_4$(l) | −135.44 | −65.21 | 216.40 |
| CO(g) | −110.525 | −137.168 | 197.674 |
| $CO_2$(g) | −393.509 | −394.359 | 213.74 |
| $CO_3^{2-}$(aq) | −677.14 | −527.81 | −56.9 |
| $HCO_3^-$(aq) | −691.99 | − 586.77 | 91.2 |
| Ca(s) | 0 | 0 | 41.42 |
| $Ca^{2+}$(aq) | −542.83 | −553.58 | −53.1 |
| $CaCO_3$(s,方解石) | −1206.92 | − 1128.79 | 92.9 |
| CaO(s) | − 635.09 | − 604.03 | 39.75 |
| $Ca(OH)_2$(s) | −986.09 | −898.49 | 83.39 |
| $CaSO_4$(s,不溶解的) | −1434.11 | −1321.79 | 106.7 |
| $CaSO_4\cdot 2H_2O$(s,透石膏) | −2022.63 | −1797.28 | 194.1 |
| $Cl_2$(g) | 0 | 0 | 223.006 |
| $Cl^-$(aq) | −167.16 | −131.26 | 56.5 |
| Co(s,α) | 0 | 0 | 30.04 |
| $CoCl_2$(s) | −312.5 | −269.8 | 109.16 |
| Cr(s) | 0 | 0 | 23.77 |
| $Cr^{3+}$(aq) | −1999.1 | — | — |
| $Cr_2O_3$(s) | −1139.7 | − 1058.1 | 81.2 |
| $Cr_2O_7^{2-}$(aq) | −1 490.3 | −1 301.1 | 261.9 |
| Cu(s) | 0 | 0 | 33.150 |
| $Cu^{2+}$(aq) | 64.77 | 65.249 | −99.6 |
| $CuCl_2$(s) | −220.1 | −175.7 | 108.07 |
| CuO(s) | − 157.3 | − 129.7 | 42.63 |
| $Cu_2O$(s) | −168.6 | −146.0 | 93.14 |
| CuS(s) | −53.1 | −53.6 | 66.5 |
| $F_2$(g) | 0 | 0 | 202.78 |

续表

| 物质(状态) | $\Delta_f H_m^{\ominus}$ / $kJ\cdot mol^{-1}$ | $\Delta_f G_m^{\ominus}$ / $kJ\cdot mol^{-1}$ | $S_m^{\ominus}$ / $J\cdot mol^{-1}\cdot K^{-1}$ |
|---|---|---|---|
| Fe(s,α) | 0 | 0 | 27.28 |
| $Fe^{2+}$(aq) | −89.1 | −78.90 | −137.7 |
| $Fe^{3+}$(aq) | −48.5 | −4.7 | −315.9 |
| $Fe_{0.947}O$(s,方铁矿) | −266.27 | −245.12 | 57.49 |
| FeO(s) | −272.0 | — | — |
| $Fe_2O_3$(s,赤铁矿) | −824.2 | −742.2 | 87.40 |
| $Fe_3O_4$(s,磁铁矿) | −1118.4 | −1015.4 | 146.4 |
| $Fe(OH)_2$(s) | −569.0 | −486.5 | 88 |
| $Fe(OH)_3$(s) | −823.0 | −696.5 | 106.7 |
| $H_2$(g) | 0 | 0 | 130.684 |
| $H^+$(aq) | 0 | 0 | 0 |
| $H_2CO_3$(aq) | −699.65 | −623.16 | 187.4 |
| HCl(g) | −92.307 | −95.299 | 186.80 |
| HF(g) | −271.1 | −273.2 | 173.79 |
| $HNO_3$(l) | −174.10 | −80.79 | 155.60 |
| $H_2O$(g) | −241.818 | −228.572 | 188.825 |
| $H_2O$(l) | −285.83 | −237.129 | 69.91 |
| $H_2O_2$(l) | −187.78 | −120.35 | 109.6 |
| $H_2O_2$(aq) | −191.17 | −134.03 | 143.9 |
| $H_2S$(g) | −20.63 | −33.56 | 205.79 |
| $HS^-$(aq) | −17.6 | 12.08 | 62.8 |
| $S^{2-}$(aq) | 33.1 | 85.8 | −14.6 |
| Hg(g) | 61.317 | 31.820 | 174.96 |
| Hg(l) | 0 | 0 | 76.02 |
| HgO(s,红) | −90.83 | −58.539 | 70.29 |
| $I_2$(g) | 62.438 | 19.327 | 260.65 |
| $I_2$(s) | 0 | 0 | 116.135 |
| $I^-$(aq) | −55.19 | −51.59 | 111.3 |
| K(s) | 0 | 0 | 64.18 |
| $K^+$(aq) | −252.38 | −283.27 | 102.5 |
| KCl(s) | −436.747 | −409.14 | 82.59 |
| Mg(s) | 0 | 0 | 32.68 |
| $Mg^{2+}$(aq) | −466.85 | −454.8 | −138.1 |
| $MgCl_2$(s) | −641.32 | −591.79 | 89.62 |
| MgO(s,粗粒的) | −601.70 | −569.44 | 26.94 |
| $Mg(OH)_2$(s) | −924.54 | −833.51 | 63.18 |
| Mn(s,α) | 0 | 0 | 32.01 |
| $Mn^{2+}$(aq) | −220.75 | −228.1 | −73.6 |
| MnO(s) | −385.22 | −362.90 | 59.71 |
| $N_2$(g) | 0 | 0 | 191.50 |
| $NH_3$(g) | −46.11 | −16.45 | 192.45 |
| $NH_3$(aq) | −80.29 | −26.50 | 111.3 |
| $NH_4^+$(aq) | −132.43 | −79.31 | 113.4 |
| $N_2H_4$(l) | 50.63 | 149.34 | 121.21 |
| $NH_4Cl$(s) | −314.43 | −202.87 | 94.6 |
| NO(g) | 90.25 | 86.55 | 210.761 |
| $NO_2$(g) | 33.18 | 51.31 | 240.06 |
| $N_2O_4$(g) | 9.16 | 304.29 | 97.89 |
| $NO_3^-$(aq) | −205.0 | −108.74 | 146.4 |

续表

| 物质(状态) | $\Delta_f H_m^\ominus$ / $kJ \cdot mol^{-1}$ | $\Delta_f G_m^\ominus$ / $kJ \cdot mol^{-1}$ | $S_m^\ominus$ / $J \cdot mol^{-1} \cdot K^{-1}$ |
|---|---|---|---|
| Na(s) | 0 | 0 | 51.21 |
| $Na^+$(aq) | −240.12 | −261.95 | 59.0 |
| NaCl(s) | −411.15 | −384.15 | 72.13 |
| $Na_2O$(s) | −414.22 | −375.47 | 75.06 |
| NaOH(s) | −425.609 | −379.526 | 64.45 |
| Ni(s) | 0 | 0 | 29.87 |
| NiO(s) | − 239.7 | −211.7 | 37.99 |
| $O_2$(g) | 0 | 0 | 205.138 |
| $O_3$(g) | 142.7 | 163.2 | 238.93 |
| $OH^-$(aq) | −229.994 | −157.244 | −10.75 |
| P(s,白) | 0 | 0 | 41.09 |
| Pb(s) | 0 | 0 | 64.81 |
| $Pb^{2+}$(aq) | −1.7 | −24.43 | 10.5 |
| $PbCl_2$(s) | −359.41 | −314.1 | 136.0 |
| PbO(s,黄) | −217.32 | −187.89 | 68.70 |
| S(s,正交) | 0 | 0 | 31.80 |
| $SO_2$(g) | −296.83 | −300.19 | 248.22 |
| $SO_3$(g) | −395.72 | −371.06 | 256.76 |
| $SO_4^{2-}$(aq) | −909.27 | −744.53 | 20.1 |
| Si(s) | 0 | 0 | 18.83 |
| $SiO_2$(s,α石英) | −910.94 | −856.64 | 41.84 |
| Sn(s,白) | 0 | 0 | 51.55 |
| $SnO_2$(s) | −580.7 | −519.7 | 52.3 |
| Ti(s) | 0 | 0 | 30.63 |
| $TiCl_4$(l) | −804.2 | −737.2 | 252.34 |
| $TiCl_4$(g) | −763.2 | −726.7 | 354.9 |
| TiN(s) | −722.2 | — | — |
| $TiO_2$(s,金红石) | −944.7 | −889.5 | 50.33 |
| Zn(s) | 0 | 0 | 41.63 |
| $Zn^{2+}$(aq) | −153.89 | −147.06 | −112.1 |
| $CH_4$(g) | −74.81 | −50.72 | 186.264 |
| $C_2H_2$(g) | 226.73 | 209.20 | 200.94 |
| $C_2H_4$(g) | 52.26 | 68.15 | 219.56 |
| $C_2H_6$(g) | −84.68 | −32.82 | 229.60 |
| $C_6H_6$(g) | 82.93 | 129.66 | 269.20 |
| $C_6H_6$(l) | 48.99 | 124.35 | 173.26 |
| $CH_3OH$(l) | −238.66 | −166.27 | 126.8 |
| $C_2H_5OH$(l) | −277.69 | −174.78 | 160.07 |
| $CH_3COOH$(l) | −484.5 | −389.9 | 159.8 |
| $C_6H_5COOH$(s) | −385.05 | −245.27 | 167.57 |
| $C_{12}H_{22}O_{11}$(s) | −2225.5 | −1544.6 | 360.2 |

# 附录 4　一些弱酸碱在水溶液中的解离常数

| 酸 | 温度(t)/℃ | $K_a$ | $pK_a$ |
|---|---|---|---|
| 亚硫酸 $H_2SO_3$ | 18 | $(K_{a_1})1.54\times10^{-2}$ | 1.81 |
|  | 18 | $(K_{a_2})1.02\times10^{-7}$ | 6.91 |
| 磷酸 $H_3PO_4$ | 25 | $(K_{a_1})7.52\times10^{-3}$ | 2.12 |
|  | 25 | $(K_{a_2})6.25\times10^{-8}$ | 7.21 |
|  | 18 | $(K_{a_3})2.2\times10^{-13}$ | 12.67 |
| 亚硝酸 $HNO_2$ | 12.5 | $4.6\times10^{-4}$ | 3.37 |

续表

| 酸 | 温度(t)/℃ | $K_a$ | $pK_a$ |
|---|---|---|---|
| 氢氟酸 HF | 25 | $3.53\times10^{-4}$ | 3.45 |
| 甲酸 HCOOH | 20 | $1.77\times10^{-4}$ | 3.75 |
| 醋酸 $CH_3COOH$ | 25 | $1.76\times10^{-5}$ | 4.75 |
| 碳酸 $H_2CO_3$ | 25 | $(K_{a_1})4.30\times10^{-7}$ | 6.37 |
|  | 25 | $(K_{a_2})5.61\times10^{-11}$ | 10.25 |
| 氢硫酸 $H_2S$ | 18 | $(K_{a_1})9.1\times10^{-8}$ | 7.04 |
|  | 18 | $(K_{a_2})1.1\times10^{-12}$ | 11.96 |
| 次氯酸 HClO | 18 | $2.95\times10^{-8}$ | 7.53 |
| 硼酸 $H_3BO_3$ | 20 | $(K_{a_1})7.3\times10^{-10}$ | 9.14 |
| 氢氰酸 HCN | 25 | $4.93\times10^{-10}$ | 9.31 |
| 碱 | 温度(t)/℃ | $K_b$ | $pK_b$ |
| 氨 $NH_3$ | 25 | $1.77\times10^{-5}$ | 4.75 |

# 附录 5　一些共轭酸碱在水溶液中的解离常数

| 酸 | $K_a$ | 碱 | $K_b$ |
|---|---|---|---|
| $HNO_2$ | $4.6\times10^{-4}$ | $NO_2^-$ | $2.2\times10^{-11}$ |
| HF | $3.53\times10^{-4}$ | $F^-$ | $2.83\times10^{-11}$ |
| HAc | $1.76\times10^{-5}$ | $Ac^-$ | $5.68\times10^{-10}$ |
| $H_2CO_3$ | $4.3\times10^{-7}$ | $HCO_3^-$ | $2.3\times10^{-8}$ |
| $H_2S$ | $9.1\times10^{-8}$ | $HS^-$ | $1.1\times10^{-7}$ |
| $H_2PO_4^-$ | $6.23\times10^{-8}$ | $HPO_4^{2-}$ | $1.61\times10^{-7}$ |
| $NH_4^+$ | $5.65\times10^{-10}$ | $NH_3$ | $1.77\times10^{-5}$ |
| HCN | $4.93\times10^{-10}$ | $CN^-$ | $2.03\times10^{-5}$ |
| $HCO_3^-$ | $5.61\times10^{-11}$ | $CO_3^{2-}$ | $1.78\times10^{-4}$ |
| $HS^-$ | $1.1\times10^{-12}$ | $S^{2-}$ | $9.1\times10^{-3}$ |
| $HPO_4^{2-}$ | $2.2\times10^{-12}$ | $PO_4^{3-}$ | $4.5\times10^{-2}$ |

# 附录 6　一些难溶化合物的溶度积 $K_{sp}$(25℃)

| 难溶电解质 | $K_{sp}$ | 难溶电解质 | $K_{sp}$ |
|---|---|---|---|
| AgBr | $5.35\times10^{-13}$ | CuS | $1.27\times10^{-36}$ |
| AgCl | $1.77\times10^{-10}$ | $Fe(OH)_2$ | $4.87\times10^{-17}$ |
| $Ag_2CrO_4$ | $1.12\times10^{-12}$ | $Fe(OH)_3$ | $2.64\times10^{-39}$ |
| AgI | $8.51\times10^{-17}$ | FeS | $1.59\times10^{-19}$ |
| $Ag_2S$ | $6.69\times10^{-50}$(α 型)<br>$1.09\times10^{-49}$(β 型) | HgS | $6.44\times10^{-53}$(黑)<br>$2.00\times10^{-53}$(红) |
| $Ag_2SO_4$ | $1.20\times10^{-5}$ | $MgCO_3$ | $6.82\times10^{-6}$ |
| $Al(OH)_3$ | $2\times10^{-33}$ | $Mg(OH)_2$ | $5.61\times10^{-12}$ |
| $BaCO_3$ | $2.58\times10^{-9}$ | $Mn(OH)_2$ | $2.06\times10^{-13}$ |
| $BaSO_4$ | $1.07\times10^{-10}$ | MnS | $4.65\times10^{-14}$ |
| $BaCrO_4$ | $1.17\times10^{-10}$ | $PbCO_3$ | $1.46\times10^{-13}$ |
| $CaF_2$ | $1.46\times10^{-10}$ | $PbCl_2$ | $1.17\times10^{-5}$ |
| $CaCO_3$ | $4.96\times10^{-3}$ | $PbI_2$ | $8.49\times10^{-9}$ |
| $Ca_3(PO_4)_2$ | $2.07\times10^{-33}$ | PbS | $9.04\times10^{-29}$ |
| $CaSO_4$ | $7.10\times10^{-5}$ | $PbCO_3$ | $1.82\times10^{-8}$ |
| CdS | $1.40\times10^{-29}$ | $ZnCO_3$ | $1.19\times10^{-10}$ |
| $Cd(OH)_2$ | $5.27\times10^{-15}$ | ZnS | $2.93\times10^{-25}$ |

# 附录7　标准电极电势（酸性介质）

| 电对<br>（氧化态/还原态） | 电极反应<br>（氧化态+$ne^-$ $\rightleftharpoons$ 还原态） | 标准电极电势<br>$\varphi^\ominus$（氧化态/还原态）<br>V |
|---|---|---|
| $Li^+/Li$ | $Li^+(aq)+e^- \rightleftharpoons Li(s)$ | −3.0401 |
| $K^+/K$ | $K^+(aq)+e^- \rightleftharpoons K(s)$ | −2.931 |
| $Ca^{2+}/Ca$ | $Ca^{2+}(aq)+2e^- \rightleftharpoons Ca(s)$ | −2.868 |
| $Na^+/Na$ | $Na^+(aq)+e^- \rightleftharpoons Na(s)$ | −2.71 |
| $Mg^{2+}/Mg$ | $Mg^{2+}(aq)+2e^- \rightleftharpoons Mg(s)$ | −2.372 |
| $Al^{3+}/Al$ | $Al^{3+}(aq)+3e^- \rightleftharpoons Al(s)$ | −1.662 |
| $Mn^{2+}/Mn$ | $Mn^{2+}(aq)+2e^- \rightleftharpoons Mn(s)$ | −1.185 |
| $Zn^{2+}/Zn$ | $Zn^{2+}(aq)+2e^- \rightleftharpoons Zn(s)$ | −0.7618 |
| $Fe^{2+}/Fe$ | $Fe^{2+}(aq)+2e^- \rightleftharpoons Fe(s)$ | −0.447 |
| $Cd^{2+}/Cd$ | $Cd^{2+}(aq)+2e^- \rightleftharpoons Cd(s)$ | −0.4030 |
| $Co^{2+}/Co$ | $Co^{2+}(aq)+2e^- \rightleftharpoons Co(s)$ | −0.28 |
| $Ni^{2+}/Ni$ | $Ni^{2+}(aq)+2e^- \rightleftharpoons Ni(s)$ | −0.257 |
| $Sn^{2+}/Sn$ | $Sn^{2+}(aq)+2e^- \rightleftharpoons Sn(s)$ | −0.1375 |
| $Pb^{2+}/Pb$ | $Pb^{2+}(aq)+2e^- \rightleftharpoons Pb(s)$ | −0.1262 |
| $H^+/H_2$ | $H^+(aq)+e^- \rightleftharpoons \frac{1}{2}H_2(g)$ | 0.0000 |
| $S_4O_6^{2-}/S_2O_3^{2-}$ | $S_4O_6^{2-}(aq)+2e^- \rightleftharpoons 2S_2O_3^{2-}(aq)$ | 0.08 |
| $S/H_2S$ | $S(s)+2H^+(aq)+2e^- \rightleftharpoons H_2S(aq)$ | +0.142 |
| $Sn^{4+}/Sn^{2+}$ | $Sn^{4+}(aq)+2e^- \rightleftharpoons Sn^{2+}(aq)$ | +0.151 |
| $SO_4^{2-}/H_2SO_3$ | $SO_4^{2-}(aq)+4H^++2e^- \rightleftharpoons H_2SO_3(aq)+H_2O$ | +0.172 |
| $Hg_2Cl_2/Hg$ | $Hg_2Cl_2(s)+2e^- \rightleftharpoons 2Hg(l)+2Cl^-(aq)$ | +0.26808 |
| $Cu^{2+}/Cu$ | $Cu^{2+}(aq)+2e^- \rightleftharpoons Cu(s)$ | +0.3419 |
| $Cu^+/Cu$ | $Cu^+(aq)+e^- \rightleftharpoons Cu(s)$ | +0.521 |
| $I_2/I^-$ | $I_2(s)+2e^- \rightleftharpoons 2I^-(aq)$ | +0.5355 |
| $O_2/H_2O_2$ | $O_2(g)+2H^+(aq)+2e^- \rightleftharpoons H_2O_2(aq)$ | +0.695 |
| $Fe^{3+}/Fe^{2+}$ | $Fe^{3+}(aq)+e^- \rightleftharpoons Fe^{2+}(aq)$ | +0.771 |
| $Hg_2^{2+}/Hg$ | $\frac{1}{2}Hg_2^{2+}(aq)+e^- \rightleftharpoons Hg(l)$ | +0.7973 |
| $Ag^+/Ag$ | $Ag^+(aq)+e^- \rightleftharpoons Ag(s)$ | +0.7996 |
| $Hg^{2+}/Hg$ | $Hg^{2+}(aq)+2e^- \rightleftharpoons Hg(l)$ | +0.851 |
| $NO_3^-/NO$ | $NO_3^-(aq)+4H^+(aq)+3e^- \rightleftharpoons NO(g)+2H_2O$ | +0.957 |
| $HNO_2/NO$ | $HNO_2(aq)+H^++e^- \rightleftharpoons NO(g)+H_2O$ | +0.983 |
| $Br_2/Br^-$ | $Br_2(l)+2e^- \rightleftharpoons 2Br^-(aq)$ | +1.066 |
| $MnO_2/Mn^{2+}$ | $MnO_2(s)+4H^+(aq)+2e^- \rightleftharpoons Mn^{2+}(aq)+2H_2O$ | +1.224 |
| $O_2/H_2O$ | $O_2(g)+4H^+(aq)+4e^- \rightleftharpoons 2H_2O$ | +1.229 |
| $Cr_2O_7^{2-}/Cr^{3+}$ | $Cr_2O_7^{2-}(aq)+14H^+(aq)+6e^- \rightleftharpoons 2Cr^{3+}(aq)+7H_2O$ | +1.232 |
| $Cl_2/Cl^-$ | $Cl_2(g)+2e^- \rightleftharpoons 2Cl^-(aq)$ | +1.358 |
| $MnO_4^-/Mn^{2+}$ | $MnO_4^-(aq)+8H^+(aq)+5e^- \rightleftharpoons Mn^{2+}(aq)+4H_2O$ | +1.507 |
| $H_2O_2/H_2O$ | $H_2O_2(aq)+2H^+(aq)+2e^- \rightleftharpoons 2H_2O$ | +1.776 |
| $S_2O_8^{2-}/SO_4^{2-}$ | $S_2O_8^{2-}(aq)+2e^- \rightleftharpoons 2SO_4^{2-}(aq)$ | +2.010 |
| $F_2/F^-$ | $F_2(g)+2e^- \rightleftharpoons 2F^-(aq)$ | +2.866 |

注：数据摘自 Lide D R. CRC handbook of chemistry and physics. 71st ed. Inc：CRC Press，1990～1991。

# 附录 8　标准电极电势（碱性介质）

| 电对（氧化态/还原态） | 电极反应（氧化态$+ne^- \rightleftharpoons$还原态） | 标准电极电势 $\varphi^{\ominus}$（氧化态/还原态）/V |
|---|---|---|
| $Ba(OH)_2/Ba$ | $Ba(OH)_2(s)+2e^- \rightleftharpoons Ba(s)+2OH^-(aq)$ | −2.99 |
| $Sr(OH)_2/Sr$ | $Sr(OH)_2(s)+2e^- \rightleftharpoons Sr(s)+2OH^-(aq)$ | −2.88 |
| $Mg(OH)_2/Mg$ | $Mg(OH)_2(s)+2e^- \rightleftharpoons Mg(s)+2OH^-(aq)$ | −2.690 |
| $Mn(OH)_2/Mn$ | $Mn(OH)_2(s)+2e^- \rightleftharpoons Mn(s)+2OH^-(aq)$ | −1.56 |
| $Cr(OH)_3/Cr$ | $Cr(OH)_3(s)+3e^- \rightleftharpoons Cr(s)+3OH^-(aq)$ | −1.48 |
| $ZnO_2^{2-}/Zn$ | $ZnO_2^{2-}(aq)+2H_2O+2e^- \rightleftharpoons Zn(s)+4OH^-(aq)$ | −1.215 |
| $CrO_2^-/Cr$ | $CrO_2^-(aq)+2H_2O+3e^- \rightleftharpoons Cr(s)+4OH^-(aq)$ | −1.2 |
| $H_2O/H_2$ | $2H_2O+2e^- \rightleftharpoons H_2(g)+2OH^-(aq)$ | −0.8277 |
| $Ni(OH)_2/Ni$ | $Ni(OH)_2(s)+2e^- \rightleftharpoons Ni(s)+2OH^-(aq)$ | −0.72 |
| $Cu(OH)_2/Cu$ | $Cu(OH)_2(s)+2e^- \rightleftharpoons Cu(s)+2OH^-(aq)$ | −0.222 |
| $O_2/H_2O_2$ | $O_2(g)+2H_2O+2e^- \rightleftharpoons H_2O_2(aq)+2OH^-(aq)$ | −0.146 |
| $O_2/OH^-$ | $\frac{1}{2}O_2(g)+H_2O+2e^- \rightleftharpoons 2OH^-(aq)$ | +0.401 |

注：数据摘自 Lide D R. CRC handbook of chemistry and physics. 71st ed. Inc；CRC Press，1990～1991。

# 附录 9　一些配离子的稳定常数和不稳定常数

| 配离子 | $K_f$ | $\lg K_f$ | $K_d$ | $\lg K_d$ |
|---|---|---|---|---|
| $[AgBr_2]^-$ | $2.14\times10^{7}$ | 7.33 | $4.67\times10^{-8}$ | −7.33 |
| $[Ag(CN)_2]^-$ | $1.26\times10^{21}$ | 21.1 | $7.94\times10^{-22}$ | −21.1 |
| $[AgCl_2]^-$ | $1.10\times10^{5}$ | 5.04 | $9.09\times10^{-6}$ | −5.04 |
| $[AgI_2]^-$ | $5.5\times10^{11}$ | 11.74 | $1.82\times10^{-12}$ | −11.74 |
| $[Ag(NH_3)_2]^+$ | $1.12\times10^{7}$ | 7.05 | $8.93\times10^{-8}$ | −7.05 |
| $[Ag(S_2O_3)_2]^{3-}$ | $2.89\times10^{13}$ | 13.46 | $3.46\times10^{-14}$ | −13.46 |
| $[Co(NH_3)_6]^{2+}$ | $1.29\times10^{5}$ | 5.11 | $7.75\times10^{-6}$ | −5.11 |
| $[Cu(CN)_2]^-$ | $1\times10^{24}$ | 24.0 | $1\times10^{-24}$ | −24.0 |
| $[Cu(NH_3)_2]^+$ | $7.24\times10^{10}$ | 10.86 | $1.38\times10^{-11}$ | −10.86 |
| $[Cu(NH_3)_4]^{2+}$ | $2.09\times10^{13}$ | 13.32 | $4.78\times10^{-14}$ | −13.32 |
| $[Cu(P_2O_7)_2]^{6-}$ | $1\times10^{9}$ | 9.0 | $1\times10^{-9}$ | −9.0 |
| $[Cu(SCN)_2]^-$ | $1.52\times10^{5}$ | 5.18 | $6.58\times10^{-6}$ | −5.18 |
| $[Fe(CN)_6]^{3-}$ | $1\times10^{42}$ | 42.0 | $1\times10^{-42}$ | −42.0 |
| $[HgBr_4]^{2-}$ | $1\times10^{21}$ | 21.0 | $1\times10^{-21}$ | −21.0 |
| $[Hg(CN)_4]^{2-}$ | $2.51\times10^{41}$ | 41.4 | $3.98\times10^{-42}$ | −41.4 |
| $[HgCl_4]^{2-}$ | $1.17\times10^{15}$ | 15.07 | $8.55\times10^{-16}$ | −15.07 |
| $[HgI_4]^{2-}$ | $6.76\times10^{29}$ | 29.83 | $1.48\times10^{-30}$ | −29.83 |
| $[Ni(NH_3)_6]^{2+}$ | $5.50\times10^{8}$ | 8.74 | $1.82\times10^{-9}$ | −8.74 |
| $[Ni(en)_3]^{2+}$ | $2.14\times10^{18}$ | 18.33 | $4.67\times10^{-19}$ | −18.33 |
| $[Zn(CN)_4]^{2-}$ | $5.0\times10^{16}$ | 16.7 | $2.0\times10^{-17}$ | −16.7 |
| $[Zn(NH)_4]^{2+}$ | $2.87\times10^{9}$ | 9.46 | $3.48\times10^{-10}$ | −9.46 |
| $[Zn(en)_2]^{2+}$ | $6.76\times10^{10}$ | 10.83 | $1.48\times10^{-11}$ | −10.83 |

注：摘自浙江大学普通化学教研组编．普通化学．第四版．北京：高等教育出版社，1995。

# 附录 10　我国环境空气质量标准（GB 3095—2012）

环境空气功能及质量要求：一类区适用一级浓度限值，二类区适用二级浓度限值。一、二类环境空气功能区质量要求见附表 10.1 和附表 10.2。

**附表 10.1　环境空气污染物基本项目浓度限值**

| 序号 | 污染物项目 | 平均时间 | 浓度限值 | | 单　位 |
|---|---|---|---|---|---|
| | | | 一级 | 二级 | |
| 1 | 二氧化硫($SO_2$) | 年平均 | 20 | 60 | $\mu g \cdot m^{-3}$ |
| | | 24 小时平均 | 50 | 150 | |
| | | 1 小时平均 | 150 | 500 | |
| 2 | 二氧化氮($NO_2$) | 年平均 | 40 | 40 | |
| | | 24 小时平均 | 80 | 80 | |
| | | 1 小时平均 | 200 | 200 | |
| 3 | 一氧化碳(CO) | 24 小时平均 | 4 | 4 | $mg \cdot m^{-3}$ |
| | | 1 小时平均 | 10 | 10 | |
| 4 | 臭氧($O_3$) | 日最大 8 小时平均 | 100 | 160 | $\mu g \cdot m^{-3}$ |
| | | 1 小时平均 | 160 | 200 | |
| 5 | 颗粒物(粒径小于等于 10μm) | 年平均 | 40 | 70 | |
| | | 24 小时平均 | 50 | 150 | |
| 6 | 颗粒物(粒径小于等于 2.5μm) | 年平均 | 15 | 35 | |
| | | 24 小时平均 | 35 | 75 | |

**附表 10.2　环境空气污染物其他项目浓度限值**

| 序号 | 污染物项目 | 平均时间 | 浓度限值 | | 单　位 |
|---|---|---|---|---|---|
| | | | 一级 | 二级 | |
| 1 | 总悬浮颗粒物(TSP) | 年平均 | 80 | 200 | $\mu g \cdot m^{-3}$ |
| | | 24 小时平均 | 120 | 300 | |
| 2 | 氮氧化物($NO_x$) | 年平均 | 50 | 50 | |
| | | 24 小时平均 | 100 | 100 | |
| | | 1 小时平均 | 250 | 250 | |
| 3 | 铅(Pb) | 年平均 | 0.5 | 0.5 | |
| | | 季平均 | 1 | 1 | |
| 4 | 苯并[*a*]芘(BaP) | 年平均 | 0.001 | 0.001 | |
| | | 24 小时平均 | 0.0025 | 0.0025 | |

注：本标准自 2016 年 1 月 1 日起在全国实施。基本项目（附表 10.1）在全国范围内实施；其他项目（附表 10.2）由国务院环境保护行政主管部门或者省级人民政府根据实际情况，确定具体实施方式。

# 附录 11　地表水环境质量标准（GB 3838—2002）

附表 11.1　地表水环境质量标准基本项目标准限值　　　单位：$mg \cdot L^{-1}$

| 序号 | 分类 / 标准值 / 项目 | | Ⅰ类 | Ⅱ类 | Ⅲ类 | Ⅳ类 | Ⅴ类 |
|---|---|---|---|---|---|---|---|
| 1 | 水温/℃ | | 人为造成的环境水温变化应限制在：<br>周平均最大温升≤1<br>周平均最大温降≤2 | | | | |
| 2 | pH（无量纲） | | 6～9 | | | | |
| 3 | 溶解氧 | ≥ | 饱和率 90%<br>（或 7.5） | 6 | 5 | 3 | 2 |
| 4 | 高锰酸盐指数 | ≤ | 2 | 4 | 6 | 10 | 15 |
| 5 | 化学需氧量（COD） | ≤ | 15 | 15 | 20 | 30 | 40 |
| 6 | 五日生化需氧量（$BOD_5$） | ≤ | 3 | 3 | 4 | 6 | 10 |
| 7 | 氨氮（$NH_3$-N） | ≤ | 0.15 | 0.5 | 1.0 | 1.5 | 2.0 |
| 8 | 总磷（以 P 计） | ≤ | 0.02<br>（湖、库 0.01） | 0.1<br>（湖、库 0.025） | 0.2<br>（湖、库 0.05） | 0.3<br>（湖、库 0.1） | 0.4<br>（湖、库 0.2） |
| 9 | 总氮（湖、库，以 N 计） | ≤ | 0.2 | 0.5 | 1.0 | 1.5 | 2.0 |
| 10 | 铜 | ≤ | 0.01 | 1.0 | 1.0 | 1.0 | 1.0 |
| 11 | 锌 | ≤ | 0.05 | 1.0 | 1.0 | 2.0 | 2.0 |
| 12 | 氟化物（以 $F^-$ 计） | ≤ | 1.0 | 1.0 | 1.0 | 1.5 | 1.5 |
| 13 | 硒 | ≤ | 0.01 | 0.01 | 0.01 | 0.02 | 0.02 |
| 14 | 砷 | ≤ | 0.05 | 0.05 | 0.05 | 0.1 | 0.1 |
| 15 | 汞 | ≤ | 0.00005 | 0.00005 | 0.0001 | 0.001 | 0.001 |
| 16 | 镉 | ≤ | 0.001 | 0.005 | 0.005 | 0.005 | 0.01 |
| 17 | 铬（六价） | ≤ | 0.01 | 0.05 | 0.05 | 0.05 | 0.1 |
| 18 | 铅 | ≤ | 0.01 | 0.01 | 0.05 | 0.05 | 0.1 |
| 19 | 氰化物 | ≤ | 0.005 | 0.05 | 0.2 | 0.2 | 0.2 |
| 20 | 挥发酚 | ≤ | 0.002 | 0.002 | 0.005 | 0.01 | 0.1 |
| 21 | 石油类 | ≤ | 0.05 | 0.05 | 0.05 | 0.5 | 1.0 |
| 22 | 阴离子表面活性剂 | ≤ | 0.2 | 0.2 | 0.2 | 0.3 | 0.3 |
| 23 | 硫化物 | ≤ | 0.05 | 0.1 | 0.2 | 0.5 | 1.0 |
| 24 | 粪大肠菌群/（个・$L^{-1}$） | ≤ | 200 | 2000 | 10000 | 20000 | 40000 |

附表 11.2　集中式生活饮用水地表水源地补充项目标准限值　单位：$mg \cdot L^{-1}$

| 序　号 | 项　目 | 标 准 值 |
|---|---|---|
| 1 | 硫酸盐(以 $SO_4^{2-}$ 计) | 250 |
| 2 | 氯化物(以 $Cl^-$ 计) | 250 |
| 3 | 硝酸盐(以 N 计) | 10 |
| 4 | 铁 | 0.3 |
| 5 | 锰 | 0.1 |

附表 11.3　集中式生活饮用水地表水源地特定项目标准限值　单位：$mg \cdot L^{-1}$

| 序号 | 项　目 | 标准值 | 序号 | 项　目 | 标准值 |
|---|---|---|---|---|---|
| 1 | 三氯甲烷 | 0.06 | 32 | 2,4-二硝基甲苯 | 0.0003 |
| 2 | 四氯化碳 | 0.002 | 33 | 2,4,6-三硝基甲苯 | 0.5 |
| 3 | 三溴甲烷 | 0.1 | 34 | 硝基氯苯⑤ | 0.05 |
| 4 | 二氯甲烷 | 0.02 | 35 | 2,4-二硝基氯苯 | 0.5 |
| 5 | 1,2-二氯乙烷 | 0.03 | 36 | 2,4-二氯苯酚 | 0.093 |
| 6 | 环氧氯丙烷 | 0.02 | 37 | 2,4,6-三氯苯酚 | 0.2 |
| 7 | 氯乙烯 | 0.005 | 38 | 五氯酚 | 0.009 |
| 8 | 1,1-二氯乙烯 | 0.03 | 39 | 苯胺 | 0.1 |
| 9 | 1,2-二氯乙烯 | 0.05 | 40 | 联苯胺 | 0.0002 |
| 10 | 三氯乙烯 | 0.07 | 41 | 丙烯酰胺 | 0.0005 |
| 11 | 四氯乙烯 | 0.04 | 42 | 丙烯腈 | 0.1 |
| 12 | 氯丁二烯 | 0.002 | 43 | 邻苯二甲酸二丁酯 | 0.003 |
| 13 | 六氯丁二烯 | 0.0006 | 44 | 邻苯二甲酸二(2-乙基己基)酯 | 0.008 |
| 14 | 苯乙烯 | 0.02 | 45 | 水合肼 | 0.01 |
| 15 | 甲醛 | 0.9 | 46 | 四乙基铅 | 0.0001 |
| 16 | 乙醛 | 0.05 | 47 | 吡啶 | 0.2 |
| 17 | 丙烯醛 | 0.1 | 48 | 松节油 | 0.2 |
| 18 | 三氯乙醛 | 0.01 | 49 | 苦味酸 | 0.5 |
| 19 | 苯 | 0.01 | 50 | 丁基黄原酸 | 0.005 |
| 20 | 甲苯 | 0.7 | 51 | 活性氯 | 0.01 |
| 21 | 乙苯 | 0.3 | 52 | 滴滴涕 | 0.001 |
| 22 | 二甲苯① | 0.5 | 53 | 林丹 | 0.002 |
| 23 | 异丙苯 | 0.25 | 54 | 环氧七氯 | 0.0002 |
| 24 | 氯苯 | 0.3 | 55 | 对硫磷 | 0.003 |
| 25 | 1,2-二氯苯 | 1.0 | 56 | 甲基对硫磷 | 0.002 |
| 26 | 1,4-二氯苯 | 0.3 | 57 | 马拉硫磷 | 0.05 |
| 27 | 三氯苯② | 0.02 | 58 | 乐果 | 0.08 |
| 28 | 四氯苯③ | 0.02 | 59 | 敌敌畏 | 0.05 |
| 29 | 六氯苯 | 0.05 | 60 | 敌百虫 | 0.05 |
| 30 | 硝基苯 | 0.017 | 61 | 内吸磷 | 0.03 |
| 31 | 二硝基苯④ | 0.5 | 62 | 百菌清 | 0.01 |

续表

| 序号 | 项　目 | 标准值 | 序号 | 项　目 | 标准值 |
|---|---|---|---|---|---|
| 63 | 甲萘威 | 0.05 | 72 | 钴 | 1.0 |
| 64 | 溴氰菊酯 | 0.02 | 73 | 铍 | 0.002 |
| 65 | 阿特拉津 | 0.003 | 74 | 硼 | 0.5 |
| 66 | 苯并(*a*)芘 | $2.8\times10^{-6}$ | 75 | 锑 | 0.005 |
| 67 | 甲基汞 | $1.0\times10^{-6}$ | 76 | 镍 | 0.02 |
| 68 | 多氯联苯⑥ | $2.0\times10^{-6}$ | 77 | 钡 | 0.7 |
| 69 | 微囊藻毒素-LR | 0.001 | 78 | 钒 | 0.05 |
| 70 | 黄磷 | 0.003 | 79 | 钛 | 0.1 |
| 71 | 钼 | 0.07 | 80 | 铊 | 0.0001 |

① 二甲苯指对-二甲苯、间-二甲苯、邻-二甲苯。
② 三氯苯指1,2,3-三氯苯、1,2,4-三氯苯、1,3,5-三氯苯。
③ 四氯苯指1,2,3,4-四氯苯、1,2,3,5-四氯苯、1,2,4,5-四氯苯。
④ 二硝基苯指对-二硝基苯、间-二硝基苯、邻-二硝基苯。
⑤ 硝基氯苯指对-硝基氯苯、间-硝基氯苯、邻-硝基氯苯。
⑥ 多氯联苯指PCB-1016、PCB-1221、PCB-1232、PCB-1242、PCB-1248、PCB-1254、PCB-1260。

# 参 考 文 献

[1] 浙江大学普通化学教研组. 普通化学 [M]. 7版. 北京：高等教育出版社，2020.
[2] 李梅君，陈亚如. 普通化学 [M]. 2版. 上海：华东理工大学出版社，2013.
[3] 张思敬，韩选利. 大学化学 [M]. 2版. 北京：高等教育出版社，2017.
[4] 康立娟，朴凤玉. 普通化学 [M]. 4版. 北京：高等教育出版社，2020.
[5] 李银环，张雯. 大学化学学习指导与例题解析 [M]. 北京：科学出版社，2018.
[6] 戴树桂. 环境化学 [M]. 2版. 北京：高等教育出版社，2006.
[7] 徐家宁，史苏华，宋天佑. 无机化学例题与习题 [M]. 北京：高等教育出版社，2000.
[8] 任丽萍. 普通化学 [M]. 北京：高等教育出版社，2006.
[9] 同济大学普通化学及无机化学教研室. 普通化学 [M]. 北京：高等教育出版社，2004.
[10] 天津大学无机化学教研室. 无机化学 [M]. 5版. 北京：高等教育出版社，2018.
[11] 胡常伟，周歌. 大学化学 [M]. 3版. 北京：化学工业出版社，2015.
[12] 周祖新. 工程化学 [M]. 2版. 北京：化学工业出版社，2014.